稻麦"三新"技术研究

刘洪进　等　主编

中国农业科学技术出版社

图书在版编目（CIP）数据

稻麦"三新"技术研究／刘洪进等主编 . —北京：中国农业科学技术出版社，2018.1
ISBN 978-7-5116-3486-3

Ⅰ.①稻…　Ⅱ.①刘…　Ⅲ.①水稻栽培②小麦-栽培技术　Ⅳ.①S511②S512.1

中国版本图书馆 CIP 数据核字（2018）第 010673 号

责任编辑	白姗姗
责任校对	贾海霞

出 版 者	中国农业科学技术出版社
	北京市中关村南大街 12 号　邮编：100081
电　　话	（010）82106638（编辑室）　（010）82109702（发行部）
	（010）82109709（读者服务部）
传　　真	（010）82106650
网　　址	http://www.castp.cn
经 销 者	各地新华书店
印 刷 者	北京建宏印刷有限公司
开　　本	880mm×1 230mm　1/16
印　　张	20
字　　数	648 千字
版　　次	2018 年 1 月第 1 版　2018 年 1 月第 1 次印刷
定　　价	128.00 元

前　言

粮食是关系国计民生和国家安全的大事。中共中央"十三五"规划明确提出要大力实施"藏粮于技、藏粮于地"战略，提高粮食产能，确保谷物基本自给、口粮绝对安全。江苏省盐城市作为全国粮食生产大市、全省最大的粮食主产区，发展粮食生产、保障粮食安全，是广大农技人员的责任。农业"三新"（新品种、新技术、新模式）技术的试验、示范与推广对于贯彻"藏粮于技"战略实施、推进农业供给侧结构性改革、推动现代农业建设迈上新台阶具有重要意义。

多年来，盐城市广大农技人员依托于江苏省农业三新工程、高产创建等项目的实施，推进农业"三新"技术的集成创新，加快农业科技成果转化应用，为现代农业建设提供了强有力的科技支撑，已成为促进农业增产、农民增收的重要手段。针对中央稳定粮食产能的新要求，狠抓高产栽培技术的集成与配套；针对农业供给侧结构改革，积极开展稻田综合种养研究；针对极端天气常态化的现实，进一步研究抗灾技术，完善抗灾预案。通过几年来的技术研究、试验、示范，熟化的农业科技成果如雨后春笋般地涌现。为总结经验，进一步推广"三新"技术，更好地服务于"三农"，以及方便系统内科技人员交流，特编写本书。

即将出版的《稻麦"三新"技术研究》，全面系统地研究了近年来出现的稻麦栽培新技术，是一本既有专业理论水准又有丰富实践经验，实用性强的科技书籍。该书得到江苏省农业三新工程［SXGC（2016）170］等项目的资助。

本书在组稿和编审过程中得到了有关领导和专家的悉心指导，各县（区、市）粮油（作栽）站给予大力支持，出版社也提出许多宝贵意见，在此一并表示衷心感谢。

由于时间仓促和编者水平有限，本书错误之处在所难免，恳请专家、同行及广大科技工作者不吝批评指正。

编　者

2017 年 10 月

目　录

一、综合论述

二、水稻生产技术研究与推广

三、水稻综合种养

四、小麦生产技术研究与推广

五、其他

一、综合论述

盐城市实施"藏粮于地、藏粮于技"战略思考

滕友仁　孙高明　陆　叶

（江苏省盐城市农业委员会）

摘　要：国家"十三五"规划中提出"藏粮于地、藏粮于技"战略，盐城市作为全国粮食生产大市、江苏省最大的粮食主产区，实施"两藏"战略、提升粮食产能是义不容辞的责任。本文旨在分析盐城市实施"藏粮于地、藏粮于技"战略的基础优势及存在的薄弱环节，针对性地提出初步对策建议。

关键词：盐城；藏粮于地；藏粮于技；思考

粮食是关系国计民生和国家安全的大事。中共中央"十三五"规划建议中提出："坚持最严格的耕地保护制度，坚守耕地红线，实施藏粮于地、藏粮于技战略，提高粮食产能，确保谷物基本自给、口粮绝对安全。""藏粮于地、藏粮于技"战略的提出，凸显了我国粮食发展的新部署、安全保障的新路径。盐城市作为全国粮食生产大市、江苏省最大的粮食主产区，发展粮食生产、保障粮食安全，是义不容辞的责任。盐城全市上下将在党委、政府的坚强领导下，围绕"转方式、调结构、促效益"大局，高举绿色发展大旗，全面实施"藏粮于地、藏粮于技"战略部署，扎实开展耕地质量保护与提升行动，大力推广标准化高产高效绿色技术模式，坚持走依靠科技进步、提高单产的内涵式发展道路，加快推动盐城"粮仓"绿色转型。

1　盐城实施"藏粮于地、藏粮于技"战略的基础分析

近年来，盐城市立足保障粮食安全高度，持续加快旱改水、棉改稻、直播改机插、低产低效作物改高产高效作物等"四改"进程，深入开展粮食高产增效创建、亩*产吨粮市县创建、周年高产模式创建等"三大创建"活动，大力推进联耕联种，粮食产能不断增强，连续3年实现亩产吨粮，连续3年荣获全国粮食生产先进市，全面实施"藏粮于地、藏粮于技"战略的基础较牢。

1.1　耕地地力逐步提升

通过近几年的测土配方施肥、秸秆全量还田、土壤有机质提升、高标准粮田建设等工作，耕地地力水平得到了较大的提高，基础地力产量占常规施肥产量的比例由过去50%提高到目前65%左右。测土配方施肥技术基本实现了所有农户、全部耕地、主要作物的全覆盖，在耕地质量普遍下降的大背景下，耕地质量"十二五"期间提升了0.5个等级。

1.2　农业科技支撑有力

盐城粮食种植历史悠久，基本形成了配套完善、系统科学的栽培技术体系。优良品种引进、推广能力较强，主要推广应用了淮稻5号、连粳7号、南粳9108以及淮麦29、淮麦30、郑麦9023等优质稻麦品种，完全满足不同茬口、不同种植方式需求。高产高效栽培集成技术基本成熟，重点推广了水稻机插秧、抛秧、小麦免（少）耕机械匀播、精确定量施肥、植保绿色统防统治等技术。

1.3　农机动力装备充足

目前，全市农机总动力667万kW，每百亩耕地拥有农机动力54kW。大中型拖拉机25 554台，联合收割机23 393台，水稻插秧机22 582台，秸秆还田机24 087台，高效设施农业机械278 185台（套）。全市机耕水平99.5%，机播水平82.72%，水稻机械化种植水平83.3%、机械化收获水平91.5%，麦稻秸秆

---

*　1亩≈667m²，1hm²=15亩。全书同

机械化还田率68%，全市基本实现水稻种植机械化和玉米生产机械化。

1.4 农技服务体系基本健全

目前，市、县、镇三级农技服务体系基本健全。市里开展首席专家指点、农技人员蹲（挂）点、业务团队建点等农技服务"三点"工作法，能够做到三级联动，农技人员深入生产一线，开展农技推广服务，提高科技到位率。

1.5 生产经营方式探索创新

全市先后涌现出盐都七星农场式、东台五烈园区式、射阳联耕联种式等粮食生产经营方式，特别是联耕联种模式得到全国媒体和省市各级领导的肯定，并在全市大力度推进。2015年，全市累计推广联耕联种30.64万 hm^2、示范点5 365个，其中联耕分管17.71万 hm^2、示范点3 787个，联耕联管6.54万 hm^2、示范点628个，联耕联营6.39万 hm^2、示范点950个。

盐城市粮食生产取得较高成绩，主要得益于耕地面积基数大、稻麦生产传统久，但精细化、信息化、现代化生产仍显不足，全面实施"藏粮于地、藏粮于技"战略仍然存在一些薄弱环节。一是基础设施依然脆弱。农田水利设施网络尚不健全，部分灌溉设施配套差、老化失修、功能退化，新建基础设施管护不到位，难以完全发挥效用，抗灾应变能力不强。河道、水库淤积现象严重，水流不畅，水源污染严重。乡村机耕道道路建设滞后，严重影响机械化发展，以东台为例，就有1.47万 hm^2 田块大型拖拉机不能进田作业，其中堤西地区1.07万 hm^2 左右，占该区域水稻种植面积的一半左右。二是耕地质量提升不快。目前，全市高标准农田40万 hm^2 左右，不到耕地面积的一半。而且高标准农田建设项目，资金基本用于基础设施配套建设，没有用于改良土壤、提升地力，注重于表面形式，耕地质量没有得到有效改善。加上农户种植方式不科学，为了追求生产效益，存在只用地不养地的掠夺式经营行为，绿肥等有机肥料投入减少，大量使用化肥、农药，包装袋、薄膜等废弃物随意丢弃，加重了农业面源污染，破坏了农田生态环境。三是基层农技队伍薄弱。近十多年来，乡镇农技人员只退不增，个别镇新进的也是"一支三扶"和大学生村官等临时人员，农业技术人才基本没进，乡镇农技服务队伍出现断层，数量不足、年龄偏大、知识老化，同时"在编不在岗、在岗不务农、事业岗位行政化"现象严重，农业推广功能日益弱化。以盐都区龙冈镇为例，镇农业中心公益性服务编制15人，实际在岗10人，80%以上人员超过50岁。四是农户种植管理粗放。随着劳动力转移，种粮农民年龄老化、素质偏低，接受新知识、新技术的能力较弱，造成关键技术措施入户难，加上分散经营、规模不大，大部分仍采取粗放式管理，粮食生产技术和机械化水平较低。同时，农民种粮主要是解决自己的口粮，商品化程度不高，制约了粮食规模化生产经营，影响了农民收益。

"十三五"时期是盐城市全面建成小康社会的决战时期，也是加快农业结构调整、实现农业转型升级，为全市基本实现农业现代化打下坚实基础的关键时期，全市农业系统将在市委、市政府的科学领导和统一部署下，全面实施"藏粮于地、藏粮于技"战略部署，大力提升耕地质量，强化科技支撑能力，加快粮食生产转型升级，全面促进土地效益和农民收入"双提高"。计划到2020年，耕地地力提高0.5个等级，高标准农田达到50万 hm^2，测土配方施肥全部覆盖，有机肥使用量达到20万 t，重点病虫害专业化统防统治率达到60%以上。粮食烘干机械化水平达到40%，烘干能力达到每批次1.2万 t。新型职业农民培育程度年增3%，农业科技进步贡献率达70%，新型农业经营主体规模经营比重达80%，秸秆综合利用率达到95%以上。

2 突出实现"三高目标"，全面实施"藏粮于地"战略

耕地是农业生产的基础。盐城市实施藏粮于地战略，将围绕高产量、高质量、高效益的"三高目标"，切实加强耕地质量建设和保护，全面实施"藏粮于地"战略。

2.1 突出高产量，全面提升耕地地力

坚持把提升耕地地力作为促进粮食生产持续稳定发展的重要抓手。

2.1.1 加快高标准农田建设

进一步提升农田水利设施水平，加强路、桥、涵、洞、闸等基础设施配套，强化修缮维护管理，明显

改善农业生产环境。加大农业综合开发和农村土地整治力度，积极争取并整合实施国家和省土地整治、农田水利、科技推广等重点项目，全力推进高标准农田建设，同步实施土壤改良，增加高产田保育、中低产田改造和退化耕地修复等建设内容，打造现代粮食产业基地。在争取项目支持的同时，将地方部分土地出让金用于耕地地力提升，通过项目实施的示范效应，带动农村集体、服务组织和农户等社会力量参与高标准农田建设。

2.1.2 切实增强土壤肥力

坚持种养结合，切实加大有机肥施用力度，保持土壤肥力的持久性。研究制定鼓励农民使用有机肥的政策、措施，促进有机肥生产与使用的各项政策具体化、制度化。积极推广有机肥堆置新技术，进一步提高畜禽粪便的利用率；推广秸秆快速腐熟还田、覆盖还田等秸秆还田新技术，节约资源，保护环境；发展粮肥、菜肥、饲肥兼用的经济绿肥，提高种植绿肥的直接经济效益；推广商品有机肥，提高有机肥料的质量和使用比例。

2.1.3 优化改善耕作制度

在推广少免浅耕等新型栽培制度的基础上，坚持每2~3年深翻1次。合理深耕疏松耕作层，解决土壤容重增加、耕作层变浅的问题，提高土壤的物理性状，促进作物生长和养分吸收，增强作物的抗逆能力。合理安排轮作、间作，增加土壤的生物多样性，培肥地力，减轻病、虫、草的为害。

2.2 突出高质量，加强保护农田环境

强化农田环境保护，直接关系到农产品质量安全，关系到夯实农业可持续发展的基础。

2.2.1 加强土壤质量监测

按比例建设土壤质量监测点，提高市、县两级监测点标准，重点监测土壤中重金属含量，有效发挥土壤监测辅助政府决策、指导全市耕地质量建设的积极作用。

2.2.2 积极控制农业面源污染

组织实施化学农药减量控害工程，推广应用杀虫灯、防虫网等物理防控措施，全面使用生物农药、高效低毒低残留及环境友好型农药，大力发展专业化统防统治，提升农药利用率，实现农药减量使用。推广测土配方施肥专家系统的应用，促进测土配方施肥技术全覆盖，逐步实现宣传到所有农户、应用到主要作物、覆盖到全部耕地。积极推广施用有机肥、复合肥，改善土壤生态环境，有效减少化肥流失，提高化肥利用率。加强废弃农膜、包装袋、畜禽粪便的无害化处理，以及综合循环再利用。

2.2.3 加强农田污染整治

严格控制工业"三废"对农田环境的污染，限制向农田、农用灌溉水网排污。根据农田受污实际情况，研究制订治理方案，可采取生物、农业、化学等手段进行治理试点，并及时总结经验后逐步推广。同时，限制受污农田进行农业生产及农产品上市。

2.3 突出高效益，加快农业结构调整

紧紧围绕实现土地高效益目标，切实加快农业结构调整，全面促进农民增收。

2.3.1 建设高效规模基地

坚持市场导向和特色化、精品化思路，按照调优产业布局、调特高效品种、调准上市季节的基本思路，建基地、创品牌、增效益，着力创建一批蔬菜园艺规模特色基地。以提升千亩连片示范基地、园艺作物标准园、永久性菜篮子基地、供沪蔬菜基地为抓手，突出发展高效设施农业，着力打造蔬菜园艺标准化生产示范基地。

2.3.2 推广高效轮作模式

着力推广大丰玉米—二茬蒜、盐都大棚番茄—水稻、东台大棚西瓜—水稻等瓜菜粮轮作换茬模式，通过菜粮互补取得较高效益，实现千斤粮万元田保供增收目标，解决钱袋子和粮袋子的双重问题。

2.3.3 发展高效特色产业

立足市场适当控制西甜瓜、葡萄和草莓等饱和产业，发挥优势壮大大蒜、西葫芦、梨果等优势产业，

因地制宜发展甜叶菊、何首乌、中药材等特色产业，突出新兴重点在沿海和黄河故道开发地区积极发展马铃薯产业。

3 着眼建设"三个体系"，加快实施藏粮于技战略

科技是现代农业发展的支撑，是挖掘粮食产能的潜力所在。盐城市将全面强化技术集成体系、技术推广体系、技术应用体系建设，切实提高科技贡献率，全力推动藏粮于技战略加快实施。

3.1 坚持绿色发展，加强技术集成体系建设

加快农业绿色转型，扎实开展绿色高产高效技术模式攻关，普及良种良法，切实提高科技贡献率，努力挖掘粮食产能。

3.1.1 大力推进农业科技创新

围绕现代农业发展的需求，加快提升农业科技自主创新能力，大力组织科研院所、农技推广部门联合攻关，加大关键技术集成配套与生产难题攻关突破。以规模基地、农场、园区等为载体，建立苗情监测、数据采集、自动控制等信息应用平台，加快现代信息技术在农业生产领域的示范应用。

3.1.2 强化绿色集成技术配套

按照"增产增效并重、农机农艺结合、良种良法配套、生产生态协调"的要求，坚持绿色生态发展，主动顺应联耕联种、秸秆还田发展趋势，以"四主推"为重点，以高产增效创建为载体，突出推进绿色模式攻关，总结、示范、推广一批绿色、高产、增效集成技术模式。

3.1.3 突出农机农艺融合

建立农机、农艺协作攻关机制，将机械适应性作为科研育种、栽培推广的重要指标，针对农业生产重点环节，加快机械化技术及装备研发。制定科学合理、相互适应的农艺标准和机械作业规范，完善农机、农艺推广服务机构紧密配合的工作机制，切实加大关键环节农机化技术示范推广力度，全面提升农业生产机械化水平。

3.2 优化服务指导，完善技术推广体系建设

切实加强农技推广服务体系规范化建设与管理，不断提升农技推广服务能力，加速农业科技推广应用，有力保障粮食生产安全。

3.2.1 持续践行"三点"工作法

持续开展农技服务"三点"工作法，发动市、县、镇三级农技人员挂钩服务种粮大户、家庭农场、合作社、龙头企业等，确保服务到场社、到企业，指导到田头、到农户，切实提高服务质量和效率。借助现代信息传媒，加强信息发布和面上生产指导。突出抓好应急管理，切实加强农情调度，科学主动防灾减灾，最大程度减轻灾害损失。

3.2.2 强化农技推广队伍建设

建立健全县、镇、村三级农技推广机构，引导和鼓励高校涉农专业毕业生到基层农技推广部门工作，使基层农技推广"后继有人"、充满活力。积极支持和发展各类农业科技协会参与农技服务，多途径加强农技推广体系的建设。加强基层农技人员新理念、新技术、新知识培训，对有突出贡献的基层骨干农技推广人员进行重点培养。鼓励农技人员参与、领办经济实体，建立适合当地实际的现代农业示范基地，做给农民看，领着农民干，带着农民富。

3.2.3 推进服务机制创新

积极推广盐都区秦南镇、东台市时堰镇、射阳县海河镇、响水县南河镇等地经验，大力推广"村社合一""镇社合一"、企社合作、综合服务社等经营服务模式，引导为农服务由单一型向综合型转变，推动经营主体之间协作分工、优势互补，构建"联合社（综合社）+社会化服务组织+专业合作社+家庭农场+大户"一体多元的综合服务体系。

3.3 聚焦规模经营，强化技术应用体系建设

紧紧围绕加快农业现代化建设，强力培育农业新型经营主体，大力发展社会化专业服务，全面推进联

耕联种，加快稻麦产区适度规模经营步伐。

3.3.1 加快培育新型经营主体

围绕"有人务农、能人务农、职业务农"目标，突出种粮大户、家庭农场主和专业合作社成员等新型主体，按照生产经营型、专业技能型和社会服务型，加快培育爱农业、有文化、懂技术、善经营的新型职业农民，打造现代农业建设的主力军，切实解决好"谁来种地""怎样种地"的问题。

3.3.2 大力发展专业化服务组织

以"提升发展质量、拓展服务功能、增强组织带动"为重点，大力发展商品化集中育秧、农机收种作业、植保统防统治、生产资料统供、农产品市场营销等各类专业化服务，确保镇镇建有商品化育供秧基地、村村建有专业化植保防治组织和机防队、测土配方施肥技术全覆盖。按照"五有五统一"要求规范专业化服务组织建设，制定完整的技术操作规程和具体的服务标准，科学规范提供各类服务，不断提升服务水平，努力提高专业化服务的规模化经营和规范化管理水平。

3.3.3 全面推进联耕联种

坚持把联耕联种作为推进规模经营的主要抓手，按照市委、市政府统一部署要求，围绕"3+2"工作思路，坚持问题导向，重抓扩面提质，更大力度推广联耕联种，基本实现联耕联种模式稻麦适宜产区全覆盖。推动联耕分管向联耕联管、联耕联营过渡升级，最终发展成为规范化土地股份合作和土地托管模式，促进土地效益和农民收入双提高。

4 盐城实施"藏粮于地、藏粮于技"战略的支持保障

4.1 加强组织领导

各地党委、政府高度重视粮食生产，把实施藏粮于地、藏粮于技战略、保障粮食安全放在经济社会发展的突出位置，作为保障民生工作的基本任务，长抓不懈，毫不动摇。切实加强组织领导，实行重点重抓，加大粮食生产指导、重大技术推广、土壤监测治理、质量安全监管、农业投入品监管等方面的工作力量。建立粮食安全目标管理制度，市、县（市、区）每年分解落实保障粮食安全相关任务，并层层签订责任状，强化责任落实，细化职责分工，确保粮食安全各项工作任务落到实处。

4.2 加强政策支持

重点整合发改、财政、国土、水利、开发等部门的涉农项目资源，切实提升农田基础设施配套水平，大力推进高标准农田建设，全面提升耕地质量。同时整合各类专项支农资金，加大对粮食生产重大技术攻关、集成、推广以及种粮大户、家庭农场、专业合作社等适度规模经营主体的扶持力度。切实提高基层农技人员待遇，加强服务体系建设，真正为"藏粮于技"提供队伍和人才保证。不断扩大农业保险覆盖面，减低受灾损失。推进农村金融改革创新，探索担保机制，简化贷款程序，扩大授信额度。各地本级财政研究出台含金量高、激励性强的扶持政策，支持粮食生产。

4.3 加强绩效考核

把粮食安全相关具体工作和指标任务，列为党委、政府督查和"三农"工作综合考核内容。市里建立粮食安全工作绩效考核机制，制定具体监督考核办法，定期对各县（市、区）落实粮食安全责任制情况进行督查考核，对成绩突出的给予表扬和奖励，对不合格的予以通报批评、责令整改，确保责任落实到位。

盐城市推进品牌稻米建设的实践与思考

杨　力[1]　刘洪进[1]　金　鑫[1]　黄钻华[2]　戴凌云[3]

（1. 盐城市粮油作物技术指导站　224002；2. 盐城市亭湖区作物栽培技术指导站
224002；3. 盐城市盐都区作物栽培技术指导站　224002）

盐城市是江苏省优质粳稻生产第一大市，常年种植面积达 580 万亩，总产达 35 亿 kg，占全省 17.5% 左右。近年来盐城市围绕水稻供给侧结构调整，加大了品牌稻米建设力度，取得了较好的成效。全市 9 个县（市、区）中射阳、阜宁、建湖、滨海和大丰 5 县（区）获得了稻米地理商标，占全市地理标志产品的 20%。其中"射阳大米"被认定为中国驰名商标，连续 11 年被评为上海食用农产品"十大畅销"品牌；2017 年"射阳大米"品牌价值 185.32 亿元，品牌强度位居全省第二名。"阜宁大米"和"建湖大米"也获中国驰名商标。盐城市稻米地理标志品牌在产业和地区内的集中度在全省乃至全国都名列前茅。我们主要狠抓了关键措施的落实，着力提升 4 个方面的水平。

1　强化"四力合一"工作运行，提升品牌稻米创建水平

通过行政领导、科技专家、行业协会、企业农户"四力合一"推进运行，上下联动，协作推进，加快稻米品牌创建。

1.1　强化行政推动

盐城市农委经常召开优质稻米等品牌工作推进会，并邀请知名专家进行培训。市县相应成立了品牌稻米推进工作领导小组，全面负责综合协调、政策研究、资金落实以及督查指导等组织管理工作，形成了"行政单位+科研单位+推广单位+示范农户（家庭农场）"齐抓共管的运行模式。

1.2　强化科技支撑

联合品种育成单位、大米协会、部分粮食企业和粮油技术推广部门，建立了"市首席专家+县责任专家+县乡技术员+科技示范户"的科技研发推广体系。在运用精确定量栽培和清洁高效生产技术的基础上，通过开展优新品种选用、调肥保优栽种、农药减量防控等核心技术和秸秆还田配套、毯式钵苗早发、稻田种养结合等配套技术研究，组装集成了水稻绿色高产高效生产、毯式钵苗机插精确定量栽培、稻田综合种养等技术模式。

1.3　强化政策扶持

坚持规划引领、资源整合、统筹安排、集中投入的原则，聚集涉农项目投向展示基地、农业园区、优质稻米示范区，打造品牌稻米集中种植带。一是利用中央财政支持现代农业生产发展项目，强化基础设施和农机装备建设，大力发展优质稻米生产基地。二是围绕水稻绿色增效创建项目，建设优质高效示范方和示范片，并明确要求把水稻绿色增效创建和优质稻米品牌创建有机结合。三是围绕水稻供给侧结构调整，大力开展稻田综合种养新模式。盐城市人民政府办公室在《2016 年秋播及 2017 年农业结构调整工作意见》中，提出了推进稻田养殖的相关要求。中共盐城市盐都区委在"关于加快发展农业现代化促进农民持续增收的政策意见"中明确提出"对新发展稻田套养鱼虾蟹的复合经营主体，规模在 200 亩以上可以给予 5 万元的补贴"。建湖县、盐都区粮油部门，争取了"江苏省稻田综合种养试点项目"100 万元专项资金给予补贴扶持。

1.4　强化督查考核

市农委整合各方力量，发挥最大效用，定期对品牌稻米建设项目和重点工作进展落实情况实施跟踪督查，推动了品牌稻米规模种植关键生产技术集成与推广应用。盐都区委区政府出台了补贴稻田综合种养考

核文件,通过稻田种养推进品牌稻米生产;阜宁县委出台了推进全县10万亩有机稻米生产的相关考核文件,督查考核力度较大。

2 推进"四维同步"规模生产,提升品牌稻米质量水平

通过联耕联种、适度规模经营、小型国营农场建立、优质生产基地建设"四维同步",推进规模生产,提高品牌稻米质量的均一性,一般品牌稻米的胶稠度与食味值均较普通大米明显提高。

2.1 推进分散农户联耕联种

联耕联种采取"农户+农户+合作社(村组干部)"等经营方式,实现了由"小田"变"大田"的规模生产。联耕联种由射阳县发起,盐城市全面推行。盐城市委、市政府办公室印发了《关于深入推进联耕联种发展农业适度规模经营的意见》,市委、市政府主要领导亲自过问督查。盐城市农委召开全市联耕联种现场推进会,有效破解了水稻联耕联种难题,有力推动了联耕联种在全市的推广应用。2015 年、2016 年水稻联耕联种面积分别达 150.77 万亩和 230.12 万亩,分别占全市水稻总面积的 27% 和 40%。盐城市农委的研究课题《联耕联种土地规模模式的实践与研究》,获得 2014 年度江苏省农委农业软科学课题研究成果一等奖。联耕联种先后写入 2014 年江苏省委一号文件和 2016 年中央一号文件,国务院汪洋副总理、农业部韩长赋部长都作出了重要批示,中央电视台、《农民日报》等新闻媒体对其进行了多次专题报道。

2.2 推进大户适度规模经营

据统计,2013 年全市家庭农场仅有 1 211 户,2016 年家庭农场已达 2 624 家,其中规模 100 亩以下有 269 家,占 10.3%,100~300 亩有 1 707 家,占 65.0%,300 亩以上 648 家,占 24.7%。2016 年较 2015 年、2014 年和 2013 年家庭农场户数分别增加 33.1%、62% 和 116.7% 左右。同时,全市粮食种植大户数量和面积稳步增加,2013 年仅为 3 089 户和 63.7 万亩,2014 年、2015 年和 2016 年分别较 2013 年提高 1 192 户和 28.3 万、2 290 户和 120 万亩、4 303 户和 225.4 万亩,呈逐年递增趋势。新型经营主体的增多促进了适度规模生产,推进了合作服务由"单一"向"复合"转变,从而也加快了优质稻米科技的迅速推广。

2.3 推进小型国营农场建立

盐城市农业投资有限公司组建成立"顺泰农场",盐都区政府在大纵湖建立"七星农场",大丰区建立了"华丰农场",亭湖区建立了"中路港农场"等,这些农场规模大都在 1 万~2 万亩,其土地、自然资源、机器设备、生产建筑等生产资料和产品属于全民所有,便于规模生产,在政府计划指导下进行生产经营活动,特别在品牌稻米产业实现专业化、商品化、现代化过程中发挥着典型示范作用。

2.4 推进优质生产基地建设

相比小农经营,工商资本入驻农业具有一定优势,加快了农村土地流转速度,促进了优质稻米"三品"生产基地的建设,推进了优质稻米的市场流通。按照"品种优质化、种植标准化、管理科学化、品质优良化"品牌稻米生产的要求,在全市建立了一大批无公害、绿色、有机稻米生产基地,保证品牌大米质量、产量和效益的协同提高,2016 年全市被认定为无公害农产品的品牌大米达 273 家,认定为绿色食品的品牌大米有 64 家,获得有机农产品资格认证的品牌大米 20 家,分别较 2015 年增 183、43 和 11 个。水稻"三品"生产基地的迅速增加,也加快了品牌稻米"订单""定制"生产,促进了产销衔接。

3 开展"四位一体"推广应用,提升品牌稻米生产水平

通过技术宣传、技术培训、技术展示、技术服务"四位一体"全面推广,并强化专家指点、团队建点和技干挂点,突出抓好南粳 9108 生产环节,提高品牌稻米生产技术到位率。

3.1 开展技术宣传

创新宣传方法和手段,充分利用现代传媒,深入基层和企业,加强品牌稻米生产技术宣传。积极实施"四电一报(电视、广播、电脑、手机、报纸)"工程,在各地广播、电视台开辟《农技天地》等专题

或专栏讲座，开通电话咨询服务热线，在"12316"、农技耘、微信（QQ）等平台及时发布关键技术信息，在《江苏农业科技报》《盐阜大众报》等多家报纸上做了大量的技术宣传，为品牌稻米规模种植关键生产技术的推广营造了良好的氛围。

3.2 开展技术培训

近年来，市县都开展了品牌稻米生产技术培训班，推介品牌稻米系列优良品种，培训相配套的绿色优质高效栽培实用技术，累计发放培训资料 4 万多份，并编写出版了《水稻机械化实用种植技术》一书，发布了稻田养殖小龙虾市级地方标准 1 项，获得品种、水田植保机械等发明专利 3 项，有效提高了技术的到位率和入户率，并定期开展水稻集中育秧"家家到"、水稻优新品种和技术现场观摩等形式，强化技术培训。

3.3 开展技术展示

市县粮油作物技术推广部门联合相关科研单位，共同打造"现代农业（稻麦）科技综合示范基地"，每年集中展示水稻新品种 15 个、新技术 5 项、新模式 2 项以上，各县（市、区）推广部门也相应建立了"三新"技术展示基地。在新品种示范上，通过多点试验、示范，筛选出南粳 9108 等分蘖成穗率较强、综合抗性较好、稻米品质突出、产量潜力较高品种为水稻主推品种。在新技术示范上，进一步完善了品牌稻米优质生产技术，实现了良种良法、减肥减药、农机农艺、农业渔业技术的有机结合，并利于大面积示范推广。市粮油作物技术指导站的稻麦示范基地 2016 年获得首批"江苏现代农业科技综合示范基地"称号。

3.4 开展技术服务

为破解农技推广"最后一公里"的问题，盐城市农委积极推进"首席专家指点、业务团队建点和技术人员挂点"的"三点"工作法。水稻首席专家牵头开展品牌稻米前瞻性、全局性的课题、难题研究，加大技术攻关、技术推广和技术咨询，牵头开展全市优质水稻生产技能比赛活动，为稻米产业发展提供精准技术指导。粮油（作栽）系统各层级、部门充分发挥团队作用，建成了一批具有行业特色、先进技术集成、可复制能推广、经济效益显著的示范基地。水稻农技人员全部参与挂（蹲）点，对接家庭农场、种植大户、加工企业等经营主体，推广品牌稻米关键生产技术，确保品牌稻米基地、新型经营主体全覆盖，服务指导全程跟踪到位。

4 突出"四轮驱动"宣传推介，提升品牌稻米营销水平

通过展览展销、优质生产、推介宣传、规范保护"四轮驱动"，加强宣传推介，增强品牌稻米市场竞争能力，"射阳大米"等品牌稻米多次在国内省内展示展销中获奖。

4.1 突出品牌稻米展览展销

盐城市政府主办了第十五届、第十六届、第十七届江苏农业国际合作洽谈会等农业展会，加强了稻米品牌成果展示。参加了"江苏省首届优质稻米暨品牌杂粮博览会"，盐城市 9 个县（市、区）的 28 个企业亮相博览会，经过省内知名专家评选和市民现场品鉴，最终有 6 个品牌获奖。其中"三虹""金满穗"和"苏北康庄"大米分别获得"江苏好大米"特等奖、金奖和银奖；"射阳大米"和"淼趣牌大米"分别获"江苏好大米十大品牌"等称号。

4.2 突出品牌稻米优质生产

"射阳大米"地理标志产品保护范围涉及射阳县 12 个乡镇和多个大型国有农场，辐射面积约 160 万亩，强大的品牌优势吸引了国内外 60 多家加工企业的加入，目前年销售量 80 万 t，销售总额约 60 亿元。"滨海大米"24 家加工企业，加工能力达到 20 万 t 左右。"建湖大米"紧跟"射阳大米"步伐，辐射面积 60 多万亩，年产量 35 万 t，年销售额超过 10 亿元，扩大了品牌辐射区域。

4.3 突出品牌稻米推介宣传

"射阳大米"在《人民日报》《新华日报》《中国稻米》等国家级报刊上多次推介，有效扩大了商标的影响力。省品牌推介会上，射阳县大米协会做了"品质叫响品牌，品牌引领发展"的专题报告；"盐都七星农场"品牌大米分别在新浪微博、腾讯视频和江苏卫视上做了专题报道；建湖县福泉有机稻米合作

社被《新华日报》重点采访。

4.4　突出品牌稻米规范保护

在推进品牌稻米产业化过程中，强化地理标志管理，将国家工商总局商标局核准的《集体商标使用管理规则》列入。在工作实践中，形成、完善了以地理标志为统领的"五统一"的管理规定，即"统一原料品种、统一产品标准、统一商标标识、统一质量管理、统一依法经营"，将企业个体优势聚合为整体优势。同时，注重打假维权，实施地理标志保护，为了维护"射阳大米"品牌形象，规范市场行为，射阳县大米协会先后制定了"射阳大米协会章程""射阳大米中国驰名商标使用管理暂行办法""射阳大米中国驰名商标使用人诚信公约"，射阳县农业行政执法大队也对有损于"射阳大米"品牌形象的案件进行了查处。

稻麦规模化种植发展实证研究——以江苏省
盐城市盐都区为例

戴凌云[1]　蔺亚萍[2]　张瑞才[1]　孙　慧[3]　徐　楷[4]

(1. 江苏省盐城市盐都区粮油作物技术指导站，江苏盐城　224002；

2. 江苏省盐城市盐都区农业技术推广中心，江苏盐城　224002；

3. 江苏省盐城市盐都区龙冈镇农业技术推广中心，江苏盐城　224011；

4. 江苏省盐城市盐都区大纵湖镇农业技术推广中心，江苏盐城　224022)

摘　要：在对江苏省盐城市盐都区 563 户稻麦规模化（规模种植 2hm^2 以上）种植大户生产情况进行系统调查的基础上，分析了粮食生产区种植大户规模化经营现状、特点及存在的问题，从加速培育新型规模种植主体、加速建立农业社会化服务体系、加大对规模经营的扶持和投资力度、加快农技推广体系的更新等方面提出了促进稻麦规模化种植良性发展的可行性建议。

关键词：稻麦规模种植；生产要素；现状；对策

水稻和小麦是我国重要的粮食作物，在保障国家粮食安全的大背景下，发展稻麦规模化种植是提高粮食生产效率的必然选择。但在当前良种和先进农业技术推广不力的条件下，稻麦规模化经营存在种种问题。

通过对盐都区稻麦规模化种植大户生产情况的系统调查，全面提示了粮食生产大户的情况特点、效益现状及存在问题，并提出了促进全区稻麦规模化种植良性发展的可行性建议。盐城市盐都区地处里下河腹地，是国家商品粮生产基地和江苏省水稻标准化建设示范县[1]、吨粮县。常年稻麦种植面积在 7.87 万 hm^2 左右，粮食生产尤其是优质稻米生产是盐都区农业生产的特色产业和支柱产业[2]。如今千家万户的小农经济已经不适应现代农业发展的新要求，耕地逐步向种植大户、家庭农场等农村新型经营主体流转已是大势所趋。为了更好地了解当前粮食规模化种植的现状，促进粮食生产的持续稳定发展，笔者对盐都区种植面积在 2hm^2 以上的大户进行了调查分析，分析当前稻麦规模化经营存在的问题，提出相应的解决方案，以更好地促进稻麦规模化种植良性发展。

1　盐都区稻麦规模化经营情况分析

经调查，盐都区共有 2hm^2 以上种植大户 563 户，其中经工商注册的合作社、家庭农场、公司等非个人经营主体有 68 个。楼王、大纵湖、秦南三个乡镇的规模种植经营主体数量在全区居前列，分别为 117 户、109 户和 96 户。全区 20 个镇（区、街道）除新区外，均有种植大户在耕作经营。全区粮食规模种植面积为 4 321hm^2，占全区耕地面积的 7.7%。总体上看，盐都区稻麦规模化经营呈现出以下特点。

1.1　经营主体年龄偏大

据统计，所有种植大户的平均年龄为 51.3 岁。其中 70 岁以上的 5 人，60~70 岁的 112 人，占总人数的 19.9%，50~60 岁的 224 人，占总人数的 39.8%，40~50 岁的 174 人，占总人数的 30.9%，40 岁以下的 48 人，仅占调查总人数的 8.5%。经营主体年龄偏大直接导致接受新信息、掌握新技术的能力低下，体力和精力不足，这些都成为约束规模种植发展的重要因素。

1.2　经营主体文化偏低

由于规模经营主体普遍都是 50 岁以上的中老年人，而且这一人群由于多方面原因受教育程度不高。据调查，学历在高中及高中以上的仅有 192 人，占调查总人数的 34.1%，其中高中学历的 154 人，占调查总人数的 27.4%；中专文化的 18 人，占调查总人数的 3.2%，大专学历 12 人，本科学历仅 8 人。初中学历的 319 人，占整个调查总人数的 56.7%。受教育程度在小学及小学以下的有 52 人，占调查总人数的 9.2%。现在全区农业现代化、机械化的程度越来越高，小学、初中甚至高中文化水平的种植业主不仅对当下先进的生产技术缺乏理解更谈不上掌握和灵活运用，而且一些农业机械也不会准确安全地操作。

1.3 经营规模大小不一

现阶段，土地经营规模相当于当地户均承包地面积（0.32hm²）10～15 倍，即 3.2～4.8hm² 比较适宜[3]。全区种植规模在 2.00～3.33hm² 的经营主体有 180 个，占调查总数的 32%；种植规模在 6.67hm² 以下的经营主体（含 2.00～3.33hm²）为 358 个，占调查总数的 63.6%，种植规模为 6.67～13.33hm² 的经营主体有 138 个，占调查总数的 24.5%，种植规模为 13.33～20.00hm² 的经营主体有 34 个，占总数的 6%。种植规模为 20.00～33.33hm² 的经营主体一共有 21 个，占总数的 3.7%；种植规模 33.33hm² 以上的大规模经营主体 12 个，占总数的 2.1%，其中规模最大的经营主体种植面积为 200hm²，位于滨湖社区。

1.4 以家庭劳动力为主

全区 563 户 2hm² 以上的种粮大户，有固定雇工的只有 127 家，占 22.6%，其余农户均是以家庭成员为主要劳动力，部分种粮大户在需要用工而家庭成员忙不过来的时候临时请工。没有固定雇工的家庭，以本家庭劳动力能顾及的范围来确定自己种植规模的大小，从而保证了资源利用率、土地产出率和经济效益。

1.5 土地租金普遍较高

据调查，全区土地流转租金平均为 1.05 万元/hm²，最低的为 6 000 元/hm²，最高为 1.8 万元/hm²，高低相差 3 倍。土地租金在 1.5 万元/hm² 以上的有 79 户，占调查总户数的 14%；租金 1.05 万～1.5 万元/hm² 的农户有 262 户，占 46.5%；土地亩租金在 1.5 万元/hm² 以下的一共有 222 户，占调查总户数的 39.4%。承包土地时间的早晚，地理位置的远近及耕地质量的好坏都影响土地租金的高低，而土地流转租金上的差异是拉大种田大户纯收入差异的主要原因之一。

1.6 种植效益普遍较低

据统计，规模种植亩均收益为 10 695 元/hm²，部分农户因从事杂交水稻制种或发展高效农业，纯收益是平均值的 2 倍甚至更多。

1.7 稻麦品种主体突出

在品种选择方面，563 户农户中有 323 户选择淮稻 5 号作为水稻种植品种，占 57.4%；第二大水稻品种是镇稻 99，占 24.3%；其余种植品种为"武运粳 27"、连粳系列品种等。小麦品种利用上集中度更高，全区有 360 户大户选择种植郑麦 9023，占 63.9%，第二大小麦品种是宁麦 13，占 16.3%，其余种植扬麦系列等其他品种。

1.8 耕作播种方式粗放

受调查的种粮大户中，水稻播栽方式以直播稻为主，采用机插秧的只有 98 户，占受调查总数的 17.4%，机条播这几年在我区逐渐兴起，154 户农户选择机条播，占调查总数的 27.4%，手栽秧逐渐没落，全区调查的大户中只有 7 户农户的部分田块采用这一播栽方式。小麦播栽方式以机条播和机撒播为主，一部分采用人工撒播后机旋耕，少数农户采取稻套麦。

1.9 产量水平"稻高麦低"

除去杂交制种的农户，其余所有种植常规水稻的大户水稻平均产量为 8 875.5kg/hm²，产量最高的为 10 500kg/hm²，最低的为 6 750kg/hm²。小麦的平均产量为 6 474kg/hm²，最高产量为 8 250kg/hm²，最低产量为 5 550kg/hm²。据区统计局资料，2014 年度全区水稻、小麦平均单产分别为 9 388.5 kg/hm²、5 925.0kg/hm²，此次调查的大户水稻平均产量比全区水稻平均产量减 5.5%，小麦平均产量比全区小麦平均产量增 9.3%。

1.10 经营主体自备机械率低

本次调查 563 个规模经营主体，自备一台以上机械的仅有 117 户，机械持有率仅为 20.8%。

2 规模经营发展措施与建议

2.1 加速培育新型职业规模种植主体

稻麦种植者技术水平提高是挖掘粮食增产潜力、增加种植效益、降低农业风险的关键。通过实施农民培训工程,将农民培训与科技入户、农技推广示范县、高产创建等项目多元整合,利用农闲时开展集中培训班,新品种、新技术成果观摩,农忙时田间地头现场会等多种形式,将广大规模种植主体集中起来,学习主推技术了解主导品种,摒弃传统种田技术中的糟粕,吸收科学种田的精华。

2.2 加速建立农业社会化服务体系

利用全区推进联耕联种的契机,完善和更广泛的建立农业社会化服务组织体系。逐步建立起统一订供种,统一耕翻作业,统一机条播、机插秧,病虫害统防统治、统一收割、统一烘干储存、统一销售等一系列农业社会化服务组织。完善的农业社会化服务体系有助于统一品种布局,改变区域间稻麦生育期参差不齐的现状,减轻由于生育期不同步对作物病害防治产生的困难,完善的社会化服务体系还能帮助农民解决缺乏劳动力的难题。

2.3 加大对规模经营的扶持和投资力度

除了加大对农田基础设施、机耕道、桥梁、排灌设施的建设投入外,对大型拖拉机、播种机、插秧机、收割机、植保弥雾机、烘干机等农业机械的购置补贴应该更多的向规模种植大户倾斜。在农资综合补贴、良种补贴、农业保险等方面规模种植大户和普通散户也应有相应的政策区别。

2.4 加快农技推广体系的更新

从一家一户的小农经济转变到规模种植,技术指导也应该相应的改变。目前在基层从事农技推广的技术员面临着年纪大、新老交替断层、现有力量被行政事务占用的现实情况。很多学农的高校毕业生因为农业在基层不受重视、农业工作人员社会认可度低、待遇差等一些客观原因,宁可放弃专业择业也不愿回到基层开展农业工作。这一系列现状让基层农技推广困难重重,更谈不上对规模种植大户"一对一"的精心指导。因此,农技推广人员的现有力量不足和后继乏人将成为制约规模种植发展的重要原因。

3 结语

伴随我国工业化、信息化、城镇化和农业现代化进程,农村劳动力大量转移,农业物质技术装备水平不断提高,农户承包土地的经营权流转明显加快,发展适度规模经营已成为必然趋势。实践证明,土地流转和适度规模经营是发展现代农业的必由之路,有利于优化土地资源配置和提高劳动生产率,有利于保障粮食安全和主要农产品供给,有利于促进农业技术推广应用和农业增效、农民增收[4-5]。然而在今后相当长时期内,普通农户仍占大多数,粮食规模化种植的道路上还有很多困难需要克服,盐城市盐都区作为一个粮食生产大县,在传统的小农经济粮食种植到规模化种植的转变道路上必须因地制宜,尊重客观规律,给予更多的政策扶持和技术指导,才能走得平稳,走出成效。

参考文献

[1] 顾莉娟,吴建中,戴凌云,等.江苏省盐城市盐都区粮食综合生产现状及提升对策 [J].园艺与种苗,2014(9):56-60.

[2] 杨力,刘洪进,张红叶,等.沿海粮食高产高效集成技术研究新进展 [M].北京:中国农业科学技术出版社,2013.

[3] 中共中央办公厅、国务院办公厅印发《关于引导农村土地经营权有序流转发展农业适度规模经营的意见》[A].2014-11-20.

[4] 张连成,戴凌云,吴建中,等.盐都区粮食规模化生产现状及发展措施 [J].安徽农业科学,2013,41(35):13783,13811.

[5] 余志.土地流转后我们欠发达地区规模化种植研究 [J].安徽农业科学,2014,42(29):10356-10357.

东台地区2016年异常气候对水稻生产的影响及对策措施

仲凤翔　何永垠　吴和生　薛根祥　王国平　郜微微

（东台市作物栽培技术指导站）

2016年，东台地区水稻播栽以来异常气候频发，先后出现了多次持续性的极端灾害性天气，育秧、移栽期持续低温连阴雨、拔节孕穗期持续高温干旱、灌浆成熟期持续连阴雨寡照天气，对水稻秧苗素质、栽插进度、灌浆结实和正常收割均造成了严重的影响。对此，全市上下高度重视，立足抗灾夺丰收，广泛开展技术宣传与指导，狠抓关键技术和抗灾措施的落实，强化检查督促，全面实现水稻高产稳产目标。

1 异常气候对水稻生长影响分析

1.1 水稻生长前期持续低温连阴雨天气，影响秧苗素质和返青发棵及移栽速度

5月中旬后，东台地区出现持续低温连阴雨天气。据气象部门统计，5月中旬至6月上旬全市日平均气温为20.5℃，总日照时数为129.2h，雨日为18天，分别比上年低（少）1.6℃、47.7h、6天，比常年低（少）1.4℃、61.2h、8天。由于温度和光照不足，造成秧苗在苗床中出苗不齐，生长缓慢。田间调查显示，2016年5月中旬同期播种的秧苗秧龄较去年晚2~3天，且整齐度不及常年。同时，由于持续连阴雨天气造成前茬作物难以及时收获腾茬进行耕整栽秧，水稻大面积栽插期较常年推迟5~10天，6月30日苗情考察，全市加权平均每亩总苗数14.1万，叶龄4.4叶，分别比上年少0.7万苗和0.3叶。

1.2 中期持续高温干旱天气，弥补前期生长不足，有利于搁田控苗和减轻病害发生程度

进入7月中旬，全市气候逐步转向以晴好天气为主，特别是7月下旬至9月下旬中期，一直以高温晴好天气为主。据气象部门统计，7月下旬至9月中旬全市日平均气温28.8℃，分别比去年和常年高2.3℃和1.6℃，总日照时数为534.2h，分别比去年和常年长131.5h和137.7h，雨日为12天，分别比去年和常年少21天和19.1天。由于温度高、日照时长对水稻生长极为有利，水稻生育进程加快。7月31日苗情考察，全市水稻高峰苗加权平均每亩总苗数50.3万，叶龄11.1叶，分别比上年多2.1万苗和1.1叶，弥补了前期生长缓慢的生育进程，同时，由于雨日减少田间湿度下降水稻搁田效果较好，纹枯病、穗稻瘟等病害自然发生程度轻于常年。但持续高温干旱对少数管理不到位、抗逆性差的水稻品种产生一定的影响，在孕穗期田间灌溉不及时，造成水稻雌蕊和花粉早衰，影响水稻正常授精灌浆结实，出现全田大面积白穗不结实现象。

1.3 后期持续连阴雨寡照天气，对水稻灌浆结实和正常收割影响较大

据气象部门统计，9月下旬至10月中旬全市雨日达18天，是去年的2倍，是常年的2.25倍，总日照时数为101h，比去年少11h，比常年少84h。而9月下旬至10月中旬正是东台市水稻灌浆充实的关键阶段，持续连阴雨寡日照天气，对水稻灌浆结实十分不利。据对全市9个水稻主产镇千粒重抽样调查发现，2016年水稻千粒重平均为26.6g，较上年低1.4g，降幅达5.0%，这是造成2016年水稻产量下降的关键性因素，同时，也对水稻的正常收割和下茬作物的适时播栽造成了较大的影响。

1.4 异常气候的导致部分地区、少数品种出现罕见的水稻穗发芽现象

2016年全市水稻在10月初约有1万亩面积出现穗发芽现象，田间表现现状为，穗上部灌浆成熟早的稻粒首先出芽，然后陆续向下部稻粒发展，主要发生在中熟中粳品种和少数早播早栽的迟熟中粳品种及部分糯稻品种上。据调查，出现穗发芽的品种有"镇稻99""光灿1号""泗稻785""连粳10号""盐粳15""大华香糯"及少数早播早栽的"淮稻5号""南粳9108"等迟熟中粳品种（表1、表2）。分析原因，主要由于受2016年18号台风"鲇鱼"外围雨系的影响，从9月27日开始东台市出现近1星期的持续降雨天气，且气温偏高，温差较小，气温一直保持在19~25℃，十分有利于已成熟且后熟期短的水稻品种在穗上发芽。

表1　2016年水稻穗发芽发生情况调查表

调查日期：2016年10月8日

发生品种	发生面积（亩）	播种期	移栽期	抽穗期	发生穗率（%）	发生穗粒率（%）
镇稻99	4 500	5月下旬	6月10—15日	8月17—20日	33.0	3.50
连粳10	1 100	5月下旬	6月10—15日	8月15—19日	29.9	2.48
光灿1号	2 700	5月下旬	6月10—15日	8月16—18日	20.0	3.66
部分糯稻	950	5月25日至6月5日		8月16—18日	12.3	0.14
淮稻5号	450	5月7日	6月8—11日	8月22—26日	1.5	0.01

表2　水稻品比试验田穗发芽调查表

调查日期：2016年10月15日

品种名称	品种类型	齐穗期	成熟期	发生穗粒率（%）
泗稻785	中熟中粳	8月31日	10月17日	5.9
光灿1号	中熟中粳	9月1日	10月18日	5.3
连粳10号	中熟中粳	8月31日	10月15日	4.1
盐粳15号	中熟中粳	9月3日	10月17日	2.1
南粳0212	迟熟中粳	8月31日	10月20日	1.4
淮稻5号	迟熟中粳	9月2日	10月18日	1.0
南粳39	迟熟中粳	9月2日	10月19日	0.9
扬农稻1号	迟熟中粳	9月2日	10月21日	0.4
扬粳805	迟熟中粳	9月3日	10月21日	0.2
南粳9108	迟熟中粳	9月1日	10月20日	0.2

2　对策措施与做法

2.1　主要工作措施

2.1.1　加强抗灾技术指导，减轻灾害性天气不利影响

2016年水稻播种以来，一直受强"厄尔尼诺"影响，水稻生育前期和后期均遭受持续降雨寡照影响，对水稻生产十分不利。我们加强苗情调查和受灾情况调查，及时研究抗灾技术措施，通过三农热线电视专栏、东台日报、东台广播、传真电报、作栽信息、东台农业信息网、三点工作法、QQ群、12316短信平台等手段，发布针对性的抗灾指导技术意见，积极组织全市农技人员深入田间指导农民抗灾救灾，全年编发抗灾抢管意见12期，电视、报纸、电台、网络等媒体宣传20多期，通过适时露田通气促分蘖，及时管水防小穗，科学肥料运筹，抢排积水抢收获，将全市水稻产量损失降到最低。

2.1.2　加大优质食味粳稻推广力度，不断提升高效种植方式

全市持续加大优质食味稻米"南粳9108"的推广力度，面积比上年又增加66.7%，同时进一步推进优质食味稻米产业化的发展，实现优质优价同步发展，同时不断加大机插秧等高效种植方式，全市机插秧面积稳步扩大，占水稻总面积的一半以上，比上年增15.4%；直播稻正逐年缩减，产量和品质不断提升，水稻种植效益不断提高。

2.1.3　大力推进项目建设，促进大面积水稻平衡增产

通过水稻绿色高产高效创建和水稻科技入户工程项目建设，强化组织指导、典型培植、示范带动、关键技术落实、广泛宣传引导等措施，实现了优良品种全覆盖、集成技术全应用、产量效益有提高的效果。2016年共承担实施部省水稻绿色高产高效创建示范片12个，涉及10个镇场，覆盖全市水稻种植区域；建立水稻科技入户示范村21个，示范户220户，辐射周边农户3 000多户，通过重抓宣传发动、任务落实、检查督促等，加强组织推进，促进创建工作有序开展；通过技术人员挂片指导、包村联户、技术讲座、示范观摩、物资发放等多种形式推进技术措施到位；通过统一供种（苗）、统一播栽、统一病虫害防治、统一肥水管理、

统一机械化作业的"五有五统一"专业服务，提供产前、产中及产后的全程专业化服务，示范带动了全市大面积粮食生产技术水平的提高。据统计，全市项目区水稻平均亩产达 662kg，较全市平均产量高 27.3kg。

2.1.4 以点带面示范引领，提高新品种新技术覆盖面

围绕打造行业特色鲜明、先进技术集成、可复制能推广、省内领先市内一流的现代农业示范点的总体要求，我们组织作栽全体技术人员在五烈现代农业示范园建点，重点建设"稻麦生产全程机械化高产高效栽培技术示范点"，在 2015 年夺得水稻超高产的基础上，进一步挖掘潜力，建立高产攻关片，推广应用新品种、新药肥，应用智能化监控，组装集成稻麦高产高效栽培技术体系，努力建成地市级一流稻麦高产高效栽培示范点，扩大示范效应，发挥引领带动作用。在建点工作中，因地制宜进行针对性生产技术指导，从品种布局、机械配备、生产管理等方面通盘考虑，制订生产技术管理方案，精确到时间节点和地域田块。在 2016 年水稻育秧移栽及中后期生产管理上，从种子、肥料、秧盘等物资准备到播种机械养护安装、播种工序指导、秧田管理、大田移栽、水稻肥水管理、病虫防治等进行全方位的服务，园区包括进行土地整理项目田块（占 2/3）平均亩产达到 680kg，创建成效显著。同时，利用项目建设，开展大户专题技术培训，示范点现场观摩、演示，关键时到田现场指导，带动全市大户新技术的普及，提高新品种新技术的覆盖率。

2.2 关键技术措施

2.2.1 培育适龄壮秧

重点推行应用机械化插秧，在精做秧床、培肥床土的基础上，根据栽插期推算落谷育秧时间，大面积在 5 月 18 日落谷，机械播种每亩大田用种量 3.5~4kg，播后上水洇盘，覆盖无纺布并加盖薄膜增温，齐苗后在第 1 叶完全叶抽出即播种 4~5 天后的傍晚揭膜并灌水洇盘，之后保证盘土湿润不发白，遇低温或雷暴雨灌深水护苗。对秧苗落黄的秧田，在上足水后每亩均匀撒施尿素 4kg，移栽前 3~4 天脱水炼苗。移栽前 1~2 天用 1 次药，带药移栽。

2.2.2 抢早栽争早发

小麦茬麦草全量还田条件下，机插水稻有效分蘖期一般 10~15 天，形成 2~3 个有效分蘖，小麦收获后抢早移栽。在秧苗 3 叶 1 心期，使用 25cm 行距插秧机栽插，栽插株距 13~14cm，每穴 3~4 苗，机插深度 2cm，栽后 5 天施用分蘖肥，第 1 次分蘖肥施用后 7 天用第 2 次，坚持早施、少施，每次每亩施尿素 5kg，通过培管措施，力争早发。

2.2.3 科学精准施肥

按照全生育期 20kg 纯氮用量，调整基蘖肥与穗肥比例为 6：4，氮、磷、钾比例为 1：0.5：0.6，适当增加基肥氮肥用量确保麦草腐烂不与秧苗生长争夺氮肥。分蘖肥分 2 次施用，坚持早施、少施，力争早发。穗肥严格按叶龄进行促保分施，适当增加钾肥用量，增强水稻后期的抗逆性。

3 生产实绩

据调查统计，2016 年全市水稻生虽长期受异常气候影响，但由于各项对策措施到位，推广机插秧，肥料农药等生产成本得到控制；推行优质食味稻米产业化发展，实现优质优价；狠抓项目建设和宣传培训，提高技术到位率；重抓典型培植，发挥示范引领作用。实现了单产虽较去年低 28kg，但农民每亩纯收益反增 4.9 元的成效（表 3）。

表 3　东台地区 2016 年种植效益评价表

年度	实收单产（kg/亩）	稻谷单价（元/kg）	亩产值（元/亩）	生产成本（元/亩）						净收益（元/亩）	各项补贴（元/亩）	纯收益元/亩
				种子	肥料农药	灌排	机械作业	用工成本	土地租金			
2016	634.7	2.7	1 713.7	20.6	240.0	90.5	220.0	146.0	500.0	490.5	110.0	600.5
2015	662.7	2.6	1 722.9	25.6	262.0	90.5	202.0	158.0	500.0	478.1	117.4	595.5
±	-28.0	0.1	-9.3	-4.7	-22.0	0.0	18.0	-12.0	0.0	12.3	-7.4	4.9

射阳县稻麦周年高产的制约因素及其发展对策

黄萍霞

（射阳县作物栽培技术指导站）

射阳县地处苏北沿海中部，是全国粮食生产基地县，长期以来，射阳县始终坚持紧抓粮食生产不放松，大力发展现代农业，创新农业经营模式，加强优质良田储备，加快农业科技成果转化，有力推动了粮食生产快步增长。

1 粮食生产基本情况

1.1 气候条件

射阳东临黄海，平川秀丽。由于海洋调节作用明显，加之季风影响，因而本县为温和湿润的季风气候。其特点是：季风盛行、雨水充沛、雨热同季、光照充足、无霜期长、宜农宜林、宜牧宜渔。

1.1.1 光能资源

射阳县日照比较充足，光能资源比较丰富，年平均日照时数为 2 202h。和邻县比较，比盐都区略少，但比大丰、建湖、阜宁和滨海都多。日照时数年际波动大，最多达 2 675.1h，最少只有 2 076.0h。日照的季节分配是夏多冬少，9 月常有秋雨，日照较少，平均只有 178h，10 月秋高气爽，日照充足，平均达 199.4h。

1.1.2 热量资源

射阳县年平均气温为 14.0℃，最冷月出现在 1 月，平均气温 1.1℃，年极端最低气温一般在 -10℃左右，历史极端最低气温为 -15.0℃；最热出现在 8 月，月平均气温为 26.3℃，年极端最高气温一般为 36℃左右，历史极端最高气温为 39.0℃。射阳县平均初霜日为 11 月 12 日，比邻县迟 3~9 天，平均终霜日为 4 月 1 日，平均有霜期 141 天，平均无霜期 224 天。

1.1.3 降水资源

年平均降水量 1 005.9mm，80% 的年份在 800mm 以上，55% 的年份在 1 000mm 以上，年际变化显著。多雨期与高温期大体同步，主要集中在作物生长旺盛季节，7 月降水量达 239.4mm，占全年的 1/4。

1.2 土壤质地与水质资源

射阳县境内土壤分为水稻土、盐土 2 大类。水稻土面积约 15 万亩，其中壤质土占水稻土 30%，黏质土占 5%，沙质土占 65%；主要分布在射阳河沿岸的海河、阜余、四明等乡镇，宜植水稻、三麦等；盐土类面积约 141.68 万亩，宜种棉花及特种经济作物等。

射阳县境内河流纵横，共有大小沟河 2 800 余条，骨干河道多为东西向，里下河腹部地区排水走廊三大港（射阳河、黄沙河、新洋港）横穿县境。主要骨干河道中，市管的除 3 大港以外还有小洋河、海河、廖家沟等河道；县管的有六子河、潭洋河、利民河、运棉河、新民河、运粮河、八丈河、串通河、通洋港、战备河、夸套河、新洋干河，地下水位在 0.4~2m，真高不高，属于"旱丰水欠"地势。

1.3 基础设施

射阳县在推动粮食发展过程中，一直将土地整理、农业综合开发、标准良田建设等项目的重点向粮食生产倾斜，改善基础设施条件，提高粮食生产能力。近 3 年来，射阳县累计投入项目资金 8 亿多元，建成高标准良田 37 万多亩，改造中低产田 26 万亩。一是改善土地平整状况。2013 年，射阳县试点推行联耕联种，将"小田"变"大田"，符合了大型机械作业的要求，但是由于原先一些"小田"之间存在不同程度的高低落差，导致"大田"出现高低不平，不利于统一耕种，在水稻种植上尤为明显。针对这一问题，射阳县政府利用土地整理、综合开发、低产田改造等农业项目，对农田进行平整改造。二是改善农机通行条件。结合农村道路改造，做好农田路、桥、涵等设施规划，建设机耕道路，保证大中型农机安全、畅通转移。三是改善农田水利设施。结合农田水利工程建设项目，做好农田水利工程建设，保证农田涝可排、旱可灌。同时结合农网改造，通电到田头，确保用电需要。

1.4　生产状况

射阳县是一个农业大县，长期以来，射阳县一直高度重视粮食生产，稳定面积、主攻单产。常年粮食种植面积 231 万亩次（注：不含农垦，下同），总产 11.35 亿 kg，其中水稻 103.5 万亩，总产 64.6 万 t。近年来种植品种以"淮稻 5 号""南粳 9108"为主，其应用率达 70%以上；稻作方式以机插秧、塑盘旱育抛秧等优新技术为主，其覆盖率达 65%以上。小麦 92 万亩，总产 37.72 万 t。品种以"郑麦 9023"为主，"淮麦 30""西农 979"等为辅，自 2013 年开始推行联耕联种以来，"扬辐麦 4 号""宁麦 13"等红麦品种面积也逐年增加，2014 年秋播，红麦品种面积增加到 10 万亩左右。由于新品种、新技术推广到位，加之技术服务到位，使该县稻麦生产水平单产逐年提高，2014 年全县粮食单产达到 484.9kg/亩，比去年 477.5kg/亩增加 7.4kg/亩，增幅 1.54%。但全县粮食生产水平尚不平衡，近 3 年西部稻区乡镇平均单产已达 492.1kg/亩，射阳河北灌区乡镇平均单产 483.6kg/亩，中南部和沿海滩涂地区平均单产 469.3kg/亩。

稻作方式主要有 3 种：机插秧、抛秧、人工手栽，近年来，随着农村劳动力的转移，直播稻面积也在逐年加大。同时万亩示范片区域内农民科技文化素质较高，对新品种、新技术、新模式接受能力较强，示范辐射能力强，带动了全县平衡增产。射阳县水稻生产区域农田水利条件较好，通过不断的人力、物力、财力的投入，基础设施比较完善，田间沟系配套，路、桥、涵、闸以及排灌动力正在加强建设之中。

小麦种植主要以稻麦轮作和麦棉套作为主，分为纯种小麦与林套小麦两种，其中纯种小麦 75 万~76 万亩，单产 427.3kg/亩，大多分布在西部稻区与东部沿海新垦地；林套小麦 15 万亩（折实面积），单产 398.4kg/亩。播种方式以人工撒播与机械条播为主，其中人工撒播面积 45 万亩，占小麦种植面积 49.9%；机械条播面积 47 万亩，占小麦种植面积 51.1%。

2　稻麦周年高产制约因素

农户分散种植，作物品种是良莠不齐，技术措施千差万别，不少早已淘汰的落后技术仍被沿用，新品种、新技术、新产品推进进程缓慢。

2.1　小麦生产制约因素

2.1.1　品种老化

近年来，射阳县农技人员虽然一直在致力于新品种的引进与推广，但农户受种植习惯和思维定势的影响，稻麦新品种应用步伐仍然迟缓。小麦上，"郑麦 9023"仍然当家，该品种 1999 年引进射阳县，到现在仍然沿用，郑麦 9023 的产量潜力比其他品种低 50kg/亩以上。

2.1.2　接茬播种推迟，播种量被迫加大

种植方式的不同（水稻机插、抛秧和直播发展很快），不同程度地推迟了水稻播种期，缩短了水稻生育期，不仅不利于水稻高产，而且因成熟期推迟，一定程度上造成小麦播种期推迟，整地播种困难，播种质量差，生育期缩短，不利于小麦高产。就今年而言，受持续低温阴雨的影响，射阳县水稻生育期推迟，至 10 月 25 日，水稻才陆续开镰，而 10 月 31 日至 11 月 2 日又遭遇了一场透雨，田间水分过度饱和，收割、耕整均受到影响，小麦播种再次受延，由于未适期播种，被迫增加播种量弥补群体总量，播种量由去年的 13.5kg/亩加大至 18kg/亩。一季推迟导致整个稻麦两季生育进程后延。从栽培学来讲，由于播期推迟，稻麦生长发育高峰期未与光能富照期形成充分吻合，极大地浪费了光热资源，降低了农作物干物质积累，最终给夺取周年高产带来一定影响。

2.1.3　种植方式不精确，播种质量差异大

20 世纪 90 年代，小麦机条播面积还比较大，此后，随着水稻茬口越来越迟，土壤适耕性差、播种机型老化和机械作业服务不到位等的影响，机条播面积越来越少，取而代之的是大量人工撒播，播种粗放、

播量大、出苗率不高，均匀度差。目前射阳县小麦机条播大多集中在东部沿海滩涂区、内地家庭农场、大户和联耕联种地块。而内地水稻区，土壤肥力好，但土地不够连片，受田块小、机械作业难、成本高等影响，仍然采用人工撒播—旋耕盖种的方式播种。播期迟、播量大、播种方式粗放、基本苗过多，一直是制约射阳县小麦产量突破 500kg/亩 的瓶颈。

2.1.4 肥水运筹不合理，氮、磷、钾配比失调

肥料是作物的"粮食"。古往今来，不论是发达国家还是发展中国家，施肥都是最普遍、最直接、最重要、最快捷的农业增产措施。但是作物养分不平衡不仅导致农作物病害发生，而且影响农产品质量安全。射阳县经过多年的示范和推广，虽然改变了过去"一炮轰"的施肥方式，但是施肥方式不合理，氮肥施用量过多，基追比不合理等现象依然存在。前期长势过旺，群体较大，不利于管理；蘖肥腊施，春季过早施肥，使春生分蘖大量滋生，延迟了两极分化，下落穗较多。氮磷钾配比不合理，许多农户不施磷肥，忽视了三元素之间的合理搭配，大大降低了肥料利用率。

2.2 水稻生产制约因素

2.2.1 稻作方式多样，直播稻影响产量提升

近几年，直播稻在射阳县悄然蔓延，稻作方式由过去的抛秧、机插、人工移栽 3 种变为 4 种。由于直播稻人为的缩短了水稻生育期，其产量比移栽稻平均减产 50kg/亩 左右，比抛秧减产更多。以 6 月 15 日播种为例，比移栽稻迟播 1 个月，缩短生育期 20 天左右，以每亩日产 4kg 稻谷计算，理论减产 80kg/亩，但由于生物的补偿作用和直播稻成穗多的特点，实际减产 50kg/亩 左右。同时不排除生长过程中的洪涝、低温、化除、杂株等风险。

2.2.2 机插秧的配套技术不配套

射阳县小麦收获期在 6 月上旬，而水稻的适宜移栽期在 6 月上中旬，季节重叠，易造成栽插时间紧张，如在小麦收获季节再遭遇到阴雨天气，水稻移栽必然延迟。由于季节紧张，大田整地质量跟不上，或者插秧机作业时出故障，操作不熟练，作业效率低等原因，不能在计划时间内结束移栽。同时由于栽插时间不确定，对水稻育种也带来了一定的难度，极易造成超秧龄移栽，增加秧苗植伤。2016 年夏插期间，由于插秧机械不足，部分田块至 7 月初才栽插结束。

2.2.3 肥水运筹

目前的农业生产由于种植方式的粗放，导致季节性矛盾非常突出，茬口难以统一，为统一肥水运筹带来极大的困难。同时由于前茬作物的种植品种、种植方式、管理措施的不同，作物的成熟期前后相差较大，同一田块的成熟收割期前后相差多达 15 天以上。

综上所述，土地分散给千家万户经营是制约射阳县水稻生产进一步发展的主要因素。该体制已逐步变成了阻碍农业生产力进一步发展的瓶颈。尽管中央进一步加大了种粮扶持力度，实行了多项惠农政策，但由于化肥、农药等农用生产资料价格不断上涨，劳动力成本不断提高，且粮价上涨速度远低于农资、劳务及蔬菜等其他农产品上涨速度，种粮的比较效益仍然很低，农民种粮积极性不高，农业收入已不再是农民的主要收入来源，更大程度上是作为一项辅业来抓，农民虽有增产愿望但无增产行动。

3 对策分析

3.1 规模经营

近几年中央一号文件相继提出要着力提高农业生产经营组织化程度，推动统一经营向发展农户联合与合作转变，同时要切实保障农民利益。射阳县 2013 年开始推行的联耕联种顺应了中央文件精神，促使家庭经营向新的经营主体转化，使原来一家一户的单独生产经营变为以一村一组，或以一方地涉及的农户为单位联合经营，催生了专业化合作社和家庭合作经营联合体，简化了以往农技推广千家万户的服务对象，解决了种植的品种多、乱、杂，栽培方式多样，施肥打药不一等问题，降低了农技推广难度。2014 年 6 月 6 日和 10 月 29 日，省高产创建测产专家组在四明镇新南村分别对小麦与水稻进行联耕联种实收验产，小麦单产 531kg/亩、水稻单产 677kg/亩，且在全县大面积生产中出现较重的稻瘟病、倒伏和飞虱冒穿的情况下，联耕联种田块基本未见稻瘟病发生，无冒穿与倒伏现象。实现了全年粮食单产 1 200kg/亩 的好成

绩，达到了稻麦周年高产的目标，基本实现了全程机械化、农业现代化。

3.2 技术配套

按照"增产增效并重、农机农艺结合、良种良法配套、生产生态协调"的总体要求，通过发放农技"明白纸"，电视专栏宣传，组织专题培训，实现高产优质品种、高产增效技术的全覆盖。从射阳县的情况看：确保选用高产多抗且适应性好的品种，同时集中供种实现了区域性品种统一；在技术的推广上，小麦种植全部采用犁耕深翻秸秆还田技术和机械复式条播技术，在确保适期播种基础上，注意肥水运筹，着重施好拔节孕穗肥；水稻种植采用水稻机械播种钵盘育苗技术和配套栽插技术。

3.3 培育新的经营主体

规模经营要有人管理服务，最好的方式就是培育合作组织，特别是培育农机合作社，将农机手吸纳到合作社，增强组织化程度，开展统一耕作服务，做到收费合理，服务质量提高，农机手利益得到保障。同时要把农民专业合作组织作为促进农业科技推广、培育新型农民、提高农民素质的重要载体，通过农民专业合作组织开展技术交流和培训，传播新技术、新信息、新成果，培养造就一批有文化、懂技术、会经营、善管理的新型农民。

规模经营对土地要求较高，既要保证成方连片，又是保证土地相对平整，同时要做到桥涵闸站路相配套，而这些单靠农户自已投入是做不到的，要结合农业综合开发土地治理、农田水利建设等项目，充分做到田块规则，土地平整，水系配套，机耕道路、桥涵完整，保证大中型农机安全、畅通转移。

射阳县啤酒大麦生产现状

董爱瑞

（射阳县作物栽培技术指导站）

射阳县拥有 2 650km² 的土地，位居全省之首。射阳县生产的啤麦以蛋白质含量低、千粒重高、浸出物含量高的优势而受到啤酒厂商的青睐。

1 生产现状

1.1 品种选择

近几年，射阳县大麦主要以稻麦轮作为主。2014 年，射阳县大麦面积 29.58 万亩，平均单产 393.6kg/亩，总产 11.65 万 t；主要分布在南部麦区及临海、千秋等镇；品种主要有"单二""苏啤 3 号""苏啤 4 号""苏啤 6 号"等，其中苏啤 3 号和单二的种植面积较大，分别为 15 万亩和 5 万亩，单二因其质好价高，多集中在种粮大户种植，苏啤 3 号尽管啤用质量不佳，但因产量高而多为千家万户种植。另外，射阳县境内省农垦农场大麦种植面积 13 万亩左右，其品种统一为"单二"，因其规模大，生产与管理一致，品质佳、质量好。

1.2 生产优势

啤酒大麦由于其早熟、耐瘠、耐盐的特点，在射阳县深受广大农民的欢迎，种植面积较大。一是射阳县境内农场较多，啤麦种植面积达 13 万亩，生产水平较高，且质量较好。二是射阳县啤麦与国内其他地区相比，水敏性和醇溶蛋白含量低。

1.3 效益比较

射阳县啤麦亩生产成本一般在 200 元左右，每千克成本为 0.5~0.6 元，甘肃啤麦亩产 400kg，费用达 446.7 元，每千克生产费用为 1~1.2 元。与西北啤麦相比，射阳县啤麦成本低，主要是节省了灌溉和施肥费用。特别是运输成本也较低，每吨只需几十元，而从西北铁路运麦每吨成本可达 200 元，从国外海运进口，则每吨运输价达 110~170 元，显见射阳县啤麦运输价格明显低于西北及进口啤麦价格。

1.4 产业优势

一是啤麦加工能力的增强。射阳县建成一座大型麦芽生产企业（年生产能力为 10 万 t），啤麦价格大起大落现象大幅减少，粮农从中收益 1 000 万元以上。二是江苏省啤酒大麦行业协会挂靠于盐城市农林局，这对射阳县啤麦产业的发展提供了信息和人才保证，目前正与农垦加强合作，以进一步推动啤麦生产的发展。三是射阳县啤酒消费水平有所提高，各种档次的啤酒都有一定的市场。四是地理位置佳。全国共有 4 大啤麦主产区：浙江、苏北、西北（甘肃）、东北（辽宁），其中西北、东北西区都是春大麦，尽管色泽好、发芽率高，但蛋白质含量高，啤用品质并不佳。浙江和苏北都是冬大麦，但浙江因成熟期间多阴雨天气，尽管蛋白质含量较低，但色泽不好，发芽率偏低，啤用品质也欠佳，唯有苏北产的啤酒大麦因色泽好、发芽率高、蛋白质含量适中、啤用品质较佳而成为各大啤酒厂争相竞购的俏手货。五是气候适宜。按理说，地处同纬度的阜宁、建湖、楚州、皖北等地，也应该是较为理想的啤酒大麦生产区域。射阳县紧挨海边，海洋性气候明显，春夏之交及初夏时节，气温回升慢，湿度较低，非常有利于啤酒大麦的灌浆结实，大麦千粒重较高，而内地因气温回升较快，气温稍高，大麦灌浆期缩短，大麦千粒重较低，同样的品种级比射阳县低 1~2g。这也是射阳县啤麦畅销市场的原因之一。

2 存在问题

2.1 啤麦品质优势不突出

一般以户为单位的生产经营，种植分散，规模不大不连片，标准化生产技术普及率低，农户间的生产水平差异较大，加之流通渠道混收、混储，优质不优价，使得啤麦质量差异比较明显，商品啤麦质量不稳定。

2.2 啤麦无害化优质栽培技术不到位

啤麦在江苏省耕作制度中处于从属的地位，大面积生产中农民种植和投入的积极性低，随意种植，耕作管理粗放，导致种麦科技含量低。

2.3 啤麦收脱贮环节不适应

射阳县啤麦收脱贮不能适应啤麦优质生产的要求，故除了通过栽培技术调节播期外，还要添加烘干设备，增强啤麦加工自动化处理能力。

2.4 啤麦产业化联合不紧密

啤麦经营机制、市场发育、服务水平较低，特别是在信息、品种、技术、组织和产销衔接方面缺乏具体的实体支持，未真正形成生产、加工、市场"三位一体"的运行模式。

亭湖区2016年水稻生产实绩与思考

黄钻华　王永超

（盐城市亭湖区农作物栽培技术指导站）

2016年亭湖区水稻生产受前期持续阴雨、极端高温、中后期高温高湿等不利天气影响，水稻苗情比较复杂。在各级部门高度重视及大力指导下，认真践行"三点"工作法，扎实推进绿色高产高效创建，大力开展进村入户培训，狠抓防灾减灾措施落实，确保各项关键措施落实，实现了秋熟生产总体平稳。

1　生产基本情况

1.1　面积增、单产减、总产增

2016年亭湖区水稻种植面积16.05万亩，增1.05万亩，其中中熟中粳5.9万亩，迟熟中粳9.65万亩，糯稻0.5万亩。水稻平均亩产621.3kg，减5.09kg；总产9.97万t，增0.58万t。

1.2　产量结构"一平三降"

水稻亩穗数持平，穗粒数、结实率、千粒重均较去年有不同程度降低。平均每亩穗数23.6万；每穗粒数113.9粒，减少0.3粒；结实率90.9%，减少0.4%；千粒重26.1g，减少0.4g；理论亩产637.7kg，减少14.3kg。

1.3　生产效益略有下降

效益不及去年主要由于产量的下降。2016年对于水分、杂质率、出米率要求依然较高，受后期阴雨及穗发芽影响，实际收购价每千克在2.55~2.7元。亩生产成本1 000元，与去年基本持平，大户土地流转费用略有降低。

1.4　主推品种与技术明确

种植的主要品种有淮稻5号、南粳9108、武运粳21号等，种植面积占全区水稻面积的80%以上，其他还有甬优2640、苏秀867、华粳5号等品种在部分地区有种植。主推技术应用方面，目前栽插方式主要为机插秧和直播稻，主要推广稻麦周年高产高效模式与栽培技术，水稻集中育秧与机插秧，大户应用比率较高。

1.5　气象与苗情分析

1.5.1　前期：苗期—有效分蘖期（6月中旬至7月下旬）

阴雨寡照多，特别是入梅后持续降水，一是秧苗素质下降。阴雨持续时间长，温度低、光照少，栽插的秧苗细长，未栽插的超秧龄。二是栽插期跨度长。南洋镇移栽早的5月底栽插，东部迟的7月中旬还未结束，部分大户到7月底才栽插，时间跨度1个半月。

1.5.2　中期：分蘖后期—拔节孕穗期（8月）

中期总体生长良好，除了两次极端高温和干旱外，水稻受旱面积小，仅对处于穗分化和生育进程较早的水稻开花受精（穗粒数、结实率）略有影响。

1.5.3　后期：抽穗扬花—灌浆结实期（9—10月）

9月台风少，10月上中旬高温高湿，造成倒伏和穗发芽，总体来看，南粳9108受阴雨天气影响相对较大，淮稻5号受阴雨天气影响相对较小。下旬又降温阴雨，影响收获。

2 主要工作亮点

2.1 成功示范硬地育秧

5月，组织相关技术人员和育秧大户一行8人奔赴溧阳市上黄镇夏林村考察学习硬地硬盘育秧新技术。回来后，在黄尖、南洋建立了水泥地育秧试点2个，其中黄尖育秧点总计4亩，一次性育秧成功，苗体素质较好，形成了技术规程，制作了简单的视频短片。

2.2 狠抓关键措施落实

一是狠抓播栽基础。5月，赶赴各镇集中育秧点进行现场指导，及早启动育秧栽插工作，为适期播栽奠定了基础。抓东区大户播栽进度，一旦发现水稻机直播时间来不及，突击调运秧苗，安排机械栽插，有效控制了部分过迟播种。二是注重灾害防御和自救。注重田间排水降渍，小面积倒伏的水稻扶起扎把爽水，大面积的调配机械抢收，开启烘干设备烘粮，满负荷作业。

2.3 开展绿色高产创建

秋熟共布置了2个水稻高产创建示范方，全部达到了项目建设的要求，其中南洋水稻高产高效示范方申请了市级实收测产，亩产达716.1kg，对亭湖区2016年秋粮生产起到了有力的示范、辐射和推动作用。

2.4 践行"三点"工作法

一是技术专家指点到位。制定行业指导意见，邀请省市专家来亭传经送宝。二是业务团队建点到位。在黄尖镇新街村建立了稻麦科技综合示范基地，开展试验示范。三是农技人员挂点到位。站上技干全部挂钩到村到户，特别是在夏季、秋季持续阴雨天气下，坚持进村入户、踏田调查、做好指导。

2.5 加强宣传扩大影响

6月，全市粮油系统来亭观摩集中育秧示范点；区委书记李东成、副书记孙红艳、副区长周质恂视察夏种工作；省农委农业局局长马德云到黄尖硬地硬盘育秧基地指导工作。在《"三农"研究与决策咨询》发表调查文章一篇，参加"2016年度全市粮油种植技能竞赛活动"，获团体、个人二等奖。通过各类媒体大力宣传工作动态，在各级农业网完成相关报道50多次，发送12316短信20多条，通过市、区两级电视新闻宣传24次。

3 存在突出问题

3.1 各种灾害频发重发

自然灾害始终是影响水稻生产的重要因素，特别是近2年，气候变化难以预见等因素对水稻正常收种、持续增产的约束日益突出。10月，全区有1万多亩水稻出现了难得一见的穗发芽现象，造成品质下降，重点分布在南洋、黄尖两镇，所幸后期受降温影响，穗发芽现象得到遏制，但收脱进度仍然较慢。其次，现有烘干容量满足不了大量集中烘干所需，大部分仍然靠人工晾晒，收获存贮的稻谷普遍含水量偏高，利用雨停间隙抢收的水稻出现霉变。

3.2 大户收种进度滞缓

2016年水稻前期阴雨多，生长缓慢，后期又连续阴雨，湿度大机械难以下田，农户收种进度明显迟缓，特别是种植大户。种植大户的规模和实际组织管理水平不匹配，加上受晒场、烘干设备的制约，大户收割时间就更迟，收割后受天气、机械等因素影响较大，下茬播种进度进一步延迟，对夺取丰产丰收带来隐患。

3.3 效益低影响积极性

2016年产量降低了，"以秋补夏"成为泡影，农户收入也就缩水了，特别是种粮大户，影响了农户种粮积极性。有的大户把土地租金减少了，但还有的一直降不下来，一旦管理不到位或遭遇天灾，承担不起风险就会出问题。

4 有关工作建议

4.1 转变思路，立足高效

降成本方面，召开大户座谈会，掌握大户租金现状，提出切实可行降租办法，核算农药、肥料、人工、机械等成本，帮助大户适当降低投入。抗灾减灾方面，建议国土、规划、农委、粮食部门加强会商，加快烘干设备建设，在阴雨模式下争取收种主动。

4.2 顺应变化，加强服务

在现有技术基础上，研究天气变化对农作物的影响及应对措施，特别是多阴雨条件下的品种选用、播期调控、直播稻技术、穗发芽形成等。其次，创新服务方式，服务主体逐步从面上指导向重点大户转变，推进适度规模经营，从产中服务向产前产后两端扩展，结合各种现代化手段加强服务指导。

4.3 拓宽思路，打造亮点

全区缺乏典型生产经营模式，"稻渔（虾、蟹、鱼、鸭）共作"仅一家开始尝试，"水稻+N"与"稻—瓜"轮作面积较小，稻米经营方面现有加工企业规模较小，且品牌不响、优势不强，所以下一步将加强研究、挖掘典型，积极参加"江苏优质稻米暨品牌杂粮博览交易会"，打造亭湖特色。

亭湖区夏熟抗逆应变播种实践与思考

黄钻华　　王永超　　陈乃祥　　李艳莉

（盐城市亭湖区农作物栽培技术指导站）

2016 年在省、市领导和有关专家的精心指导下，亭湖区努力克服播期连阴雨等不利因素影响，扎实推进绿色高产高效创建，大力开展进村入户培训，认真践行"三点"工作法，确保各项关键措施落实，在部门全体人员及广大农户的共同努力下，夏熟作物生产总体形势向好。现将 2016 年夏熟生产情况总结如下。

1　总体生产形势

1.1　面积与产量

1.1.1　面积稳结构调

全区夏粮种植面积平稳，总面积 25.5 万亩，较上年减 0.3 万亩。其中小麦面积 19 万亩，增 1.5 万亩；大麦面积 5.5 万亩，减 1.6 万亩；二豆面积 1 万亩，减 0.2 万亩。油菜面积 4 万亩。

1.1.2　单产恢复增长

根据收获前调查与测产，2016 年夏粮单产 381kg，较去年增 25kg，与常年相当。其中小麦单产 390kg，增 30kg；大麦单产 380kg，增 10kg。油菜单产 195kg。

1.1.3　总产相应提高

全区夏粮总产 9.71 万 t，增 0.54 万 t。其中小麦总产 7.41 万 t，增 1.11 万 t；大麦总产 2.09 万 t，减 0.54 万 t。油菜总产 0.78 万 t。

1.2　产量构成要素

小麦"两增一平"。据苗情点系统观察和亭湖区成熟期测产考察情况汇总：小麦亩成穗数 37.9 万，增 1.2 万穗；每穗 28.2 粒，减 0.1 粒；千粒重 37.9g，增 1.4g。油菜亩株数 0.86 万，株角数 332 个，角粒数 22.1 粒，千粒重 3.06g。

1.3　种植效益

2016 年夏熟种植效益普遍升高。小麦市场行情明显好转。去年下半年开始，小麦市场收购价格持续上涨，2016 年麦子品质较好，小麦收购价每千克在 2.3～2.4 元，白麦比红麦价格平均高出 0.06 元/kg，价格明显好于去年，呈现出产量、价格、效益三增的良好发展势头。亩成本与去年基本持平为 570 元（种子 60 元、肥料 120 元、农药 40 元、农机作业费 150 元、人工费 200 元）。大麦品质也较好，收购价格每千克在 1.58～1.64 元，较去年高 0.35 元左右。油菜籽价格每千克 4.8 元左右，明显高于去年。

1.4　气候与苗情

1.4.1　播种出苗（10 月底至 12 月上旬）

2015 年 10 月以来，持续阴雨时间长、雨量大，对秋收秋种造成了不利影响，由于田间湿度大和坚持"宁迟勿烂"原则，全区整体播种进度偏慢，10 月播种的全部为旱茬麦，较早播种和适期播种面积仅 7 万亩，占 36.8%，迟播面积 4 万亩，占 21.1%，过迟播种面积 8 万亩，占 42.1%，晚播小麦面积大，但烂耕烂种面积相对较小，仅有 2.5 万亩。过迟播种、错过安全播种临界期影响小麦正常出苗和安全越冬。

1.4.2　越冬至返青（12 月中旬至 3 月上旬）

越冬期气温异常偏高，对晚播弱苗转化十分有利。12 月中下旬至 1 月上中旬，田间土壤湿度仍然偏高，稻茬小麦苗情不平衡性突出，据12月18日调查，平均叶龄2.2，叶龄偏小、长势弱、转化慢。1月下旬出现了大范围寒潮降温天气，所幸面上生育进程慢，对小麦生长影响总体有限。2月，迟播小麦尚无分蘖、亩总茎蘖数大多不足30万。"雨水"过后，气温回升，苗情开始转化，杂草发生量也逐步变大。

1.4.3 拔节孕穗（3月中旬至4月中旬）

气温较平稳，积温偏高，有利于小麦拔节，旱茬小麦生育进程与常年相当，稻茬小麦受迟播烂种影响，生育期普遍偏晚，11月底前播种的小麦齐穗期在4月17—27日，12月后迟播的小麦齐穗期在4月28日至5月上旬。

1.4.4 抽穗至成熟（4月底至6月初）

此阶段降雨少，气温高，十分有利于"一喷三防"措施落实，2016年病虫总体发生和为害轻。但长期干旱影响了小麦孕穗抽穗和籽粒灌浆，个别大户种植的小麦前期营养生长不够，后期生殖生长加快，不少田块矮秆抽穗结实，穗头偏小，穗数足的能够弥补一部分产量，穗数不足田块产量很低。由于天气帮忙，2016年进度明显加快，大麦于5月17日开镰，5月底收割结束；小麦6月初开镰，6月中旬收割结束。

2 主要工作亮点

2.1 狠抓关键措施落实

一是狠抓秋播基础。抢抓旱茬播种进度，降雨前基本结束，并有效控制过迟播种，2月16日，市粮油站专家到亭湖区南洋镇检查指导，小麦长势总体好于周边县市区。二是优化肥料运筹。针对迟播现状，适当控制基肥氮素用量，增加苗肥、返青肥用量，重视拔节孕穗肥的施用，为苗情转化升级奠定了基础。三是采取抗灾应变措施。抗逆应变播种（开沟排水、机械匀播、人工撒播、增加播量），减少烂耕烂种，开展"一喷三防"，及时抢收，确保了夏粮丰产。

2.2 开展绿色高产创建

夏熟共落实了2个小麦高产创建示范片，全部达到项目建设要求，其中中路港农场小麦高产创建示范匡申请了市级实收测产，亩产达528.2kg，超过预期产量目标17.4%，对亭湖区2016年夏粮生产起到了有力的示范、辐射和推动作用。

2.3 全力服务夏熟生产

一是大力开展技术培训。4月11—12日，农作物栽培技术指导站举办了亭湖区稻麦三新技术培训会，全区100名种植大户参加培训，主要内容为：稻麦优新品种推介、小麦中后期病虫害防治、田间管理技术等。二是及时上报农情材料。上报省农技推广总站、市农委农业处、粮油站的各类农情报表，按时填报网上农情监测数据，做到数据靠实准确，并及时向领导汇报，为领导决策提供基础依据。农作物栽培技术指导站2名同志被市农委表彰为"农情调度及蔬菜生产信息监测工作先进个人"。每月报农教中心的粮油经济形势分析、农业基点调查表，定期报区农委的周、月工作总结和工作计划以及相关报表和材料等，做到上报不拖不延。三是践行"三点"工作法。制定行业指导意见，常驻基层开展指导，各级领导到点视察都能提前到场准备。充分发挥团队力量，农作物栽培技术指导站支部在黄尖镇新街村建立了稻麦科技综合示范基地，开展试验示范，树立了"三点"工作法大牌子。站上技术干部全部挂钩到村到户，按时填报服务手册、农技耘推广日志。

3 存在突出问题

3.1 秋播基础不牢

受持续降雨影响，2015年秋收秋种进度明显偏慢，特别是东区种植大户多、面积大，小麦播种一直拖到12月甚至翌年1月，晚播面积创历史之最。迟播麦田虽加大播种量（25kg/亩左右），但前期群体密度高，亩穗数增加有限，茎秆细弱，容易倒伏，且过迟播种前期营养生长不够，后期生殖生长加快，不少田块矮秆抽穗结实，穗头偏小，穗数足的能够弥补一部分产量，穗数不足田块产量很低。

3.2 产量差距较大

主要与农户播种时间、管理水平有关。黄尖镇新街村大户征连成：11月16日抢晴机械匀播，宁麦

13，播量 15~18kg/亩，穗数足、穗型中等、千粒重高，实收测产 647kg/亩。南洋镇股园基地：11 月 18 日、12 月 10 日分批人工撒播（土壤水分大），宁麦 13，播量均为 15kg/亩，实收产量分别为 496kg/亩、458kg/亩。而南洋镇兴隆村大户陈志华：11 月 18 日播种，郑麦 9023，穗头大，但空秕粒很多，产量很低，收购企业也不要；另一个大户：穗数一般，但穗头很小，平均穗粒数仅有 20 粒左右，产量大打折扣。

4 有关工作建议

4.1 抗湿播种要研究

近几年秋播连续阴雨天气给小麦播种出苗带来很大难度，生产上对于小麦抗逆应变播种、秸秆全量还田下提高小麦播种质量等都需要试验、研究和总结经验，以更好地指导大户积极应对。

4.2 田间管理要跟上

现在讲究科学种田，季节安排、收种机械安排、肥料农药使用等都很有学问，农户自己要钻研技术，特别是种植大户，自己不够专业一定要聘请管理技术人员，否则得不偿失。

滨海县2016年水稻生产现状及对策措施

周忠正　郑　勇

(滨海县农业委员会)

2016年滨海县坚持稳定面积、主攻单产、改善品质、提高效益的发展思路，加强技术集成研究，加快普及主推技术，优化品种应用布局，通过狠抓培育壮秧、机插、测土配方施肥、病虫草害统防统治、抗灾补救等关键性配套措施的应用，2016年滨海县水稻实现了全面丰收。

1 生产技术总结

1.1 水稻生产特点

1.1.1 面积产量——全面增长

2016年滨海县水稻生产特点表现为"三增"，即面积、单产、总产齐增。2016年滨海县水稻种植面积83.5万亩，比2015年82.35万亩增1.15万亩；单产632kg/亩，比2015年629.1kg/亩增产2.9kg/亩；总产52.77万t，较2015年51.81万t增0.96万t，增幅1.85%（表1）。

1.1.2 产量要素——三增一减

全县水稻生产群体结构特点表现为"三增一减"，即每亩穗数、每穗粒数、结实率三增，千粒重一减。

表1　全县水稻产量结构对照表

年度	总面积（万亩）	单产（kg/亩）	总产（万t）	产量结构					实收单产（kg/亩）
				有效穗（万/亩）	总粒数（粒/穗）	结实率（%）	千粒重（g）	理论产量（kg/亩）	
2016	83.5	632	52.77	24.9	144	90.2	26.4	689.8	632
2015	82.35	629.1	51.81	24.8	113.8	89.8	26.5	687.1	629.1
±	+1.15	+2.9	+0.96	+0.1	+0.2	+0.4	-0.1	+2.7	+2.9
±%	+1.40	+0.46	+1.85	+0.40	+0.18	-0.45	-0.38	+0.39	+0.46

1.1.3 稻作方式——趋于机械化

种植方式特点表现为"三减一增"。近年来，滨海县稻作方式呈多元化发展趋势，手栽、机插、抛秧和直播四种稻作方式并存，有趋于机械化的趋势，手栽、抛秧、尤其是直播稻面积有明显缩减，机插秧面积进一步扩大。据调查统计，2016年全县机插秧63.5万亩，比上年44.3万亩，增19.2万亩；直播稻14.5万亩，比上年34.95万亩，减20.45万亩。机插秧面积进一步扩大，直播稻面积有效控减。

1.1.4 种稻效益——与往年持平

2016年水稻产量略增，水稻种植效益增加。目前，常规粳稻价格平均在2.58元/kg左右，比去年同期持平，水稻亩产值为1 630.56元，扣除各种生产成本（用种、化肥、农药、灌排、机械及用工成本）845元，加上各项补贴105元/亩，亩纯收益为890元，较去年875.94元的亩平纯收益有小幅的增加。

1.1.5 主推品种——多而杂

品种较常年多而杂。主体品种有连粳7号面积约为18万亩；连粳6号面积约为12万亩；宁粳4号面积约为 11 万亩；淮稻 5 号面积约为 15 万亩；淮稻 11 号面积约为 7 万亩。依托粮食绿色高产创建、优质稻米基地等项目，采取招投标遴选供种企业，在项目实行统一供种，将良种与良制、良境、良田、良机、良法配套，提高水稻品质、单产与效益。

1.1.6 病虫草害——轻与往年

2016 年水稻病虫发生特点是：草害重、纹枯病重、迁飞性害虫迁入早、稻瘟病、稻曲病、螟虫发生轻。病虫草害总发生面积 296.79 万亩次，开展防控 763.05 万亩次，共挽回稻谷 156 878.5t，主要缘于滨海县在秋熟生产过程中坚持把打赢病虫害防治总体战作为夺取秋熟丰产丰收的重中之重，防治力度空前之大，防治措施得力到位。

1.2 气象特点和苗情

2016 年气候主要特点是 8 月高温干旱无雨，9、10 月低温、多雨、高湿。根据滨海县气象资料表明，2016 年整个水稻生长期间（5 月 20 日至 10 月底）内，总降水量 695.8mm，同比常年 719mm 少 23.2mm；总日照 807.6h，同比常年 995.8h 少 188.2h；总积温 3 855.1℃，较常年 3 567.4℃多 319.6℃。水稻生育期内总积温较常年有明显增多，日照时数和降水量较常年均有所减少。虽然 8 月旱情较重，10 月底 11 月初的连续阴雨大风天气导致部分田块出现不同程度倒伏、穗发芽现象，但是总体而言气候条件有利于水稻生长，前中期气候对水稻分蘖发生、幼穗分化较为有利，形成足穗和大穗；后期气候条件有利于水稻灌浆结实。

1.3 稻作模式效益分析

据调查，2016 年滨海县机插秧亩效益为 891.25 元，比手栽秧多 703.37 元多 183.88 元，比抛秧稻 770.53 元多 120.72 元，比直播稻 454.29 元多 436.96 元。机插秧较其他三种稻作方式平均减少 3~4 个人工，虽然机械成本提高，总体还是省工节本。同时机插秧苗情较好，也有利于减少肥料、农药的投入，又节约了成本（表 2）。

1.4 技术集成与推广工作

1.4.1 主体核心技术

（1）品种调优技术。滨海县根据省农委"四主推"文件精神，选用丰产性较好，抗性较强，品质达到国标三级以上的优质水稻品种，如宁粳 4 号、连粳 6 号、连粳 7 号等，并实行集中连片布局，全县良种覆盖率 99% 以上。

（2）麦草全量还田稻作技术。通过联合收割机收割并切（粉）碎秸秆→人工铺匀秸秆→田间灌水沤田→拖拉机带动秸秆还田机深埋秸秆→平田沉淀等方式，实行全量麦草旋耕还田，一般增产 5%~8%，增收节支效益 80 元/亩以上。

（3）精确定量栽培技术。以商品化育秧项目实施为载体，通过精确播种培育壮秧、精确控制基本苗、精确运筹肥料、精确定量灌水、精确防控病虫草害等措施大力推广水稻精确定量栽培技术，技术体系应用后，较常规生产单产提高 10% 以上，节约氮肥 5% 以上，化学农药使用量降低 20% 以上，农民平均每亩增加收入 100 元以上。

（4）测土配方施肥技术。增施有机肥和生物肥，合理运筹氮、磷、钾，补施硅、微肥。亩施纯氮 22~24kg，基蘖肥和穗肥比例由以前的 7：3 调整为 6：4，示范区调整到 5.5：4.5，基蘖肥中基肥和分蘖肥的比例调整为 8：2。穗肥一般分 2 次施用，一次在倒 3.5 叶期施用，占穗肥总量的 60%，第二次在倒 1.5 叶期施用，占穗肥总量的 40%。$N：P_2O_5：K_2O$ 比例为 1：（0.5~0.75）：（0.8~1）为宜，磷肥基施，钾肥分基肥和拔节肥两次施用，各占 50%，并施好多效硅肥和微肥。同时，指导农民在测土配方的基础上，因时因苗科学施肥。这样的肥料运筹，既提高了产量，又增强了水稻抗逆性，还有效改善了稻米品质。

（5）病虫草害专业化防治技术。病虫草害专业化防治是防治病虫草害的最有效的方法，2016 年来，滨海县高度重视镇村病虫草害专业化防治组织的建设，始终坚持"预防为主，综合防治"的植保方针，要求镇区以专业化防治组织为载体，实行统防统治。在种植品种、时间、方式相对统一的基础上，尽量做到统一药剂、统一时间进行防治，减少用药量和用药次数，节约防治成本，提高防治效果。2016 年滨海县水稻秧苗期对灰飞虱、条纹叶枯病的防治，以及水稻中后期对"三病两虫"（纹枯病，稻瘟病，稻曲

表2　稻作模式效益分析表

稻作方式	实收单产 (kg/亩)	稻谷单价 (元/kg)	亩产值 (元/亩)	生产成本 (元/亩) 种子	肥料	农药	灌排	机耕	机栽	机收	用工量 (工)	用工成本 (元)	其他	合计	净收益 (产值-投入, 元/亩)	各项补贴合计 (元/亩)	纯收益 (元/亩)
机插秧	635.6	2.58	1 639.85	70	145	120	53.6		165		3	180	15	748.6	891.25	105	996.25
手栽秧	649.6	2.58	1 675.97	72	152	125	53.6	65		70	7	420	15	972.6	703.37	105	808.37
抛秧稻	651.6	2.58	1 681.13	75	152	120	53.6	65		70	6	360	15	910.6	770.53	105	875.53
直播稻	523.6	2.58	1 350.89	95	140	140	53.6	65		70	5.3	318	15	896.6	454.29	105	559.29

病、稻飞虱、纵卷叶螟）的防治，由于组织及时，防治措施得力得当，病虫为害损失降到了最低限度，病虫害面积、发生率、病株病穗率均低于 2015 年，水稻生产因病虫害损失较小。

2　主要推进措施

（1）全面提升组织领导水平，周密部署落实生产任务。2016 年水稻生产，始终得到县委、县政府及主要涉农部门的重视。围绕粮食增产、农业增效，农民增收这一目标，从确保粮食安全的战略角度出发，坚持抓好水稻基础产业优势。一是强化农业领导。为全面完成 2016 年水稻生产目标任务，县里专门成立工作领导小组，下达水稻生产计划，并制定相关配套措施，各镇区都成立了相应的组织机构，切实把水稻生产摆上重要议事日程。二是强化目标考核。今年县政府对水稻面积、产量、精确定量栽培技术、机插秧技术推广及控减直播稻、秸秆全量还田、机插秧技术等推广运用情况进行单项考核，年终由县政府对各镇区和部门进行工作业绩考评和物质奖励。三是加强部门合作。做到各涉农部门相互配合，形成合力，努力提高为农服务质量，使种子、农资、农机和技术指导各项服务功能有效到位，从而确保水稻生产的顺利进行，有力地促进水稻生产水平的提高。

（2）严格落实惠农补贴政策，充分发挥良种增产潜力。水稻良种补贴和水稻直补是国家稳定粮食生产，增加农民收入的重要举措，滨海县十分重视此项工作，组织了强有力的领导和工作班子，确保把惠农政策做好做实，补贴资金真正发放到农民手中。2016 年滨海县共争取到农业综合补贴（耕地地力保护补贴）12 961.11 万元。通过一系列惠农政策的实施，一方面，滨海县水稻优质良种覆盖率提高到 99% 以上，品种以宁粳 4 号、连粳 6 号、连粳 7 号、淮稻 5 号、淮稻 11 号等为主，另一方面实现了品种优质化、种植区域化、生产效益更加明显，极大地提高了农民种粮积极性，充分发挥了良种增产增收潜力，有效地保障了滨海县粮食安全。

（3）积极强化舆论宣传指导，大力推广关键技术普及。一年来，我们通过《滨海报》、滨海电视台等媒体、以及发放明白纸、建立示范方、咨询服务等形式，积极推广水稻精确定量栽培、测土配方施肥、秸秆全量还田、水稻病虫草害综合防治等多项技术。一年来，总计向广大农民发布科技服务信息 280 多条，举办植保天气预报 138 期，接受咨询 20 000 多人次，下乡巡诊 100 余次，农干校组织栽培、植保、土肥等专家到各乡镇进行专题培训。使得农民新优技术的接受率大大提高，有效地降低了农民种田成本，增加了农民种植效益。县农业部门通过电视、明白纸等媒介，并根据实际生产状况，全力指导农民因地因时因苗制宜，采取针对性措施指导生产，夯实了秋熟丰产丰收基础，保证了 2016 年水稻增产目标的实现。

（4）着力狠抓项目整合推进，全力促进科技成果转化。在 2016 年水稻生产中，滨海县认真抓好商品化育秧、优质稻米、秸秆综合利用、测土配方施肥、农民培训、农业产业化等项目资金的并轨整合，形成合力。充分利用项目整合的契机，大力培植培育专业化服务组织，使专业化服务组织在项目实施中不断培育壮大。2016 年，全县利用项目整合，通过培植一批专业化服务组织，全县专业化服务面积达 110 000 亩，高产增效示范片专业化服务覆盖率全部达到 100%。同时，以优质稻米基地建设为载体，积极鼓励农业龙头企业与农民签定生产订单，大力发展无公害稻米和绿色食品稻米订单种植，推进规模化种植、标准化生产。据统计，全县水稻订单面积达到 50 万亩以上。通过企业联农户的产业化经营模式，将企业先进的技术思路、严格的质量要求、规范的生产流程，变成农民自发的生产行为，促使市场需求的先进适用的技术向现实生产力快速转化，带动全县水稻大面积平衡增产增收。

3　不利因素及存在问题

（1）直播稻产量较稳定，风险仍存在。直播稻耕作粗放、基本苗过多、草害猖獗、苗情复杂、此外，部分镇区直播品种不对路子，选择了迟熟中粳品种（如淮稻 5 号等）进行直播，这样更增加了直播风险。尽管近几年直播稻产量有所提高，但直播稻生产风险仍然不容忽视，农业部门还不能放弃宣传引导。2016 年的水稻生产中，也发现一个越来越明显的趋势，即直播稻生产不平衡性在不断扩大：播种较早、管理到位的直播稻由于密度加大，产量与机插水稻在逐步缩小；机直播水稻由于耕翻等原因，稳产性明显；管理不到位或播期较迟的直播稻田块产量不到机插水稻的一半。这种情况为我们今后控减直播稻和提升直播稻栽培水平形成了有力的实践依据，即我们农业部门在大力推广机插秧的同时，对于仍要选择直播稻的农户，可以尝试引导选择机直播方式，逐步走上机插之路。

（2）品种繁多、播栽方式多样化，技术指导难度大。部分镇区 2016 年水稻种植品种繁多，且品质参差不齐，同时水稻播栽方式又较多，手栽秧、抛秧、机插秧、直播稻不一而足，水稻管理措施较难统一，加大了农业部门技术指导难度，不利于统防统治，将会对滨海县发展优质水稻产业、提升水稻效益和品质带来一定影响。

（3）机插秧技术有待提高和普及。机插秧是稻作生产发展方向，但目前配套技术措施不够完善，农民对这项技术还没有掌握，机插秧超秧龄栽插时有发生，加之农机农艺不配套，机插秧栽插密度上不去，穗数不足造成部分机插秧田块产量不高，限制了机插秧产量提高和该项稻作方式的进一步推广。

（4）农资价格上涨，生产成本加大。种子、农药、化肥等农用物资价格高涨，蚕食了各级政府惠农政策给农民带来的好处，一定程度上挫伤了农民种粮积极性。

（5）烘干仓储条件落后。滨海县现有粮食烘干设备明显不足，阴雨天气无法完成粮食收获后晾晒工作，粮食收获进度受粮食烘干、贮存等条件限制较大，建议平衡粮食烘干设备布局，提高滨海县粮食烘干、仓储功能，从根本上解决老百姓看天吃饭的难题。

滨海县2017年夏熟作物生产情况分析与思考

周忠正　郑　勇

（滨海县农业委员会）

2017年夏熟生产，以中央一号文件精神为核心，围绕"粮食增产、农民增收"目标，认真落实各项强农惠农政策，深入推进绿色高产高效创建。立足防灾减灾，强化田间管理措施，促进苗情转化升级，最终夏熟作物取得了丰产丰收。

1　生产总体形势

1.1　麦油产量特点

1.1.1　夏粮"两增一减"（夏粮面积、产量均为统计局定案数据）

（1）面积减。全县夏粮种植面积76.77万亩，比去年79.8万亩减3.03万亩；其中，小麦种植面积62万亩，比去年62.25万亩减0.25万亩，减0.4%；大麦种植面积14.56万亩，比去年17.35万亩减2.79万亩，减16.08%；蚕豌豆0.21万亩，与去年持平略增。

（2）总产增。全县夏粮总产29.98万t，比去年29.68万t增0.3万t，增1%。其中，小麦总产24.25万t，比去年23.22万t增1.03万t，增4.46%；大麦总产5.68万t，比去年6.42万t减0.74万t，减11.54%；蚕豌豆总产0.04万t，与去年持平。

（3）单产增。全县夏粮单产390.48kg，比去年372kg增18.48kg，增4.97%。其中，小麦单产391.2kg，比去年373kg增18.2kg，增4.88%；大麦单产390kg，比去年370kg增20kg，增5.41%；蚕豌豆212kg，与去年持平。

1.1.2　油菜"两减一增"

全县油菜面积减、总产减、单产增。油菜种植面积6.2万亩，比去年10.2万亩减少4万亩，减幅39.2%；总产1.33万t，比去年2.16万t减少0.83万t，减幅38.38%；单产215kg，比去年212.1kg增加2.9kg，增幅1.37%。

1.2　产量构成要素特点

1.2.1　小麦表现为"三增"即每亩有效穗数、每穗粒数和千粒重均增

全县62万亩小麦，每亩成穗数41.6万穗，比去年的41.3万穗增0.3万穗；每穗28粒，比去年27粒增1粒；千粒重41.2g，比去年40g增1.2g。

1.2.2　大麦表现为"三增"即每亩有效穗数增、每穗粒数、千粒重均增

全县14.56万亩大麦，每亩成穗数为46.8万穗，比去年46.5万穗增0.3万穗；每穗27粒，比去年26.3粒增0.7粒；千粒重为36g，比去年34.6g增1.4粒。

1.2.3　油菜表现为"三增一平"即每株荚数、每荚粒数、千粒重增加，每亩株数持平

2016年6.2万亩油菜，每亩1.64万株，与去年持平；每株190.2荚，比去年190.1荚增0.1荚；每荚21.9粒，比去年21粒增0.9粒，千粒重3.6g，与去年3.5g增0.1g。

1.3　种植效益特点

"小麦增、油菜增"，2016年小麦亩产391.2kg，平均收购价2.2元/kg，亩总产值860.64元，除去农资、机械、用工等成本578元，亩纯效益282.64元，较之去年的121.72元增加了160.92元，见下表。2017年小麦生长后期气候条件较好，有利于小麦的灌浆成熟，呈现"产量高、质量高、价格高、效益高"

四高的特点。2016 年油菜亩产 215kg，平均收购价格 4.8 元/kg，亩总产值 1 032 元，除去农资、机械、用工等成本 541 元，亩纯效益 481 元，比去年 281.2 元增加了 209.8 元。

表 滨海县 2016 年与 2015 年小麦种植效益比较表

类别	亩产量（kg/亩）	出售价格（元/kg）	亩产值（元）	亩生产成本（元）	其中						亩纯收入（元）
					种子成本（元）	肥料成本（元）	农药成本（元）	机械成本（元）	用工成本（元）	其他成本（元）	
2016 年	391.2	2.2	860.64	578	82	140	36	160	150	10	282.64
2015 年	373	1.9	708.72	587	92	90	65	130	200	10	121.72
+－	45	0.4	151.92	－9	－10	50	－29	30	－50	0	160.92

1.4 夏熟作物病虫发生特点

2016 年滨海县病虫害总的发生特点为：小麦白粉病中等—中等偏重发生，局部田块大发生，灰飞虱、纹枯病、油菜菌核病中等发生，局部田块偏重发生，其他病虫害总体轻发生。在各级领导的高度重视和农业部门的精心指导下，宣传发动广泛深入，植保专业化防治覆盖面广，积极开展"一喷三防"工作，有效地控制了主要病虫的发生和为害，减轻了损失。据初步统计，全县共挽回小麦损失 0.875 亿 kg，挽回油菜籽损失 0.039 15 亿 kg。

2 气象与苗情特点

2016 年 10 月至 2017 年 6 月，麦油生长期间，总的气候条件表现为积温高，光照少，降水持平略减，气候因素总体有利，对不同的生育时期影响差异明显。总积温 2 745.3℃，比常年同期 2 478.1℃增加 198.2℃；总日照时数 1 351.7 h，比常年同期 1 474.3 h 减少 122.6h；降水量 450.9mm，比常年同期 452.6mm 持平略减。

2.1 播种至越冬期（10 月 1 日至 12 月 20 日）

气候特点：气温偏低，日照时间短，降水量大。播种至越冬期总积温 893.2℃，比常年 1 175.6℃少 282.4℃，日照时数为 284.6h，比常年 453h 少 168.4h；降水量为 224.7mm，较常年的 97.9mm 多 126.8mm。由于 2015 年秋播腾茬迟，秋播期间短期降水量大等不利因素影响，导致小麦播期相对偏迟，播种质量和苗情基础较往年有所下降，越冬前三类苗比例偏高。油菜受前期低温阴雨天气影响较小，苗情基础较好。据全县苗情统计，小麦冬前（12 月 20 日）亩基本苗 25.5 万，比上年 22.3 万多 3.2 万；平均叶龄 4.6 叶，与上年持平；单株分蘖 0.9 个比上年 1.1 个少 0.2 个，小麦三类苗面积 14 万亩。油菜叶龄 6.5 叶，绿叶数 5.5 叶，一、二类苗比例占近 90%。

2.2 越冬阶段（12 月 21 日至 2 月 20 日）

气候特点：气温偏高，日照时间偏少，降水量偏多。越冬阶段总积温为 197.5℃，比常年 140.1℃多 57.4℃，日照时间比常年 312.5h 少 14.3h；降水量为 97.6mm，比常年 49mm 多 48.6mm。2016 年为典型的暖冬年景。

2.3 返青至抽穗阶段（2 月 21 日至 4 月 30 日）

气候特点：气温、日照时间偏高，降水量偏少。积温为 761.8℃，比常年 531.6℃高 230.2℃；日照为 457h，比常年 419.4h 多 37.6h；降水量为 56.7mm，比常年 95mm 少 38.3mm。返青期春雨调匀，积温高，光照足，有利于春管春发，促进苗情转化升级，加之全县面上小麦拔节孕穗肥追施到位，有利于大小麦形成大穗以及油菜增加分枝数和花蕾数。而 4 月下旬基本都是晴天，可以说总体湿度不利于赤霉病的大流行。

2.4 抽穗至成熟阶段（5 月 1 日至 6 月 10 日）

气候特点：气温、日照时间偏高，降水量偏少。积温为 892.5℃，比常年 820.9℃少 71.6℃；日照

312h，比常年 290.3h 多 21.7h；降水量为 83.6mm，比常年 99.7mm 少 16.1mm。进入灌浆结实阶段后，早晚温差大，无极端不良天气，有利于灌浆结实，增加粒重。

3 夏熟作物生产上的主要工作

滨海县 2017 年夏熟作物生产得到了各级领导的高度重视，通过广大干群的共同努力，狠抓新品种新技术的推广和强化抗灾应变措施的灵活运用，加强示范片建设和结构调整力度，认真做好夏熟作物的生产管理工作。

3.1 加大主推品种的推广力度

在 2016 年的夏熟生产中，进一步加大新品种的推广，以高产、稳产品种为主导，以优质专用品种为重点，因地制宜选择品种，做到良种良法相结合，最大程度发挥品种的增产作用。针对滨海县小麦品种多乱杂的实际，结合滨海县实际情况，全面推广淮麦 33、淮麦 25、宁麦 13、郑麦 9023 等良种，占小麦总面积的 70%；大麦品种主要为黄麦 2 号、黄麦 5 号、苏啤 6 号，占到全县的 80% 以上；油菜品种以秦优七号、沣油 737 为主，占到全县的 90% 以上，从而充分发挥良种的增产效应，有力地提升了滨海县麦油综合生产能力，带动了农民增收。

3.2 因苗制宜，加强肥料运筹

肥料投入分配不合理是近年来滨海县小麦生产上存在的问题，在农技推广部门的大力指导宣传下，2016 年麦油生产上施肥效果有所改善。据统计，2016 年小麦每亩施肥总量为 19kg 纯 N、5kg 纯 P_2O_5、1kg 纯 K_2O；油菜每亩施肥总量为 18kg 纯 N、5.2kg 纯 P_2O_5、1kg 纯 K_2O。同时根据小麦两个吸肥高峰的特点，结合滨海县苗情长势情况分类指导，重点指导好小麦壮蘖肥和拔节孕穗肥的科学施用，以增加冬前分蘖、提高春季分蘖成穗率，以搭好丰产架子，达到小麦高产稳产，具体小麦氮肥运筹上，基肥+苗蘖肥 8kg 纯 N、腊肥+返青肥 3kg 纯 N、拔节肥+孕穗肥 8kg 纯 N。

3.3 狠抓田管措施落实，全力夺取小麦产量

因苗制宜，狠抓各项田间管理措施，前期力争消除不利天气的影响，加快苗情转化；中期促早发，构建合理群体，搭好丰产架子；后期力争大穗饱粒，同时做好各项防灾减灾工作，确保小麦丰收。一是抓好"抢"字，即抢早腾茬、抢早开沟，即抢季节，不误农时，保质保量搞好秋播。二是做好精量播种，适当降低播种量，降控基本苗，旱茬早播田块基本苗控制在 18 万左右，稻茬晚播田块适当增加。三是氮肥后移分施，适当降低前期肥料，防止群体过头，在拔节后群体数量下降稳定后，则要适当加大氮肥比例攻大穗。后期氮肥可分促花肥和保花肥两次施。四是是重点是在夏粮产量形成的关键时期，狠抓中后期田间管理措施的落实，大力推广"一喷多防"技术，增强小麦灌浆强度，提高灌浆效率，增加粒重。

3.4 强化高产高效创建，全面带动平衡增产

2017 年，滨海县承建 4 个小麦示范片，实施总面积 6 000 亩，涉及 9 个行政村、3 150 户农户。经市县专家统一测产，4 个小麦示范片平均单产达 549kg/亩，产量结构为：每亩 43 万穗、每穗 34 粒、千粒重 41g。较全县小麦平均单产 391.2kg/亩高出 157.8kg/亩，项目区内增产效果显著。全县小麦绿色高产高效创建示范片实现了片片增产，亩亩增收。有效地促进了粮食增产、农业增效、农民增收，极大地提高了农民利用新、优技术的积极性。

3.5 加强绿色无公害防控，严格控制产量损失

遵循安全、有效、简便、科学性原则，推广生产上效果好、经济成本低、操作上简便易行、农民易于接受的绿色防控技术。通过典型带动，农民对于病虫绿色防控技术的知晓率达到 85% 以上，能够自觉使用绿色防控技术的农民达到 65% 以上。在杂草的防治上以春季化除为主。针对 2017 年夏熟作物病虫害中等偏重发生的态势，全县上下高度重视防控工作，特别是对小麦穗期病虫害防控工作，力度大，措施实，效果佳。农技、植保部门根据实际情况，及时指导农民坚持适期防治，充分发挥专业化防治服务组织的作用，大力推进统防统治，提高防治效果。2017 年赤霉病防治发动早，宣传力度大，农户知晓率高，防治面积大，用药量和次数足，减少了赤霉病的危害损失。据初步统计，全县共挽回小麦损失 0.875 亿 kg，挽回油菜籽损失 0.039 15 亿 kg。

4 存在的问题

4.1 品种多乱杂现象严重

种子市场鱼龙混杂，农户自留种现象增加，品种布局很难统一，不利于小麦产量和品质的提高。

4.2 稻秆还田配套措施不完善

尽管实施秸秆还田技术已经多年，但是配套技术不尽成熟、配套措施不尽完善，缺苗断垄现象严重，农户播种量居高不下。

4.3 田管措施粗放，技术指导接受率低

由于种粮效益相对偏低，成本的逐年增加，技术指导和田管措施不能准确、及时到位，田间管理粗放的现象比较普遍。

5 2017年秋播生产意见

5.1 大力推广优良品种

继续大力推广优良品种，力争将淮麦28、淮麦30、济麦22等优良主体小麦品种的种植面积扩大至总面积的85%以上。大麦、油菜的良种覆盖率要达到95%。

5.2 切实提高秋播质量

2017年秋播要切实提高播种质量，健全沟系配套。大小麦适期早播有利于培育冬前壮苗，大面积争取在10月中旬至11月10日前完成播种，小麦播量应控制在10kg/亩以下，做到精细播种，降控基本苗。播后及时开挖田间沟系，同时开展田外沟渠清理加深，达到内外沟系配套，降低冬春渍害对产量的影响。

5.3 狠抓主推技术落实

大力推广稻秆全量还田全苗壮苗技术，因地制宜推广精（半）量播种技术以及测土配方施肥技术。抓好技术培训，加大宣传培训力度，创新培训方法，重点是种植大户的培训，全面掌握大户的技术需要，跟踪指导服务，充分发挥示范带动作用。

高起点上挖掘粮食增产潜力的探讨

张瑞芹　谷　欢

（盐城市大丰区作物栽培技术指导站）

盐城市大丰区地处苏北沿海中部，是江苏省产粮大区，农业人口多、面积大，常年粮食面积 190 万亩，其中小麦 70 万亩，水稻 50 万亩。近年来国家出台了一系列惠农政策，调动了农民种粮积极性，水稻、玉米、小麦等粮食面积逐步扩大，粮食总产实现十连增，单产由 2004 年的 390kg 提高到 2016 年的 427kg，增长了 9.5%。粮食单产的持续增长是建立在各项技术的不断完善与集成应用、精确的肥水管理、防灾抗逆技术的应用等基础上，在现有粮食单产高起点上，能否进一步挖掘增产潜力，已成为我们农业部门与农技人员必须考虑的问题。为此，作物栽培技术指导站简要分析了盐城市粮食生产现状，以及提出了现有生产水平下挖掘粮食增产潜力的一些思路，为今后工作开展提供参考。

1　影响粮食产量的原因分析

1.1　基础设施条件差

农田基础设施严重老化，排灌不畅，导致水浆管理不能及时到位，遇到干旱、洪涝等自然灾害应变能力差，东部沿海滩涂新开垦土地，土质差，含盐量高，基础设施不全，水质差，加之劳力少，服务体系不健全，产量不高、不稳，重盐碱地区只能种一季水稻甚至抛荒。正常田块小麦、水稻亩产分别在 500kg、650kg 左右，一些差的田块亩产只有 100 多千克。

1.2　播种及栽插方式粗放

随着农村中壮年劳动力的大量外出，粗放种田方式扩大化。盐城市散种麦、直播稻面积仍较大，散种麦面积占小麦面积三四成，直播稻面积占水稻面积四五成，温光资源利用率低，产量潜力难发挥，易遭受自然灾害影响，产量、品质同时下降。虽然机插秧面积逐步扩大，但用工多，成本大，一旦管理不到位，产量优势不明显，不及人工育苗栽插。手栽秧水稻平均亩产 655kg。而机插秧平均亩产 625kg，亩减 30kg。

1.3　增产技术措施难到位

由于现行农技推广体系不十分健全，基层农技人员知识老化、信息不灵，人员缺乏等"最后一公里"问题仍很突出，农业"三新"技术推广应用速度慢，辐射效果不明显。加之许多农民对新技术接受能力差，自身应用新技术积极性不高。同时，目前农村社会化服务组织仍偏少，服务能力不高，导致施肥、灌溉、病虫害防治等措施不能准确到位，农户对服务效果不满意。新技术难推广到户到田是目前阻碍粮食作物由高产向更高产进军的一大障碍因素。

2　挖掘粮食单产潜力的探讨

2.1　改善农田基础设施，积极打造高标准良田

以项目建设为平台，整合财政资金，科学规划，逐步推进，不断扩大盐城市高标准良田面积，完善农田生产基本配套设施，增加灾害天气的抗灾应变能力，尽快缩短低产变中产，中产变高产进程。

2.2　推广适度规模种植，坚持标准化生产

大力宣传引导农民通过土地流转、联耕联种、家庭农场等多种形式开展适度规模经营，整合土地利于机械化操作，提高秸秆还田和播种质量，减少直播稻、散播麦等粗放经营面积。引导种植大户、家庭农场等规模经营主体开展标准化生产，落实各项技术环节到位，普及高产栽培技术到位率。

2.3　推广优质高产新品种

围绕周年增产的目标，优化茬口布局，筛选推广适合盐城市的高产稳产品种。坚持良种配良法，小麦

单产大面积向 500kg 目标迈进，水稻向 650kg 努力，稻麦轮作区全年粮食单产突破 1 100kg。逐步淘汰老品种，推广高产优质适应强的新品种。

2.4 推广抗逆增产技术

新形势下，粮食生产不仅要高产，更重要的是要稳产，所以落实抗逆增产技术是挖掘粮食增产潜力的一项重要措施。如种子处理技术、小麦晚播独秆栽培技术、水稻精确定量栽培技术、测土配方施肥技术、秸秆全量还田技术、生化制剂防倒抗逆技术、病虫害综合防治技术等。关键要通过群众喜闻乐见的形式，如建基地、搞观摩、看录像等既直观又新颖的多种形式，做到技术人员到户，良种良法到田，技术要领到人，充分发挥科技在粮食增产中的作用。

浅析响水县 2017 年夏粮生产绩效与路径

方怀信　张红叶　崔　岭　王海燕

（响水县粮油作物栽培技术指导站）

摘　要：本文从响水县 2017 年夏粮种植面积、单产、总产及种植效益分析了响水县夏粮生产取得的绩效，综合分析了夏粮生长期间的气候因素，总结了关键的技术措施，为响水县以后的夏粮生产提供理论依据。

关键词：夏粮；生产特点；气象因素；技术路径

2017 年，由于各级政府领导对夏粮生产的关心和高度重视，省市农委业务部门的精心指导，响水县以稳定产能，提质增效为目的，按照粮食"高产、优质、高效、生态、安全"的要求，坚持绿色发展的理念，积极应对夏粮生长期间不利的气候条件，尤其是去年秋播期间连阴雨天气，综合应用小麦、大麦节本增收综合配套技术，积极探索小麦抗湿抢播全苗壮苗技术措施，2017 年响水县夏粮生产获得丰产丰收。

1　生产特点

1.1　面积、单产和总产实现三增

响水县 2017 年夏粮种植面积 57.5 万亩，较去年增 2.06 万亩；单产 428.7kg，较去年 373.2kg 增 14.87%；总产 24.7 万 t，较去年增 19.23%。其中，小麦面积 53.3 万亩，较去年增 8.76 万亩（主要是大麦、油菜面积减少和本县黄海农场粮食面积因政策原因上报不足）；单产 432.1kg，较上年 379kg 增 14.01%；总产 23.03 万 t，较去年 17.69 万 t 增 5.34 万 t，增 30.18%。大麦面积 3.7 万亩，较上年减 4.64 万亩，单产 400kg，较去年 348.7kg 较去年增 14.7%；总产 1.48 万 t，较去年 2.91 万 t 减 49.1%。蚕豌豆面积 038 万亩，较去年减少 0.04 万亩。

1.2　产量构成要素的变化

小麦产量结构表现为"三增"。2017 年小麦亩穗数 41.3 万穗，穗粒数 25.8 粒，千粒重 40.55g，分别比去年增 2.7 万穗、0.6 粒、1.55g。大麦产量结构亦为"三增"。大麦亩穗数 38.9 万穗，穗粒数 36.5 粒，千粒重 28.2g，分别比去年增 2.3 万穗、0.3 粒、1.2g。

1.3　种植效益好于去年

1.3.1　示范片小麦效益仍然好于面上

示范片小麦仍然保持较好的单产水平，6 月 9 日，由市组织测产验收专家组对响水县双港镇小麦绿色高产高效创建示范片进行了测产验收，经现场实测，示范片小麦验收田块亩产达到了省小麦高产高效创建产量指标要求，亩产达 593.4kg，产量水平全市领先，示范片小麦亩产达 592.0kg，比全县小麦平均单产 432.1kg 增加 159.9kg。示范片小麦亩产值 1 539.2 元，亩生产成本 577.5 元，亩纯收入 961.7 元，比全县小麦亩纯收入增加 439.7 元。具体情况见表 1。

表 1　小麦示范片与非示范片生产成本效益比较表

类别	亩产量（kg/亩）	出售价格（元/kg）	亩产值（元）	亩生产成本（元）	其中						亩纯收入（元）
					种子成本（元）	肥料成本（元）	农药成本（元）	机械成本（元）	用工成本（元）	其他成本（元）	
示范片	592.0	2.6	1 539.2	577.5	60	166.5	16	175	150	10	961.7

（续表）

| 类别 | 亩产量（kg/亩） | 出售价格（元/kg） | 亩产值（元） | 亩生产成本（元） | 其中 | | | | | | 亩纯收入（元） |
					种子成本（元）	肥料成本（元）	农药成本（元）	机械成本（元）	用工成本（元）	其他成本（元）	
全县	432.1	2.6	1 123.5	601.5	84	139.5	18	140	210	10	522
+−	+159.9	0	+415.7	−24	−24	+27	−2	+35	−60	0	+439.7

注：销售价格为目前市场价。机械成本包括机械秸秆还田、机械播种、机械开墒和机械收获

1.3.2 面上小麦种植效益总体好于去年

2017 年种植小麦实现增产增收，响水县小麦亩纯收入 522 元，比去年小麦亩纯收入 80 元增加 442 元，种植效益明显好于上年，主要受价格因素和产量因素双重影响。一是产量明显好于上年。从表 2 可以看出，2017 年小麦单产比去年增 53.1kg，增辐较大。二是小麦市场价格上扬。由于 2017 年国家继续实行小麦收购最低保护价，加上 2017 年小麦白粉病和赤霉病发病较轻，小麦品质较好，市场收购价格上扬，较去年小麦每千克增加 0.8 元，所以 2017 年农民种粮实现增产增收。具体情况见表 2。

表 2　响水县 2017 年与 2016 年小麦种植效益比较表

| 年份 | 亩产量（kg/亩） | 出售价格（元/kg） | 亩产值（元） | 亩生产成本（元） | 其中 | | | | | | 亩纯收入（元） |
					种子成本（元）	肥料成本（元）	农药成本（元）	机械成本（元）	用工成本（元）	其他成本（元）	
2017	432.1	2.6	1 123.5	601.5	84	139.5	18	140	210	10	522
2016	379	1.8	682.2	602.2	92	128	14	140	210	10	80
+−	+53.1	+0.8	+441.3	26.3	−8	+11.5	+4	0	0	0	442

注：销售价格为同期的市场价

2　气候与苗情特点

2017 年大小麦生育期间（2016 年 10 月 10 日至 2017 年 6 月 10 日），总的气候条件表现为积温较高，光照不足，降水偏多，气候因素总体有利，对不同的生育时期影响差异明显。≥0℃有效积温 2 534℃，比去年同期 2 365℃增加 169℃，较常年同期 2 206℃增加 159℃，为历史上积温较高的年份；总降水量 438.8mm，略少于比去年同期，比常年同期 255.8mm 增加 183mm，播种阶段雨水偏多；总日照时数为 940.7h，比去年同期 1 108.4h 少 167.7h，比常年同期 1 551h 少 610.3h。大小麦成熟期略早于去年，较去年早 3 天左右，全生育期 185~241 天。气象因素在小麦各个生育阶段表现如下。

2.1　秋播至越冬前（2016 年 10 月 10 日至 12 月 20 日）

播种至越冬前气候条件为高温，雨水多，光照不足。秋播时，10 月 2 日，降水 92.2mm，为旱茬早播小麦提供了足够的墒情，玉米基本上在 9 月底 10 月初收获，保证了旱茬小麦能够在适期内播种；10 月中下旬至 11 月上旬连续降水 128.4mm，阴雨天气导致部分机插秧和大面积直播稻无法正常收获，延长了收获期，推迟了小麦播期，但由于县委、县政府和县农委对抗灾应变高度重视，小麦抗湿播种技术措施得到充分推广和应用，有效地保证了稻茬等晚茬小麦顺利播种，没有出现烂耕烂种等问题，导致 2017 年越冬前小麦苗情总体好于去年同期。据 12 月 20 日苗情调查，小麦平均主茎叶龄 3.7 叶、平均亩总茎蘖数 47.7 万，分别比上年同期增加 0.4 叶、9.1 万苗，三类苗面积 10 万亩比去年减少 5.1 万亩，播种未出苗面积比去年同期少 6.0 万亩。

2.2　越冬期（2016 年 12 月 21 日至 2017 年 2 月 20 日）

2016 年越冬期积温高、墒情好，有利于在田小麦苗情转化升级。2016 年越冬期间 ≥0℃有效积温 180℃，比去年同期高 15℃，比常年同期高 92℃。越冬期间温度较高，有利于小麦生长发育，加快了麦苗

发育进度，促进苗情转化升级，总体苗情要好于去年同期，从 2 月 15—20 日返青期的苗情调查表可以说明，2017 年小麦返青时每亩总茎蘖数 70.1 万、单株分蘖 1.97 个、3 叶以上大分蘖 0.48 个、次生根 4.4 条分别比去年同期增加 12.7 万、0.7 个、0.13 个、1.2 条。越冬期间极端低温天气发生较少，由于田间湿度大并且低温维持时间短，冻害表现较轻。

2.3 返青—拔节—孕穗期（2017 年 2 月 21 日至 4 月 20 日）

总体气温偏高，雨水调匀，光照足，有利于小麦生长发育。累计积温为 606℃，比去年 582℃ 和常年 528℃ 均高；降水量为 85.4mm。返青期春雨调匀，积温高，光照足，有利于春管春发，促进苗情转化升级，没有出现明显的"倒春寒"天气。拔节期田间墒情较好，为全县小麦拔节孕穗肥的追施提供了非常有利的气候条件，既提高了分蘖成穗率，又为实现足穗、穗大粒多奠定了基础，是 2017 年小麦获得丰收的一个重要因素之一。

2.4 抽穗—扬花—灌浆—成熟期（2017 年 4 月 21 日至 6 月 10 日）

响水县旱茬小麦大部分在 4 月 22 日左右基本齐穗，稻茬小麦 5 月 2 日左右齐穗，生育进程比去年提前 2~3 天。小麦 80% 的产量是在抽穗扬花以后形成的，此阶段积温高，有效积温 1 035℃，分别比去年、常年同期高 92℃、87℃；光照偏低，日照时数为 256.1h，与去年和常年基本接近；降水量少，少于去年同期 188.1mm，与常年同期一致，雨日天数少。上述气候因素对小麦后期产量的形成比较有利，有利于小麦灌浆结实，有利于籽粒干物质的形成和积累，千粒重增加，提高了小麦产量和品质，据县粮食部门反映，2017 年小麦品质是近 10 年来比较好的一年。

3 技术路径

3.1 加强主体品种推广应用

根据江苏省主要农作物品种推介名录，去年秋播主要推广优质高产中、强筋小麦品种济麦 22、淮麦 33、烟农 19、淮麦 28 等，搭配种植其他品种，良种覆盖率达 90% 以上。

3.2 强化六项主推技术应用

推广应用小麦机械条（匀）播高产栽培、小麦精确定量高产栽培为主体的小麦轻简栽培、秸秆全量还田全苗壮苗技术、晚播小麦独秆栽培技术和稻田套播小麦高产栽培等主推技术。

3.3 加强肥料应用结构调整

根据响水县土壤特点和小麦需肥特点，进行测土配方施肥，加强生态缓释肥的使用面积。在肥料运筹上，采取施足基肥，及时追施壮蘖肥，普施重施拔节孕穗肥，后期喷施叶面肥。氮、磷、钾三要素合理协调，微量元素作补充。即在施足基肥的基础上，根据小麦两个吸肥高峰的特点，结合响水县苗情长势情况分类指导，重点指导好小麦壮蘖肥和拔节孕穗肥的科学施用，以增加冬前分蘖、提高春季分蘖成穗率，为实现足穗、大穗奠定基础，以达到小麦高产稳产的目的。

3.4 提高秸秆还田质量

响水县旱茬小麦前茬多为玉米，于玉米收获后用秸秆还田机将秸秆粉碎后耕翻还田，水稻收获时全部采用带有秸秆粉碎和抛撒装置的收割机收获，再用秸秆还田机械将秸秆全量还田，这样可以有效地避免秸秆焚烧，又可以改善土壤耕作层，增加土壤有机质，提高土壤养分，实现土地种养结合。

3.5 加强病虫草害绿色防控

根据植保部门的建议，做好小麦病虫害绿色防控，实现农药零增长。重点抓好麦田春季化除、小麦拔节期纹枯病防治，抽穗扬花期围绕"一喷三防"工作，抓好小麦赤霉病的防治，在小麦赤霉病防治期间，县农委所有技术人员挂钩到村，蹲点指导，减轻了小麦穗期病虫害的发生，提高小麦产量和品质，实现丰产丰收。

响水县 2016 年水稻生产实绩与思考

张红叶　方怀信　崔　岭　王海燕

（响水县粮油作物栽培技术指导站）

摘　要：本文对响水县 2016 年水稻生产绩效、不同的稻作方式效益、关键技术措施与创新、制约响水水稻生产的瓶颈与对策进行了全面而科学总结和分析，为响水县以后的水稻生产提供宝贵经验。

关键词：水稻；稻作方式；产量构成

2016 年，响水县水稻生产由于各级领导对粮食生产的高度重视以及省市业务部门的精心指导，全站紧紧围绕"高产、优质、高效、生态、安全"的目标，牢固树立"创新、协调、绿色、开放、共享"的发展理念，以稳定粮食生产为主线，以粮食绿色高产高效创建和联耕联种为抓手，以绿色增产为目的，加强技术培训和指导，狠抓各项关键技术措施的落实，加强水稻中后期病虫害综合防治，积极应对水稻成熟期高温多雨不利的气候条件，全县水稻单产、总产再创新高。

1　生产特点

1.1　面积稳中有增

2016 年全县水稻种植面积 44.16 万亩（统计上报数据），较上年 41.2 万亩（统计上报数据）增 2.96 万亩，增 7.18%；面积稳中有增主要是调减了低产低效作物玉米的种植面积。

1.2　单总产再创新高

2016 年全县水稻单产 636.2kg，较上年 596.6kg（统计局定案数）增 39.6kg，增 6.63%。总产 28.094 万 t，比上年 24.58 万 t 增 3.514 万 t，增 14.3%。单、总产再创新高。

1.3　产量结构为"四增"

2016 年响水县水稻产量结构表现为"四增"：每亩有效穗数 22.3 万，较上年 22.2 万增 0.1 万；千粒重 26.6g，较上年 26.1g 增 0.5g；每穗总粒数 116.45 粒，较上年 113.14 粒增 3.31 粒；结实率 92.1%，较上年 91% 增 1.1%（表 1）。

表 1　全县 2016 年与 2015 年水稻产量结构对照表

年度	有效穗 （万/亩）	总粒数 （粒/穗）	结实率 （%）	千粒重 （g）	单产 （kg/亩）
2016	22.3	116.45	92.1	26.6	636.2
2015	22.2	113.14	91.0	26.1	596.6
±	+0.1	+3.31	+1.1	+0.5	+39.6

1.4　种植效益好于去年

2016 年水稻市场价格略高于去年同期，水稻种植效益与上年同期相比（销售价格以水稻收获后一个月内市场价计算）好于去年，亩产值较上年增加 118.9 元，亩净效益较上年增加了 96.6 元，增幅为 19.5%，增产增收（表 2）。

表2 全县2016年与2015年水稻种植净收益对比表

年度	亩产（kg）	市场价（kg/元）	亩产值（元）	亩成本（元）	亩净效益（元）
2016	636.2	2.4	1 526.9	934.9	592
2015	596.6	2.36	1 408.0	912.6	495.4
±	+39.6	+0.04	+118.9	22.3	+96.6
±%	+6.63	1.69	+8.4	+2.44	+19.5

2 不同稻作方式特点分析

2.1 不同稻作方式产量构成特点

2016年，响水县水稻生产仍以机插秧、手栽秧、抛秧、直播稻4种不同稻作方式并存，在水稻收获期，粮油作物栽培技术指导站组织技术力量，对机插秧、手栽秧、抛秧、直播稻4种不同稻作方式进行了产量调查，经田间测产分析，产量最高的是手栽秧，其次是抛秧，再次是机插秧，最低的是直播稻（表3）。

表3 不同稻作方式产量结构分析表

稻作方式	面积（万亩）	亩穗数（万）	每穗总数（粒）	结实率（%）	千粒重（g）	单产（kg/亩）
机插秧	34.86	21.8	120.6	92.6	26.7	650.0
抛秧	2.0	22.3	125.5	92.8	26.8	696.0
手栽秧	0.3	21.2	131.7	93.1	27.0	699.6
直播稻	7.0	24.8	92.4	90.0	26.2	540.3
全县加权平均（含黄海农场）	44.16	22.3	116.45	92.1	26.6	636.2

备注：千粒重为田间取样抽测结果

2.2 不同稻作方式效益结构特点

经对4种稻作方式成本及收益进行调查分析，纯收益最高的为抛秧，亩纯收益为867.1元；其次是手栽秧，亩纯收益为810.7元；再次是机插秧，亩纯收益为711.7元；最低的为直播稻，亩纯收益为501.9元（亩纯收益含国家补贴资金120元，具体见表4）。

表4 四种稻作方式效益分析比较表

稻作方式	水稻生产成本（元/亩）								亩产（kg）	亩产值（元/亩）	净收益（产值-投入）	各项补贴合计（元/亩）	纯收益（元/亩）
	种子	肥料	农药	灌排	机械作业（耕、栽、收）	用工量（工）	用工成本	合计					
机插	28	193.3	75	60	360	3.6	252	968.3	650	1 560	591.7	120	711.7
抛秧	35	193.3	75	60	140	6.0	420	923.3	696	1 670.4	747.1	120	867.1
手栽	30	193.3	75	60	140	7.0	490	988.3	699.6	1 679.	690.7	120	810.7
直播	70	183.8	105	60	125	5.3	371	914.8	540.3	1 296.7	381.9	120	501.9
全县加权平均	34.9	191.8	79.7	60	311.3	5.475	280.1	934.9	636.2	1524.1	566.2	120	686.2

2.3 不同稻作方式面积特点

不同稻作方式面积特点表现为：机插秧面积稳中有升，手栽秧、抛秧面积缩小，直播稻面积略有上升。具体为全县水稻种植面积 44.16 万亩（包括黄海农场在内，统计初报数），其中机插秧面积 34.86 万亩，稳中有升，手栽秧 0.3 万亩，抛秧 2.0 万亩，直播稻 7.0 万亩。

3 生育特点与气候条件

3.1 全生育期的气象因素分析

根据响水县气象资料分析：2016 年响水县水稻整个生长期间（5 月 20 日至 10 月底），总体气候条件表现为高温寡照雨日多，降水量属正常年份，但在不同的生育阶段表现差异明显，前中期高温光照充足，促进水稻生长发育进程，尤其对水稻分蘖的发生较为有利，有利于水稻正常生长发育，加速了水稻的生育进程，有利于水稻灌浆结实；成熟期高温高湿，造成部分水稻形成穗发芽，影响水稻品质。

总积温 3 744℃，较上年同期 3 591℃多 153℃，较常年同期 3 635℃多 109℃，属于相对较高的年份。

日照时数 704h，较上年同期 926h 减少 222h，较常年同期 1 005.8h 少 301.8h，属较低年份。

降水量 615.2mm，较上年同期 568.7mm 增加 46.5mm，较常年同期 690mm 少 74.8mm，属正常年份。

在水稻生长全生育期内，2016 年 ≥0.1mm 的雨日天数计 57 天，去年 ≥0.1mm 的雨日天数计 63 天，比去年少 6 天（表5）。

表5　2016 年水稻全生育期主要气象资料与去年、常年比较

生育阶段	年度	积温（℃）	≥0.1mm 雨日（天）	降水量（mm）	日照时数（h）
全生育期（5 月下旬至 10 月底）	2016	3 744	57	615.2	704
	2015	3 591	63	568.7	926
	±	+153	-6	+46.5	-222
	常年	3 635		690.0	1 005.8
	±	+109		-74.8	-301.8

3.2 不同生育阶段气象条件对水稻生长发育的影响

3.2.1 播栽期雨水适中，利于水稻播栽

2016 年响水县夏熟作物腾茬及时，播栽期遇雨，6 月 19 日、24 日两次降水分别为 14.4mm、65.2mm，加上前期蓄水较好，河床清理到位，河水充裕，灌溉水源较为充足，不同稻作方式的水稻基本上能够按时抛、栽、播，有利于抛秧、机插秧返青活棵；土壤墒情好，水分含量高，直播稻出苗快，出苗全。

3.2.2 分蘖期气温高、光照足，促进了水稻分蘖

7 月响水县水稻普遍进入分蘖期，是水稻营养生长的关键时期，也是形成穗数的重要阶段，此阶段气温高、光照足，促进了水稻正常分蘖生长。7 月旬平均气温达 27.1℃，高于上年（25.5℃）和常年（26.6℃）；日照时数 142.8h，接近上年，少于常年。不同稻作方式此期间分蘖发生较好，为 2016 年水稻足穗奠定了基础。

3.2.3 拔节孕穗期积温高、光照足，加快了水稻生育进程

2016 年水稻在拔节孕穗期间，有效积温高、光照足，加快了水稻生长发育进程。2016 年 8 月旬平均气温为 27.6℃，比上年高 1.8℃，比常年高 1.6℃；有效积温为 828℃，较上年多 52℃，较常年多 47℃；日照时数为 231.3h，均多上年（184.2h）和常年（180.4h）；降水量为 25.5mm，少于上年（180mm）、少于常年（209.9mm）。在 8 月充足的温光资源下，生育进程得到加快，群体发展平衡较好。

3.2.4 抽穗结实期气候较好，有利于水稻灌浆结实

9月上中旬是响水县水稻抽穗扬花的关键时期，9月上中旬旬平均气温分别为25.6℃、22.9℃，均高于去年和常年同期，不同稻作方式的水稻都能够安全齐穗，期间积温高、光照足、阴雨日数少，有利于水稻正常授粉受精，导致2016年水稻结实率高于近几年。

3.2.5 成熟期高温高湿，导致部分田块出现穗发芽现象

10月，正值响水县水稻成熟期，期间温度较高，又遭遇了多年不遇的阴雨天气，据气象部门统计，10月共降水211.6mm，为历史罕见，高温多雨导致部分田块出现穗发芽现象，影响水稻品质，也影响水稻的正常收获。

4 关键技术措施与创新

在技术措施上，以《江苏省农作物四主推名录》为指南，以水稻精确定量栽培理论为基础，大力推广水稻机插栽培技术，综合应用水稻各项高产栽培关键措施。

4.1 优化品种布局，推广优良品种

根据《江苏省农作物四主推名录》，推广选用适合响水县种植的优质、高产、综合性状较好的品种，2016年响水县仍以超级稻连粳7号为主，搭配种植连粳9号、10号、华粳5号，实现了全县水稻优良品种全覆盖。

4.2 创新育秧技术，培育适龄壮秧

响水县机插秧34.86万亩，占全县水稻面积的80%左右，积极推广应用先进的育秧材料和育秧技术，达到了培育适龄壮秧的目的，提高了秧苗整体素质，为水稻丰产丰收奠定良好的基础。

4.2.1 创新育秧材料

4.2.1.1 钵盘育苗

在机插软盘育秧中选用了一种新型的上毡下钵型软盘。与普通软盘相比，这种软盘的优势在于它对根系保护性能好，有利于栽后秧苗活棵，基本上没有缓苗期，使用后效果比较理想。

4.2.1.2 基质育苗

针对营养土采集越来越难、使用成本相对下降和育苗效果较好的实际，2016年响水县加大了育苗基质的使用力度。基质育秧由于不用取土、运输方便、秧龄弹性长、栽插时适应阴雨天气、秧板不易毁损、根系发育较好等优势，也逐步得到应用，目前，响水县大面积生产上提倡用基质作为底土，用细土作为盖土，使用效果较好。

4.2.1.3 硬盘育苗

硬盘育秧尽管成本相对较高，但由于秧块规整、秧盘无塌边、搬运方便，育秧好和栽插质量高被逐步使用。而且硬盘可以进行暗化催苗，有利于提高出苗速度，提高秧苗均匀性。

4.2.2 创新育秧技术

4.2.2.1 硬地硬盘水稻微喷灌育秧技术

该项技术可以充分利用闲置的水泥场、厂房和温室等，可以节省秧板整地工作量和用水，可培育出适应现代化机械栽插的适龄壮秧。2016年响水县在南河民晟农机合作联社集中育供秧基地示范引进了水稻微喷灌育秧技术。通过水稻微喷灌集中育秧技术的推广应用，将对提高响水县水稻生产科技含量、节本增效和提升单产起到一定的积极作用。

4.2.2.2 机械流水线播种

机械流水线播种集摆盘、装土、落谷、洒水、覆土于一体，大大提高了作业效率。而且出苗均匀、整齐，栽插时漏插、缺棵少，秧苗素质较好。全县所有专业化合作组织、大户育秧基本上采取机械流水线播种。

4.2.2.3 无纺布覆盖代替薄膜覆盖

通过补贴无纺布解决了由于塑料薄膜不透气，易高温烧苗、烫苗等问题。

4.2.2.4 运秧工具

通过机械改造，实现了机械运秧，解决了生产上雨天因泥陷人工运秧难问题，又提高了运秧速度。

4.3 示范推广使用生态缓释肥，减少肥料使用量

利用水稻绿色高产高效创建项目物化补贴的锲机，示范推广使用新型生态缓释复合肥和缓释尿素，减少肥料使用量和使用次数，达到绿色增产目的。

4.4 新品种新技术试验力度加强

4.4.1 新品种试验

针对响水县水稻品种多、乱的现象，为更好地筛选响水县以后水稻生产的当家品种，粮油作物栽培技术指导站组织了连粳 7 号、连粳 9 号、连粳 10 号、连粳 11 号、连粳 12 号、连粳 13228（品系）、连粳 14EJ29（品系）、中稻 1 号、圣稻 18 号和盐粳 16 号 10 个粳稻新品种（系）试验，通过展示对比，对 10 个粳稻新品种（系）基本特征特性有了基本的掌握。

4.4.2 育秧软盘试验

为了顺应机插秧的需要，粮油作物栽培技术指导站组织了盘底琴键式凸起、盘底正方形微凸起、盘底菱形平面式 3 种不同规格的育秧塑料软盘试验，通过对比试验，对这 3 种不同规格的塑料软盘的育秧特点有了更好的认识，为响水县今后一段时间内机插秧在育秧软盘使用上提供一定的技术理论基础。

4.4.3 育秧基质试验

由于机插秧面积逐年增加，育苗取土面临着困难，基质育苗将被广泛使用，基质的质量直接影响着秧苗素质，针对这一特点，粮油作物栽培技术指导站组织了兴化新土源基质、盱眙佳禾兴基质、连云港恒奥达基质 3 个不同厂家生产的基质对秧苗素质的影响试验，通过对比试验，对这 3 家生产的基质对育秧质量的影响有了初步了解，为响水县以后机插秧育秧在基质选用上提供了实践依据。

5 制约和促进响水县水稻生产与发展的综合因素

5.1 农业结构调整影响着水稻面积的增减

受农业供给侧结构性改革的影响，调优农业产业结构，经济作物种植面积将有所增加，随着土地流转力度的加大，今后高效设施农业建设的不断发展和扩大，高效设施农业规模越来越大，响水县省道 326 两侧都规划为高效农业示范带，所以，今后水稻生产和发展有可能受到抑制，面积将会有所下降。

5.2 关键技术措施的到位率将制约着水稻产量的突破

大面积机插秧群体起点低，造成库源结构不合理，穗数不足；拔节孕穗肥撒施不到位，导致穗小、总颖花量不足，是影响水稻超高产的主要制约因素。病虫草害防治的关键技术也直接影响着水稻的产量水平，关键是部分农户打药时间不准、用药配方不对路，失去了最佳防治时间，对产量影响比较大。

5.3 农村劳动力短缺制约着水稻技术的到位

由于农村经济的快速发展，进城进厂打工的人将越来越多，农村劳动力出现了严重的短缺，在家留守的都是一些年老人、妇女和儿童，他们不能够适应田间繁重的体力劳动，对新技术接受能力慢，不利于水稻新技术的推广和应用，在一定程度上影响水稻生产的发展。另外，基础设施陈旧、老化也影响着水稻的生产与发展。

5.4 土地的不断流转有利于推进水稻生产全程机械化、规模化

目前，响水县水稻生产仍以一家一户的种植模式为主。随着农村劳动力的大量转移，土地流转势在必行，从中央到地方都在出台一系列政策，加大农村土地流转力度，通过土地流转，可以将少部分因缺少劳动力而不能种植的土地，逐步地转移到有能力的种田大户、专业化合作组织和家庭农场主手里，构建新型的农业经营主体，推进水稻生产规模化、机械化发展步伐。

5.5 合作组织的发展与壮大，提高了水稻生产技术的普及率

由于农村劳动力的大量转移，土地流转等因素，多种形式服务的专业化合作组织随之产生，种田大户和家庭农场犹如雨后春笋，目前，响水县陈家港镇、大有镇、南河镇、运河镇、老舍中心社区等专业化合

作组织发展迅速，在推进稻麦高产创建和联耕联种中发挥了重要作用。南河镇上王村民晟农机专业合作联社，实现了村社合一，充分发挥了专业合作社的统一功能。大有镇康庄村5 000亩生态循环农业基地由响水县廷河农机专业合作社负责基地统一育供秧，统一耕整地、统一秸秆还田、统一栽插、统一机械收获，由于技术措施的高度统一，减少了施肥量、减少了农药使用次数，既降低了农业成本投入，又达到了绿色增产的要求。

阜宁县有机稻米产业发展建设与思考

黄　昆　姜艳艳

（阜宁县作物栽培指导站）

阜宁县发展有机稻米产业，走绿色发展、生态优先之路，是践行"绿水青山就是金山银山"理念，努力将生态优势转变成经济优势的重要举措，对于保护和改善农业生态环境，提高食品质量和安全水平，推动农业结构调整和产业升级，增加农民收入，构建新的经济增长点，实现经济发展与环境保护的"双赢"具有十分重要的意义。

1　有机稻米产业基础优势，前景好

1.1　发展意义深远

以江淮生态经济区建设为契机，"生态文明、绿色发展"为基本出发点，以有机农业、循环经济、农业产业化经营和可持续发展的基本理论为指导，遵循自然和经济发展规律，充分发挥阜宁县地域资源与产业优势，实现资源合理开发和生态环境保护的协调发展，从环境保护、技术指导、管理措施、政策扶持、营销渠道、保障等方面对有机水稻种植进行了全面的规划。通过规划的制定，可综观全局，厘清思路，明确目标，协调全县相关单位从有机水稻种植到加工，销售形成一条龙服务。通过规划有利于全面提高阜宁县有机产品生产、开发、管理和产业化经营水平；通过有机水稻发展规划，能够梳理全县的农业资源，突出和宣传阜宁县有机大米等优势产品，为打造有机产品品牌奠定基础。

1.2　市场前景乐观

随着人们生活水平的提高，有机稻米的需求量越来越大，其生产也越来越受到人们的重视。有机产品作为目前最高层次的无污染产品，在国际市场上享有很高的声誉，并显示出巨大的发展潜力。随着我国经济的快速发展和公众环保意识的加强以及生活质量的不断提高，发展有机农业、开发有机产品引起了政府和广大消费者的广泛关注。

1.3　自然条件优越

阜宁属北亚热带向暖温带过渡性气候，四季分明，气候温和，日照充足，雨水充沛，全年降水量850mm，日照时数1 817.5h，土壤肥厚，植物资源丰富，生态环境优越，土壤、水质、空气等均满足有机产品生产要求。射阳河、通榆运河、苏北灌溉总渠、淮河入海水道交汇融合、通江达海，金沙湖碧水风情、马家荡生态湿地、古黄河自然景观相映成趣，荣获国家一类生态示范区、全国绿化模范县、全国粮食产量百强县、全国粮食生产先进县等称号。

1.4　发展基础良好

目前该县已有获证有机稻谷生产企业4家，分别有盐城稻乡园农业发展有限公司、阜宁县绿鑫谷物专业合作社、阜宁县铂康生态稻米专业合作社、江苏万盛绿色食品股份有限公司，面积达6 630亩；2017年新发展罗桥丰谷农业科技公司、益林恩新家庭农场、硕集李刚家庭农场、阜城街道绿源尚品家庭农场申报水稻有机认证转换企业4家，面积4 600多亩。阜宁大米、阜宁大糕先后荣获国家地理标志产品。

2　有机稻米产业发展措施集聚

2.1　政府主导，强化协调联动

成立了以县长为组长，分管常委、副县长为副组长，县委办、政府办、财政局、国土局、水务局、农委、开发局、市场监管、粮食等部门相关人员为成员的有机农业发展工作领导小组及办公室，由分管副县长兼办公室主任，有效发挥了有机产品认证示范创建工作的领导、监督、管理作用。印发了《推进有机稻米基地建设工程的实施意见（试行）》等指导性文件，加强了对有机稻米产业发展工作的领导和监管。县内各职能部门落实责任领导、分管领导、工作人员，制定了质量安全监控、产品检测检验等各项工作职责和措施。

2.2 规划引领，重抓实施环节

为了进一步统一思想，明确产业发展目标和定位，邀请南京农业大学、扬州大学农学院专家教授制定了《阜宁县有机农业发展规划（2017—2021年）》《阜宁县有机稻米生产技术规程》，提出通过4~5年时间，全面发展有机稻米等有机产业，使有机农业逐渐成为全县现代农业发展的重要组成部分，成为阜宁农业循环经济建设的重要支柱，成为农民增收新的增长点。在此基础上，组织专业人员编印《有机稻米生产与管理》等技术资料，细化了实施步骤和措施，健全了产业规划、基地建设、品种优选、有机栽培、产品加工、品牌创建、市场销售整个产业链条，做到环环紧扣，无缝链接。

2.3 政策扶持，培育主导产业

一是鼓励品牌创建。为了深入推进农业供给侧结构性改革，提升农产品市场竞争力，阜宁县委、县政府围绕农业主导产业，重抓规模基地建设和有机农产品生产，取得较好的成绩，实现了"建一方基地、树一块品牌、建一片市场、带一地农民致富"的预期目标。相继创建了"阜鼎""绿鑫""铂康""稻乡园"等有机稻米品牌。

二是激励产业发展。为进一步鼓励阜宁县农业企业、专业合作社开展有机稻米生产和认证，对发展有机稻米产业的单位和个人予以奖励。对每个有机稻米产品证书，奖励4万元。出台《推进有机稻米基地建设工程的实施意见》，明确县财政每年安排不少于1 000万元，支持有机稻米产业发展，用于政策激励、公共服务、宣传培训、品牌推介等。

三是推行风险补偿。县人民政府与江苏农业信贷担保有限责任公司签订战略协议，设立风险补偿资金3 000万元，规避有机农业自然风险，为新型农业经营主体发展有机农业注入新动力。

四是整合项目投入。围绕有机农业基地和园区建设，建立了发改、农业、水利、交通、开发、扶贫等项目资金整合利用机制，加强有机农业园区、基地的基础设施建设，确保排水灌溉自如、机械作业便捷、田容田貌整洁、田园风光美丽。

2.4 智力支撑，提升发展层次

一是举办绿色发展讲堂。邀请南京农业大学、扬州大学农学院、省农委、省质监局、中绿华夏有机认证中心、有机中国行等高等院校、科研机构、管理部门的专家和教授开展有机产品标准培训和生产技术指导。聘请扬州大学戴其根教授、南京农业大学郎志飞教授为顾问，为阜宁县有机稻米产业发展提供技术支撑，助推有机稻米产业快速发展。

二是提供专业培训服务。针对有机稻米主导产业，开办有机稻米种植专题职业技能培训班，做到"围绕产业办培训、办好培训兴产业"的精准农民培训。

三是开展技术指导服务。每个有机稻米基地安排专门技术团队，采取"首席专家指点、农技人员蹲点、业务团队建点"为主要内容的农技推广"三点"工作法，提高了有机稻米种植技术到位率。

四是精准实施脱贫服务。通过实施"公司+基地+农户""公司+农户"等多种经营模式，采取统一品种、统一田管、统一收购等措施，带动贫困户增收致富。

3 存在问题

3.1 缺少优秀管理技术人才

在现有的有机稻米生产管理上，以传统市场观念经营主体、农业技术人员、生产操作人员为主要人员构成的背景下，谈有机产业、谈生态优先、谈绿色发展难度较大。

3.2 缺少统一质量管理标准

有机稻米生产要严格按照技术规程、质量管理标准开展生产，要严格遵循国家标准、省级标准、认证标准、企业标准等，国家标准和认证标准对有机稻米的生产都是原则性的规定，对具体有机稻米生产的指导性不够强；企业标准大多侧重于生产技术规程，主要针对一个或一类品种，并与该基地所在地区的自然资源和气候条件相适应，地方性较强，局限性明显，推广普及价值不高。

3.3 缺少产业龙头企业带动

目前从事有机稻米生产的企业主体，还处于初级生产阶段，农业生产产业化程度较低，产业链偏短，农产品的开发程度不够，成品加工和精品加工较少，附加值不高。

3.4 缺少响亮有机稻米品牌

"阜宁大米"品牌建设力度还不够，产品的市场认知度、竞争力、占有率还不够高，没有得到消费者的宠爱。

4 发展举措

4.1 有机人才培养

根据乡村振兴战略和有机稻米产业创新创业的总体要求，坚持科学的人才观，紧紧围绕人才强农战略目标，充分发挥政府的主导作用，不断加大投入，遵循人才成长规律，以培养农业农村发展急需紧缺人才为重点，以人才资源能力建设为核心，努力培养造就一支懂农业、爱农村、爱农民的"三农"工作队伍，为发展现代农业、推进社会主义新农村建设提供强有力的人才支撑。

4.2 统一技术规范

结合阜宁县实际，制定《阜宁县有机稻米生产技术规范》，确定阜宁县有机稻米生产主导品种推荐名单和区域品种名单，持续保持推荐主导品种更新换代；推广有机稻米基地冬季种植绿肥作物；推广稻鸭、稻蟹（鱼、龙虾）等有机共生生产方式；支持有机稻米生产基地杀虫灯、防虫网等设施建设；研究推荐有机稻米生产过程中按有机标准可以施用的有机肥、生物农药产品及施用技术。

4.3 扩大生产规模

目前，阜宁县有机稻米种植面积仅6 000亩，未来阜宁县将重点打造罗桥、益林、硕集、阜城4个有机稻米基地，同时在4个基地周边继续扩大种植面积，由点到线，打造有机稻米产业线，在罗桥基地，继续扩大流转种植面积，打造万亩有机稻米产业试验示范基地。

4.4 建立产业品牌

公共品牌的打造，关键在于各个环节链的专业化建设，以专业传递出品牌核心价值。阜宁有机大米品牌的建设需要种植、包装、运销各个环节上的衔接。种植上，种植户的生产管理技术要严格按照有机稻米生产规程执行，实行追溯体系；包装上，所有有机稻米采用统一包装，注重品牌效益；运销上，采用线上线下多渠道销售模式。

4.5 确立品牌保障

品牌的保障是阜宁大米做大做强的关键，主要应做到以下几点。

4.5.1 产品上，保障质量

根据阜宁县有机稻米生产技术规程，各镇区要负责监管基地生产过程中投入品使用，包括有机肥、生物农药的购买、使用的全过程，同时要监督基地做好有机论证台账记录；县农委负责技术指导，同时要定期督查，每月至少一次，引导种植户按照要求进行操作。

4.5.2 品牌上，加大宣传

阜宁县将以目前现有的"阜宁大米"品牌为基础，加大"阜宁大米"品牌建设力度，做强有机稻米产业，叫响生态"阜宁大米"品牌，加快推进阜宁县有机稻米产业的规模化、优质化、标准化、产业化、品牌化经营，全面提高优质大米发展层次和水平，增强市场竞争力，扩大市场占有率，促进农业持续增效、农村持续繁荣，走上以"阜宁大米"引领"中国好粮油"建设、打造全县稻米产业生态、绿色发展新路子。

4.5.3 形象上，注重维护

避免冒牌产品价格、口感不一，对阜宁有机大米的品牌形象造成消极影响。阜宁县要加大对冒牌产品的打击，从经销商授权使用、产品包装可追溯系统到设立专卖区，保护质量安全，注重品牌建设宣传。"阜宁有机大米"作为一个公共品牌，共同维护品牌形象既是品牌建设的需要，也是营销的手段。每年，阜宁县将举办"阜宁有机大米"保护行动，执法部门大力打击伪冒产品，媒体对阜宁有机大米进行大力宣传，普及阜宁有机大米的有关知识，把阜宁有机大米品牌维护做到了家喻户晓。

4.5.4 市场上，全面开拓

市场开拓主要分为线上和线下两个部分。线上主要是依托淘宝、京东等网络销售品牌进行电商销售，目前阜宁县已与阿里巴巴天猫店签订合作协议，借助互联网优势，使"阜宁大米"的绿色有机品牌走进千家万户。线下主要依托各种有机展销会、"有机产品进社区"等活动，进行线下销售。采用多种有机产品（有机蔬菜、有机猪肉、有机水果等）组合式销售、一对一定期定量订单式销售等。和上海、苏州、无锡等市高档小区居民签订长期供应协议，确保阜宁县有机食品能开拓线下固定销售群体，保证销量。

阜宁县水稻生产现状及未来发展趋势

谷诗文 黄建领

（阜宁县作物栽培指导站）

阜宁县地处江苏沿海中部，属北亚热带向暖温带过渡性气候，四季分明，气候温和，日照充足，雨水充沛，年平均气温 14℃，无霜期 213 天，雨日 106 天，全年降水量 850mm，日照时数 1 817.5h，空气质量一级水平，气候条件适合粮食生产，是国家一类生态示范区、全国绿化模范县、全国粮食产量百强县、全国粮食生产先进县、全国食品工业强县。

1 基本情况

1.1 水稻种植概况

阜宁县是传统的农业大县，种植业发达，曾先后多次被国家农业部授予"国家优质商品粮基地县"，7 次被评为"全国粮食生产先进县""全国粮食生产百强县"。2017 年，阜宁县粮食生产逐步由单一化为主逐步向优质化、规模化、产业化、品牌化方向推进，水稻种植面积 87.9 万亩，比上年 87.18 万亩略增0.72 万亩。

2017 年阜宁县的水稻生产状况与 2016 年基本相同，整个生长周期病虫害发生轻，没有重大气象灾害，水稻收获期气温较高，但水稻扬花期持续降雨，灌浆前期持续降雨出现了灌浆不实，结实率和千粒重出现明显下降，加上水稻价格低迷，属丰产不丰收的年景。2017 年，阜宁县平均亩产 630kg，与 2016 年基本持平；总产 55.39 万 t，比 2016 年 54.90 万 t 增 0.49 万 t。

1.2 主要技术措施

1.2.1 因地制宜，大力推广精确定量栽培技术

精确定量栽培仍是今年主要推广的栽培技术。一是因时定苗，6 月 15 日前移栽的基本苗 7 万~7.5万/亩，6 月 15 日后移栽的基本苗 8 万/亩左右。二是机插秧强调密植。针对部分田块有超秧龄现象，2017 年以推广行距 25cm 的插秧机为主，强调栽足穴数。三是推广精确施肥技术。在肥料运筹上，强调基肥、蘖肥、穗肥的精确施用。全县平均亩施纯氮 21.4kg 左右，氮磷钾肥的施用比例约为 1∶0.6∶0.8。氮肥基蘖肥与穗肥的比例约为 6∶4，其中基肥与分蘖肥比例约为 8∶2。同时增加了有机肥料使用量，加大微肥的应用，特别是锌、硅等一些新型微肥的应用。

1.2.2 深入发动，大力实施农药化肥减量增效行动

2017 年以来，全县上下紧紧围绕"生态优先、绿色发展"战略重点，大力实施农药化肥减量增效行动，取得了初步成效。重点打造了古河居委会、益林管计、益林大余、郭墅孙灶、郭墅刘李、阜城城东粮食生产基地和陈集停翅港、东沟阜益、古河居委会蔬菜产业基地。各个基地建立了 100m³ 的田头蓄粪池 2个，已全部蓄粪发酵。全面应用精准施肥技术，化肥用量同比减少 8% 以上。全面推广农业、物理、生物防治措施，压低病虫发生基数，减轻防治压力。"双减"基地全部配备杀虫灯，计 701 盏。郭墅、古河、陈集、东沟等农药减量基地还示范推广应用了螟虫性诱捕器，安装性诱捕器 3 000 套，控制了螟虫为害。

1.2.3 积极号召，大力开展有机稻米工程

为深化农业供给侧结构性改革，创新县农业发展方式，促进农业增效、农民增收、农村增绿，结合阜宁县实际，阜宁县县委、县政府印发《推进有机稻米基地建设工程的实施意见（试行）》（阜办发〔2017〕38 号），推进阜宁县有机稻米基地建设工程。现已备案认定罗桥、益林、硕集、阜城 4 个有机稻米基地，正按照有机稻米生产操作规程严格生产。各基地冬季休耕培肥、种植绿肥；水稻品种选择品质

优、食味好、抗病虫能力强的优质品种；用无纺布覆盖、宽窄行移栽、安装杀虫灯或选用经有机论证的植物源、微生物源农药等方法防治病虫；采取诱灭、养鸭、套养龙虾（鱼、蟹）、人工拔除等方法除草；肥料全部施用饼肥或生物有机肥。基地配套设施杀虫灯445盏已全部安装到位，并投入使用；监控信息化平台正在设计过程中，其中罗桥基地部分监控设备已开始运作。

1.2.4 精心组织，大力推进绿色高产创建示范片活动

依托绿色高产创建示范片以及稻麦科技入户项目实施，结合不同地区、不同品种，根据粮食绿色高产高效创建工作要求，认真做好调研评估，筛选确立示范区，建设水稻示范区9个，小麦示范区7个。在项目实施工程中，做到四个结合：项目建设与高产竞赛相结合，与新品种示范相结合，与示范推广水稻机插秧、小麦机械匀播技术相结合，与基层农技人员工作实绩相结合，全面开展跟踪服务，基本完成了项目工作的各项任务，达到了粮食绿色高产高效创建的目标。同时2017年阜宁县在郭墅镇兴庄村建立200多亩的水稻"三新"技术示范基地，以水稻示范片引导农民干，做给农民看，真正把水稻新技术落实到每户农民、每个田块。

2 主要存在问题

2.1 "水稻+N"的种植模式试点不够

在沟墩、益林等镇搞了少量的水稻套养螃蟹，但规模小，示范作用不明显。

2.2 直播稻面积难以缩小

近两年来，由于插秧机械不足，整地不及时等原因，插秧时间拉长，而且有将近1周左右的缓苗期，特别是近几年中后期气候条件都比较有利于水稻的生长，直播稻后期遭受低温而影响产量的面积很小，大部分直播稻也取得了一定的产量，机插秧的优势没有得到充分发挥，因此直播稻面积仍然较大。

2.3 水稻产业化水平还不高

水稻是阜宁县的主要粮食作物，但产业化水平不高，主要表现在：一是同一品种种植分散，种植没形成规模；二是深加工项目不多；三是品牌效益不突出，全县拥用的绿色食品、无公害食品农产品品牌较多，但不大不强，只有牌子，少有效益；四是产业化链条连接不紧，"公司+基地+农户"的经营模式规模不大，连接不紧，也可以说有名无实。

2.4 镇村技术力量薄弱

虽然现在正在进行"五有农业服务中心"建设，但人员配备不足，目前镇级农技队伍不健全，人员少、经费缺、知识老化，村级基本没有专业技术人员，导致农业实用技术的推广、技术宣传不到位，造成了直播稻面积难控制、机械插秧难推广和先进的配套栽培技术到位率难提高。

3 未来发展趋势

为全面贯彻落实县委十四届三次、四次全会精神，切实加快农业结构调整步伐，深入推进农村改革创新，推动农业增效、农民增收、农村增绿，打造阜宁"三农"工作新特色、新亮点，推动"三农"工作取得新突破，未来阜宁县将以江淮生态经济区建设规划为中心，全面提高阜宁县水稻产业水平，增强农业竞争力。

3.1 大力鼓励"水稻+N"种植模式

县委县政府《关于加快农业结构调整促进农民增收致富的十条激励意见》（阜发〔2017〕32号）指出"符合国土相关政策，新发展连片200亩以上稻田养龙虾基地，按2年度分别补助400元/亩和200元/亩，一次性奖励村组织经费100元/亩（列入村集体经济收入管理）；连片500亩以上稻田养龙虾基地，按2年度分别补助600元/亩和300元/亩，一次性奖励镇级组织经费100元/亩。"加大政府扶持力度，带动阜宁县水稻种植新模式的创新。

3.2 大力实施农药化肥减量增效行动

"双减"基地在阜宁县已取得初步成效，未来将立足根本，扩大成效。未来阜宁县将加快配套服务组织装备，迅速招募运输车驾驶员和施粪操作手，确保一部车辆有一名固定驾驶人员，一台泵有2名固定操

作手，随时参与农牧结合服务；同时加快健全服务网络，按照农牧结合、就近服务的思路，将全县划分 5 个区域，设立 5 个工作站；其次要加快畅通粪污处理渠道：鼓励养殖场自办种植基地，自行处理所用粪污，实行农牧结合。鼓励规模种植基地在田头建立蓄粪池，暂存腐熟粪污，适时施用；最后要加快有机肥厂建设进度，处理面广量大的干鲜粪，生产商品有机肥，同时加快招引建设沼气工程，将粪污转化成生物能源，沼液、沼渣加工处理后施入农田。

3.3 大力推广有机稻米种植产业

目前阜宁县有机稻米基地已初步建成，未来阜宁县将严格要求各基地，按照有机稻米生产技术规程做好各项工作，同时将继续加大落实各项奖补政策，树立标杆，在其他乡镇也陆续推广，推进阜宁县有机稻米基地建设工程。2017 年 9 月阜宁县荣获"2017 年度国家有机产品认证示范创建县"，未来阜宁县将立足现有有机产业基础，继续做大做强，为打造生态阜宁、江淮生态区添砖加瓦。

3.4 大力发展试验示范基地

立足阜宁县生产现状，对兴庄基地做系统划分，分为水稻不同栽培方式试验示范区、有机稻米种植示范区、水稻病虫害绿色防控技术标准示范区、稻麦品种安全性测试和品种区试试验示范区。返青期多阴天，日照时间较上年短；分蘖初期降水量偏少、蒸发量大、气温高导致水稻穗数较去年有所减少；乳熟期降水量偏多单穗结实率也有所降低。对各区进行专业系统管理，组织专业技术力量，保证示范效果。同时，组织各乡镇种植大户来观摩学习，切实感受到机插秧等高效种植方式的益处，用实际对比展现稻米种植技术。

阜宁县小麦生产现状、增产措施探讨

姜艳艳　彭薪源　谷诗文

（阜宁县作物栽培指导站）

2017 年夏粮生产虽然受上年秋播期间连阴雨影响，部分小麦播种推迟，但因狠抓减灾抗灾措施落实，病虫为害轻，夏熟作物实现了大面积均衡增产，达到了农业丰收、农业增效、农民增收的目的。现总结如下。

1　主要生产特点

1.1　面积、单产、总产

1.1.1　面积略减

据统计部门数据，2017 年全县夏粮实收面积 87.7 万亩，其中小麦播种面积 80.5 万亩，较上年 81 万亩减少 0.5 万亩；大麦面积 5.7 万亩，较上年 5.91 万亩减少 0.21 万亩；蚕豌豆 1.5 万亩，较上年 1.545 万亩减少 0.045 万亩。

1.1.2　单产增加

2017 年夏粮平均单产 384.4kg，较上年 361.6kg 增产 22.8kg，增 6.3%。其中小麦平均单产 387.5kg，较上年亩产 363.4kg 增产 24.1kg，增 6.63%；大麦平均单产 370kg，较上年的亩产 360kg 增产 10kg，增 2.78%；蚕豌豆平均单产 277kg，较上年 275kg，增加 2kg，增 0.73%。

1.1.3　总产增加

全县夏粮总产 33.72 万 t，较上年 31.99 万 t，增加 1.73 万 t，增 5.4%。其中小麦总产 31.19 万 t，较上年总产 29.44 万 t 增加 1.75 万 t，增 5.94%；大麦总产 2.12 万 t 较去年的 2.13t 减少 0.01 万 t，减 0.47%；蚕豌豆总产 4 166t，较去年的 4 249t 减少 83t，减 1.95%。

1.2　大小麦产量结构均表现为"二增一减"

1.2.1　亩有效穗数增加

小麦平均亩有效穗为 41.95 万穗，较上年 40.2 万穗增加 1.75 万穗。大麦 41.04 万穗，较上年 40.45 万穗增加 0.59 万穗。

1.2.2　每穗实粒数减少

小麦每穗实粒数 27.21 粒，较上年 27.96 粒减少 0.75 粒。大麦 37.88 粒，较上年 37.98 粒减 0.1 粒。

1.2.3　千粒重增加

小麦千粒重为 39.94g，较上年 39.01g 增 0.93g。大麦 28.3g，较上年 27.92g 增 0.3g。

1.3　大小麦种植效益均增加

2017 年小麦价格与去年同期相比，总体而言，大小麦效益增加，其中小麦增幅较大。据初步统计，小麦出售价格是 2.28 元/kg，较去年 2.18 元/kg 涨 0.1 元/kg，平均亩产值 883.5 元，较去年的亩产值 792 元多 91.5 元，扣除物化和人工成本 628 元，小麦亩纯收入 255.5 元。大麦出售价格是 1.7 元/kg，较去年 1.68 元/kg 涨 0.02 元/kg，亩产值达 629 元，较去年的亩产值 594 元多 35 元。

2　气候与苗情特点

气候条件利弊俱存，受去年秋播连阴雨天气的影响，小麦播栽期拉长，苗情基础差；返青期间温度光照较好，苗情转化较快；灌浆结实期间没有遭受"干热风"等灾害；成熟期间以晴好天气为主，基本保证颗粒归仓。从 2016 年 10 月 21 日至 2017 年 6 月 10 日气象资料分析，整个生育期间积温偏高，日照偏少，降雨持平。总积温 2 518.6℃，比上年同期 2 344.1℃ 高 174.5℃，幅度 7.44%；比常年同期 2 072.4℃ 多 446.2℃。总日照时数 1 261.2h，比上年同期 1 283.1h 少 21.9h，幅度 1.71%；比常年同期 1 392.5h 少 131.3h。降水量 349.8mm，比上年同期 339.3mm 多 10.5mm，幅度 3.09%；比常年同期 359.2mm 少 9.4mm。

2.1 播种至越冬前（2016 年 10 月 21 日至 12 月 20 日）

受去年秋播连阴雨天气的影响，在田水稻收获离田迟，套播麦稻麦共生期拉长，麦苗普遍偏瘦偏高，抗寒抗逆能力下降，整体冬前苗情为近几年最差的一年。从 2016 年 10 月 21 日至 12 月 20 日期间日照时数 243h，比常年 352.6 h 少 109.6h，比上年同期 218.7h 多 24.3h；同期总积温 598.6℃，比常年 516.2℃ 多 82.4℃，比上年同期 584.24℃ 多 14.36℃；降雨 141mm，比常年同期 76.2mm 多 64.8mm，比上年同期 180.9mm 少 39.9mm。阜宁县大小麦种植方式分别为稻套麦、旱茬麦和稻后麦。往年稻套麦、旱茬麦比例在 60% 以上，但是受 11 月 5 日至 25 日连阴雨天气影响，去年稻套麦无法播种，稻后麦受"养老稻"习惯以及机械无法下田，水稻腾茬迟，小麦播期较往年推迟 20 天左右，据 2016 年 12 月 20 日考察，全县小麦基本苗平均 25.9 万，比上年高 0.4 万；叶龄 3.45 叶，单株带蘖 0.38 个，群体总茎蘖数 35.74 万，分别比上年少 0.56 叶，少 0.2 个，少 4.55 万。全县二类苗和三类苗比例高，而且差距较大。群体过大的旺长苗 4.4 万亩，比上年少 9.05 万亩；群体合理、个体健壮的一类苗 8.5 万亩，二类苗面积 20.2 万亩，分别比上年面积少 6.7 万亩、4 万亩。

2.2 越冬期（2016 年 12 月 21 日至 2017 年 2 月 20 日）

这段时间总积温 219.2℃，比常年 90.7℃ 多 128.5℃；降雨 96.6mm，比常年 62.6mm 多 34mm；日照 296h，比常年 317.4h 少 21.4h。与上年越冬期相比，日平均气温高 0.95℃，总体雨量多，日照偏少，是典型的暖冬年份。1 月 20—23 日有一次阶段性低温。2 月 1 日以后受降雨影响，气温有所回升，有利于三类苗的苗情转化。据 2 月 20 日苗情考察，全县小麦叶龄、单株带蘖、群体总蘖数分别为 4.88 叶、1.32 个、59.42 万，分别比上年少 0.27 叶、0.28 个、2.54 万。总体苗情偏弱，群体不足，二类苗、三类苗比例偏高，不平衡性突出。

2.3 返青至拔节阶段（2017 年 2 月 21 日至 3 月 20 日）

这一个月期间积温 205.5℃，比常年同期 152.2℃ 多 53.3℃，日均多 1.84℃；降雨 17.6mm，比常年 41.9mm 少 24.3mm；日照时数 189.2h，比常年 159.4h 多 29.8h。返青以后，温度回升快，日照充足，天气干旱，总体有利于大小麦的生长，特别有利于迟播的弱小苗生长，长势较差的麦苗适当加大了施肥量，弱小的三类苗长势有所好转，与旺长苗以及长势较好的一类苗苗情差距有所缩小。麦苗拔节期比上年提早 5 天左右。

2.4 拔节抽穗至成熟阶段（2017 年 3 月 21 日至 6 月 10 日）

期间积温 1 495.3℃，比常年同期 1 313.3℃ 多 182℃；降雨 94.6mm，比常年 178.5mm 少 83.9mm；日照时数 533h，比常年 563.1h 少 30.1h。4 月下旬至 5 月上旬，县农委多次组织宣讲团对各挂蹲村的镇区干部、村组全体干部、种粮大户代表，在田头针对不同小麦抽穗扬花期的田块防治进行分类指导，全县基本没有发生赤霉病。2017 年小麦虽然前期苗情偏弱，但因每亩有效穗数和粒重增加，导致了单产仍然较高。收获期以晴好天气为主，实现了颗粒归仓。

3 主要工作措施

3.1 加强宣传发动，大力落实关键生产措施

针对前作水稻腾茬迟，小麦播期拉长，如何采取措施晚中促早；针对稻麦共生期长，如何施好分蘖肥，促进苗情平衡；针对春季杂草基数高，如何防治杂草，为此，阜宁县多次发文要求各镇区、各部门加强协调，发动群众，积极抗灾，县充分利用阜宁报、阜宁电视台、阜宁政风热线以及印发技术措施材料等途径和方式，切实解决生产中的实际问题。大小麦生育期间阜宁报针对品种选择、田间管理等问题刊登 2 期；阜宁县电视台专家现场采访解答形式播放 2 次，以整版字幕打印形式播放 3 次；印发了"农业生产

技术管理措施"共4次，计发放1.2万份至各镇、村。

3.2 加强高产创建和种粮大户的指导，大力培植高产高效示范片

阜宁县在沟墩、阜城、郭墅、吴滩、益林5个镇区，落实了高产增效创建项目，涉及523多户、面积1.07万亩，同时，大力开展对种粮大户、家庭农场的培育，突出统一品种，小麦主导品种为淮麦29、郑麦9023、镇麦10号、宁麦13。突出机械条播；突出统一播种、机械收获，高产创建示范片平均每亩有效穗数为44.1万，每穗结实粒数为35粒，千粒重40g，平均亩单产525kg。

3.3 围绕科技入户，大力推进先进农业科技进村入户

我们认真总结往年实施稻麦农业科技入户示范工程项目的经验，狠抓关键季节、关键技术的推广和应用，在大小麦拔节孕穗期和赤霉病防治的关键时期，县农委组织了4个宣传团对1 100个科技示范户进行培训，辐射带动13 000多农户。通过科技入户项目的实施，小麦主导品种主推技术的应用率明显提高，产量效益明显提高，示范户带头致富能力明显提高，技术指导员的服务质量明显提高，基层干部对农技推广工作的满意度明显提高。1 100个示范户小麦总面积2.18万亩，平均亩单产432.8kg，比全县面上平均亩单产387.5kg增产45.3kg。

4 存在问题

4.1 品种多、乱、杂

受阜宁县区域位置特殊、播种方式多样、供种渠道多，品种来源复杂，全县小麦品种有数十个。品种的多乱杂，导致田间长势不平衡，给指导面上生产带来了难度。

4.2 基层农技队伍不健全

近两年基层从事农技推广的队伍得到了一定的充实，乡镇农业中心主任单打独斗的现象明显减少，但县、镇农技员流动性快，"杂事"多，真正从事农技推广的力量仍然十分薄弱，影响了农业技术的指导和推广，关键措施不能迅速落实到位，影响了麦子产量、品质和效益。

4.3 粗放种植表现十分明显

大小麦种植大耕大种、机条播面积比例低，播后普遍没有采取镇压措施。稻套麦面积比例仍然较高，水稻收获期间稍微遇到阴雨天气，收获推迟，共生期拉长，麦苗弱小，根系浅，分蘖迟，抗逆差，总体素质不高，影响全县产量水平的提高。此外现有麦田沟、渠、路、桥、闸、涵等配套设施以及供排水机械、收割机械拥有量与高产稳产田块的要求仍有很大差距。

4.4 肥料运筹不合理

农民习惯氮肥施用过多，磷钾肥比例不合理；不注重有机肥和微量元素使用；腊肥施用多，拔节孕穗肥施用少；针对以上情况，提出了："选用优良品种—秸秆还田—测土配方—适期机播—病虫草综合防治"技术路线，并以技术到户为核心，结合农事季节，采取阵地培训与现场培训、田头授课与声像教学相结合的办法，开展主导品种和主推技术培训，把栽培技术、小麦供求和生产资料等有关信息及时传送到广大农户手中。

5 秋播生产意见

5.1 推广优良品种

根据阜宁县气候特点、病害发生情况、耕作方式等实际情况，大小麦品种选择主要考虑抗白粉病和耐赤霉病较强以及高产、稳产、优质、抗倒性等综合性状较好的品种，如淮麦20、淮麦29、郑麦9023等品种。2017年秋播拟扩大苏中、苏南的宁麦13、扬麦13、镇麦10号等品种种植面积，以缓解稻麦茬口衔接的矛盾。

5.2 坚持适期播种

由于每年水稻收获推迟，秋播也将随之推迟，因此秋播要力争晚中争早，确定适宜的播种量。

5.3 合理肥料运筹

总氮量在17~19kg，$N:P_2O_5:K_2O$比例为$1:0.5:0.7$。氮肥基追肥比例为$5:5$。

5.4 狠抓减灾抗灾

近几年，大小麦生产自然灾害频发，为减控灾害损失，突出抓好三点：一是配套好内外沟系。二是做好草害化除和赤霉病、白粉病等防治。根据草情、病情预测预报，及时发布病虫草发生信息，做好防治工作，特别是吸取近几年小麦抽穗扬花期以赤霉病为主的病虫害成功防治经验，做到预防为主、准确测报、提早动员、及时防治。三是后期做好肥药混喷，防止早衰。

5.5 及早谋划结构调整

一是优化种植方式，扩大机条播种植面积，减少稻套麦面积；二是通过开展以轮作换茬、深耕晒垡、休耕培肥、生物改良等为主要内容的轮作休耕，加快构建适合阜宁县的轮作休耕制度；三是减少大麦油菜等低效作物种植面积。

阜宁县 2016 年水稻不同种植方式产量效益比较

高爱兰　彭薪源　谷诗文

（阜宁县作物栽培指导站）

2016 年阜宁县的水稻生产，虽然病虫害发生轻，大力推广高产栽培技术，水稻取得了较好的产量，但仍然受水稻价格低迷、水稻收获期间遭遇连阴雨天气等不利因素影响，属丰产不丰收的年景。

1　生产形势和特点

1.1　生产特点表现为"三平"

一是面积持平。2016 年水稻种植面积为 87.18 万亩，与上年持平。二是单产减少。平均亩产 630kg，较去年持平减产 5.52kg。三是总产略减。总产 54.9 万 t，比上年 55.38 万 t 略减 0.48 万 t。

1.2　穗粒结构表现为"一增三减"

2016 年水稻亩有效穗数为 26.31 万，较上年增 1.45 万；结实率 89.72%，比上年减 0.62%；每穗粒数 113.07 粒，比上年 116.29 粒减 3.22 粒，减 3.44%；千粒重 26.23g，比上年减 0.75g，减 2.78%（表 1）。

表 1　2015—2016 年水稻面积产量及产量结构比较

作物		面积 （万亩）	有效穗 （万/亩）	粒数 （穗）	结实率 （%）	千粒重 （g）	理论单产 （kg/亩）	实际单产 （kg/亩）	总产 （万 t）
水稻	2016 年	87.18	26.31	113.07	89.72	26.23	700	630	54.9
	2015 年	87.18	24.86	116.29	90.34	26.98	704.64	635.20	55.38
	±	0	1.45	-3.22	-0.62	-0.75	-4.64	-5.2	-0.48

1.3　水稻种植效益仍处于低位徘徊

2016 年全县水稻平均单产 630kg，收购均价仅达 2.7 元/kg，亩产值 1 701 元，总成本 1 082.28 元，亩纯收益 618.72 元。其中旱育移栽、抛秧、机插、直播亩产量分别为 670.15kg/亩、642kg/亩、638.5kg/亩、618.69kg/亩，产值分别为 1 809.41 元、1 733.4 元、1 723.95 元、1 670.46 元，总成本分别为 1 034 元、1 024 元、1 068 元、1 140 元，亩纯效益分别为 845.41 元、779.4 元、725.95 元、600.46 元（表 2）。

1.4　气候条件对水稻生长总体有利

受厄尔尼诺现象影响，水稻整个生育期间气温高，积温比常年高 319.1℃，日均温高 2.23℃；降雨偏少，而且分布不均，主要集中于水稻分蘖期及灌浆中后期；日照偏少，但对产量影响不大。据县气象资料统计，至 10 月底，全县积温、降水量、日照时数分别为 3 594.9℃、640.6mm、755.7h，积温分别比常年和 2015 年同期高 319.1℃、高 331.9℃；降水量分别比常年和 2015 年同期少 7.8mm、少 63.7mm；日照时数分别比常年和 2015 年同期少 165.7h、少 58.2h。气候条件总体对水稻生长有利（表 3）。

表2 2016年不同稻作方式经济效益比较分析表

稻作方式	实产 (kg/亩)	单价 (元/亩)	产值 (元/亩)	生产成本（元/亩）									净收益 (元/亩)	各项补贴合计 (元/亩)	纯收益 (元/亩)
				种子	肥料	农药	灌排	机耕	机栽	机收	用工量 (工)	用工成本 (元)	合计			
机插	638.5	2.7	1 723.95	44	226	58	33	80	70	75	7.2	432	1 068	655.95	70	725.95
手栽	670.15	2.7	1 809.41	32	243	58	30	80	0	75	8.6	516	1 034	775.41	70	845.41
抛秧	642	2.7	1 733.4	45	228	58	28	80	0	75	8.5	510	1 024	709.4	70	779.4
直播	618.69	2.7	1 670.46	65	240	74	26	60	0	75	10	600	1 140	530.46	70	600.46

表3　2016年阜宁县水稻生长阶段气象条件比较

月份	旬	降水（mm）			气温（℃）			日照（h）		
		2016年	2015年	常年	2016年	2015年	常年	2016年	2015年	常年
6月	中	0.3	3.2	41.2	25.9	25.1	23.4	58.7	62.3	66.7
	下	110	173.3	63.7	25.4	22.6	24.3	46.5	35.3	54.1
7月	上	148.2	3.3	57.7	24.2	24.2	25.8	20	61.7	57.9
	中	59.2	101.6	92	26.3	25.1	26.5	43.3	20.7	57.5
	下	1.1	34.3	77.4	32.1	28.1	27.5	116.5	57.4	82.1
8月	上	39.2	139	52.7	28.8	28.5	27.4	78.7	65.3	78.4
	中	0	60.9	53.1	29.4	25.7	26.5	77.7	55.4	70.4
	下	10	4.5	65.7	25.8	22.3	25.1	87	60.8	70.1
9月	上	0	65.4	42	26.1	23.1	23.8	64.2	75.2	62.5
	中	58.5	9.8	25.2	23.9	21.5	21.6	64.2	71.1	62
	下	15.3	49.3	24.9	20.9	21.7	19.9	39.3	50.1	65.7
10月	上	64.4	56.1	23.9	19.5	18.9	18.4	41.7	65.1	64.6
	中	33.8	0	15.1	18	17.3	16.5	9.4	80.2	59.9
	下	100.6	3.6	13.8	15	15.6	14.2	8.5	53.3	69.5
合计		640.6	704.3	648.4	3 594.9	3 263	3 275.8	755.7	813.9	921.4

（1）播栽—分蘖期（6月中旬至7月中旬）。此期积温1 018℃，比常年1 000℃略高。日照168.5h，比常年236.2h少67.7h，比上年少11.5h，仅为常年的71.3%。2016年大小麦熟期比常年早2~3天，小麦收获期集中在6月9—11日。直播稻在6月15日左右大面积播种，机插秧、手栽秧、抛秧在6月16日大面积移栽。6月23日阜宁县遭遇历史罕见特大龙卷风暴雨冰雹袭击，6月23—24日两日降水量达92.8mm，给全县7个镇区22个村居造成重大人员、财产损失，同时给水稻的出苗成苗带来一定的影响，主要表现为因忙于抢救伤员和落实其他抗灾措施，对没有移栽的机插秧被迫推迟至7月上中旬才机插结束，少数低洼田块的直播稻因排水不及时，导致这些田块因烂种烂芽而出现补种。与上年6月下旬的雨日多、雨量大相比，2016年水稻苗期遭受的降雨影响明显小于上年。同时，从6月下旬至7月中旬，积温达759.2℃，与常年相似，比上年高40.2℃，日均高1.34℃，水稻总体、生育进程、群体指标明显好于上年。据7月15日苗情调查，全县水稻平均叶龄7.33叶，单株带蘖1.33个，群体茎蘖数21.36万，分别比上年同期多0.29叶、0.22个、22.6万。直播稻受播期提前影响，7月15日的苗情调查显示，叶龄多0.65叶，带株带蘖多0.47个，群体茎蘖数多6.83万。而机插秧受移栽期拉长，秧苗超秧龄移栽的影响，叶龄、单株带蘖、群体茎蘖数仅比上年同期多0.16叶、0.1个、0.87万。总之，前期的高温为2016年穗数增加奠定了基础。

（2）拔节—抽穗扬花期（7月下旬至9月上旬）。这段时间为水稻营养生长与生殖生长并进，气温高，期间积温1 479.9℃，比常年多124.3℃，日均温比常年多2.4℃；日照424.1h，比常年多60.6h；降水明显偏少，仅为50.3mm，是常年的17.3%。持续的高温干旱致水稻植株生长老健，水发苗、僵苗现象极少。不利的是影响水稻幼穗分化，特别是7月22—30日期间连续多日极高气温达到37℃左右，幼穗刚开始分化；8月13—19日，连续几天高温达到34℃，幼穗大部分处于花粉母细胞形成期至减数分裂期，高温杀伤幼穗，致使2016年穗粒数和结实率分别比去年减少2.71粒和0.62个百分点。

（3）灌浆结实期（9月中旬至10月下旬）。此期积温982℃，比常年多61.8℃，日均高1.21℃；比上年多16.4℃，日均高0.32℃。降雨272.6mm，是常年2.6倍；日照163.1h，是常年一半左右。从10月

15—28 日，绝大部分为阴雨寡照天气，由于移栽早的手栽稻和机插秧灌浆早，光灿 1 号、苏秀 867、苏秀 9 号等品种出现较重的穗发芽，倒伏严重的田块穗发芽更重。气温方面，此间除了 10 月 9 日出现短暂的 11.7℃极低气温外，对少部分迟熟中粳的直播产生一些影响，其他时间持续的高温有利于水稻缓慢灌浆，粒重提高。虽然部分早熟品种出现穗发芽，但 2016 年水稻千粒重仍比上年增加 0.46g。

2016 年水稻成熟期与去年相似，由于大部分小麦已经套播，农户有养老稻的习惯，加之 2016 年前期水稻收购价低，农民持观望态度，2016 年水稻收获仍然推迟。进入 11 月以后，几次间隙性降雨，导致田间湿度大，同时，气温下降，田间蒸发量小，收获机械难以下田作业，一些大户直到 11 月底 12 月初才收获结束，给下茬小麦生产带来了严重不利影响。

2 主要技术措施

2.1 广泛宣传，大力推广主体栽培品种

2016 年阜宁县将连粳 7 号、宁粳 4 号作为主推品种，南粳 9108、武运粳 27 作为机插秧、优质稻米的示范品种，全县主要品种种植面积占 7 成以上。主推品种的应用为 2016 年水稻产量的稳定发挥了重要作用。

2.2 因地制宜，大力推广精确定量栽培技术

精确定量栽培仍是 2016 年主要推广的栽培技术。一是因时定苗，6 月 20 日前移栽的基本苗 7 万~7.5 万/亩，6 月 20 日后移栽的基本苗 8 万左右。二是机插秧强调密植。针对部分田块有超秧龄现象，2016 年以推广行距 25cm 的插秧机为主，强调栽足穴数，比去年增加 0.2 万穴。三是推广精确施肥技术。在肥料运筹上，强调基肥、蘖肥、穗肥的精确施用。全县平均施纯氮 21.4kg 左右，氮磷钾肥的施用比例约为 1：0.6：0.8。氮肥基蘖肥与穗肥的比例约为 6：4，其中基肥与分蘖肥比例约为 8：2。同时增加了有机肥料使用量，加大微肥的应用，特别是锌、硅等一些新型微肥的应用。

2.3 深入发动，大力推广专业化防治技术

在统防统治组织建设上，各镇成立了农机机防队；在技术指导上，县农委成立 16 个技术指导组，分赴各镇在田头讲解，对象包括镇挂钩农村的干部、村组干部和大户代表；在药剂购买上，在水稻穗期病虫害防治中，县农委统一组织招标，以低于市场 12 元/亩的价格统一供药到村组农户。这样做既减少了用药量和用药次数，节约防治成本，同时也提高了防治效果，虽然 2016 年穗期雨水频繁，十分有利于稻瘟病发生，但是水稻生产因病损失降至最低限度。

2.4 精心组织，大力推进绿色高产创建示范片活动

依托绿色高产创建示范片以及稻麦科技入户项目实施，结合不同地区、不同品种在沟墩、阜城、罗桥、郭墅、金沙湖、古河、板湖、益林、东沟、三灶等镇区建立了 20 多个示范片，其中新沟镇新北村示范片经市农委组织实收测产，产量达到 745kg/亩。同时 2016 年阜宁县在郭墅镇兴庄村建立 200 多亩的水稻 "三新" 技术示范基地，以水稻示范片引导农民干，做给农民看，真正把水稻新技术落实到每户农民、每个田块。

3 主要存在问题

3.1 "水稻+N" 的种植模式试点不够

在沟墩、益林等镇搞了少量的水稻套养螃蟹，规模小，示范作用不明显。

3.2 直播稻面积难以缩小

近两年来，由于插秧机械不足，整地不及时等原因，插秧时间拉长，而且有将近一周左右的缓苗期，特别是近几年中后期气候条件都比较有利于水稻的生长，直播稻后期遭受低温而影响产量的面积很小，大部分直播稻也取得了一定的产量，机插秧的优势没有得到充分发挥，因此直播稻面积仍然较大。

3.3 水稻产业化水平还不高

水稻是阜宁县的主要粮食作物，但产业化水平不高，主要表现在：一是同一品种种植分散，种植没形成规模；二是深加工项目不多；三是品牌效益不突出，全县拥用的绿色食品、无公害食品农产品品牌较

多，但不大不强，只有牌子，少有效益；四是产业化链条连接不紧，"公司+基地+农户"的经营模式规模不大，连接不紧，也可以说有名无实。

3.4 镇村技术力量薄弱

虽然现在正在进行"五有农业服务中心"建设，但人员配备不足，目前镇级农技队伍不健全，人员少、经费缺、知识老化，村级基本没有专业技术人员，导致农业实用技术的推广、技术宣传不到位，造成了直播稻面积难控制、机械插秧难推广和先进的配套栽培技术到位率难提高。

响水县推进水稻集中育供秧的实践与思考

张红叶[1]　杨　力[2]　方怀信[1]　金　鑫[2]　崔　岭[1]　王海燕[1]

(1. 响水县粮油作物栽培技术指导站；2. 盐城市粮油作物技术指导站)

摘　要：响水县是产粮大县，长期以来，县委县政府始终坚持紧抓粮食生产，重视发展现代农业、农业科技成果转化等。2000年以来，在实施部省级水稻高产增效创建项目中，一直指导承担水稻创建示范片服务的专业化服务组织采用集中育秧技术，经过多年推广，集中育秧技术得到了更新。目前，全县集中育秧面积达2 000多亩，迅速推进了响水县机插秧面积扩大，在集中育秧发展势头良好同时，我们也看到了集中育秧存在的诸多问题，为此，我们进行了研究探索，归纳出集中育秧技术创新点，并且对集中育秧推进措施和存在问题进行了分析总结，以便广大农技人员借鉴应用，更好的服务推进集中育秧发展。

关键词：水稻；集中育供秧；技术创新；推进措施；存在问题；对策建议

近年来，响水县紧紧围绕水稻机插秧的发展，通过省级农业综合产能建设类项目和绿色高产增效项目的实施，积极开展集中育供秧工作，取得了明显成效。全县14个镇（区）境内的育秧大户、家庭农场、专业化合作组织实行全覆盖，培植63个育秧大户、家庭农场、专业化合作组织等育秧主体，全县水稻集中育秧规模在5亩以上的育秧面积有2 000多亩，其中响水县老舍社区恒飞育秧基地、响水县南河民晟农机合作联社集中育秧面积均在80亩以上。现将响水县推进水稻集中育供秧的技术创新、推进措施、存在问题及推进建议报告如下。

1　水稻集中育供秧的技术创新

水稻集中育秧虽然是一项老技术，但也要不断适应新的发展需要，强化创新推进。我们着重在播种方式、育秧材料和育秧技术上进行了"135"的尝试创新，取得了一定的成效[1]。

1.1　创新播种方式：实现了由人工播种→机械播种的转变

据测算，一般机械播种每人每天可播种折算大田30亩左右，分别是双膜育苗和人工塑盘育苗的3倍和5倍，同时还节省了铺土用工3~4个，而且出苗均匀、整齐，栽插时漏插、缺棵少，秧苗素质较好[2]。2016年县内大多数育秧户都采用了机械播种技术，应用面积达60%以上。一台播种机一天可播种秧池2.5~3亩。2012—2016年，县内购进使用播种机73台。

1.2　创新育秧材料：实现了3个方面的转变

1.2.1　平盘育苗→钵盘育苗

陈家港镇引进了中国水稻研究所专利技术—水稻机插秧"上毡下钵"式新型育秧盘育秧技术进行示范，获得成功。栽后第二天，普通平盘秧苗无白根伸出，而"上毡下钵"秧苗则有2~5条白根伸出（系栽插前蜷缩在钵体内未被切断的根系），基本上没有缓苗期。"上毡下钵"秧苗由于栽后发棵快、分蘖多，故高峰苗和每亩成穗数较多，同时由于分蘖多系低节位大分蘖，穗型也较大。目前这种秧盘只适用于久保田插秧机上。

1.2.2　细土育苗→基质育苗

基质育秧虽然成本较高，一般每亩高于细土育秧的15~20元[2]。但由于不用取土、运输方便、秧龄弹性长、栽插时特别适应阴雨天气、秧板不易毁损等优势，2016年得到进一步推广应用，2016年全县育秧使用基质比例已达20%。经田间试验，基质育苗表现为发根多、白根多、盘根好。目前，响水县大面积生产上提倡用基质作为底土，用细土作为盖籽土或用细土做底土，用基质作为盖籽土的方式，使用效果较好。

1.2.3 软盘育苗→硬盘育苗

硬盘育秧尽管成本相对较高，但由于秧块规整、秧盘无塌边、搬运方便，育秧好和栽插质量高被逐步使用，硬盘育秧基本不用补秧，可节省补秧用工 1~2 个[3]。而且硬盘可以进行暗化催苗，有利于提高出苗速度，提高秧苗整齐。

1.3 创新育秧技术：实现了五个方面的转变

1.3.1 软地大水漫灌→硬地设施微喷

该项技术可以充分利用闲置的水泥场、厂房和温室等，可以节省秧板整地工作量和用水，可培育出适应现代化机械栽插的适龄壮秧。2016 年响水县在南河民晟农机合作联社集中育供秧基地示范引进了水稻硬地微喷灌育秧技术。通过应用水稻微喷灌集中育秧技术的推广应用，将对提高响水县水稻生产科技含量、节本增效和提升单产起到一定的积极作用。

1.3.2 化肥培土→壮秧剂调拌营养土

以前响水县营养土培肥方式是选用化肥和有机肥等进行混拌培肥，这种培肥方式经常导致秧苗烧苗，通过补贴壮秧剂，解决了由于响水县土壤偏碱和苗期营养不足导致的黄弱死苗及育苗不壮等现象。

1.3.3 薄膜覆盖→无纺布覆盖

通过补贴无纺布覆盖苗床，解决了以前苗床覆盖物由于用塑料薄膜导致的不透气、贴膏药、易高温烧苗、烫苗等现象。

1.3.4 人工运秧→机械运秧

响水县多个育秧合作社把普通手扶拖拉机改进成履带式的拖拉机，可以不受水田和小沟渠影响，加快了运输速度，折算每亩大田机插可节省 5 元左右。响水县开发区益民机插秧合作组织专门定置了塑料集装箱用于运输秧苗，不仅减少了运输成本 30%（折算每亩大田 3~4 元），而且还减少了秧苗坏板率（按亩大田正常坏板率 10% 计，折算减损 12~15 元），大大提高了经济效益[2]。

1.3.5 田间出苗→暗化催苗

播种结束后，用叠盘暗化出苗技术，有利于提高出苗整齐度。具体做法：播后将秧盘直接在室内或场地上进行集中叠盘堆放，并覆黑色薄膜，遮阳暗化，保湿保温促出苗，一般叠盘高度不超过 20 盘，外场的顶部放一张空盘，堆放时间一般在 1~2 天，当有 60% 以上芽鞘出土即可，之后移至已备好的秧田，进行拉线摆盘[2]。

另外，2016 年响水县集中育秧基地试验应用了秧盘底铺麻育秧膜，实现了由盘下无膜到盘下铺膜的转变。主要优势有：保肥＋保水＋保温＝育壮秧；盘根＋固根＝不散秧。

2 水稻集中育供秧的推进措施

水稻集中育供秧，虽然是水稻机插秧的一个环节，但涉及领域广、涉及产品多，且作业时间短、要求高，必须要高度重视，采取切实可行的措施有序推进。

2.1 强化育秧工作的组织和宣传

领导重视是推进水稻集中育供秧的组织保证。响水县委县政府对水稻集中育供秧和水稻高产创建工作高度重视，及时组织召开水稻集中育供秧及高产增效创建现场观摩会议。同时加大媒体宣传。响水县电视台开辟了"新农村"栏目，定期对响水县水稻集中育供秧工作进行宣传报道。

2.2 强化育秧主体的遴选和抉择

为了实施好水稻商品化集中育供秧项目，培育出适龄壮秧，更好地服务好水稻绿色高产高效创建及千家万户水稻机插秧工作，我们对全县所有育秧大户、家庭农场、专业化合作组织的育秧资质及育秧水平进行摸底调查，最终筛选出 63 户有一定规模的育秧主体来服务水稻集中育秧项目。同时，培强培优专业化合作组织，全县每年都有 40 个左右专业化合作组织服务于水稻集中育供秧和高产创建工作。

2.3 强化实施项目的督查和审核

为了把水稻集中育秧项目这项惠农项目落实好、实施好，县农委组织相关人员对全县种粮大户、家庭农场及合作组织等所有育秧主体的育秧面积进行认真核查验收，对所有的育秧地点都进行了 GPS 定位，育秧面积进行逐田核实，县农委会同县财政局领导对水稻育秧质量和栽插质量进行跟踪督查，确保水稻集中育秧项目实施到位。

2.4 强化育秧人员的培训和指导

通过举办集中培训提高了育秧户的育秧水平，降低了育秧风险；通过举办现场观摩给育秧人提供了学习集中育秧新技术的平台；通过请省市专家等来现场指导，给集中育秧大户提供了有力的技术支撑。通过一系列育秧技术跟踪服务指导，监管规范了集中育秧技术操作到位。

2.5 强化项目资金的使用和管理

严格项目资金管理，保证专款专用。2016 年由于项目资金下达迟，未能及时招标，同时，由于项目实施涉及育秧主体多，育秧产品种类多、规格多、品牌多，众口难调。为了及时落实好项目资金，鉴于上述情况，县农委和县财政经过协商，决定让符合实施方案要求的 5 亩以上育秧主体自己采购集中育秧物化补贴产品，同时，要求育秧主体从省推荐的育秧产品目录里选择的育秧产品不得低于 50%。对经过现场验收符合条件的育秧户，必须根据秧池面积对应的补贴资金提供正式育秧物资发票给实施单位进行及时报账。

3 水稻集中育供秧存在的问题

响水县水稻集中育供秧工作，虽取得了一定的进展，但仍然存在不少问题，有的是老问题，有的是新问题，制约着该项工作的进一步推进。

3.1 育秧技术环节上存在的问题

一是播量不适宜。播量小，易出现漏插、盘根效果差；播量大，秧苗生长受到限制，特别是近年来播量提高到 150g/盘以上，虽然提高机插密度，但导致秧苗细长、优势蘖位分蘖缺失，秧苗素质下降、大田成苗率低，影响正常分蘖和成穗。二是播期不适时。有的播种偏早，低温导致出苗不全不齐；有的播种偏迟，难以实现壮苗要求。三是播种不规范。播种不均匀造成秧苗有疏有密、高低不齐、粗细不匀，影响机插秧的使用效果；营养土不均匀，出苗有先后，影响整齐度[1]。

3.2 机插环节上存在的问题

一是秧龄较长。机插秧秧龄要求在 18~20 天，但事实上因麦收、天气、田间水利设施等影响，易出现超秧龄秧苗，不利于插秧机抓苗，而且加重秧苗的损伤及延长农耗时间。二是密度较稀。仍然存在一部分农户机插密度达不到预定要求，最终导致成穗数不够而产量不尽理想。三是返青较慢。部分乡镇毯苗机插为主，植伤重、农耗长等，导致返青慢，生长优势不明显。

3.3 育秧物化产品中存在的问题

一是育秧细土获取难。集中育秧相对面积较大，需土量大，而能取土的空闲田块相对不多，造成育秧取土困难。二是基质使用风险大。随着机插秧面积的不断扩大，基质育秧是一个发展方向，而有的生产厂家生产基质的原材料腐熟、发酵程度不够，导致育苗时出现死苗黄苗现象。同时，因为各基质生产企业成分不一、标准不一，年度间、批次间差异大，给田间管理带来不便。三是物化产品采购慢。目前项目采购主要由政府采购中心招标进行，由于招标机构对技术业务不熟，办事效率低，或因项目实施文件下达较迟，延误了最佳采购时间，导致所采购的物化产品当年不能使用，影响项目实施效果。

3.4 育秧规模上存在的问题

有的育秧主体为了多得到育秧补贴，集中育秧面积过大，增大了育秧成本，田间操作和管理粗放，影响秧苗质量。此外，多出的剩余秧苗对外出售时多为超龄秧，形不成壮苗，势必影响购买户水稻产量，给农户带来错觉，机插秧不如直播稻[5]。

4 水稻集中育供秧的推进建议

根据水稻集中育供秧推进过程中存在的问题，必须要引起重视，建议加大 4 个方面的力度。

4.1　加大扶持补贴力度

加大扶持补贴力度，建立永久性集中育供秧基地，让集中育供秧基地成为技术人员、农民等观摩、培训、学本领、用科技的试验、示范基地，不断扩大水稻集中育秧规模，推进水稻机插秧的进程，提高水稻生产科技含量[2]。

4.2　加大农业保险力度

集中育秧面积较大，生产成本投入较高，复杂多变的气候因素造成集中育秧潜在的风险较大，所以要建立集中育秧的相关保险机制，减少育秧风险，减少育秧主体的经济损失[4]。

4.3　加大基地基建力度

加强集中育秧基地的沟、渠、路、函桥等基础设施建设，既有利于培育壮秧，又有利于提高抗风险的能力。

4.4　加大产品降本力度

所有育秧物化产品生产企业，要强化质量意识，把企业产品做强做优，通过技术创新，降低生产成本，靠质量赢得用户的赞许，提高产品的知名度[5]。

参考文献

[1]　杨力，刘中秀，等 . 水稻机械化种植实用技术 [M]. 南京：江苏凤凰科技出版社，2015.

[2]　杨力，刘洪进，等 . 盐城市开展水稻集中育秧的实践与思考 [J]. 大麦与谷类科学，2012（4）：54-56.

[3]　孙统庆，李杰，等 . 江苏水稻商品化集中育供秧的应用与发展 [J]. 北方水稻，2015（6）：77-80.

[4]　杨洪建，李杰，等 . 集中育供秧"给力"江苏水稻生产 [J]. 江苏农村经济，2011（2011 年度江苏省农业发员会机关中青年获奖论文专刊)：134-136.

[5]　李杰，杨洪建，等 . 对加快推进江苏水稻机插秧发展的思考 [J]. 中国稻作，2014，20（1）：32-35.

响水县水稻绿色高产高效创建的绩效与经验思考

方怀信　张红叶　崔　岭　王海燕

（江苏省响水县粮油作物栽培技术指导站）

摘　要：本文从产量增幅、效益提升、三新技术普及率等方面客观地总结了响水县从 2009—2016 年实施水稻高产创建工作以来所取得的成效，并对这些绩效指标取得的经验和问题进行了归纳和总结，针对性地提出了水稻高产高效创建的对策措施，为响水县今后的粮食绿色高产高效创建工作及大面积水稻生产积累了宝贵的经验资料。

关键词：水稻；高产高效；绩效；思考

响水县作为传统的粮食生产大县，以稻麦两熟为主，地处淮北地区南缘，东临黄海，北枕灌河，灌溉水源充足，水质较优，土壤质地以黏土、沙壤土为主，生态条件比较适合水稻生长，常年种植水稻 2.87 万 hm² 左右，但由于受从业人员文化素质偏低、科技成果转化率和新技术到位率不高等制约因素的影响，水稻的生产潜力受到限制。为促进响水县水稻持续增产，按照农业部、江苏省农业委员会实施粮食高产增效创建的要求，从 2009 年春夏播至 2016 年实现水稻高产增效创建项目，其中 2011—2015 年为全县整建制推进。8 年来，全县水稻创建面积累计近 4.88 万 hm²，通过创建项目的实施，示范片水稻单产得到显著提高，新技术的应用得到普及，辐射带动周边辐射区水稻生产科技水平，高产创建模式的创新，为响水县粮食作物持续增产树立了样板。

1　响水县水稻高产增效创建的绩效

1.1　响水水稻创建以来产量增辐大

响水县水稻高产创建 8 年期间，累计创建面积 48 847.8 hm²，创建万亩示范片水稻平均单产为 700.5kg/亩，基本达到了江苏省水稻高产创建产量指标，比全县面上水稻平均单产 596.8kg/亩（响水县统计局提供数据）增加 103.7kg，增幅平均为 17.4%。其中，2015 年陈家港镇水稻高产增效创建万亩示范片立礼村六组村民王树东家承包田里，经江苏省农委组织水稻专家组进行实产实收，每亩实收产量突破 800kg，在盐城市参加水稻高产创建验收田块中产量最高，也刷新了响水县水稻历史高产记录（表1）。

表 1　响水县 2009—2016 年水稻高产增效创建产量情况表

年度	创建面积（亩）	全县平均单产（kg/亩）县统计局数据	创建示范片平均单产（kg/亩）	示范片比全县水稻单产增加（kg）	增辐（%）
2009	20 700	580	681.2	101.2	17.4
2010	30 666	575	710.0	135	23.5
2011	52 950	587	695.4	108.4	18.5
2012	135 000	604	735	131	21.7
2013	117 788	599.3	666.4	67.1	11.2
2014	124 292	596.4	715.8	119.4	20.0
2015	136 916	596.6	688.3	91.7	15.4

（续表）

年度	创建面积（亩）	全县平均单产（kg/亩）县统计局数据	创建示范片平均单产（kg/亩）	示范片比全县水稻单产增加（kg）	增辐（%）
2016	114 406	636.2	712.2	76	11.9
平均	732 718（合计）	596.8	700.5	103.7	17.4

1.2 响水水稻创建以来效益提升快

从表2可以看出，水稻高产创建示范片经济效益的提升，主要是依靠单产的增加提高经济效益。创建示范片水稻平均亩产值为1 726元，比全县面上水稻平均亩产值1 470.5元增加255.5元；示范片水稻平均亩纯收入为903.7元，比全县面上水稻平均亩纯收入634.6元增加269.1元；其次是种子和用工成本减少。示范片水稻平均每亩用种子成本要比全县面上每亩用种子成本少25元；示范片水稻平均每亩用工成本要比全县面上每亩用工成本少86.4元。2009—2016年，累计水稻创建面积48 847.8hm²，增加经济效益19 717.4万元，充分证明水稻实施高产增效创建以来，省工、节本、增效是明显的，农民经济效益提升显著（表2）。

表2 2009—2016年水稻高产创建示范片与全县面上水稻生产成本效益比较表

年度	类别	亩产量（kg/亩）	销售价格（元/kg）	亩产值（元）	亩生产成本（元）	种子成本（元）	肥料成本（元）	农药成本（元）	灌溉成本（元）	机械成本（元）	用工成本（元）	亩纯收入（元）
2009	示范片	681.2	1.85	1 260.2	732.7	24	196.2	52.4	45	235.1	180	527.5
	全县	580	1.85	1 073	776.4	45	190.4	87.6	45	138.4	270	296.6
	±	101.2		+187.2	−43.7	−21	5.8	−35.2	0	96.7	−90	230.9
2010	示范片	710	2.4	1 704	746.6	26	210.6	48.6	45	224	192.4	957.4
	全县	575	2.4	1 380	768.2	52	188.6	91.2	45	126.4	265	611.8
	±	135		+324	−21.6	−26	22	−42.6	0	97.6	−72.6	345.6
2011	示范片	695.4	2.79	1 940.2	782.5	28	215.3	51.2	50	228	210	1 157.7
	全县	587	2.79	1 637.7	806	51	208.6	90	50	136.4	270	831.7
	±	108.4		+302.5	−23.5	−23	6.7	−38.8	0	91.6	−60	326
2012	示范片	735	2.5	1 837.5	871.9	30	224.4	59.9	55	274.3	168.3	965.6
	全县	604	2.5	1 510	886.5	55	220.2	92.3	55	175	289	720.8
	±	+131		+327.5	−14.6	−25	4.2	−32.4	0	99.3	−120.7	244.8
2013	示范片	666.4	2.7	1 799.3	783.1	30.5	209.5	73.2	40	219	247	1 016.2
	全县	599.3	2.7	1 618.1	805.1	55.2	185.4	97.3	40	171	300	813
	±	67.1		+181.2	−22	−24.7	24.1	−24.1	0	48	−53	203
2014	示范片	715.8	2.7	1 932.7	836	23.9	154.3	90	60	316.7	251.4	1 096.7
	全县	596.4	2.7	1 610.3	909.1	28.2	200.1	96.5	61.8	299.3	284.9	701.2
	±	119.4		+322.4	−73.1	−4.3	−45.8	−6.5	−1.8	17.4	−33.5	395.5

（续表）

年度	类别	亩产量（kg/亩）	销售价格（元/kg）	亩产值（元）	亩生产成本（元）	其中						亩纯收入（元）
						种子成本（元）	肥料成本（元）	农药成本（元）	灌溉成本（元）	机械成本（元）	用工成本（元）	
2015	示范片	688.3	2.36	1 624.4	870.1	30	166.5	68	53.6	318	234	754.3
	全县	596.6	2.36	1 408.0	886.3	64	166.2	108	53.6	150	344.5	521.7
	±	91.7		+216.4	-16.2	-34	0.3	-40	0	168	-110.5	232.6
2016	示范片	712.2	2.4	1 709.3	955.3	28	193.3	72	60	350	252	754.0
	全县	636.2	2.4	1 526.9	947	70	184.1	105	60	125	402.9	579.9
	±	+76		+182.4	8.3	-42	9.2	-33	0	225	-150.9	174.1
平均	示范片	700.5	2.46	1 726.0	822.3	27.6	196.3	64.4	51.1	270.6	216.9	903.7
	全县	596.8	2.46	1 470.5	848.1	52.6	193.0	96.0	51.3	165.2	303.3	634.6
	±	103.7		+255.5	-25.8	-25	3.3	-31.6	-0.2	105.4	-86.4	269.1

1.3　响水水稻创建三新技术普及率高

一是优良品种应用率达 100%。在水稻创建示范片采取统一供种，2009 年、2010 年示范片统一采用优质、高产品种徐稻 3 号，2011—2016 年这 6 年间，水稻示范片品种统一使用江苏省农作物"四主推"推介的超级稻连粳 7 号，其品种品质达国标二级优质稻谷标准，辐射带动全县面上超级稻连粳 7 号品种应用覆盖率常年达 70% 左右。二是新技术推广应用覆盖率达 100%。示范片水稻全部采取集中育供秧，播种基本上采取机械流水线，示范片基本上实现机械插秧，规避了种植直播稻因寒流来得早而不能安全齐穗的风险，同时，示范片测土配方施肥、秸秆还田、病虫草害绿色综合防控等技术普及快、应用广。三是新机具得到充分运用。机械插秧，秸秆还田机械，新型植保喷药机械，新型施肥机械在水稻高产创建示范片得到了充分的展示和应用。让广大农民不出村就能看到新品种新技术新模式及新机具等示范与推广，群众对"三新"技术增加了感性认识。

2　响水县水稻高产增效创建的经验

2.1　领导重视是推进水稻高产创建的组织保证

响水县委县政府对响水县粮食高产增效创建工作高度重视，创建以来，一直由分管农业的县委副书记、县政府副县长担任高产创建的总指挥或组长，把粮食高产创建工作摆上重要的位置，在工作部署、资金配备上给予倾斜，不断加大农田水利设施投入，组织召开水稻高产增效创建现场观摩会议，制定粮食高产创建考核办法，响水县电视台开辟了"新农村"栏目，对粮食高产创建工作进行宣传报道。响水县农委成立粮食高产增效创建技术指导组，确保粮食高产创建工作扎实有序开展并取得实实在在的成效。由于全县各级领导的重视，行政引导，技术开道，响水县粮食高产增效创建工作逐渐由行政推进"要我创"的运行机制转变为"我要创"的常态化运作。

2.2　技术集成是推进水稻高产创建的技术支撑

在实施水稻高产增效创建活动中，响水县非常注重农业科技成果的转化和推广应用，创建 8 年期间，引进试验示范新品种 10 个以上，其中超级稻连粳 7 号占全县种植品种面积的 70% 以上；机械流水线播种、软（硬）盘、无纺布、基质、微喷灌等新的育秧技术体系，在机插秧集中育供秧上得到普遍应用和推广；机插秧面积逐年增加，水稻机插丰产精确定量高产栽培理论的应用为水稻高产奠定了基础；麦秸秆全量还田技术趋于成熟，秸秆还田增加土壤中有机质的含量，改善土壤团粒结构，能够优化稻田土壤的综合性状，培肥地力，增强水稻生产的发展后劲，保证农业可持续发展；实施测土配方施肥，优化施肥结构，发挥肥料的最佳效应；病虫害实施统防统治，可以提高防治效果，达到绿色防控目的。通过多年的水稻高产创建的实践和探索，总结集成了机插秧高产栽培技术体系。

2.3 合作组织是推进水稻高产创建的有效载体

在实施水稻高产创建活动中，响水县始终把培植专业化合作组织作为主要抓手，在政策和资金上给予支持和扶持，培强培优专业化合作组织，加强对专业化服务组织的技术培训和规范，提高专业化服务水平，从众多的专业化合作组织中，择优选用硬性条件和从业人员综合素质较高的合作组织服务于水稻高产创建工作，在每个示范片选择 2~3 个专业化合作组织，负责水稻创建示范片集中育供秧、机械栽插，全县每年都有 40 个左右专业化合作组织服务于水稻高产创建工作。只有通过农机、植保等专业化合作组织，才能更好地实现示范片品种的统一、集中育秧、麦秸秆全量还田、机械栽插、配方施肥、病虫草害综合防控、机械收获等集成技术的有机统一，达到农机与农艺的密切融合，水稻精确定量高产栽培技术得到的推广与发展。

2.4 规模经营是推进水稻高产创建的捷径之路

农户分散经营，土地面积小而零散，不利于机械化生产，"三新"技术难以得到有效应用。加强服务引导，大力推进粮食生产适度规模经营，有利于"三新"技术的普及和应用，有利于水稻产能的稳定和品质的提升。规模经营要坚持因地制宜，尊重农民意愿，按照"自愿、有偿、依法"的原则，鼓励农民将分散的土地向合作组织、家庭农场、种粮大户等新型农业经营主体集中，推进土地适度规模经营。目前，响水县已经拥有崔有祥、顾克哨、徐金华等 30 亩以上的种植大户 957 户；响水县陈家港镇金穗粮食种植家庭农场、响水县瑞子丰谷物种植家庭农场、响水县一品缘家庭农场等 80 多个家庭农场，这些新型农业经营主体的诞生，有效地推进了水稻高产创建示范片的各项新技术的普及和应用，提高了关键技术的到位率，从而达到节本增收的目的。

3 响水县水稻高产增效创建的问题思考

在响水县高产增效创建活动中，我们既从中摸索了一些经验，又分析发现了创建过程中制约水稻发展的障碍因素，这些不利的制约因素直接影响着水稻高产增效示范片单产的增加和品质的提升。

3.1 宏观因子

3.1.1 农村劳动力短缺

由于农村经济的快速发展，进城进厂打工的人将越来越多，农村劳动力出现了严重的短缺，在家留守的都是一些老人、妇女和儿童，对新技术接受能力差，不利于水稻高产创建示范片新技术的推广和应用，在一定程度上影响水稻高产创建的实施。

3.1.2 农田基础设施差

现阶段，响水县的大部分基层村组农田基本设施还较薄弱，部分农田水利设施老化，年久失修，损毁严重，远远不能满足传统农业向现代农业跨越对农田水利设施的要求，难以适应水稻高产栽培的要求。粮食生产还没有完全摆脱靠天吃饭的局面，农田排水不畅，轻则形成田间积水，重则造成涝灾。

3.1.3 种田效益低下

一是农业生产劳动强度大，生产收益少，在家务农不如外出打工、不如种经济作物。二是化肥、农药等涉农生产资料的价格上涨。三是用工成本在不断增加。四是近两年粮价不稳，挫伤农民的种田积极性。

3.1.4 粮食流通体制不畅

由于国家粮食收购体制的原因，导致市场粮食销售渠道不畅，特别是一些家庭农场、种植大户难以抵御市场风险。农产品深加工龙头企业少、力量薄弱，优质稻米的精加工、深加工能力不足，附加值低。

3.2 技术障碍

3.2.1 病虫草害综合防治水平低

农民在病虫草害防治方面，错估了专业合作组织的服务水平和能力，仍然以"单打一"为主，盲目施药现象仍然存在，缺乏"统"的意识，影响示范片水稻综合防治效果。

3.2.2 施肥存在盲目性

不能够按照水稻精确定量栽培理论以生育进程、群体动态指标、栽培技术措施"三定量"和作业次数、调控时期、投入数量"三适宜"进行科学施肥，存在并盲目地大量增施肥料，出现了资源浪费、生态污染加重，达不到节本增收的目的。

3.2.3 稻麦连作季节较紧，矛盾突出

在我们淮北地区，水稻中熟中粳，生育期150~155天；机插秧秧龄18~20天，植伤恢复期7~10天。小麦半冬性、多穗型，全生育期230~235天，机条播和人工撒播、浅旋盖籽。稻、麦生育期累计380~390天，即使扣除10~15天的水稻有效秧龄期，也无法满足水稻适期栽插和小麦适期播种，季节矛盾十分突出。

3.2.4 秸秆还田技术体系应用不熟

虽然经过多年的探索和研究，形成了一套麦秸秆全量还田下机插秧栽培管理技术体系，但在应用过程中仍然存在问题，农机方面主要表现为还田机械不配套，麦秸秆留茬高度过长，粉碎不细，抛撒不匀，耕翻深度不够，秸秆浮于水面；在农艺方面主要表现为施肥不科学，栽后水浆管理不当，容易造成僵苗不发，或造成局部地方出现死苗现象。

3.2.5 抗灾减灾应变技术环节薄弱

针对极端高温、极端低温、洪涝、台风、后期低温袭击等复杂多变不利的自然气候条件防御能力差，技术环节还比较薄弱。

4 促进水稻高产创建发展的对策措施

4.1 加强新品种的试验示范与推广

在近几年的水稻高产增效创建过程中，响水县重点推广高产稳产的超级稻品种连粳7号、宁粳4号等适合响水县生态和温光资源的优良品种，实现全县良种全覆盖。并且加大新品种试验示范展示对比力度，响水县每年都要在水稻创建示范基地引进10个以上新品种（系）进行展示对比试验，为以后水稻高产创建优良品种选择和利用奠定基础。

4.2 加强创建基地的机械化装备水平

农业机械化的推广应用，可以降低田间劳动生产强度，促进水稻规模化种植、产业化生产，提高作业效率。通过大力扶持发展农机大户、农机专业合作社，强化农业机械化装备水平，可以促进新型农业经营主体的构建，提高水稻规模化生产水平。农业机械化的大力发展，实现农机与农艺的有机结合，可以不断提高水稻高产创建的综合科技含量，进一步促进响水水稻生产水平的提高。

4.3 加强创建示范片规模化种植水平

由于农民承包的土地面积小，经营分散，已不适合农业机械化生产和规模化经营的需要，阻碍了现代农业和农业产业化的发展进程。随着土地流转力度的进一步加大，土地将逐步转向种粮大户、农民专业合作社、家庭农场等新型农业经营主体，有利于先进的生产技术示范与推广，转变低效率的增长方式，使水稻高产创建示范基地逐步走向集约化、规模化、机械化、专业化发展之路。

4.4 加强创建示范片物化产品的投入

在实施水稻高产增效创建项目的过程中，我们更注重与技术相配套的物化产品的推广和使用，实行技物结合。在水稻集中育供秧上，重点加强育秧软（硬）塑盘、壮秧剂、无纺布、基质、机械播种机等新型育秧物化产品和机械的投入，提高创建育秧的科技含量，提高秧苗素质；试验示范与推广生态缓释肥料的使用，减少肥料使用次数及使用量，实现肥料零增长。

4.5 加强创建示范片技术指导信息化

为了便于技术指导和跟踪服务，及时地发现问题和解决问题，要把全县所有种粮大户、专业化合作组织和家庭农场分类编制成册，把每个大户分户信息录入电脑软件系统，建立技术服务档案，并且对种粮大户试运行电脑监测在田作物苗情，根据电脑数据分析，提出针对性技术管理意见。

4.6 加强创建示范基地的品牌建设

强化基地建设，以水稻绿色高产高效创建为契机，重点培植优质稻米生产基地，强化品牌建设，要放大"康庄大米""凯泉米业""沃邦 U 米""南河大米"等品牌效应，实施"品牌带动"战略。借助"康庄大米""凯泉米业"等品牌效应，组织高产创建示范片与粮食加工流通龙头企业对接，引导加工流通龙头企业与示范基地实行订单种植，完善利益连接机制，提升水稻产业化生产水平。

响水县水稻生产潜力分析及对策措施

张红叶[1] 杨 力[2] 方怀信[1] 崔 岭[1] 金 鑫[2]

（1. 响水县粮油作物栽培技术指导站；2. 盐城市粮油作物技术指导站）

摘 要：响水县是国家级商品粮基地县，长期以来，始终坚持紧抓粮食生产，重视发展现代农业、农业科技成果转化等。先后被国家、省政府和农业部表彰为"全国夏粮生产先进县"、江苏省"粮食生产先进县"和"全国粮食生产先进县"，"粮棉油高产增效创建"工作连续5次被省农委授予表彰，总结近年来粮食生产所取得的成效，我们也同时看到了技术服务与粮食增产之间的矛盾，为此，我们进行了研究探索，并且总结出了"七个化"服务方式，以便广大农技人员借鉴应用，更好的服务推进粮食生产。

关键词：水稻生产；发展现状；障碍因素；服务方式

1 响水县水稻生产发展现状

响水县地处淮北地区南缘，盐城市北大门，东临黄海，北枕灌河，四季分明，境内光热资源丰富，灌溉水源充裕，有利于优质粳稻的开发和利用，随着时间的推移，种植方式发生了相应的变化，从以人工手栽秧为主的种植方式演变为以直播稻为主的种植方式，继而发展为目前以机插秧为主、手栽秧、抛秧和直播稻为辅的4种稻作方式，机插秧发展大致经历了3个阶段。

1.1 起步发展阶段

自20世纪70年代，响水县开始试验、示范机械插秧技术。那个时候机插秧面积小，产量低，技术不够成熟，基本处于试验摸索过程。

1.2 徘徊发展阶段

90年代末始，响水县经历了新一轮水稻机插秧技术推广和发展，但由于当时的社会经济条件、农业和农村现状、农技和农机技术发展程度等诸多因素，几经起伏，推而不广。

1.3 快速发展阶段

随着2008年以来，水稻高产增效创建活动的连续开展，扶持培植了一大批育插秧专业化服务的合作组织，多种型号的高性能插秧机、育秧播种机得到广泛应用和推广，机插秧面积迅速扩大。同时农艺农机部门进一步加大了对育秧和插秧这两个重要环节的试验、示范和研究，探索创新育秧、插秧技术、试验完善配套农艺技术，总结形成了与机械化插秧相配套的成熟的水稻机插秧高产栽培技术体系。

1.4 近十一年水稻面积、单总产增减情况

2003年全县水稻播种面积为25.04万亩，亩单产455kg，总产11.4万t。截至2014年，全县水稻播种面积为40.59万亩，亩单产596.4kg，总产24.21万t，同2003年相比，面积增加15.55万亩，增62.1%；亩单产增加141.4kg，增31.1%；总产增加12.81万t，增112%，水稻总产翻了2倍。

2 响水县水稻发展的障碍因素

总结响水县水稻生产的发展过程，虽然有着较好的发展机遇，并且取得了一些成绩，但同时也面临着生产条件、技术方面、自然灾害等众多不利因素影响的挑战，要想进一步提高水稻单产很难，归纳起来制约当前水稻单产进一步提高的因素主要有3个方面。

2.1 宏观方面

2.1.1 农村劳动力短缺[2]

在家留守的多是老人、妇女和儿童，他们不仅不能适应田间繁重的体力劳动，而且对新技术接受能力

慢，不利于水稻新技术的推广和精耕细作技术的应用。

2.1.2 农田基础设施差

现阶段，响水县的大部分基层村组农田基本设施还较薄弱，部分农田水利设施老化，年久失修，损毁严重，远远不能满足传统农业向现代农业跨越对农田水利设施的要求，难以适应水稻高产栽培的要求。

2.1.3 种田效益低下[3]

一是在家务农不如外出打工、种水稻不如种经济作物，生产收益相对较少。二是化肥、农药等涉农生产资料的价格上涨。三是用工成本在不断增加。虽然国家出台了一系列惠农政策，但粮食涨价的收入抵不过水稻种植增加的成本，挫伤农民的种田积极性。四是粮食流通体制不畅，营销组织比较薄弱，农产品深加工龙头企业少、力量薄弱，优质稻米的精加工、深加工能力不足，附加值低

2.2 技术障碍

2.2.1 病虫草害综合防治水平低

在病虫草害防治方面，农户大多习惯以"单打一"为主，盲目施药现象突出，缺乏"统"的功能，综合防治水平低，防治效果差。

2.2.2 施肥不合理

不能够按照水稻精确定量栽培理论以生育进程、群体动态指标、栽培技术措施"三定量"和作业次数、调控时期、投入数量"三适宜"进行科学施肥，普遍存在盲目大量增施肥料，出现了资源浪费、生态污染加重，水稻产量不高、不稳及效益低等一系列严重问题。

2.2.3 稻麦连作季节较紧，矛盾突出

在我们淮北地区，水稻适宜品种为中熟中粳，机插秧秧龄18~20天，植伤恢复期7~10天，全生育期一般在150~155天；小麦适宜品种为半冬性，全生育期需要天数为230~235天。稻、麦生育期累计需要天数为380~390天（还不包括收割播种用时），即使扣除10~15天的水稻有效秧龄期，也无法满足水稻适期栽插和小麦适期播种需要的时间，季节矛盾十分突出。

2.2.4 秸秆还田技术体系应用不熟

农机方面主要表现为还田机械不配套，麦秸秆留茬高度不适，粉碎不细，抛撒不匀，耕翻深度不够，秸秆浮于水面；在农艺方面主要表现为施肥不科学，栽后水浆管理不当，容易造成僵苗不发、倒伏严重，或造成局部地方出现死苗现象。

2.2.5 抗灾减灾应变技术环节薄弱[1]

针对极端高温、极端低温、洪涝、台风、后期低温袭击等复杂多变不利的自然气候条件有效防御能力差，技术环节还比较薄弱。

2.3 推广瓶颈

2.3.1 推广人员知识老化

由于从事农业技术推广的人员结构比较复杂，从业人员年龄大多偏大，常依靠老经验指导，对新知识接受慢，知识老化，已不适应新的农业生产发展需要，所以"三新"技术推广滞后，影响水稻生产进一步发展。

2.3.2 技术培训内容陈旧

近几年，国家虽然加大基层农技推广体系改革与建设补助项目的投资力度，培训内容很多，但很多培训往往是为了培训而培训，培训的内容陈旧，培训的内容与生产实践脱节，培训内容大多适合在小面积地块试验示范应用，不适合大面积生产推广应用，例如，现在秸秆机械化还田就缺少成熟的技术路线，对选用什么样机械、不同的作物不同的还田方式、还田后应如何管理等，推广人员基本不能正确指导农户去做，还有粮食产量、精准施肥数量时间与环境保护等之间的关系协调没有科学定论。

2.3.3 培训对象年纪偏大

目前，培训对象大多还是重点放在普通的农户身上，这部分农户年龄基本偏大、对新技术接受能力差，种植规模小，多是零星种植，没有先进的农业机械，导致种田懒慢、耕作管理粗放，不利于水稻高产稳产。建议变换培训主体对象，把种粮大户、合作组织、家庭农场作为主要培训对象，因为，他们种植规模大，新品种、新技术、新机具容易得到应用和推广。

3 促进水稻进一步发展的服务方式

3.1 技术品种化

近几年，重点推广连粳7号、宁粳4号及连粳6号等适合响水县生态和温光资源的优良品种，全县良种基本实现了全覆盖，对于主推品种我们一直坚持做试验对比，2014年响水县推广种植的连粳7号品种占全县水稻种植品种的64.2%。

3.2 技术项目化

2017年，响水县共实施部省级水稻高产创建增效万亩示范片9个，以"水稻高产增效创建""农业三新工程""超级稻示范与推广"等项目为载体，以"站长自种攻关田"为典型辐射，实施了水稻机械化栽插、优质粳稻品种应用、配方施肥、秸秆还田、病虫害综合防治等技术的推广应用，有助于推进稻麦实现周年高产。

3.3 技术农机化

通过大力扶持发展农机大户、农机专业合作社，强化农业机械化装备水平，促进新型农业经营主体的构建，提高水稻规模化、机械化生产水平。

3.4 技术规模化[4]

随着土地流转力度的进一步加大，使得水稻生产逐步走向集约化、规模化、机械化、专业化发展之路。2017年响水县大力推进联耕联种，不仅解决了秸秆禁烧还田问题，而且提高了土壤肥力，减轻了环境污染，在效益上，联耕联种示范片水稻普遍比面上水稻要亩节本100元左右，亩增产50kg左右，亩节本增收250元左右。

3.5 技术物质化

在指导水稻机插秧的育秧技术时，重点结合软硬盘、壮秧剂调酸、无纺布覆盖等物化产品使用等进行技术引导。2017年响水县9个水稻高产创建万亩示范片在施用促花肥的关键时期之前，及时组织物资采购，在水稻拔节肥施用之前，及时把复合肥、生化剂、模式图等分发到了各个镇（区）水稻创建项目核心示范片，使项目片水稻促花肥得到及时应用，所有创建点的水稻单产水平明显高于面上。

3.6 技术信息网

为了便于技术指导和跟踪服务，及时地发现问题和解决问题，我们把全县所有种粮大户、专业化合作组织和家庭农场分类编制成册，把每个大户分户信息录入电脑软件系统，建立技术服务档案，并且对种粮大户试运行电脑监测在田作物苗情，根据电脑数据分析，提出针对性技术管理意见。

3.7 技术集成化[5]

通过"水稻高产增效创建""农业三新工程""超级稻示范与推广"等项目的实施，结合响水县水稻"联耕联种""站长自种攻关田"活动的开展，总结关键技术措施，集成了"淮北地区水稻机插丰产精确定量栽培技术规程"，并制作了技术挂图和机插水稻无纺布覆盖软（硬）盘育秧壮秧培育技术光盘，为水稻生产的技术指导增添了后劲。

参考文献

[1] 陈松柏. 重庆市水稻生产技术发展趋势与对策研究 [J]. 南方农业，2014，8 (10)：55-57.

[2] 宋永斌. 隆安县水稻生产现状及发展趋势 [J]. 南方农业，2015，9 (3)：130-131.

[3] 吴修，杨连群，陈峰，等. 山东省水稻生产现状及发展对策 [J]. 山东农业科学，2013，45 (5)：119-125.

［4］ 程华勋. 安庆市水稻生产的成效、潜力及发展对策建议［J］. 安徽农业科学通报，2011，17（20）：19-20.

［5］ 陈枫，许露生，吴福观，等. 吴江区水稻持续增产现状分析与发展对策［J］. 上海农业科技，2013，4：19-20.

也谈"藏粮于地和藏粮于技"

董爱瑞

(射阳县作物栽培技术指导站)

我国"十三五"规划中"藏粮于地、藏粮于技"的战略,是针对我国人口众多、吃饭问题始终是治理国家头等大事的国情提出来的,此前的"藏粮于仓、藏粮于民"战略也是如此。只不过"藏粮于地、藏粮于技"更贴近国情,更趋科学合理。

藏粮于地和藏粮于仓都是藏粮的形式,两者相比,都要花费巨额财政资金,但前者藏的是新鲜粮食,同时又能休养生息,培肥地力,利于生态,显著优于后者。而藏粮于技则是藏粮的内涵,没有藏粮于技、保持足够的粮食生产能力,就谈不上藏粮于地和藏粮于仓。从这个意义上说,藏粮于技是根本。

藏粮于技,说到底是如何把现有的农业科研成果应用到实践生产上,转化为粮食生产能力。回答这个问题,作为从事农技推广的人来说,实际上是要回答如何解决农技推广"最后一公里"的问题。而作为科研人员来说,则要回答如何多出成果、快出成果的问题。

1 农业规模化经营是提高农业科技推广应用的前提

在以家庭经营为主体的背景下,随着工业化和城镇化的渐进,农业或种粮收益在农民收入中的比重越来越小,有相当一部分家庭不愿意花费过多的人力、精力和时间用于接受新技术来增加粮食产量,提高收益。他们已经把农业或种粮作为辅业,多收少收无所谓。直播稻蔓延就是最好的例证。而具有一定规模的种植户则不然,农业是他们的主要或唯一收入来源,他们为了增加产量,总是千方百计应用新技术。有一个现象就能说明这一点,现在来我们这咨询技术的都是种植大户,很少有一般农户来问这问那。客观上种植规模过小也使得一些新技术特别是农机农艺结合的技术难以应用,如秸秆全量还田技术、机械条播技术等。农垦农场的经营规模都很大,他们的农业技术应用程度高,产量也高。以新洋农场为例,4 万亩小麦平均单产超 500kg/亩,5 万多亩水稻平均单产超 650kg/亩,比地方上高 5%~10%。近年,射阳县推行的联耕联种也是规模经营,并且是不改变农民土地承包经营权的规模经营。统一品种,统一生产技术规程,由此获得的产量显著高于非联耕联种田块。因此,藏粮于技的前提是大力推进农业规模化生产经营,无论是联耕联种还是土地流转,都要加快其推进步伐。

2 保障农技推广服务体系建设是"藏粮于技"的关键

纵观改革开放以来 30 多年的农技推广,确实为粮食生产能力的大幅提高发挥了巨大作用。特别是农技推广的手段发生了很大变化,现在的网络传输比过去印发技术资料快捷、及时。但是从整个农技推广队伍来看,整体素质和水平的提高似乎不及农业生产的发展,甚至有下降的趋势。

近十几年,农技人员的集中培训、专题总结交流活动越来越少。过去,几乎每个月的一次业务会议,农技人员之间的交流、探讨,对彼此相互提升大有好处,特别是每年 3~5 次的技术培训,更是让农技人员受益匪浅。现在除了在网络上查找一些问题外,几乎没有受训的机会,难怪现在许多人不能独当一面,不能圆满解答农民提出的疑问。

对此,要加大农技人员特别是乡镇基层农技人员的培训力度。"欲授于人,必先授于人"。只有把每个农技人员培养成技术骨干,才能强化农技推广网络。在抓队伍建设的同时要逐步改善农技推广体系的服务设施,以提高推广效率。

如此,有了农技推广的受体,辅以快捷高效的推广路径,农业技术推广应用必将开创新局面,藏粮于技也就成为现实了。

江苏盐城市水稻高产增效技术集成方法及推广成效

周新秀

（江苏盐城市亭湖区农作物栽培技术指导站）

摘　要：盐城市在发展水稻种植业的过程中，将科学的育苗方法，合理的田地质量管理以及水稻收获时间等高产增效技术进行了系统化的整合，并在使用中不断对其进行推广，逐渐形成了一套固定了高产增效技术体系，促进了盐城市水稻产量与经济效益的大幅度提高。该文介绍盐城市水稻高产增效技术集成与推广。重点介绍了盐城市水稻高产增效技术集成的方法及推广经营和成效，讨论了水稻高产增效技术的集成和推广的重要作用和意义，其具体做法值得学习和借鉴。

关键词：水稻；高产增效技术；推广栽培；盐城市

水稻作为一项重要的经济作物与粮食作物，提高水稻的产量，增加水稻的经济效益，对经济的增长与社会的稳定具有十分重要的意义。盐城市将科学的育苗方法，合理的田地质量管理以及水稻收获时间等技术相互整合与推广，逐渐形成了水稻高产栽培技术，对盐城市实现水稻的高产增效起到十分重要的现实意义。

1　盐城市水稻高产增效技术集成与推广的发展历程

在盐城市水稻种植业的发展过程中，水稻直播技术是一种被广泛运用的水稻种植技术，尤其在盐城市的中南部沿海地区的运用效果较为明显。该技术推出的时候，盐城市的水稻种植业刚刚经历了一场大规模的病害，采用新技术，增加水稻的产量与质量是所有水稻种植户共同的希望，该技术被迅速的推广开来。该技术在水稻品种的选用、种苗培育、插秧栽培、水肥管理以及除草等技术措施上都发生了一定的变化[1]。随着时代的不断发展，机械逐渐代替了人力成为了农业生产中的第一生产力，这不仅是水稻高产增效技术的要求，也是农业生产未来发展的必经之路。近年来，盐城市在发展水稻高产增效技术的同时，在水稻品种的选择，秧苗的栽培以及机械化插秧技术等方面都取得了较为显著的提高。为了实现盐城市水稻高产增效技术的推广与发展，盐城市有关部门进行了积极的配合与协作，充分的利用了现代化媒体技术的优势以及信息技术的便捷性，对盐城市水稻高产增效技术进行了项目推广，效果显著。在推广的过程中，逐渐确立了以超级稻为主的水稻秧苗品种，该品种具有潜力大，产量高等优点。以水稻精确定量栽培理论作为技术指导，融合了水稻精确机插高产栽培技术、水稻抛秧高产栽培技术、基于秸秆全量还田的水稻高产栽培技术、压盐改土种稻技术等相关配套技术，结合盐城市水稻种植生产中的实际问题，制订盐城市水稻高产增效技术试验与推广的方案，从而建立其相应的体系。

在盐城市水稻高产增效技术使用与推广的过程中，在确定了以高产、增效为核心的发展方向以外，还要注重水稻种植过程中的节能降污问题。在基于生态环境与技术水准的基础上，按照盐城市水稻高产增效技术集成与推广栽培的基本要求，科学合理的选择工作的切入点，从而使盐城市水稻高产增效技术逐渐趋近于成熟，促进水稻种植产业不断发展，促使水稻种植技术水平不断提高[2]。

2　盐城市水稻高产增效技术集成

2.1　盐城市水稻高产增效技术的集成方法

盐城市在构建与推广水稻高产技术体系的过程中，将选种作为其中十分重要的一环，通过层层筛选后，挑选具有超强潜力的水稻品种及栽培理论作为水稻高产技术体系的核心，以种植技术与品种优化布局，标准壮秧培育，精确密度合理栽培规格、精确施肥、定量湿润灌溉技术为核心内容，并采用构建示范田的形式，开展良种、良法配套技术专题试验。

水稻种植产量除了会受到选种的影响外，还会受到栽培技术的影响。在选择栽培技术的过程中，可以根据种植区域的不同，选用不同的技术进行插秧，从而实现水稻高产增效。从盐城市的实际情况来看，盐城市的中北部地区，在选择栽培技术的过程中，由于受到土壤、气候条件的影响，通常使用增密机插、早发机插等方法进行水稻栽培；盐城市的中南部地区则充分的利用该地区在土壤及气候条件方面的优势，选用抛秧与机插相结合的方式，充分利用麦秸还田、压盐改土、集中育秧早发足穗等高效栽培技术，并将其进行组装集成，使其逐渐形成了一套水稻高产增效的技术体系。

除了种植技术以外，种植地点的选择对于水稻是否能够实现高产也起到了决定性的作用。并不是所有水稻品种都适合在任何地区种植生长，只有为高产水稻品种选择最适合的种植生长区域，才能实现水稻的高产增效。从实际的情况来看，盐城市根据不同水稻品种自身的特性以及种植地区的土壤、气候条件，形成了多种高产栽培模式。配合高产增效技术创建综合性的高产增效活动，使得盐城市的高产示范田面积得到了有效的增加，促进了盐城市水稻与粮食生产领域的进步与提高[3]。由于盐城市中南部沿海地区是适合使用机插、抛秧等栽培技术的稻区，因此，这类高产增效技术适合在该地区进行推广与使用。据相关部门技术统计，仅2013年一年，盐城市在该技术的推广方面便取得了巨大的进展，稻区面积达到了21.23万 hm²，占总面积的3/4以上，推广效果十分明显，在水稻产量方面也取得了显著的提高。

2.2 盐城市水稻高产增效技术集成的作用

从作用和意义的角度上来看，盐城市水稻高产增效技术集成的出现，具有十分显著的先进性，通过对水稻种植品种、地区、技术方面的选择，有效的解决了盐城市水稻栽培过程中长期存在的穗型偏小的问题，使盐城市在水稻育秧技术方面取得了重大的突破。该技术的出现可以大大降低水稻育秧过程中所产生的成本，不仅能有效的提高秧苗的质量，还能充分的利用与改良传统的水稻种植技术，实现了盐城市水稻种植面积迅速增加的目标，并完成了水稻早发足穗技术。具体内容如下：第一，作为盐城市水稻高产增效技术集成中出现的全新育秧技术，该技术的使用与发展，有效的缩短了水稻得缓苗期；第二，水稻高产增效技术的集成，集合了当今全国最为优秀的选种育秧技术与播种技术，不仅改变了传统的水稻插秧方式与栽培方式，还成功的提高了秧苗的成穗数，为水稻实现高产增效打下坚实的基础；第三，在解决了育苗、插秧、栽培等各方面的技术问题以后，还可以针对不同的种植区域以及水稻秧苗的实际需要，选择最为合适的肥料运输方式，有效的改善传统肥料运筹方面存在的问题，从而确保水稻秧苗健康、顺利发育。除此之外，盐城市水稻高产增效技术集成的形成，使盐城市在水稻种植技术的推广方面进入全新的模式，不仅要提高成果转换率，还要提高推广与覆盖的面积。而盐城市经过多年的培植与发展后，最终实现自主知识产权品种的示范推广，有效的改善大面积水稻生产水平与稻麦联合种植的生产经营模式。

3 盐城市水稻高产增效技术的推广

3.1 盐城市水稻高产增效技术推广的成果

水稻高产增效技术正式推广以后，高产水稻的种植规模不断扩大，水稻种植所获取的经济效益也在逐年增加，不仅带来了较为突出的经济效益，对于生态效益的提高也有着十分显著的效果。根据相关技术统计来看，盐城市主要的水稻产区在近年来加大了高产水稻的种植面积，使用高产增效技术从事生产的水稻田区已经占据了全市总产区60%以上。在栽培的过程中，由于高产增效技术采用了精确定量栽培，通过麦秸还田的手段，不仅有效的减少水稻中的药物残留，还在一定程度上降低水稻种植过程中对人力资源的消耗与浪费，实现水稻种植过程中的经济效益的提升。

3.2 盐城市水稻高产增效技术推广的意义与作用

盐城市素有"鱼米之乡"之称，当地人主要以粳米作为主要的粮食，因此，水稻对于当地人民来说，不仅是一种农业经济作物，还是一种重要的粮食作物，在盐城市的农作物种植中占据了较为重要的地位。由于社会经济的不断发展，生产类的成本不断增加，而市场对水稻的需求量也继续维持着刚性增长。从意义与作用的角度上来看，加快盐城市水稻高产增效的推广栽培，不仅有利于水稻生产水平的稳步提升，还能够提高盐城市水稻的综合生产能力，为确保粮食市场的安全与稳定做出了重要的贡献[4]。水稻高产增效推广栽培后，采用科学的插秧栽培技术代替了传统的秸秆焚烧技术，在一定程度上减少了水稻种植与空气污染之间的矛盾，同时改善了土壤的质量，为该地区水稻的长期种植打下了坚实的基础。除此以外，高产增效技术要求使用高效低毒的农药代替传统的化学农药，减少水稻上的药物残留量，不仅要实现水稻的高产，还要实现水稻的绿色与优质，在提高稻米食用安全质量的同时，对农业生态环境的发展也做出了一定的贡献。由于高产增效技术体系是由多种技术集成的，在实际的工作中，应根据实际情况进行选择与利用。例如，在水资源节约方面，可以充分利用水稻高产增效技术中的高效节水灌溉技术，提高水稻种植过程中的水资源利用率，减少对水资源的浪费。在肥料的使用方面，可以充分的利用生物有机肥代替传统的化肥进行施肥，不仅可以消耗对环境污染较为严重的粪便，还能为水稻的生长提供无污染的肥料，降污效果十分明显。

4　结语

综上所述，水稻作为一种经济作物，盐城市水稻高产增效技术集成与推广栽培有效的推动社会经济的发展。作为一种粮食作物，盐城市水稻高产增效技术集成与推广栽培为人民的生活提供了必要的粮食保障，促进了社会的安全与稳定。因此，在未来的发展过程中，应将盐城市水稻种植业的发展模式向全国进行推广，在全国范围内对能够实现高产增效的水稻种植技术进行整合与收集，并结合不同地区的实际情况进行合理的运用。此外，水稻高产增效技术不仅能够有效的提高水稻的综合产量，还能够起到节能降污的作用，从而增加水稻种植业带来的经济效益。

参考文献

[1]　董建国. 水稻麦秸秆全量还田机插秧高产增效栽培技术集成推广与应用 [J]. 农业开发与装备，2016（10）：152-153.

[2]　凌淦昌，骆春敏，谢福林. 论水稻节本增效高产新技术 [J]. 广东科技，2013，22（12）：175-176.

[3]　华淑英. 水稻无公害优质高产栽培技术集成研究示范与推广 [J]. 农业与技术，2016，36（12）：76-76.

[4]　董建国. 盐城市亭湖区水稻机插高产高效栽培技术 [J]. 农业开发与装备，2015（04）：97.

二、水稻生产技术研究与推广

低温阴雨寡照对盐城水稻生产的影响及对策

金 鑫 杨 力 刘洪进 李长亚 周 艳 王文彬

（盐城市粮油作物技术指导站，江苏盐城 224002）

摘 要：2014 年盐城市遭遇历史罕见的低温阴雨寡照天气，给水稻生产造成了不利影响，延缓了水稻生育进程，降低了秧苗素质和结实率，增加了稻瘟病防治难度。但各市、县抗灾应变措施及时到位，有效减轻了灾害损失，对盐城今后水稻生产和技术指导具有重要的借鉴意义。

关键词：低温；阴雨；寡照；水稻；影响；对策思考

2014 年盐城市水稻生产遭遇历史罕见的低温阴雨寡照天气，但各地及时采取抗灾减灾应变措施，减轻了产量损失，平均产量 619.4kg/亩，较上年产量 621.9kg/亩减 2.5kg/亩；加之水稻面积进一步扩大，由 2013 年的 37.3 万 hm² 增加到 37.9 万 hm²，最终获得总产 352.2 万 t，较上年增 4.1 万 t，保证了盐城市全年粮食生产"11 连增"，盐城市连续 3 年获得农业部表彰为"粮食生产先进市"。

1 罕见的低温阴雨寡照天气

2014 年 7—9 月气象数据较常年有很大差异，主要特点为低温阴雨寡照天气，在水稻分蘖发生到抽穗结束阶段都有很大的影响。据盐都气象站资料：2014 年 6—9 4 个月的日照时数分别为 134.1h、134.6h、90.1h、109.8h，与常年同期相比分别减少了 24.2%、27.6%、57.4%、41.4%，是有气象资料记载以来日照最少的一年。水稻幼穗分化抽穗前后关键时期的 8 月中下旬及 9 月上中旬平均气温分别为 23.6℃、24.3℃、23.6℃、21.6℃，分别比常年同期平均气温 26.8℃、25.9℃、24.1℃、22.3℃低 3.2℃、1.6℃、0.5℃、1.7℃（表1）。6—9 月日平均气温为 24.2℃，分别较 2013 年的 26.5℃和常年的 24.7℃低 2.3℃和 0.5℃，也是有气象资料记载以来最低的一年。盐城市 8、9 月出现 6 次降温过程，第 1 次 8 月 7 日、第 2 次 8 月 13 日、第 3 次 8 月 17 日，第 4 次 9 月 4—7 日、第 5 次 9 月 11—14 日、第 6 次 9 月 18—22 日，尤其是 9 月的 3 次降温使日平均气温低于 20℃。可知 6—9 月下雨天数达到 60 天，较去年的 34 天增加了 26 天，占总天数近一半，降水量达到了 590.5mm，较去年多 105mm，是近几年来比较少见的（表2）。

表 1 2014 年盐城市 7 月下旬至 9 月中旬平均气温统计

平均温度（℃）	7 月下旬	8 月上旬	8 月中旬	8 月下旬	9 月上旬	9 月中旬
常年	28.0	27.7	26.8	25.9	24.1	22.3
2013	30.6	31.9	30.2	27.2	23.0	24.2
2014	27.7	26.9	23.6	24.3	23.6	21.6
较常年降低（℃）	0.3	0.8	3.2	1.6	0.5	0.7
降幅（%）	0.9	2.8	11.9	6.0	2.1	2.9

表 2 2014 年盐城市 6—9 月温、光、水等气象资料统计

年份	总积温（℃）	日平均温度（℃）	光照（h）	降水（mm）	雨日（天）
2014	2 952.0	24.2	468.6	590.5	60.0

（续表）

年份	总积温 （℃）	日平均温度 （℃）	光照 （h）	降水 （mm）	雨日 （天）
2013	3 233.9	26.5	752.6	485.5	34.0
2012	3 052.7	25.0	609.1	533.0	48.0
常年	3 008.9	24.7	816.2	599.3	49.5

2 对水稻生产的不利影响

低温阴雨寡照天气整体上对水稻生产的影响是延缓了生育进程，降低了秧苗素质和结实率，还增加了稻瘟病防治难度，最终造成水稻减产。分时期来看：苗期气候适宜，雨水充足，有利分蘖发生，从表3可见，2014年水稻穗数为25.0万/亩，较上年增加0.47万/亩；幼穗分化期和抽穗扬花期遭遇了几次降温，影响幼穗分化和受精过程，结实率为91.1%，较上年降低1.04%；灌浆结实期光温条件一般，最终千粒重为26.7g，较上年减少0.34g。

表3 2013—2014年盐城市水稻产量结构比较

年份	穗数 （万/亩）	穗粒数 （粒）	结实率 （%）	千粒重 （g）	理论产量 （kg/亩）	实收产量 （kg/亩）
2014	25.0	109.6	91.1	26.7	670.9	619.4
2013	24.6	111.0	92.1	27.1	682.9	621.9
±%	0.47	-1.41	-1.04	-0.34	-11.96	-2.5

2.1 延缓生育进程

盐城市2014年的水稻生产，由于前茬收获提前3~5天，水稻种植相对较早，技术配套到位，前期苗情较好，7月10日前水稻叶龄比去年同期多0.5~0.8张叶片，群体比上年增0.6万/亩左右。从7月中旬到8月下旬，以低温多雨寡照天气为主，造成盐城市水稻苗情素质急转直下，主要表现为群体数量偏大、叶龄进程较慢、根系活力变差、病害发生加重。据8月10日苗情调查统计，平均总茎蘖数34.5万/亩，比上年增加2.2万；平均叶龄余数2.5~3叶，比去年多0.5~1.0叶。最终水稻收获较上年迟7~10天，总生育期迟10~15天。

2.2 增加倒伏风险

连阴雨天气造成搁田的效果差，甚至有的田块没能进行搁田。一方面导致土壤中有毒物质难以释放，不利于根系的生长，黄根比例大，白根比例少，降低了根系活力，增加了田间病害发生的概率，盐城市约10万hm²的水稻生理性赤枯病发生较重。另一方面水发苗导致群体较足，搁田不到位导致无效分蘖得不到控制，造成群体偏大，特别是直播稻，长期低温寡照天气易造成基部节间伸长过长，使茎秆抗风抗雨能力下降，增加倒伏风险。

2.3 降低结实粒数

不同水稻品种结实率低于常年平均水平，其中淮稻14结实率较低。据调查，盐城市销售淮稻14号种子53万kg，种植5 563hm²，其中，育秧移栽、机插秧的结实正常，直播的大部分表现结实差。直播淮稻14号的面积为4 334hm²，结实率40%以下、减产5成以上的占35.3%；结实率40%~60%的占18.7%；结实率60%~80%的占6.5%；结实率正常的占39.5%。水稻孕穗期对低温最敏感的时期是花粉母细胞减数分裂后的小孢子初期，此时若遭遇冷害将导致异常花药数量增加，花粉的可育性下降，而且有可能会形成弱势颖花，引起低温不育。另外水稻抽穗扬花遭遇连续低温天气，灌浆速度会减慢，会有大量颖花不能完成初始灌浆，出现大量颖花不结实的现象（俗称寒露风）。2014年盐城市9月4—7日、9月11—14日、9月18—22日出现了3次降温过程，其中第2、第3次的降温幅度分别达到3.4℃和3℃，并且持续时间较长，各县区 9 月 18—22 日平均气温低于 20℃。据调查，大面积直播的淮稻 14 号孕穗期在 9 月 13 日左右，齐穗期在 9 月 20 日左右，幼穗分化期和抽穗扬花期适逢第 2 次和第 3 次降温，引起低温不育，降低了结实率。但引起低温不育的临界低温，在品种间、个体间均有差异[1]。机插秧的田块抽穗期集中在 9 月 13 日左右，避开了 9 月 18—22 日的大幅度降温天气，所以结实情况较为正常。

调查还发现，淮稻 14 号的直播时间均迟于品种审定公告的适宜播期，有的甚至推迟到 6 月 10 日以后，导致生育进程相应推迟，幼穗分化、抽穗扬花期遭遇低温的概率大大增加。同时水稻直播，群体大、个体素质差，抗低温能力下降。表 4 中对淮稻 14 号不同种植方式下的结实率进行了田间调查，结果验证了这一说法。

表 4　2014 年部分地区淮稻 14 受灾情况调查

地点	栽插方式	面积（亩）	播期/落谷期	结实率（%）
射阳县海河镇	抛秧	0.90	5 月 21 日	80.0
大丰市大中镇老坝村 2 组	直播	2.00	5 月 25 日	85.1
大丰市刘庄镇竞赛村 2 组	直播	2.25	6 月 07 日	≥85
亭湖区新洋街道三英村	直播	2.00	6 月 10 日	≤20
大丰市大中镇八灶村 3 组	直播	5.40	6 月 12 日	≤12
射阳县海河镇	直播	1.50	6 月 15 日	17.8

2.4　加大稻瘟病发生

稻叶瘟在生长前期发生较轻，但 8 月上旬到 9 月中旬的低温阴雨寡照天气使得田间病情开始明显上升，如建湖 8 月 5—6 日庆丰镇、上冈镇等东部乡镇重发田块发病率为 40%，病株率为 8%，病叶率为 3.6%，8 月中旬末亭湖永丰镇、步凤镇及盐都冈中镇部分淮稻 5 号病叶率达 60% 以上，并且田间还发现叶枕瘟。尽管植保部门预料到此类情况并及时发布了防治信息，但持续的降雨使得打药难度增加并且药效大大降低，增加了防治难度。尤其在 8 月 24 日至 9 月 15 日，在水稻破口抽穗时段出现 5 次连续降雨过程，总雨日数达 12 天，导致穗颈瘟、节瘟等穗期稻瘟病在全市大流行。水稻最终穗期累计发病面积 10 万 hm^2，其中病穗率 0.1% ~ 5% 为 7.3 万 hm^2，病穗率 5% ~ 20% 为 1.7 万 hm^2，病穗率 > 20% 为 1.07 万 hm^2，为 2008 年以来第二个大发生年。

3　减轻灾害影响的对策思考

近年来，水稻生产遭遇自然灾害较为频繁，如 2013 年的高温热害，2014 年的低温阴雨寡照，灾害发生后，各级农业技术推广部门积极发布抗灾应变措施，减轻了灾害损失。通过对抗灾措施实际效果的观察，积极思考，完善总结，对盐城今后水稻生产和技术指导具有借鉴意义[2]。

3.1　控减直播面积

生产实践表明，直播稻存在着群体大、易倒伏，在后期遇低温来临早导致结实率、千粒重大幅度下降的风险，而机插秧由于生育期较早，有效的避开了灾害，表现较为稳定。因此大力推广机插秧，缩小直播稻种植面积，是盐城市水稻稳产和高产的重要保证。为此，一要继续以盐城市人民政府办公室发文，出台了扶持机插秧的各项政策措施，控减直播稻、扩大机插秧；二要强化技术配套，切实解决机插秧播种量偏大、栽插密度不足、缓苗期较长等问题；三要以水稻高产增效创建万亩示范片建设为契机，强化机插秧配套技术集成与示范，挖掘机插秧的高产潜力，发挥辐射和带动作用。

3.2　积极推广主导品种

近年来，一方面农民片面追求大穗型高产品种，遭遇灾害天气抗逆性差；另一方面由于种子市场混乱，农民选购种难，导致品种多、乱、杂现象严重。据统计，2014 年盐城市种植亩以上的水稻品种有 20 多个，其他小面积种植的品种加起来也有 1.33 万 hm^2 的面积，不便于种子管理，一些像淮稻 14 此类高产但不稳产品种加重了灾情。针对此类情况，今后应从三方面入手，努力稳定品种布局。一是要试用新品种，要严格按照水稻优质化要求和"试验示范再推广"的原则，新品种要加大试验示范的力度，谨慎推广淮稻14此类高产但不稳产的品种。二是要明确主推品种，参照省"四主推"名录，选择通过审定的适宜本地种植，经过多年大田生产表现产量稳定、生育期适中、高产优质、抗性较好的品种作为主推品种。结合超级稻项目和水稻良种补贴，因地制宜进行推广，一个县明确1~2个主推品种，搭配1~2个品种，避免品种多、乱、杂的现象发生。三是加强主推品种宣传力度。要通过各类媒体，结合高产创建万亩片建设、技术服务指导等各类农业项目实施和培训、服务活动，宣传推介"四主推"名录。

3.3 全面加强技术指导

针对低温多雨寡照的气候特点，盐城市农委于7月24日和8月8日先后下发了《关于切实做好台风"麦德姆"防御应对工作的紧急通知》（盐农传〔2014〕33号）、《关于切实做好持续降雨天气应对工作的通知》（盐农传〔2014〕35号），盐城市委、市政府于9月2日专门召开盐城市秋熟作物生产应对管理电视电话会议，同时，盐城市农委通过电视、报纸、网络、短信等渠道，适时进行品种选择、直播稻控减、肥水管理、病虫防治、防灾减灾等方面宣传发动和技术指导。全市各县区编发技术信息79期、电视台宣传108次、广播电台68次、各类报纸79期。盐城市累计举办各类实用技术班590期，培训农民10万多人次，编印测土配方施肥、高产栽培技术、农作物病虫害防治等方面内容的技术手册86万多份，全部发放到农民手中。在关键时刻，及时组织专家深入生产一线，强化排水露田、施好穗粒肥、补施损失肥和追施根外肥等肥水管理措施，减轻灾害影响。

3.4 继续加大科技投入

近年来水稻生产过程中气候异常，2013年高温热害，2014年低温阴雨寡照，这就要求我们加强与省内水稻创新团队的合作交流，开展针对性的技术试验研究，形成应变技术体系。建湖县已经开展了水稻后期喷施生长调节剂研究，在水稻抽穗阶段喷施春泉矮壮丰、春科液肥增产显著，同时还能够降低因阴雨、低温、寡照对水稻带来的风险；东台市开展水稻收获前多上一次水等试验研究，也有提高灌浆速度、增加粒重的作用。要继续重视搞好水稻低温阴雨寡照避灾减灾相关技术研究与应用，更好地指导大面积生产。

参考文献

[1] 杨志奇，杨春刚，汤翠凤，等. 中国粳稻地方品种孕穗期耐冷性评价及聚类分析 [J]. 植物遗传资源学报，2008，9（4）：485-491.

[2] 杨力，刘洪进，李长亚，等. 盐城市粮食连续增产的启示与再增措施 [J]. 大麦与谷类科学，2015，2：82-84.

江苏盐城2015年机插粳稻品种比较试验研究

金　鑫　杨　力　刘洪进　李长亚　周　艳

（盐城市粮油作物技术指导站）

摘　要：以淮稻5号为对照，通过不同粳稻品种种植比较试验研究，分析不同品种的生长特征、产量水平等综合特性，结果表明：武运粳27和南粳9108综合抗性较好、产量潜力较高，适宜在盐城市大面积推广种植。

关键词：粳稻品种；产量；生长特性

近年来，盐城市紧密围绕"粮食安全"和基本实现农业现代化的目标要求，积极推进粮食机械化生产技术，粮食产量取得"十一连增"，2012年和2013年连续两年获得农业部表彰"粮食生产先进市"光荣称号，其中水稻生产贡献巨大。2015年盐城市水稻种植面积575万亩，机插秧面积近300万亩，而生产中超过1万亩的水稻品种有20多个，其中淮稻5号以其一惯的稳产、优质的特点深受农民青睐，全市应用面积超过250万亩。为了加快适宜机插的优质新品种筛选，我们开展了不同水稻品种集中试验示范，以淮稻5号为对照，通过考察产量和抗逆性等性状，为筛选出适宜全市推广的水稻品种提供理论依据。

1　材料与方法

1.1　供试材料

供试品种共有15个，包括中熟中粳品种2个，淮南迟播品种5个，迟熟中粳稻品种8个，分别为武运粳27、苏秀867、泗稻785、连粳10号、苏粳815、武进11-52、盐稻12号、盐丰稻2号、南粳9108、扬粳805、扬育粳3号、南粳49、淮稻18、盐粳13和淮稻5号。每个品种展示面积为4亩，以生产上大面积应用的淮稻5号为对照。

1.2　基本情况

试验于2015年在盐城市农业科技（稻麦）综合展示基地进行，土壤为水稻土。2015年种植水稻前测定，土壤0~20cm有机质含量21.54g/kg、全氮0.86g/kg、速效氮70.6mg/kg、速效磷14.2mg/kg、速效钾86.7mg/kg。

1.3　试验方法

5月23日用"劲护"牌25%氰烯菌酯浸种，武运粳27用量加倍。5月25日落谷，机械流水线播种，无纺布覆盖，5月27日灌水，6月9日揭无纺布，每盘播种量为湿谷120g。

秸秆全量还田，麦收后，上水泡田2天，大型拖拉机机械旋耕埋草，整平田面，静置1天以上。6月17—18日机插移栽，株行距为25cm×11cm，每穴3~4苗，亩栽2.2万穴，基本苗7万~8万。

1.4　大田管理

6月11日施基肥，亩施45%复合肥25kg，蘖肥分6月24日和7月4日2次施用，亩施尿素15kg和10kg。7月18日，亩施10kg尿素加复配锌、钾肥等弥补雨水过多造成肥料流失，满足生长的营养需求。8月8日施促花肥，每亩施尿素7.5kg，8月20日施保花肥，每亩施尿素5kg。

移栽后田面保持浅水层至活棵，群体茎蘖数达预期穗数的80%左右自然断水搁田；拔节至成熟期保持湿润灌溉，保持土壤湿润、板实，收获前7天断水。

秧田期主要防好灰飞虱、稻蓟马、稻象甲、螟虫等。60%烯啶虫胺15每亩对水40~50kg喷雾防治；机插后5~7天，结合施肥亩用50%苄嘧·苯噻酰60g，进行大田化除；分蘖末期亩用20%井冈霉素60g防治纹枯病；破口期防治稻瘟病，用 70%三环唑 30g 每亩对水喷雾，连续防治 3 次；用 50%吡蚜·异丙威可湿粉 50g 对水喷雾防治褐飞虱。

2 结果与分析

2.1 不同品种生育进程

5 月 25 日 15 个品种统一集中播种，虽然小麦收获较早，腾茬及时，但 6 月中下旬持续降雨影响栽插，为了抢农时，基地在 6 月 17—18 日组织人员，冒雨移栽。分蘖始期集中在 7 月初，受寡照多雨天气影响，分蘖高峰期在 7 月 18 日左右，较常年迟 3~4 天，拔节期在 8 月 5—10 日。武运粳 27、苏秀 867、泗稻 785 拔节期较早，盐粳 13 较迟。破口期在 8 月 26—31 日，苏秀 867 最早，较对照淮稻 5 号早 4 天，盐粳 13 最迟；成熟期和齐穗期基本一致，全生育期在 151~158 天，较常年慢 2~3 天，其中苏秀 867 最早，盐粳 13 最迟。淮稻 5 号虽然抽穗期较迟，但是灌浆速度快，齐穗到成熟只用了 46 天（表 1）。

表 1 2015 年水稻品种生育进程

品种	生育期							全生育期（天）
	落谷期	移栽期	拔节期	破口期	始穗期	齐穗期	成熟期	
武运粳 27	5 月 25 日	6 月 17 日	8 月 6 日	8 月 26 日	8 月 29 日	9 月 4 日	10 月 24 日	152
苏秀 867	5 月 25 日	6 月 17 日	8 月 5 日	8 月 25 日	8 月 28 日	9 月 3 日	10 月 23 日	151
泗稻 785	5 月 25 日	6 月 17 日	8 月 5 日	8 月 25 日	8 月 29 日	9 月 3 日	10 月 23 日	152
连粳 10 号	5 月 25 日	6 月 17 日	8 月 8 日	8 月 27 日	8 月 30 日	9 月 5 日	10 月 25 日	153
苏粳 815	5 月 25 日	6 月 17 日	8 月 7 日	8 月 27 日	8 月 30 日	9 月 5 日	10 月 25 日	153
武 11-52	5 月 25 日	6 月 17 日	8 月 7 日	8 月 27 日	8 月 30 日	9 月 5 日	10 月 25 日	153
盐丰稻 2 号	5 月 25 日	6 月 17 日	8 月 7 日	8 月 26 日	8 月 29 日	9 月 4 日	10 月 24 日	152
盐稻 12	5 月 25 日	6 月 17 日	8 月 8 日	8 月 29 日	9 月 1 日	9 月 8 日	10 月 27 日	155
淮稻 5 号	5 月 25 日	6 月 17 日	8 月 9 日	8 月 29 日	9 月 1 日	9 月 8 日	10 月 24 日	152
扬粳 805	5 月 25 日	6 月 17 日	8 月 9 日	8 月 30 日	9 月 2 日	9 月 9 日	10 月 28 日	156
扬育粳 3 号	5 月 25 日	6 月 17 日	8 月 9 日	8 月 30 日	9 月 2 日	9 月 9 日	10 月 28 日	156
南粳 49	5 月 25 日	6 月 17 日	8 月 8 日	8 月 30 日	9 月 2 日	9 月 9 日	10 月 28 日	156
淮稻 18	5 月 25 日	6 月 17 日	8 月 9 日	8 月 30 日	9 月 2 日	9 月 9 日	10 月 28 日	156
盐粳 13	5 月 25 日	6 月 17 日	8 月 10 日	8 月 31 日	9 月 3 日	9 月 10 日	10 月 29 日	157
南粳 9108	5 月 25 日	6 月 17 日	8 月 8 日	8 月 28 日	8 月 31 日	9 月 6 日	10 月 26 日	155

2.2 不同品种叶龄动态

由表 2 可知，中熟中粳和淮南迟播品种总叶数只有 15 叶，迟熟品种中，盐稻 12 和淮稻 5 号总叶数为 15 叶，其余迟熟品种全生育期共 16 张叶片。苏秀 867 和泗稻 785 的叶龄进程明显快于其余品种，据 8 月 18 日调查，苏秀 867 和泗稻 785 为 14.6 叶，较对照淮稻 5 号早 0.6 叶。迟熟品种中，以南粳 9108 生育进程最快，8 月 18 日调查已经达 14.9 叶，异与常年表现，这可能是因为南粳 9108 感光性较强，遇到 2015 年阴雨寡照的天气，造成生育期缩短；最迟的是盐粳 13，8 月 18 日调查仅 13.7 叶，较南粳 9108 慢 1.2 叶。

表 2 2015 年水稻品种叶龄动态（叶）

品种	6 月 23 日	7 月 3 日	7 月 14 日	7 月 22 日	8 月 7 日	8 月 18 日	9 月 8 日
武运粳 27	3.4	6	8.8	10.3	13.2	14.3	15

（续表）

品种	6月23日	7月3日	7月14日	7月22日	8月7日	8月18日	9月8日
苏秀867	3.2	5.5	8.9	10.5	13.3	14.6	15
泗稻785	3.2	6.3	9.1	10.8	13.5	14.6	15
连粳10号	3.4	5.8	8.4	10	12.4	14.1	15
苏粳815	3.3	6.2	8.1	9.8	12.5	14.5	15
武11-52	3.3	5.3	8.6	10.2	12.9	14.1	15
盐丰稻2号	3	5.4	8.5	10.1	13.3	14.3	15
盐稻12	3.2	5.5	8.7	10.2	13	14.1	15
淮稻5号	3.2	5.5	8.4	10	12.5	14	15
扬粳805	3.5	5.6	8.4	10.1	12.7	14.2	16
扬育粳3号	3.3	5.7	8.5	10	12.7	14.1	16
南粳49	3.1	5.1	8.9	10.2	13.4	14.2	16
淮稻18	3.1	5.1	8.6	10.2	12.8	14	16
盐粳13	3.5	5.2	8.2	9.7	12.3	13.7	16
南粳9108	3.3	5.4	8.4	10.3	13.3	14.9	16

2.3 不同品种茎蘖动态

由表3可以看出，2015年水稻分蘖光照不足，雨水多，"水发苗"现象严重，高峰苗要低于常年。不同品种的分蘖能力及其成穗率差异较大，苏秀867、武11-52、盐稻12和淮稻18的分蘖力较强，高峰苗达37万以上，其中武11-52最高，为40.5万。苏秀867尽管高峰苗较多，但成穗率低，最终成穗数仅有23.4万，武11-52和南粳49成穗数较高，均在27万以上，武11-52最高，达到28.4万，较对照淮稻5号多4.4万。

表3 2015年水稻品种茎蘖动态（万/亩）

品种	6月23日	7月3日	7月14日	7月22日	8月7日	8月18日	9月8日	10月24日
武运粳27	7.2	25.7	34.9	27.9	26.7	25.7	24.4	24
苏秀867	7.2	27.4	37.8	28.4	26.2	27.4	23.5	23.4
泗稻785	7.2	32.7	31.4	28.5	21.3	22.7	22.4	22.2
连粳10号	6.9	25.5	36.8	26.8	25.5	25.5	26.8	26.2
苏粳815	7.1	30.2	35.0	26.1	25.2	24.2	24.2	24.2
武11-52	7	36.1	40.5	36.1	30.8	28.7	28.8	28.4
盐丰稻2号	7	24.3	34.6	28.3	24.3	23.8	23	22.8
盐稻12	7	34.4	38.4	27.4	27.2	24.2	24.2	23.6
淮稻5号	7	30.4	33.1	25.3	27.4	30.4	25.2	24
扬粳805	6.8	30.4	31.5	23.4	28.9	30.4	26.8	26.6
扬育粳3号	6.8	33.1	30.6	28.7	26.6	33.1	27.4	21
南粳49	7.1	35.2	35.3	30.8	30.8	28.8	27.4	27
淮稻18	7.3	33.2	37.8	37.2	30.2	28.2	27.6	26.6

（续表）

品种	6月23日	7月3日	7月14日	7月22日	8月7日	8月18日	9月8日	10月24日
盐粳13	7.3	29.6	27.9	29.6	26.9	25.6	24.8	24.6
南粳9108	7.3	28.7	33.3	28.7	26	25.8	25.5	24.6

2.4 不同品种产量及其构成

展示的 15 个品种产量水平差异比较明显，亩产超过 700kg 的品种有南粳 9108，其中南粳 9108 产量最高，亩产达 735.4kg，较对照淮稻 5 号高 67.8kg；武运粳 27 和盐丰稻 2 号分列第二和第三，低于 600kg 的有苏粳 815。平均亩产为 673.5kg/亩，较上年提高 10kg 左右，主要是因为 2015 年灌浆结实期光照充足，雨水适宜，结实率和千粒重较上年提高。各品种比较来看，淮稻 18 结实率最低，仅为 87.2%；武运粳 27 的穗粒数最高，达到 123.5 粒；千粒重方面，盐丰稻 2 号最高，达到 28.45g，扬育粳 3 号次之，为 27.8g（表 4）。

表4　2015年盐城市示范基地水稻品种产量及其构成

品种名称	穗数（万/亩）	穗粒数（粒/穗）	结实率（%）	千粒重（g）	理论产量（kg/亩）
武运粳27	24	123.5	91.7	26.26	713.7
苏秀867	23.4	119	92.2	26.05	668.8
泗稻785	22.2	120.6	90.2	26.48	639.5
连粳10号	26.2	108.3	90	26.05	665.2
苏粳815	24.2	106.6	90.9	25.5	598.0
武11-52	28.4	105.5	90.2	25.6	691.9
盐丰稻2号	22.8	118.9	92.2	28.45	711.1
盐稻12	23.6	116.9	92.8	26.8	686.1
淮稻5号	24	114.4	92.1	26.4	667.6
扬粳805	26.6	108.8	90.3	26.42	690.4
扬育粳3号	21	120.2	91.4	27.8	641.4
南粳49	27	104.8	91.4	26.1	675.0
淮稻18	26.6	107.3	87.2	26.52	660.0
盐粳13	24.6	117.3	89.1	26.5	681.3
南粳9108	24.6	118.2	91.5	27.64	735.4

2.5 不同品种抗逆性与抗病性

由于 2015 年水稻破口期遭遇连阴雨天气，加大了稻瘟病和纹枯病的防治难度，尽管 2015 年防治了 3 次，但部分品种的稻瘟病和纹枯病发病较重。武 11-52 和苏粳 815 纹枯病发病率达到 30%，发病较轻的品种有盐稻 12，仅为 2%。扬育粳 3 号稻瘟病较重，达到 30% 以上，武 11-52 穗颈瘟发病较重。各品种中，仅有武运粳 27 一个品种发现恶苗病，发病率也不高，仅 1%。由于 2015 年的低温寡照连阴雨天气，水发苗，分蘖较多但生长量不足，茎秆较弱，在加上后期的两场大雨，导致 2015 年部分水稻倒伏较严重，扬育粳 3 号倒伏最为严重，倒伏比例达 30%，泗稻 785 和盐粳 13 倒伏比例也超过 20%。

表5　2014年盐城市示范基地水稻品种抗病抗逆性

品种	发病率（%）			倒伏比例（%）
	恶苗病	纹枯病	稻瘟病	
武运粳27	1	<15	0	5
苏秀867	0	10	0	3
泗稻785	0	<10	<1	25
连粳10号	0	<10	0	0
苏粳815	0	30	15	5
武11-52	0	30	>15	>1
盐丰稻2号	0	10	>5	>8
盐稻12	0	2	10	0
淮稻5号	0	10	5	0
扬粳805	0	20	5	<1
扬育粳3号	0	10	>30	30
南粳49	0	<10	3	3
淮稻18	0	10	<5	3
盐粳13	0	10	3	20
南粳9108	0	15	5	3

3　讨论与结论

2015年水稻生长期间气候特点是：积温偏高，降水量偏多，日照时数偏少。据气象资料统计，水稻生长期间（6—10月）平均温度23.4℃，比常年高0.4℃；降水量为1 103.6mm，比常年多450.6mm；日照时数847.8h，比常年少163.4h。具体来讲，水稻移栽期到分蘖期降雨多、光照少，影响插秧进度，"水发苗"比例大；拔节孕穗期遭遇台风，搁田效果差，导致病害和倒伏较重；孕穗杨花期到灌浆结实期降水适宜、温度和光照充足，对籽粒充实有利。因此，在品种选择上，要注重选用生育期较短、抗病抗逆性强、分蘖成穗率高、群体构成合理的中熟品种作为主推品种。

综上所述，我们认为在盐城市适宜推广的水稻品种可选择武运粳27和南粳9108综合抗性较好、产量潜力较高的品种为主推品种，搭配种植连粳10号和盐丰稻2号等品种，同时进一步示范种植武11-52等新品种。以上结论是在2015年多雨寡照的条件下得出的，对生产上有一定指导意义，但需要进一步验证。具体在各地上应用要根据不同品种表现了各自特性，生产上要综合考虑茬口、气候条件、土壤和地力水平等多方面客观因素，同时也要考虑不同品种在不同年份抗性差异以及稳产丰产性。

盐城机插水稻品种示范与筛选

李长亚　金　鑫　杨　力　刘洪进　王文彬　周　艳

（盐城市粮油作物技术指导站）

摘　要：通过引进示范不同水稻品种，考察品种的生育期、茎蘖动态、产量水平及产量结构、抗逆性等关键技术，筛选出适宜机插水稻的品种。

关键词：机插水稻；品种；筛选

作为全省最大的粮食超百亿斤的地级市，盐城市已经粮食生产"十一连增"，其中水稻生产的贡献居功至伟。近年来，盐城地区机插水稻面积增加很快，2014 年全市面积超过 13 万 hm²，但是市场上水稻新品种众多，如何选择适宜机插的优质新品种显得尤为重要。本文笔者通过收集众多品种集中试验示范，筛选出适宜本地机插的水稻品种。

1　材料与方法

1.1　供试材料

供试品种共有 15 个品种，包括迟熟中粳品种 7 个，中熟中粳品种 6 个，淮南迟播组品种 2 个，分别为：盐粳 13 号、盐稻 12 号、苏粳 815、武运粳 24 号、南粳 9108、扬育粳 2 号、淮稻 14、扬育粳 3 号、盐丰稻 2 号、中稻 1 号、连粳 7 号、连粳 9 号、连粳 11 号、盐稻 11、泗稻 785。

1.2　试验地点

盐城市现代农业综合展示基地，每个品种展示面积 3 335m² 左右。

1.3　试验方法

5 月 25 日用"劲护"牌 25%氰烯菌酯浸种，武运粳 24 号用量加倍。5 月 28 日落谷，软盘旱育秧，无纺布覆盖，5 月 29 日灌水，6 月 11 日揭无纺布，每盘播种量为湿谷 165g。

大田秸秆全量还田，麦收后，上水泡田 2 天，大型拖拉机机械旋耕埋草，整平田面，静置 1 天以上。6 月 20 日机插移栽，株行距为 25cm×11cm，每穴 3~4 苗，每亩栽 2.2 万穴，基本苗 7 万~8 万。

1.4　田间管理

6 月 12 日施基肥，每亩施 45%复合肥 25kg，蘖肥分 6 月 29 日和 7 月 7 日 2 次施用，每亩施尿素 10kg 和 10kg。7 月 18 日，每亩施 3~5kg 尿素加复配锌、钾肥等弥补雨水过多造成肥料流失，满足生长的营养需求。8 月 14 日施促花肥，每亩施尿素 7.5kg，8 月 25 日施保花肥，每亩施尿素 10kg。

移栽后田面保持浅水层至活棵，群体茎蘖数达预期穗数的 80%左右自然断水搁田；拔节至成熟期保持湿润灌溉，保持土壤湿润、板实，收获前 7 天断水。

秧田期主要防好灰飞虱、稻蓟马、稻象甲、螟虫等。60%烯啶虫胺 15g 每亩对水 40~50kg 喷雾防治；机插后 5~7 天，结合施肥每亩用 50%苄嘧·苯噻酰 60g，进行大田化除；分蘖末期每亩用 20%井冈霉素 60g 防治纹枯病；破口期防治稻瘟病，用 70%三环唑 30g 每亩对水喷雾，连续防治 3 次；用 50%吡蚜·异丙威可湿粉 50g 对水喷雾防治褐飞虱。

2　结果与分析

2.1　不同品种生育进程

2014 年小麦收获较早，腾茬及时，因此所有水稻品种在 6 月 20 日全部移栽。本田分蘖始期集中在 7

月初，但受"冷黄梅"天气的影响，分蘖高峰期在 7 月 18—20 日，拔节期在 8 月 8—12 日，较常年推迟 1 周左右。其中连粳 7 号、连粳 9 号、连粳 11 号、盐稻 11 号和泗稻 785 拔节较早；盐粳 13 号、盐稻 12 号、武运粳 24 号和扬育粳 2 号拔节较迟。始穗期集中在 9 月 2—11 日，不同品种差异明显，泗稻 785 最早，扬育粳 2 号最迟。各个品种全生育期在 152~158 天，成熟期较常年推迟 5 天左右，其中泗稻 785、连粳 9 号、连粳 17 号、盐稻 11 号最早，扬育粳 2 号最迟。连粳 9 号和连粳 11 号虽然分蘖期以及抽穗期较迟，但是灌浆速度快，全生育期仅有 152 天，熟期较早（表 1）。

表 1　2014 年盐城市示范基地水稻品种生育进程

品种	落谷期	移栽期	拔节期	破口期	始穗期	齐穗期	成熟期	全生育期（天）
盐粳 13 号	5 月 28 日	6 月 20 日	8 月 12 日	9 月 6 日	9 月 9 日	9 月 15 日	11 月 1 日	157
盐稻 12 号	5 月 28 日	6 月 20 日	8 月 12 日	9 月 6 日	9 月 9 日	9 月 15 日	11 月 1 日	157
苏粳 815	5 月 28 日	6 月 20 日	8 月 10 日	9 月 3 日	9 月 6 日	9 月 12 日	11 月 1 日	157
武运粳 24 号	5 月 28 日	6 月 20 日	8 月 12 日	9 月 6 日	9 月 8 日	9 月 15 日	11 月 1 日	157
南粳 9108	5 月 28 日	6 月 20 日	8 月 10 日	9 月 3 日	9 月 6 日	9 月 12 日	10 月 31 日	156
扬育粳 2 号	5 月 28 日	6 月 20 日	8 月 14 日	9 月 8 日	9 月 11 日	9 月 19 日	11 月 2 日	158
扬育粳 3 号	5 月 28 日	6 月 20 日	8 月 10 日	9 月 3 日	9 月 6 日	9 月 10 日	10 月 28 日	153
盐丰稻 2 号	5 月 28 日	6 月 20 日	8 月 10 日	9 月 3 日	9 月 6 日	9 月 12 日	10 月 28 日	153
淮稻 14 号	5 月 28 日	6 月 20 日	8 月 10 日	9 月 3 日	9 月 6 日	9 月 12 日	10 月 28 日	153
中稻 1 号	5 月 28 日	6 月 20 日	8 月 10 日	9 月 3 日	9 月 6 日	9 月 12 日	10 月 28 日	153
连粳 7 号	5 月 28 日	6 月 20 日	8 月 9 日	9 月 1 日	9 月 5 日	9 月 9 日	10 月 28 日	153
连粳 9 号	5 月 28 日	6 月 20 日	8 月 9 日	9 月 2 日	9 月 5 日	9 月 12 日	10 月 27 日	152
连粳 11 号	5 月 28 日	6 月 20 日	8 月 9 日	9 月 2 日	9 月 4 日	9 月 11 日	10 月 27 日	152
盐稻 11 号	5 月 28 日	6 月 20 日	8 月 9 日	9 月 1 日	9 月 4 日	9 月 10 日	10 月 27 日	152
泗稻 785	5 月 28 日	6 月 20 日	8 月 8 日	8 月 30 日	9 月 2 日	9 月 7 日	10 月 27 日	152

2.2　不同品种茎蘖动态

由表 2 可以看出，各展示品种的分蘖能力及其成穗率差异较大，盐粳 13 号、盐稻 12 号、南粳 9108 的分蘖力较强，高峰苗均在 40 万左右。泗稻 785 和苏粳 815 的成穗率最高，达 73.5%，盐粳 13 号的成穗率较低，仅有 61.8%。

表 2　2014 年盐城市示范基地水稻品种茎蘖动态（万/亩）

品种名称	基本苗	高峰苗	成穗数	成穗率（%）
盐粳 13 号	7.2	41.6	25.7	61.8
盐稻 12 号	7.2	39.4	24.7	62.7
苏粳 815	7.2	33.2	24.4	73.5
武运粳 24 号	6.9	35.4	23.5	66.4
南粳 9108	7.1	39.6	27.9	70.5
扬育粳 2 号	7	36.6	24.3	66.4
扬育粳 3 号	7	37	25.1	67.8
盐丰稻 2 号	7	37.2	24.8	66.7

（续表）

品种名称	基本苗	高峰苗	成穗数	成穗率（%）
淮稻 14	7	30.4	21.2	69.7
中稻 1 号	6.8	36.8	25.9	70.4
连粳 7 号	6.8	35.4	23.5	66.4
连粳 9 号	7.1	32.4	23.3	71.9
连粳 11 号	7.3	38.8	25.8	66.5
盐稻 11	7.3	33.8	24.5	72.5
泗稻 785	7.3	34	25	73.5

2.3　不同品种产量及其构成

15 个品种平均每亩产量为 650.7kg，不同品种间变幅较大，其中每亩产量超过 700kg 的品种有盐丰稻 2 号、连粳 11 号、盐稻 11 号和泗稻 785，其中连粳 11 号产量最高，每亩产量达到 757.9kg，盐稻 12 号每亩产量最低，仅为 516kg/亩。由于抽穗扬花期受 2014 年低温寡照连阴雨天气的不利影响，各品种平均结实率只有 89.2%，较常年降 2~3 个百分点导致的。各品种比较来看，盐丰稻 2 号的结实率最高，为 93.2%，盐稻 12 号结实率仅有 78.3%，低于 85% 的品种还有盐粳 13 号和武运粳 24 号。千粒重方面，盐丰稻 2 号最高，达到 28.16g，淮稻 14 次之，为 28g，连粳 7 号最低，仅有 24.8g（表 3）。

表 3　2014 年盐城市示范基地水稻品种产量及其构成

品种名称	穗数 （万/亩）	穗粒数 （粒/穗）	结实率 （%）	千粒重 （g）	理论产量 （kg/亩）
盐粳 13 号	25.7	113.5	83.7	25.26	616.7
盐稻 12 号	24.7	104.0	78.3	25.66	516.0
苏粳 815	24.4	110.6	90.0	25.18	611.8
武运粳 24 号	23.5	128.3	84.1	25.58	649.1
南粳 9108	27.9	96.6	88.9	25.68	615.2
扬育粳 2 号	24.3	111.5	92.2	26.60	664.2
扬育粳 3 号	25.1	108.9	88.9	25.00	607.7
盐丰稻 2 号	24.8	110.9	93.2	28.16	721.5
淮稻 14	21.2	116.4	92.1	28.00	636.4
中稻 1 号	25.9	107.8	92.3	25.42	654.9
连粳 7 号	23.5	116.2	92.4	24.80	626.2
连粳 9 号	23.3	111.8	92.4	25.10	604.0
连粳 11 号	25.8	127.5	89.2	25.82	757.9
盐稻 11 号	24.5	124.3	89.1	25.90	703.1
泗稻 785	25.0	122.2	91.5	25.64	716.3

2.4　不同品种抗逆性与抗病性

由于 2014 年水稻生育中期遭遇低温寡照、连阴雨天气，使破口到抽穗期的时间拉长了 5 天，加大了稻瘟病和纹枯病的防治难度，尽管 2014 年防治了 3 次，但部分品种的稻瘟病和纹枯病发病较重。盐粳 13 号、盐稻 12 号、苏粳 815、中稻 1 号、连粳 7 号、连粳 9 号、连粳 11 号和盐稻 11 号共 8 个品种纹枯病发病率达到30%以上，其中盐稻12号达到了90%，发病最为严重，发病较轻的品种有扬育粳2号、扬育粳3号和淮稻14号。扬育粳2号和扬育粳3号稻瘟病较重，均达到10%左右，盐稻12号、淮稻14号和中稻1号穗颈瘟发病较重，苏粳815穗粒瘟发病较重。各品种中，盐稻11号恶苗病发病最重，达到5%以上。由于2014年的低温寡照连阴雨天气，水发苗，分蘖较多但后期生长量不足，茎秆较弱，再加上9月上中旬的2次大风暴雨天气，导致2014年水稻倒伏较严重。连粳11号倒伏比例达到20%，盐丰稻2号倒伏比例也达到了15%，倒伏均比较严重（表4）。

表4　2014年盐城市示范基地水稻品种抗病抗逆性

品种	恶苗病发病率（%）	纹枯病发病率（%）	稻瘟病发病率（%）	倒伏比例（%）
盐粳13号	> 1	< 50	< 0.5	0
盐稻12号	< 1	90	5（穗颈瘟）	0
苏粳815	< 1	<30	3（穗粒瘟）	0
武运粳24号	< 1	10	4	0
南粳9108	< 1	< 10	< 0.5	0
扬育粳2号	< 1	< 1	> 10	0
扬育粳3号	< 1	轻	< 10	10
盐丰稻2号	< 1	< 15	< 1（穗粒瘟）	15
淮稻14号	< 1	轻	5（穗颈瘟）	0
中稻1号	< 1	30	5（穗颈瘟）	2
连粳7号	< 1	30	< 1	0
连粳9号	< 1	30	< 1	0
连粳11号	> 1	< 30	< 0.5	20
盐稻11号	> 5	30	< 0.5	3
泗稻785	< 1	10	5	2

2.5　不同品种植株性状

由表5可以看出，不同品种的株高差异明显，中稻1号的株高最高，达到105cm，苏粳815、盐粳13号、武运粳24号和连粳7号株高不过100cm，其中苏粳815株高最低，仅有96.7cm。不同品种的穗长也各不一样，中稻1号的穗长为17.6cm，在各品种中位列第一，盐稻12号、泗稻785和盐丰稻2号的穗长也超过17cm，武运粳24号的穗长在所有品种中最低，仅有14.8cm。

表5　2014年盐城市示范基地水稻品种植株性状　　　　　　　　　　　　单位：cm

品种	基部第一节间	基部第二节间	倒数第四节间	倒数第三节间	倒数第二节间	倒数第一节间	穗长	株高
盐粳13号	2	8.8	15	16.9	19.8	22.5	16	98.2
盐稻12号	1.5	7.5	11.3	18.9	20.8	25.4	17	103
苏粳815	1.6	9.3	12.6	12.2	19.4	24.3	16.1	96.7
武运粳24号	3	7	15.2	17.3	18	25	14.8	99.7
南粳9108	1	4.2	12.7	20.2	20.6	25.6	16.5	100.2
扬育粳2号	3.5	7.7	15	19.4	19.3	24.2	16.4	104
扬育粳3号	2.5	10.9	12.3	17.1	20	26.7	16.2	102.7
盐丰稻2号	1.3	9.7	10.5	20.7	20.4	25.7	17	102.5

(续表)

品种	基部第一节间	基部第二节间	倒数第四节间	倒数第三节间	倒数第二节间	倒数第一节间	穗长	株高
淮稻 14	1	8.7	12.5	19.3	22.3	26.2	16.1	101.4
中稻 1 号	1.3	7	11.5	18.8	22	30.1	17.6	105
连粳 7 号	3	6	11.3	14.6	21.2	28.2	16	99.8
连粳 9 号	1	9.5	11.8	17.5	15	24.5	16.9	100.1
连粳 11 号	4.4	11	12.1	18.7	20.8	24.1	16.2	104
盐稻 11	1	9.2	14.5	20	22.3	24.7	15.4	104
泗稻 785	1.8	8.3	13.4	19.7	21.2	26.9	17	103.7

3 小结与讨论

综合了本年度 15 个品种在盐城示范基地种植情况，不同品种表现了各自特性、产量水平和不足之处，生产上要综合考虑茬口、气候条件、土壤和地力水平等多方面客观因素，同时也要考虑不同品种在不同年份抗性差异以及稳产丰产性。

在 2014 年低温寡照连阴雨天气的影响下，一方面水稻生育期普遍推迟 1 周以上，选用迟熟品种就会导致茬口紧张，不利于小麦适期播种；另一方面，平时在选用高产品种时喜欢挑选大穗大粒型的品种，但 2014 年大穗型品种的结实率受气候条件影响明显，不利于稳产，从中启示我们，选用高产品种要注意选用穗数、粒数和粒重协调型的品种，比较利于稳产。

综上所述，我们认为在盐城市适宜推广的机插水稻品种可选择连粳 11 号和盐稻 11 号等分蘖成穗率较强、综合抗性较好、产量潜力较高的中熟品种为主推品种，搭配种植盐粳 13 号和连粳 7 号等品种，同时进一步示范种植南粳 9108、盐丰稻 2 号等新品种。以上结论是在 2014 年极端低温寡照的条件下得出的，对生产上具备一定的指导意义，但需要进一步试验验证。

中熟中粳稻盐丰稻2号机插秧高产栽培技术

刘洪进　杨　力　金　鑫　李长亚　周　艳　王文彬

（盐城市粮油作物技术指导站）

摘　要：盐丰稻2号系盐城市种业有限公司和盐城市粮油作物技术指导站选育的中熟中粳稻新品种，2014年通过江苏省品种审定。其机插秧高产栽培技术关键是：适期播种，培育壮秧；适时移栽，合理密植；科学施肥，管好水浆；防治病虫，稳产增产。

关键词：中粳稻；盐丰稻2号；机插秧；高产栽培技术

盐丰稻2号是盐城市种业有限公司和盐城市粮油作物技术指导站以宁粳1号为母本、镇稻88为父本进行有性杂交，经海南异地加代和本地连续定向选择，于2007年育成的中熟中粳稻新品种。2011—2012年参加江苏省区试，两年平均单产696.6kg/亩，比对照徐稻3号增产8.6%，两年增产均达极显著水平；2013年参加生产试验，平均单产661.5kg/亩，比对照徐稻3号增产9.7%。2014年通过江苏省品种审定。

1 盐丰稻2号特征特性

1.1 丰产性好，穗粒结构协调

盐丰稻2号分蘖力强，成穗率高，穗型较大，穗层整齐，着粒较密，千粒重高，穗形半直立，一般单产660~700kg/亩（高产田块可达750kg/亩以上）。盐丰稻2号有效穗在20.5万/亩左右，每穗总粒数125~140粒，结实率93%以上，千粒重30g左右。自身调节能力强，容易栽培。

1.2 综合抗性突出，稳产性好

盐丰稻2号对条纹叶枯病、白叶枯病、稻瘟病和纹枯病抗性均为中抗，田间其他混生性病害轻。

1.3 品质优良，食味好，稻米商品性好

盐丰稻2号谷粒饱满，呈近椭圆形，颖壳秆黄色，商品性好。2013年，经江苏省优质水稻工程技术研究中心食味值测试为67分（基准样61分）。

1.4 株型好，熟相佳，熟期适宜

盐丰稻2号叶色适中，长势旺，分蘖力强，株型紧凑，剑叶挺拔，受光姿态好，功能期长，生长清秀，后期灌浆快，熟相好，全生育期147天左右，比对照徐稻3号迟2天。适宜中熟中粳区域作早茬和迟熟中粳区域迟播种植。

2 盐丰稻2号机插秧栽培技术

2.1 适期播种，培育壮秧。

江苏苏中地区机插秧一般于5月20—25日播种，播前用药剂（氰烯菌酯）浸种防治恶苗病和干尖线虫病等种传病害。秧龄18~20天，采用机械硬盘播种育秧方式培育适龄壮秧。壮秧标准：成苗数为2.0~2.1株/cm²，秧龄大麦茬23~25天，小麦茬20~23天，叶龄4.0叶左右，苗高15cm左右，盘根带土厚度2~2.2cm。秧苗整齐，苗茎部扁宽，叶片挺立有弹性，叶色绿，无病虫害，根系盘结牢固，提起不散。

2.2 秧田管理

2.2.1 湿润促壮苗

秧田管理以湿润为主，采取旱育管理，保持盘土湿润不发白，含水又透气，促进根系生长。为防止晴天中午秧苗卷叶，床土过干可在9时左右灌跑马水，14~15时后及时排出，除施肥外，不建水层。

2.2.2 看苗追施肥

育秧基质原则不施苗肥；对确需补肥的秧苗，尿素用量控制在 5kg/亩以内，施肥时间以傍晚前后为宜，施肥前调深水，均匀撒施。

2.2.3 防病治虫

秧田期主要病虫有灰飞虱、稻蓟马等，应密切注意病虫发生情况，及时对症用药防治。移栽前 3 天要全面进行一次药剂防治工作，做到带药移栽，一药兼治。

3 适时移栽，合理密植

一般 6 月上中旬移栽，中上等肥力田块栽插密度 2.0 万穴/亩左右，基本苗 5 万~7 万/亩；肥力较差的田块栽插密度 2.0 万~2.2 万穴/亩，基本苗 6 万~8 万。并做到匀棵浅栽，提高栽插质量。漏插率较高田块与田块四周，应及时人工补苗。控制栽插深度，严格控制在 2~3cm。

4 栽后管理

4.1 水浆管理

原则是"湿润活棵，薄水促蘖，浅水勤灌，干湿交替"，机插稻活棵立苗期间歇浅水湿润灌溉，立苗后以平水缺或薄水层为主，适当露田通气排毒促进扎根。当群体总茎蘖数达到预期穗数 80% 时，断水搁田，切忌一次重搁。遵循"早搁、轻搁、多次搁"的原则，搁田搁到田中土壤沉实不陷脚，叶色褪淡落黄即可，使高峰苗数控制在适宜穗数值的 1.4 倍左右。对于大面积小麦的全量秸秆还田田块，在栽培上建议除稻田打药、孕穗期和抽穗扬花期保持浅水层外，以干湿交替、间歇灌溉为主。

4.2 肥料运筹

根据机插水稻高产优质目标产量和测土配方施肥方案，确定全生育期肥料施用量。施肥原则稳 N 增 P 补 K，总用肥量：一般需纯氮 20~23kg/亩，肥料运筹掌握"前重、中控、后补"的原则，前后期施氮比例为 6：4，重施基肥，早施促蘖肥，注意氮磷钾配合施用；基蘖肥、穗肥比 6：4。

分蘖肥分 2 次施用，第 1 次分蘖肥在栽后 5~7 天及时施用，施尿素 8kg/亩；在栽后 12~15 天施用第 2 次分蘖肥，施尿素 8~10kg/亩；原则上不施用平衡肥，二次分蘖肥施后 7~10 天，发苗差的可以补施平衡肥，一般用三元复合肥 10kg/亩或尿素 7.5kg/亩。秸秆还田量大的田块，适当增施尿素 3~5kg/亩。

在水稻叶色正常退淡，群体正常的情况下，穗肥分促花肥和保花肥 2 次施用，在叶龄余数 3.5 施促花肥，施尿素 10~12kg 加三元复合肥 10kg/亩；在叶龄余数 1.5 时施保花肥，施尿素 7.5kg/亩左右。叶色浅、落黄偏重、群体生长量小的不足群体，穗肥于倒 5 叶和倒 3 叶施，且要增加用量 10%~20%；叶色深不褪淡，生长量过大的旺长群体，穗肥于倒 3 叶期叶色褪淡后一次施用，且用量要适当减少。

提倡后期叶面喷肥（粒肥），一般以根外喷施叶面肥为主，在破口期至灌浆期喷施 2~3 次，每次用磷酸二氢钾 100g、尿素 0.5~1kg/亩，用 50kg 水溶解之后喷施于稻株茎叶上。

5 病虫草害防治

两次封闭化除，第一次要结合施肥，及时撒施化学除草剂，进行土壤封闭。机插秧田水稻活棵后用 53% 苯噻·苄可湿性粉剂 60g/亩加 10% 吡嘧磺隆可湿性粉剂 10g 拌肥料浅水撒施，药后保水 5~7 天。第二次要及早进行茎叶处理，杀灭已出土杂草。药剂用 6% 五氟·氰氟草酯油悬浮剂 150~200ml/亩或 2.5% 五氟磺草胺油悬浮剂 80~100ml/亩进行叶面喷雾。药前至少必须使 2/3 杂草茎叶露出水面，并保水 5~7 天。

盐丰稻 2 号机插水稻掌握在破口初期、抽穗 50%、齐穗期用药防治穗颈稻瘟病。选用 75% 三环唑可湿性粉剂 40g/亩或 40% 稻瘟灵乳油 120ml，加 15% 井冈·腊芽水剂 150~200ml/亩或 40% 井冈·腊芽粉剂 120g+30% 苯甲·丙环唑 10ml，再加 60% 甲维·杀单可湿性粉剂 80~100g 或 3.2% 阿维菌素微乳剂 50~75ml/亩混用。

6 后期管理

田间生长量过大和秸秆全量还田田块水层形成时间长的易倒伏，在破口期用劲丰 100ml/亩，对水 30kg，均匀喷施于叶面，达到壮秆、养根、保叶，增强群体抗倒能力，增加产量。

机插秧长秧龄生产技术的探索

仲凤翔[1]　吴和生[1]　何永垠[1]　薛根祥[1]　王国平[1]

郜微微[1]　王银均[2]　苏生平[2]

（1. 东台市作物栽培技术指导站；2. 东台镇农业服务中心）

随着社会的发展和水稻生产技术的进步，人工插秧逐步被机插秧所取代，已经成为社会化大生产的必然。目前机插水稻生产对秧龄要求极高，其最佳可插秧龄为 18～22 天，超秧龄移栽就会影响到水稻有效分蘖的发生，最终导致产量的下降；但是在生产实际中，超秧龄移栽事件是普遍发生的，这就成为水稻高额丰产和生产效益提高的障碍因子。为了克服机插水稻高产的障碍，延长机插水稻秧苗的可插期，我们开展了机插秧长龄生产技术的探索，现将结果报告如下。

1 材料与方法

1.1 供试材料

15% 多效唑（市售）；5% 烯效唑（江苏省绿色化工股份有限公司生产）；12.5% 烯唑醇；育秧基质（兴化市新土源基质肥料有限公司生产）。

1.2 供试品种

试验用淮稻 5 号；示范用南粳 9108。

1.3 试验、示范方法

试验处理采取不同浓度的药剂处理，筛选各药剂适宜浸种的药剂浓度（表1），以清水浸种为对照，统一采用育秧基质育苗；示范采用 5% 烯效唑 1∶8 000 倍药液浸种，分别采用水育、水育旱管和穴盘与平盘育秧进行对比，育秧采用细土装盘基质覆盖，水育旱管盘底撒施壮秧剂。试验考察，分别于齐苗期、齐苗后 15 天、齐苗后 23 天每个处理取 10 株考察秧苗性状，移栽到大田后定点 20 穴测定基本苗，第 20 天测定发苗情况，成熟期在定点内取样测定产量结构；示范考察分别于适龄 21 天、23 天和长秧龄 26 天取样考察秧苗素质，机插后 20 天（7 月 10 日有效分蘖终止期）考察发苗情况。试验每个处理播种 3 盘，2014 年 5 月 23 日浸种，5 月 27 日播种，6 月 26 日移栽，实施地点：东台镇薛舍村。示范于 2016 年 5 月 20 日播种，6 月 10 日适龄移栽，6 月 13 日水育移栽，6 月 15 日长秧龄移栽；示范每个处理面积 1 亩，实施地点：东台市五烈现代农业示范园。

表 1 药剂不同浓度浸种处理

处理序号	处理药剂	处理内容
1		1∶4 000 倍药液浸种 72h
2		1∶6 000 倍药液浸种 72h
3	15% 多效唑	1∶8 000 倍药液浸种 72h
4		1∶10 000 倍药液浸种 72h
5		1∶12 000 倍药液浸种 72h

(续表)

处理序号	处理药剂	处理内容
6		1:4 000 倍药液浸种 72h
7		1:6 000 倍药液浸种 72h
8	5%烯效唑	1:8 000 倍药液浸种 72h
9		1:10 000 倍药液浸种 72h
10		1:12 000 倍药液浸种 72h
11		1:2 000 倍药液浸种 72h
12		1:4 000 倍药液浸种 72h
13	12.5%烯唑醇	1:6 000 倍药液浸种 72h
14		1:8 000 倍药液浸种 72h
15		1:10 000 倍药液浸种 72h
16	对照	清水浸种 72h

2 结果与分析

2.1 试验结果

2.1.1 水稻唑类药液浸种对出苗的影响

一叶一心期调查，药剂浸种，表现控制株高、延迟出叶。这种效应以多效唑处理最显著，烯效唑次之，烯唑醇再次之。一叶一心期测定，多效唑不同浓度的药液浸种平均株高 4.38cm，叶片 0.82 张，比对照株高矮 5.12cm，叶片少 0.78 张；烯效唑药液浸种平均株高 4.94cm，叶片 1.16 张，比对照株高矮 4.94cm，叶片少 0.44 张；烯唑醇药液浸种平均株高 8.18cm，叶片 1.46 张，比对照株高矮 1.32cm，叶片少 0.14 张（表2）。

表 2 2014 年水稻药剂浸种试验齐苗期考察

5月23日浸种	5月27日播种	6月26日移栽	考察时间：6月2日
处理代号	处理内容	株高 cm	叶龄（张）
1	多 1:4 000	3.5	0.7
2	多 1:6 000	4	0.8
3	多 1:8 000	4.3	0.8
4	多 1:10 000	4.7	0.9
5	多 1:12 000	5.4	0.9
	平均	4.38	0.82
6	烯 1:4 000	4.5	1.1
7	烯 1:6 000	4.5	1.1
8	烯 1:8 000	4.9	1.2
9	烯 1:10 000	5	1.2

（续表）

处理代号	处理内容	株高 cm	叶龄（张）
10	烯 1：12 000	5.8	1.2
	平均	4.94	1.16
11	醇 1：2 000	6.6	1.3
12	醇 1：4 000	8	1.4
13	醇 1：6 000	8.2	1.4
14	醇 1：8 000	9	1.6
15	醇 1：10 000	9.1	1.6
	平均	8.18	1.46
16	清水	9.5	1.6

2.1.2 水稻唑类药液浸种对秧苗生长的影响

出苗后 15 天四叶一心期调查，各处理株高均随药剂处理浓度的增加而降低，叶片数、假茎粗、发根数等生长指标，除处理 1、处理 2 不及清水浸种外，其他处理均达到和超过清水处理（表3）表现先抑后促的作用。

表3　2014 年水稻药剂浸种苗期试验考察

5 月 23 日浸种		5 月 27 日播种		考察时间：6 月 15 日		
处理代号	处理内容	株高（cm）	叶龄（张）	假茎粗（cm）	根条数	单株地上鲜重（g）
1	多 1：4 000	4.9	3.6	0.2	4	0.81
2	多 1：6 000	5.7	3.9	0.22	4.1	1
3	多 1：8 000	6.6	4.1	0.22	4.2	1.1
4	多 1：10 000	7.4	4.2	0.23	4.2	1.1
5	多 1：12 000	7.6	4.2	0.23	4.1	0.92
	平均	6.44	4	0.22	4.12	0.986
6	烯 1：4 000	5.2	4.3	0.21	4.2	1.1
7	烯 1：6 000	5.8	4.4	0.24	5	1.3
8	烯 1：8 000	6.2	4.6	0.25	5.1	1.4
9	烯 1：10 000	6.7	4.7	0.23	5	1.2
10	烯 1：12 000	6.9	4.6	0.22	4.6	1.1
	平均	6.16	4.52	0.23	4.78	1.22
11	醇 1：2 000	5.4	4.1	0.21	4.1	0.9
12	醇 1：4 000	7.1	4.4	0.22	4.2	1.1
13	醇 1：6 000	8.2	4.7	0.23	4	1.1
14	醇 1：8 000	9.6	4.7	0.23	4.2	1.1
15	醇 1：10 000	10.4	4.6	0.22	4.1	1
	平均	8.14	4.5	0.222	4.12	1.04
16	清水	13.7	4.1	0.2	3.6	1

2.1.3 水稻唑类药剂浸种对秧苗植株性状的影响

苗后 23 天四叶一心至五叶一心期调查，不同浓度的多效唑浸种，株高均明显矮于清水对照；单株鲜重均低于清水对照，单株鲜重显著地随药剂浓度增高而降低（$r=0.9965>R_{0.05}=0.878$，$v=5-2=3$）；发根数均显著高于清水对照；出叶数和假茎粗除处理 1 外均高于清水对照。不同浓度的烯效唑、烯唑醇浸种，除株高和高浓度处理 6、处理 11 的鲜重低于清水对照外，其他各项生长指标均显著高于清水对照（表 4）；其株高均有极显著的随药剂浓度提高而降低的作用，烯效唑 $r=0.9886>R_{0.01}=0.959$（$v=5-2=3$），$y=3.48+0.81x$（x 值为千倍）；烯唑醇 $r=0.9893>R_{0.01}=0.959$（$v=5-2=3$），$y=6.03+0.885x$（x 值为千倍）；依据预期株高可选用相应的药剂浓度浸种。通过药剂浸种能够培育出比清水浸种更壮的矮壮秧。

表 4　2014 年水稻浸种试验考察表

5 月 23 日浸种	5 月 27 日播种		考察时间：6 月 23 日		6 月 26 日移栽
处理代号	处理内容	株高（cm）	叶龄（张）	假茎粗（cm）	根条数	单株地上鲜重（g）
1	多 1 : 4 000	6	4.4	0.3	7.2	0.9
2	多 1 : 6 000	7.6	5.1	0.32	7.4	1.2
3	多 1 : 8 000	8.8	5.2	0.33	8	1.36
4	多 1 : 10 000	10.3	5.2	0.57	7.8	1.59
5	多 1 : 12 000	12	5.1	0.6	8.1	1.81
	平均	8.94	5	0.424	7.7	1.372
6	烯 1 : 4 000	7	4.6	0.57	7.4	1.8
7	烯 1 : 6 000	7.9	5.2	0.63	8.1	2.4
8	烯 1 : 8 000	9.8	5.4	0.7	8.2	2.5
9	烯 1 : 10 000	12.1	5.2	0.6	8	2.3
10	烯 1 : 12 000	13	5.1	0.58	8	2.2
	平均	9.96	5.1	0.616	7.94	2.24
11	醇 1 : 2 000	7.5	4.7	0.33	7.1	1.7
12	醇 1 : 4 000	9.5	5	0.58	7.4	2.1
13	醇 1 : 6 000	12	5.1	0.6	8	2.4
14	醇 1 : 8 000	13.2	5.1	0.63	8	2.4
15	醇 1 : 10 000	14.5	5	0.63	7.6	2.2
	平均	11.34	4.98	0.554	7.62	2.16
16	清水	15.2	4.6	0.33	6.8	2.1

2.1.4 水稻唑类药剂浸种对栽后分蘖的影响

栽插后定点观察，栽后 20 天考察，药剂浸种各处株高仍矮于清水浸种处理，但单株分蘖除多效唑浸种的处理 1、处理 2、处理 3 外，其他各个药剂各浓度处理的单株分蘖均高于清水浸种的对照（表 5）。

表5　水稻药剂浸种秧苗移入大田对分蘖影响的观察

处理	处理内容	栽插基本苗				栽后20天				
		株距（cm）	行距（cm）	单穴苗	（万/亩）	20穴	（万/亩）	株高（cm）	叶片（张）	单株分蘖
1	多1∶4 000	13.3	25	3.4	6.83	172	17.2	21.2	7.1	1.52
2	多1∶6 000	13.3	25	3.4	6.83	178	17.8	23.6	7.1	1.61
3	多1∶8 000	13.3	25	3.4	6.83	183	18.3	24.8	7.8	1.68
4	多1∶10 000	13.3	25	3.4	6.83	185	18.5	25.1	8	1.71
5	多1∶12 000	13.3	25	3.4	6.83	186	18.6	25.1	8	1.72
6	烯1∶4 000	13.3	25	3.4	6.83	188	18.8	22.1	7.3	1.75
7	烯1∶6 000	13.3	25	3.4	6.83	199	19.9	23.9	8.5	1.91
8	烯1∶8 000	13.3	25	3.4	6.83	201	20.1	26.7	8.9	1.94
9	烯1∶10 000	13.3	25	3.4	6.83	210	21	27.8	9.2	2.07
10	烯1∶12 000	13.3	25	3.4	6.83	196	19.6	28.1	8.1	1.87
11	醇1∶2 000	13.3	25	3.4	6.83	195	19.5	24.6	8.1	1.86
12	醇1∶4 000	13.3	25	3.4	6.83	191	19.1	27.3	8.6	1.80
13	醇1∶6 000	13.3	25	3.4	6.83	195	19.5	29.8	9	1.86
14	醇1∶8 000	13.3	25	3.4	6.83	196	19.6	32.1	9.2	1.87
15	醇1∶10 000	13.3	25	3.4	6.83	192	19.2	34.2	8.9	1.81
16	清水	13.3	25	3.4	6.83	184	18.4	34.8	8.7	1.69

2.1.5　水稻唑类药剂浸种对产量及产量结构的影响

水稻收获前在定点内取样测产，结果多效唑和烯效唑高浓度浸种对产量有一定影响，尤以多效唑对产量影响最为显著，处理1和处理2单产分别比清水浸种对照下降18.12%、5.38%，其产量下降表现在每穗实粒数和粒重下降（表6）。

表6　水稻药剂浸种对产量结构的影响

处理	处理内容	亩总穗		每穗粒数	其中		结实率	千粒重（g）	理论产量（kg/亩）
		20穴	（万/亩）		实粒	瘪粒			
1	多1∶4 000	213	21.3	109.0	101.2	7.8	92.8%	24.8	534.6
2	多1∶6 000	221	22.1	113.1	106.7	6.4	94.3%	26.2	617.8
3	多1∶8 000	227	22.7	114.4	109.6	4.8	95.8%	26.4	656.8
4	多1∶10 000	226	22.6	116.6	111.4	5.2	95.5%	26.4	664.7
5	多1∶12 000	226	22.6	115.0	110.7	4.3	96.3%	26.6	665.5
6	烯1∶4 000	222	22.2	116.9	111.8	5.1	95.6%	25.1	623.0
7	烯1∶6 000	229	22.9	118.1	113.2	4.9	95.9%	26.5	687.0
8	烯1∶8 000	224	22.4	121.0	116.3	4.7	96.1%	26.7	695.6
9	烯1∶10 000	224	22.4	119.5	114.4	5.1	95.7%	26.5	679.1
10	烯1∶12 000	225	22.5	118.0	113.4	4.6	96.1%	26.7	681.3
11	醇1∶2 000	222	22.2	116.9	112.6	4.3	96.3%	26.6	662.4
12	醇1∶4 000	223	22.3	118.0	113.5	4.5	96.2%	26.6	673.3

（续表）

处理	处理内容	亩总穗		每穗粒数	其中		结实率	千粒重（g）	理论产量（kg/亩）
		20 穴	（万/亩）		实粒	瘪粒			
13	醇 1 : 6 000	223	22.3	118.3	113.5	4.8	95.9%	26.7	675.8
14	醇 1 : 8 000	222	22.2	117.9	114.1	3.8	96.8%	26.6	673.8
15	醇 1 : 10 000	225	22.5	117.0	112.8	4.2	96.4%	26.5	672.6
16	清水	221	22.1	116.9	111.9	5	95.7%	26.4	652.9

2.2 水稻烯效唑浸种示范结果

2016 年以 5%烯效唑 1 : 8 000 倍药液浸种示范，无论哪种育秧方式，烯效唑药液浸种能够有效控制秧苗植株高度，水育旱管适龄和长秧龄条件下平均株高分别为 11.84cm、15.16cm，比平盘育秧株高分别降低 5.76cm、4.14cm；水育条件下株高 10.48cm，比平盘育秧株高降低 1.14cm。各类育秧方式的平均假茎粗均高于平盘育秧；烯效唑浸种与清水浸种的平均成秧率均为 90.42%；水育旱管条件下的百株干重高于平盘育秧（表 7）。

表 7　水稻烯效唑浸种不同处理对秧苗素质的影响

2016. 东台五烈现代农业示范园

处理	株高（cm）	叶龄	10 株茎基粗（mm）	百株干重（g）	成苗率（%）
平盘水育旱管 21 天	17.60	2.89	22.00	2.62	89.47%
平盘水育 23 天	11.62	2.54	20.00	2.56	89.88%
平盘水育旱管 26 天	19.30	3.41	28.33	3.86	91.90%
平均	16.17	2.95	23.44	3.01	90.42%
稀效唑穴盘水育旱管 21 天	11.84	3.18	22.33	2.81	91.09%
稀效唑穴盘水育 23 天	10.48	3.00	21.00	2.55	90.69%
稀效唑穴盘水育旱管 26 天	15.16	3.21	29.00	4	89.47%
平均	12.49	3.13	24.11	3.12	90.42%

栽入大田后，有效分蘖终止期 7 月 10 日考察，水育旱管壮秧适龄和长秧龄条件下，单株分蘖等于和高于对照平盘育秧（表 8），表明烯效唑药液浸种育秧对大田发苗无不良影响，而且有利长秧龄下获得足穗苗。

表 8　水稻烯效唑浸种不同处理对大田发苗的影响

2016. 东台五烈现代农业示范园

处理	6 月 20 日基本苗			6 月 30 日		7 月 10 日	
	基本苗（万/亩）	总苗（万/亩）	单株分蘖	总苗（万/亩）	单株分蘖	总苗（万/亩）	单株分蘖
穴盘壮秧 21 天	6.48	8.19	0.26	18.48	1.85	23.81	2.68
平盘壮秧 21 天	6.67	10.48	0.57	22.10	2.31	29.71	3.46

（续表）

处理	6月20日基本苗			6月30日		7月10日	
	基本苗（万/亩）	总苗（万/亩）	单株分蘖	总苗（万/亩）	单株分蘖	总苗（万/亩）	单株分蘖
稀效唑壮秧21天	5.33	8.19	0.54	14.10	1.64	23.81	3.46
平均	6.16	8.95	0.46	18.22	1.94	25.78	3.20
穴盘水育23天	8.00	8.00	0.00	10.29	0.29	18.10	1.26
平盘水育23天	7.24	7.24	0.00	14.29	0.97	25.91	2.58
稀效唑水育23天	7.24	7.24	0.00	14.48	1.00	25.14	2.47
平均	7.49	7.49	0.00	13.02	0.75	23.05	2.10
穴盘壮秧26天	7.62	7.62	0.00	10.48	0.38	23.24	2.05
平盘壮秧26天	6.86	6.86	0.00	8.38	0.22	19.62	1.86
稀效唑壮秧26天	8.19	8.19	0.00	14.10	0.72	26.29	2.21
平均	7.56	7.56	0.00	10.98	0.44	23.05	2.04

3 小结和讨论

通过2年的试验和示范验证证明，运用唑类药剂浸种可以塑造机插秧苗理想株型，延长机插秧苗的可插期，而不影响栽后田间分蘖的发生。经过2年的田间试验示范，采用唑类药剂浸种培育机插壮秧可得出如下结论。

3.1 试验示范药剂浓度下浸种，对水稻出苗安全

试验浓度下，一叶心期有延迟出叶的效应；示范1:8 000倍烯效唑浸种与清水浸种的成苗率均为90.42%，没有差异。

3.2 药剂浸种培育壮秧，最适宜的浸种浓度

根据机插秧对苗高的基本要求，苗高不宜低于12cm。因此，15%多效唑浸种浓度，宜采用1:12 000倍药液浸种；5%烯效唑浸种浓度，宜采用1:10 000倍药液浸种；12.5%烯唑醇浸种浓度，宜采用1:（6 000~8 000）倍药液浸种。长秧龄条件下，可以适当提高一个浓度级差。

3.3 水稻利用唑类药剂浸种，有利于培育壮秧

根据试验示范移栽前考察，适宜药液浓度浸种条件下，药液浸种能够有效控制株高，增加假茎粗，提高植株的干、鲜重，从而育成壮秧，是一项积极主动的防止机插秧秧苗超秧龄造成弱苗的有效措施。

3.4 水稻采用适宜的药剂浓度浸种，不仅能培育矮壮秧，栽入大田后还能促进有效分蘖的发生

推荐浓度浸种，栽后20天考察的单株分蘖均高于清水浸种，最终达到足穗丰产。

扬育粳2号机插秧高产栽培技术规程

李长亚[1] 杨 力[1] 张大友[2] 郭 红[2]

（1. 盐城市粮油作物技术指导站，江苏盐城 224002；2. 盐都区农业科学研究所，江苏盐城 224011）

摘 要：扬育粳2号是盐城市近年选育而成的迟熟中粳新品种，产量表现突出，本文根据试验示范的结果，总结出扬育粳2号机插配套高产增效的栽培技术。

关键词：扬育粳2号；机插；规程

扬育粳2号是盐城市盐都区农业科学研究所选育的优质水稻品种，2012年开始在盐城市中南部地区示范种植，表现比较突出。为了更好更快的完善盐城水稻高产增效技术体系，根据近2年的试验示范的经验，总结制定出规范的扬育粳2号的机插高产技术。

1 范围

本标准规定了扬育粳2号软盘育秧、机械插秧、大田管理等技术要求。

本标准适用于盐城市中南部稻麦（油）两熟地区，江苏省生态条件相似的地区也可参照采用。

2 品种特性

迟熟中粳。品质达到 GB/T 17891—1999 优质稻谷三级以上的规定。

3 产量指标

稻谷产量 650~700kg/亩。产量结构 21 万~23 万穗/亩，每穗总粒数 130~140 粒，结实率 90% 左右，千粒重 28g 左右。

4 育秧

4.1 壮秧指标

秧苗整齐，秧龄 18~20 天，叶龄 3~4 叶，苗高 12~17cm，苗基部扁宽，叶片挺立有弹性，叶色翠绿，单株白根 10 条以上，根系盘结牢固，盘根带土厚度 2.0~2.5cm，如毯状提起不散。无病虫草害。

4.2 育秧准备

4.2.1 种子准备

符合 GB 4404.1 的规定，大田 3.5~4kg/亩。播前晒种 1~2 天，选用 25% 氰烯菌酯，稀释成 2 500 倍液，常温下浸种时间 2~3 天。

4.2.2 床土制备

优先选用质量优、效果好的育秧基质代替床土。一般床土在播前 25~30 天制好营养土。床土选用肥沃疏松的菜园土和耕作熟化的旱田土，或秋耕、冬翻、春耖的稻田土等。肥沃疏松的菜园土，过筛后可直接用作床土。其他适宜土壤于 2 月上旬完成取土，取土前要对取土地块进行施肥，匀施腐熟人畜粪 2 000 kg/亩（禁用草木灰），以及 25% 复合肥（氮：磷：钾比例为 12：6：7）60~70kg/亩，或硫酸铵 30kg/亩、过磷酸钙 40kg/亩、氯化钾 5kg/亩等无机肥。床土未及时培肥的，在床土粉碎过筛后，育秧前 2~3 天将 100kg 床土加 0.5~0.8kg 壮秧营养剂充分拌匀后用农膜覆盖备用。在播种前床土过筛，细土粒径不得大于 5mm。过筛结束后继续堆制并用农膜覆盖，集中堆闷，促使肥土充分熟化。大田备营养细土 100kg/亩作床土，另备未培肥过筛细土作盖籽土。

4.2.3 秧池田制备

选择排灌分开，运秧方便，便于操作管理的田块作为育秧田。在播种前 7~10 天上水耖田耕地，开沟做板。秧板规格为：宽 130~135cm，长度根据田块而定，沟宽 25cm，沟深 15~20cm；四周围沟宽 30cm，深 25cm。秧板做好后排水晾板，使板面沉实，播前 2 天铲高补低，用少量细土填补秧板土壤缝隙，提高板面平整度，并充分拍实。

4.2.4 秧盘准备

移栽大田备足软盘 28~30 张/亩，要求规格：内腔长 58.0cm，宽 28.0cm，高 2.5cm。每张软盘质量≥40g，孔数 180~240 个，通孔率≥99.5%。

4.2.5 其他材料

每亩移栽大田备幅宽 2m，无纺布 4.5m。

4.2.6 确定播期

播期按秧龄 15~20 天适龄移栽来确定，掌握"宁可田等秧，切莫秧等田"原则，一般于 5 月 25 日至 6 月 5 日播种。

4.3 播种程序

4.3.1 补水保墒

播种前 1 天灌平沟水，待床土充分吸湿后迅速排水，亦可在播种前直接用喷壶洒水，使底土吸足水分。

4.3.2 顺次铺盘

为充分利用秧板和便于起秧，纵向横排两行，依次平铺，盘间紧密整齐，盘与盘飞边重叠排放，盘底与床面紧密贴合。

4.3.3 匀铺床土（基质）

在秧盘上铺床土，床土（基质）厚 2~2.5cm，厚薄均匀，土面平整。

4.3.4 催芽标准

人工播种根长为稻谷长度 1/3，芽长 1/5~1/4；若采用机播，90%的种子"破胸露白"即可，催好芽的种子取出晾芽并达到内湿外干，利于均播。

4.3.5 精量播种

按盘称种，一般每盘芽谷 150g 左右。播种时分次细播，力求均匀。

4.3.6 匀撒覆土

使用育秧基质的不撒盖籽土。使用营养土的播种后均匀撒盖籽土，覆土厚度以盖没芽谷为宜，不能过厚。不能用营养土，尤其是拌有壮秧营养剂的营养土。覆土后不宜对表土洒水，以防止表土板结影响出苗。

4.3.7 喷除草剂

在秧床上足底水、落谷盖土后。秧池用 35%丙·苄 100~120ml/亩加水 30~40kg 均匀喷雾。

4.3.8 封无纺布

使用无纺布覆盖，盖好后将四周封严封实。秧田四周开好放水缺口，雨后应及时清除无纺布上的积水。

4.4 秧田管理

4.4.1 水分管理

出苗前晴天满沟水，阴天半沟水，雨天排干水，出苗前保持盘面湿润不发白，缺水补水；齐苗后 2 叶期前建立平沟水，保持盘面湿润不发白，盘土含水又透气，以利秧苗盘根，切不可过度控水导致根系受伤，也不宜板面长期淹水，不利于秧苗盘根。移栽前 3~4 天控水促根。

4.4.2 温度管理

出苗前白天秧盘表面温度在 25~30℃，晚上不低于 15℃。如播种期早或播种后平均气温低于 25℃，建议在无纺布上加盖地膜，保温保湿，促进全苗。

4.4.3 看苗施肥

床土培肥的可不施断奶肥。床土没有培肥或苗瘦的在 1 叶 1 心期（播后 7~8 天）建立浅水层后施肥。秧池田用尿素 5~7kg/亩对水 500kg，于傍晚秧苗叶片吐水时浇施。麦茬田为防止秧苗过高，施肥量可适当减少。移栽前 2~3 天根据叶色确定送嫁肥的用肥量及施用方法，叶色褪淡的脱力苗，用尿素 4~4.5kg/亩对水 200kg 于傍晚均匀喷洒或泼浇，施后洒 1 次清水；叶色正常、叶型挺拔而不下披苗，施用尿素 1~1.5kg/亩对水 60~70kg 进行根外喷施；叶色浓绿且叶片下披苗，应控肥、控水提高苗质。施用送嫁肥后，秧苗应在 3 天内移栽到大田。

4.4.4 防病治虫

秧田期主要防好灰飞虱、稻蓟马、稻象甲、螟虫等。用 25% 吡蚜酮 24~30ml/亩，或 60% 烯啶虫胺 15g/亩对水 40~50kg 喷雾防治。所有秧田在移栽前 2~3 天，用 1 次药，做到带药下田。

4.4.5 适时化控

二叶期，若气温较高，雨水偏多，秧苗生长较快时，特别是不能适期移栽的秧苗，秧池田用 15% 多效唑可湿性粉剂 50g/亩，1∶2 000 倍对水均匀喷雾。

5 机插

5.1 大田耕整

5.1.1 旱耕水整

耕翻选用旋耕灭茬机，边灭茬边埋茬，灭茬深度为 15~18cm。力求一次性旋耕达到埋草平整率 80% 以上。对田面露出碎草多的田块，需人工适当划除，以提高大田机插质量。旋耕后进行干整拉平，并做好清除田埂杂草，整修沟渠、田埂等工作。上水后待土垡完全吸足水分后进行耙平。高留茬或秸秆还田的可先直接上水浸泡 2 天，再用水田埋茬起浆整地机进行耕整作业。

5.1.2 施足基肥

根据土壤地力、茬口等因素施用基肥。在旋耕作业前，大田施 45% 高浓度复合肥 40kg/亩（氮∶磷∶钾分别为 15∶15∶15）。在缺磷土壤中应增施过磷酸钙 20~25kg/亩，对麦茬秸秆还田的田块，在插秧前 1 天，增施碳铵 15~20kg/亩作面肥，避免秸秆在腐烂过程中形成生物夺氮而造成土壤中速效氮肥暂时亏缺。

5.1.3 泥浆沉淀

沉实时间，沙质土 1 天左右，壤土一般 1~2 天，黏土一般 3 天左右。

5.2 插秧

5.2.1 插秧机作业条件

田面平整无残留，高低差不超过 3cm，标准深 8~10cm，上细下粗，细则不糊，上烂下实，插秧作业时不陷机不拥泥。泥浆沉实达到泥水分清，沉淀不板结，水清不浑浊。泥浆深度 3~6cm，水深 1~3cm。

5.2.2 起运秧苗

起秧时先慢慢拉断穿过盘底渗水孔的少量根系，连盘带秧一并提起，再平放，然后小心卷苗脱盘。秧苗运至田头时应随即卸下平放，使秧苗自然舒展，做到随起随运随插，严防烈日伤苗，采取遮阴措施防止秧苗失水枯萎。

5.2.3 机插规格

深度控制在 1.5~2.5cm，水层深度 1~2cm，机插行距 25cm，株距 12cm 以内，每穴 3~4 苗，当缺株率超过 3% 以上时需人工补缺，以达到匀苗。

6 大田管理

6.1 水浆管理

要在栽后及时灌水护苗活棵，水层深度 3～4cm。栽后 2～7 天间歇灌溉，适当晾田，扎根立苗。切忌长时间深水，造成根系、秧心缺氧，形成水僵苗甚至烂秧。分蘖期实行浅水勤灌，灌水深度以 3cm 为宜，待自然落干后再上水，如此反复，达到以水调肥、以气促根、水气协调的目的，促分蘖早生快发，植株健壮，根系发达。总苗数达到预计穗数 85% 时排水搁田，反复多次由轻到重，搁至田中不陷脚，叶色落黄褪淡即可，以抑制无效分蘖并控制基部节间伸长，提高根系活力。水稻孕穗、抽穗期建立水层，以保颖花分化和抽穗扬花。灌浆结实期间歇上水，干干湿湿，以利养根保叶，防止青枯早衰。收获前 7～10 天断水。

6.2 肥料运筹

施纯氮 22kg/亩左右，N：P_2O_5：K_2O 之比为 1：0.5：0.5。氮肥基（蘖）肥与穗肥之比为 6：4。氮肥 30% 和磷肥、钾肥各 60% 作基肥。分蘖肥采用少量多次的方法。栽后 5～7 天，结合化除用尿素 7.5kg/亩；栽后 10～18 天，用尿素 6～8kg/亩；同时注意捉黄塘，促平衡。以促花肥为主，于穗分化始期施用，即叶龄余数 3.2～3.0 叶左右施用，具体施用时间和用量视苗情而定，一般施 45% 高浓度复合肥（氮：磷：钾分别为 15：15：15）30kg/亩加尿素 3～5kg/亩。保花肥在出穗前 18～20 天，即叶龄余数 1.5～1.2 叶时施用，用尿素 3～5kg/亩。

6.3 病虫草防治

6.3.1 化学除草

机插后 5～7 天，结合施肥用 50% 苄嘧·苯噻酰 60g/亩，进行大田化除。对杂草发生量仍较多田块，可在 7 月上旬根据草相选用对应的除草剂进行茎叶处理，进行第 2 次化除。

6.3.2 防治病害

分蘖末期纹枯病穴发病率达 5% 或孕穗期穴发病率达 10%，用 20% 井冈霉素 60g/亩或 30% 苯甲·丙环唑 15～20ml/亩对水 60kg 喷施植株中下部。破口期防治稻瘟病，用 70% 三环唑 30g/亩或 40% 稻瘟灵乳油 125ml/亩对水喷雾，连续防治 2 次；如生长中期发病，则在发病初期，用药防治。

6.3.3 防治虫害

在螟虫卵孵盛期，用 40% 三唑磷 100ml/亩，对水 50～60kg 喷雾。在稻飞虱二龄、三龄若虫高峰期，用 25% 吡蚜酮 20～30g/亩或 60% 烯啶虫胺 15g/亩，对水 80～100kg 粗喷雾植株中下部。

6.4 收获

于水稻黄熟期避开雨天，在露水干后采用机械收获，及时扬净。

7 生产记录

全程记录生产过程中气候条件、生育期、生长发育动态、各项投入品名称及使用时期、次数、数量、收获产量、质量等，及时归档，档案保存 2 年以上。

秸秆还田对稻田土壤培肥和水稻产量的影响

金 鑫 杨 力 刘洪进 李长亚 周 艳 王文彬

（盐城市粮油作物技术指导站，江苏盐城 224002）

摘 要：以水稻品种武运粳23为材料，在氮、磷、钾施用量相同的条件下设全年还田（水稻秸秆全量还田+小麦秸秆全量还田）、当季还田（水稻秸秆不还田+小麦秸秆全量还田）、对照（水稻秸秆不还田+小麦秸秆不还田）、隔季还田（水稻秸秆全量还田+小麦秸秆不还田）4个处理，研究秸秆还田对水稻产量和稻田土壤培肥的影响。结果表明，秸秆还田处理增加了穗粒数，提高了产量，增产幅度达到3.0%~9.9%。全年还田和当季还田处理降低了土壤的pH值，降低了7.4%~8.8%；经过1年的种植，土壤中的 P_2O_5 和 K_2O 含量都有一定的下降，秸秆还田处理可以缓解下降幅度。但与对照相比，全年还田和当季还田处理使土壤有机质含量、土壤全氮含量分别提高1.8%~5.8%和8.3%~11.2%，碱解氮、速效钾和速效磷的含量分别增加3.7%~4.2%、25.3%~26.9%和4.1%~4.7%；秸秆对土壤培肥的作用顺序为全年还田>当季还田>隔季还田>不还田，受还田季数的明显影响。

关键词：水稻；秸秆还田；土壤培肥；水稻产量

秸秆还田是农业生产过程中的一项重要技术措施，研究表明[1-2]，秸秆还田后改变了土壤状况、营养成分和微生物群落，对土壤pH值、有机质含量、N、P、K含量有重要影响。秸秆还田对水稻的生长发育作用明显，前期抑制水稻生长，中后期由于作物秸秆腐解过程中陆续释放出大量的碳、氮、磷、钾等营养元素为作物所利用，促进水稻生长，增产作用显著[3]。土壤酸碱度（pH值）不但直接影响根和微生物的活性，又直接影响土壤中各种养料的有效性[4-5]。秸秆还田后在水稻田中被厌氧微生物分解，产生酸化产物，所以秸秆还田后水稻田里的pH值是一个变化的过程[6]。秸秆中除有较多的有机质外还含有一定数量的N、P、K以及各种微量元素，在秸秆腐解过程中被陆续释放出来为作物所利用[7]。众多研究表明，秸秆还田可以明显增加土壤中有机质、氮、速效磷和速效钾的含量[8]，因而秸秆还田对土壤地力影响的研究，越来越受到人们的重视。本文研究了秸秆还田对稻田土壤养分和水稻产量的影响，旨在为大面积水稻生产中秸秆还田提供理论指导。

1 材料与方法

1.1 基本情况

试验于2011—2012年在盐城市农业科技（稻麦）综合展示基地同一块田中进行，2011年11月种植小麦，2012年5月种植水稻，土壤为发育于潟湖相母质的水稻土。2011年种植水稻前测定，土壤0~20cm有机质含量21.54g/kg、全氮0.86g/kg、速效氮70.6mg/kg、速效磷14.2mg/kg、速效钾86.7mg/kg。2012年5月20日播种育秧，6月25日移栽，11月4日成熟。大田期施用尿素650kg/hm²、过磷酸钙880kg/hm²、氯化钾400kg/hm²，氮肥运筹比例基肥40%、分蘖肥20%、促花肥20%、保花肥20%，磷钾肥运筹比例基肥50%、促花肥50%，基肥结合耕地施，分蘖肥移栽后5天施，促花肥倒4叶期施，保花肥倒2叶期施。大田水分管理，分蘖期浅水层，拔节后间歇灌灌。其他栽培管理与当地大面积生产相同。小麦季品种选用扬麦16，播量为225kg/hm²，撒播。根据当地农民习惯进行肥料管理，大田期每公顷施45%复合肥450kg作基肥，尿素75kg作分蘖肥，尿素187.5kg作拔节肥。

1.2 试验设计

供试水稻品种武运粳23，由江苏水稻研究所育成并提供。设4个处理：A. 全年还田（水稻秸秆全量还田+小麦秸秆全量还田）；B. 当季还田（水稻秸秆不还田+小麦秸秆全量还田）；C. 对照（水稻秸秆不还田+小麦秸秆不还田）；D. 隔季还田（水稻秸秆全量还田+小麦秸秆不还田），小区面积 31.5m²（7m×4.5m），3 次重复，随机区组排列。

经调查试验所在地区常年小麦秸秆产量（干重）6.75～7.5t/hm²，水稻秸秆产量（干重）8.0～8.5t/hm²。本试验小麦秸秆全量取 7.2t/hm²（干重），水稻秸秆全量取 8.3t/hm²（干重）。试验田小麦、水稻人工平地收割，脱粒后将秸秆用联合收割机切碎，取碎秸秆 2kg 烘干法测定含水量，再按含水量折算为鲜秸秆量后过秤还田。还田时间为水稻小麦移栽播种前 3 天，先将秸秆均匀撒铺在小区内，再用 50 型拖拉机旋耕到 20cm 土层。

1.3 测定内容与方法

试验田于 2011 年进行定位试验前测定一次基础地力，在试验开展后的稻麦关键生育时期（拔节、抽穗和成熟期）用"x"法随机进行 5 点取样，取各处理 0～20cm 耕层土样。土壤样品经风干、充分混合后，四分法留取适量样品进行粉碎；凯氏半微量定氮法测土壤全氮含量；用钼酸铵—偏钒酸铵法测定土壤全磷含量；用火焰光度法测定全钾含量；用重铬酸钾—外加热法测定土壤有机质的含量。

试验田在施基肥前和稻麦于关键生育时期（拔节、抽穗和成熟期）和 7 月 5 日至 8 月 7 日每 7 天测定速效氮、磷、钾。用"x"法随机进行 5 点取样，取各处理 0～20cm 耕层新鲜土样用于测定。用 AA3 连续性流动分析仪测定土壤速效氮；用 NH_4Ac 浸提—火焰光度计法测定土壤速效钾的含量；$NaHCO_3$ 法测定土壤速效磷的含量。

土壤 pH 值：于水稻移栽后 0～42 天每 7 天测定 1 次，各小区耕层土壤 pH 值（15～20cm）。pH 值用上海仪达有限公司生产的 PHS-3 型号的酸度仪测定。

产量和产量构成因素：成熟期各小区取 5 穴考查每穗粒数、结实率和千粒重，各小区去边行实收计产。

1.4 数据分析

试验数据采用 SPSS 来统计分折，并采用新复极差法进行处理平均数的显著性检验。

2 结果与分析

2.1 秸秆还田对土壤培肥的影响

表 1 列出了 2011 年小麦种植以前的土壤基础地力（实验前）和 2012 年 3 个水稻关键生育期（拔节、抽穗、成熟）的数据。

由表 1 可以看出，经过两季的种植，相对试验前，拔节和抽穗期各还田处理土壤有机质含量均低于对照，成熟期 A（全年还田）、B（当季还田）和 D（隔季还田）处理提高了土壤有机质含量，分别提高 4.6%、0.7% 和 0.1%。由此可见，秸秆还田可以增加土壤有机质含量，而且增加幅度与还田的季数有关系。土壤全氮含量是评价土壤氮素肥力的重要指标，表 1 显示，土壤全氮含量的变化和有机质的变化趋势基本一致，全年还田和当季还田更有利于土壤中全氮含量的增加，增加幅度达到 20.3%～23.5%。土壤中的 P_2O_5 和 K_2O 的变化趋势基本一致（表 1），经过 2 季的种植，土壤的 P_2O_5 和 K_2O 含量都有一定的下降，秸秆还田处理可以缓解下降幅度，P_2O_5 和 K_2O 含量下降幅度的顺序为 A（全年还田）>B（当季还田）>D（隔季还田）>C（不还田），作用大小受还田季数影响。

表 1 不同处理对土壤养分含量的影响

处理 （Treatments）	有机质 organic matter（g/kg）				全氮 soil nitrogen（g/kg）			
	试验前	拔节	抽穗	成熟	试验前	拔节	抽穗	成熟
A	21.54	18.84ab	20.32a	22.53a	0.86	0.98a	0.95a	1.07a
B	21.54	19.13a	20.03a	21.69b	0.86	0.93a	0.97a	1.04a

（续表）

处理 （Treatments）	有机质 organic matter （g/kg）				全氮 soil nitrogen （g/kg）			
	试验前	拔节	抽穗	成熟	试验前	拔节	抽穗	成熟
C	21.54	17.15b	19.90a	21.30b	0.86	0.92a	0.91a	0.96a
D	21.54	18.12ab	19.96a	21.56b	0.86	0.90a	0.94a	0.99a

处理 （Treatments）	全钾 K_2O （g/kg）				全磷 P_2O_5 （g/kg）			
	试验前	拔节	抽穗	成熟	试验前	拔节	抽穗	成熟
A	6.75	7.17a	6.73a	6.16ab	1.09	0.82a	0.83a	1.07a
B	6.75	6.80a	6.72a	6.45a	1.09	0.78a	0.82a	1.01a
C	6.75	6.59a	6.02b	5.63b	1.09	0.76a	0.77a	0.90b
D	6.75	6.60a	6.56a	5.87ab	1.09	0.77a	0.81a	0.91b

土壤 NH_4^+-N 可以被水稻直接吸收利用，是土壤速效 N 的重要组成部分。由表 2 可知，经过 1 年的种植，土壤中 NH_4^+-N 大量的被消耗，其含量有很大程度的降低，3 个秸秆还田处理的 NH_4^+-N 含量略高于对照，各处理间差异不显著，秸秆还田处理对土壤 NH_4^+-N 含量有一定的补充，弥补了部分消耗掉的 NH_4^+-N。作物秸秆中磷素含量较低，所以短期秸秆还田实验土壤中磷素含量不能产生明显的变化。2 年的秸秆还田处理对土壤中速效 P 含量略有提高，但是作用效果并不显著，3 个还田处理的趋势基本一致。秸秆中的钾主要以离子形态存在，秸秆施入水稻田后容易被水解释放出来为水稻所利用，增加土壤中速效钾的含量。水稻拔节、抽穗、成熟期，与对照相比，3 个秸秆还田处理后土壤中速效钾含量有明显增加的趋势（表 2）。

表 2 不同处理对土壤中速效养分含量的影响

处理 （Treatments）	NH_4^+-N （mg/kg） Content of NH_4^+-N			
	试验前	拔节	抽穗	成熟
A	18.2	10.53a	11.18a	11.84a
B	18.2	9.30a	11.55a	11.95a
C	18.2	9.35a	10.88a	11.42a
D	18.2	9.45a	11.65a	12.32a

处理 （Treatments）	速效 P （mg/kg） Content of exchangeable P			
	试验前	拔节	抽穗	成熟
A	23.2	22.01a	23.41b	25.30a
B	23.2	22.57a	23.93a	25.12a
C	23.2	22.98b	22.54b	23.85b
D	23.2	22.22a	23.08ab	25.23b

处理 （Treatments）	速效 K （mg/kg） Content of available K			
	试验前	拔节	抽穗	成熟
A	86.7	117.38b	112.22a	106.12a
B	86.7	117.94b	114.15a	107.48a
C	86.7	109.95c	105.76b	94.78b
D	86.7	124.80a	116.77a	111.59a

2.2 秸秆还田稻季土壤速效 N、P、K 含量的影响

表3表明，在施用等 N 量条件下，各处理稻季土壤 NH_4^+-N 含量有一致的变化规律，水稻生长前期对 N 素需求量较小，土壤 NH_4^+-N 含量较高，随着水稻生长速度加快，吸收氮量增加，各处理土壤 NH_4^+-N 含量持续降低，8月7日后基本降至同一水平。各处理在水稻生长前期（7月5至29日4次测定）以全年还田处理土壤 NH_4^+-N 含量最高，为49.35mg/kg，比对照提高24.7%。水稻生育期间土壤 NH_4^+-N 含量平均值全年还田>当季还田>隔季还田>对照，秸秆还田处理的 NH_4^+-N 平均含量显著高于对照。说明秸秆还田有利于增强土壤保肥能力，提高氮肥利用率。各处理土壤速效钾含量存在一定的差异，还田处理土壤速效钾含量在各测定时间均高于对照，相比于隔季和当季还田处理，全年还田处理在整个生育期都保持较高的土壤速效钾含量。土壤中磷的含量相对较低，磷素易流失，秸秆还田也可以明显提高土壤中的全磷、无机磷含量，并促进有机磷的矿化（表3）。与对照相比，秸秆还田处理后农田系统中磷素有一定盈余，导致土壤速效磷含量增加，不同还田处理之间差异较小。

表3 不同处理对稻季土壤速效 N、P、K 含量的影响

处理 (Treatments)	NH_4^+-N （mg/kg） Content of NH_4^+-N				
	7月5日	7月13日	7月21日	7月29日	8月7日
A	10.20a	20.01b	49.35a	29.53a	10.53a
B	11.17a	23.58a	48.73a	26.02ab	9.30a
C	10.01a	19.29b	39.56b	18.54c	9.35a
D	10.11a	19.53b	45.48a	22.93bc	9.45a

处理 (Treatments)	速效 P （mg/kg） Content of available P				
	7月5日	7月13日	7月21日	7月29日	8月7日
A	20.64a	22.42a	23.28a	24.96a	25.01a
B	18.46c	20.17b	22.89a	23.36b	25.57a
C	19.47b	18.57c	21.79b	24.76a	23.98b
D	19.54b	19.87b	21.84b	23.14b	25.22a

处理 (Treatments)	速效 K （mg/kg） Content of available K				
	7月5日	7月13日	7月21日	7月29日	8月7日
A	116.36a	113.26a	123.50a	124.64a	117.38b
B	110.65ab	105.76a	116.68a	114.05b	117.94b
C	104.74b	104.02 b	97.69b	105.44c	111.95c
D	110.97ab	108.62a	114.40a	118.56ab	124.80a

2.3 秸秆还田后稻田土壤 pH 值的变化

土壤 pH 值决定了土壤酸碱状况，土壤酸碱性是土壤重要的化学性质，直接影响土壤中各种养分的有效性。由下图可以看出，水稻移栽后各处理土壤 pH 值呈现下降的趋势，在28天时有一个最低值，其后由于间歇灌溉，降低土壤中酸性物质积累，致使土壤 pH 值上升，在42天时基本恢复到原有水平。其中21天和28天时，A 和 B 处理较对照分别低2.6%、7.4%和7.1%、8.8%，这可能是受到稻田水的酸碱影响，还可能是与土壤中有机质分解产生的有机酸有关。隔季还田处理土壤 pH 值与对照基本保持一致，说明隔季还田对稻田土壤 pH 值没有明显影响。

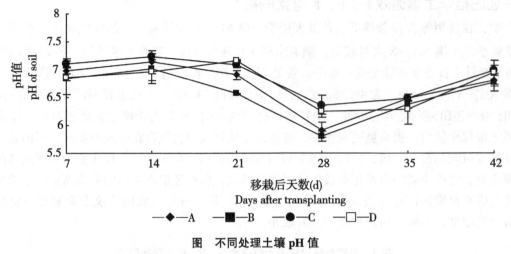

图　不同处理土壤 pH 值

Fig　The ph of soil under different treatments

2.4　秸秆还田对水稻产量的影响

表 4 列出了各处理的产量及其构成因素，各处理产量较对照（C）均有提高，其中全年还田处理（A）较 C 高 9.9%，增产最显著。产量构成因素方面，各处理穗粒数较对照提高 4.2%-10.7%，结实率较对照略有下降。穗数方面，当季还田处理（A）最低，比对照低 3.1%，全年季还田和隔季还田处理较 C 有高有低。综合来看，与对照相比，全年还田处理显著增加了穗粒数，同时保持较高的穗数和千粒重，增产显著；当季还田处理虽然拥有较高的穗粒数，但同时降低了穗数，增产不明显。

表 4　不同处理水稻产量及其构成

处理 Treatments	穗数 Panicles （万/hm²）	穗粒数 Spikelets per panicle （粒/穗）	结实率 Seed-seting Rate（%）	千粒重 1 000-grain weight （g）	产量 Grain Yield（t/hm²）
A	334.33a	133.80ab	93.45a	30.25a	12.63a
B	316.05b	138.64a	92.09a	30.07a	12.13ab
C	326.40ab	125.19b	93.90a	29.94a	11.49b
D	321.39ab	130.46ab	93.51a	30.22a	11.84b

3　讨论

关于秸秆还田对水稻产量的影响已有相关报道，但结果不尽一致。余延丰[9]认为在稻麦两熟制地区，作物秸秆和化肥配合施用可以显著提高下季作物产量；徐国伟、卢萍等[10-11]人认为秸秆还田会使水稻产量提高 2%以上；而张海林[12]则认为短期内（2~3 年）水稻会减产。本研究发现隔季还田、当季还田和全年还田处理分别提高水稻产量 3.0%、5.6%和 9.9%，全年还田增产效果最为显著，支持了秸秆还田有利于提高水稻产量的观点。秸秆还田使水稻增产的主要原因是：全年秸秆还田虽然降低了水稻穗数，但显著增大了库容，如穗粒数和千粒重。

对于秸秆还田对土壤肥力的影响，前人已经做了大量的研究，杨敏芳[13]和杨长明等[14]研究发现秸秆还田可提高土壤酶活性从而提高土壤供肥能力，与化肥混合施用效果会更好。詹其厚[15]和刘世平[16]认为，秸秆还田增加了土壤中的各种养分含量。土壤酸碱度（pH 值）直接影响土壤中各种养料的有效性，本实验发现秸秆还田处理降低了土壤 pH，增强了土壤酸度，对土壤养分分析发现，经过 1 年的种植，秸秆还田处理能显著提高土壤有机质含量、土壤全氮含量，土壤中的 P_2O_5 和 K_2O 含量都有一定的下降，秸秆还田处理可以缓解下降幅度。速效钾和速效磷可以直接被水稻吸收利用，秸秆还田与无机化肥配合施用，可以增加土壤中一些养分的有效性[17]，秸秆还田处理的土壤中速效钾和速效磷的含量有增加的趋势，增加的大小顺序为 A（全年还田）>B（当季还田）>D（隔季还田）>C（不还田）。原因可能是秸秆还田保护了土壤中可溶性钾，提高了钾的有效性；同时促进了土壤中微生物的生长，在分解养分物质的过程中微生物保护了土壤中的速效磷。正是秸秆还田的优良培肥效果才促进了水稻产量的提高，验证了前人的观点。

参考文献

［1］ 江永红．秸秆还田对农田生态系统及作物生长的影响［J］．土壤通报，2001，32（5）：209-213．

［2］ 张国志，徐琪．长期秸秆覆盖免耕对土壤某些理化性质及玉米产量的影响［J］．土壤学报，1998，35（3）：384-390．

［3］ 詹其厚，张效朴，袁朝良．秸秆还田改良砂姜黑土的效果及其机理研究［J］．安徽农业大学学报，2002，29（1）：53-59．

［4］ 曾木祥，张玉杰．秸秆还田对农田生态环境的影响［J］．农业环境与发展，1997（1）：1-7．

［5］ Cohen A, Zoetemeyer R J, Deursen A, et al. Anaerobic digestion of glucose with separated acid production and methane formation［J］. Water Research, 1979, 13: 571-580.

［6］ Horiuchi J, Shimizu T, Kobayashi M. Selective production of organic acids in anaerobic acid reator by pH control［J］. Bioresource Technology, 2002, 82: 209-213.

［7］ Cicerone R J, Delwiche C C, Tyler S C. Methane emissions from California rice paddies with varied treatments［J］. Global Biogeochemical Cycles, 1992, 6: 233-248.

［8］ Wassmann R, Shangguan X T. Spatial and seasonal distribution of organic amendments affecting methane emission from Chinese rice fields［J］. Biology and Fertility of Soils, 1996, 22: 191-195.

［9］ 余延丰，熊桂云，张继铭，等．秸秆还田对作物产量和土壤肥力的影响［J］．湖北农业科学，2008，47（2）：69-171．

［10］ 卢萍，杨林章，单王华，等．绿肥和秸秆还田对稻田土壤供氮能力及产量的影响［J］．土壤通报，2007，38（1）：39-42．

［11］ 徐国伟，吴长付，刘辉，等．秸秆还田及氮肥管理技术对水稻产量的影响［J］．作物学报，2007，33（2）：284-291．

［12］ 张海林，秦耀东，米文珊．耕作措施对土壤物理性状的影响［J］．土壤，2003（2）：140-144．

［13］ 杨敏芳，朱利群，卞新民，等．耕作措施与秸秆还田对稻麦两熟制农田土壤养分、微生物生物量及酶活性的影响［J］．水土保持学报，2013，27（2）：272-281．

［14］ 杨长明，杨林章．有机—无机肥配施对水稻剑叶光合特性的影响［J］．生态学杂志，2003，22（1）：1-4．

［15］ 詹其厚，段建南，贾宁凤，等．长期施肥对黄土丘陵区土壤理化性质的影响［J］．水土保持学报，2006，20（4）：82-89．

［16］ 刘世平，聂新涛，张洪程，等．稻麦两熟条件下不同土壤耕作方式与秸秆还田效用分析［J］．农业工程学报，2006，22（1）：48-51．

［17］ 梁东丽，李小平，谷洁，等．陕西省主要土壤养分有效性的研究［J］．西北农业大学学报，2000，28（1）：37-42．

里下河稻区优质机插水稻品种比较试验研究

徐 红[1] 马 卉[1] 李 斌[1] 刘学进[2] 徐宝玉[2]

（1. 江苏省建湖县农业技术推广服务中心；2. 江苏省建湖县农业科学研究所）

摘 要：为进一步提高水稻单产水平，建湖县 2013 年、2014 年两年对里下河稻区优质水稻品种进行机插种植比较试验，对这些品种（系）的农艺性状、产量及其构成因素等方面进行比较，结果表明，南粳 9108 经历了 2013 年极端高温和 2014 年低温阴雨寡照天气的考验，分蘖性好，成穗率高，穗型大，田间综合表现较好，品质、产量优势明显，具有推广价值。中熟中粳品种对极端高温天气较敏感，相比较连粳 7 号、宁粳 4 号和武运粳 27 号产量高、品质优、综合抗性强，易种好管，适宜里下河稻区大面积推广。

关键词：里下河；优质；品种比较；试验

建湖县地处江苏省里下河稻区腹地，常年种植常规粳稻 4.87 万 hm²，品种以中熟中粳和迟熟中粳为主。为进一步提高水稻单产，我们收集了近几年相关科研院所选育出的优质高产新品种，从丰产性、稳产性和抗逆性以及品质等方面，对各品种进行了综合评价，以筛选出适宜里下河稻区生态条件种植的高产、优质、抗病的主推品种。

1 材料与方法

1.1 供试品种

2013 年供试品种为南粳 9108、宁粳 4 号、武运粳 27 号、连粳 7 号、连粳 10 号、华粳 7 号、宁粳 5 号、圣稻 16、盐稻 11 号；2014 年供试品种为南粳 9108、宁粳 4 号、武运粳 27 号、连粳 7 号、华粳 7 号、华粳 5 号、南粳 49、扬粳 805、泗稻 785、盐粳 13 号。两年均以淮稻 5 号为对照品种。每个品种种植面积 620m²，隔着进排水沟一排随机排列，不设重复。

1.2 试验设计

试验安排在建湖县近湖街道唐东村（2013 年）、裕丰村（2014 年）试验基地。田块土质为黏土，肥力中上等，均进行麦秸全量还田。前茬小麦，品种为苏科麦 1 号，产量 486kg/亩。麦秸全量还田收割、大拖拉机旋耕、水田驱动耙及小手扶耙田。

供试品种 2013 年于 5 月 29 日统一播种，28cm×58cm 软盘育秧，每盘播干谷稻种 150g，秧龄 23 天，6 月 21 日机插，株行距 30cm×13.1cm，穴数 1.7 万穴/亩，基本苗 6.5 万~7.5 万/亩；2014 年 5 月 27 日播种，25cm×58cm 软盘育秧，每盘播干谷稻种 135g，秧龄 22 天，6 月 18 日机插，株行距 25cm×14cm，穴数 1.9 万穴/亩，基本苗 10 万~12 万/亩。

1.3 栽培管理

2013 年：6 月 19 日每亩施尿素 10kg，45%高效复合肥 25kg 作基肥。6 月 27 日施分蘖肥，用尿素 10.0kg/亩；7 月 6 日施第 2 次分蘖肥，用尿素 12.5kg/亩；7 月 13 日施平衡肥，捉黄塘，用尿素 7.5kg/亩；8 月 2 日施促花肥，用 45%复合肥 25kg/亩，8 月 15 日施保花肥，用尿素 7.5kg/亩。机插后进行 1 次人工补苗，8 月进行 2 次人工拔草，7 月 22 日第一次搁田，8 月 9 日第二次轻搁田。

2014 年：6 月 12 日每亩施尿素 12.5kg，45%高效复合肥 30kg 作基肥。6 月 27 日施分蘖肥，用尿素 12.5kg/亩；6 月 29 日施药肥，尿素 2.5kg/亩，7 月 20 日亩施尿素 7.5kg/亩捉黄塘；8 月 7 日施促花肥，亩施 45%复合肥 25kg/亩。8 月 17 日施保花肥，因苗施肥，平均 7.5kg/亩。机插后进行 1 次人工补苗，7 月 20 日、8 月 5 日、8 月 25 日进行 3 次人工除草。7 月 25 日搁田，9 月 7 日后进行湿润灌溉，以干为主，

10月10日断水。

2013年水稻生长期间雨水较正常，7月上旬到8月中旬发生极端高温，抽穗扬花期未遇连阴雨天气，生长后期也未遭遇台风暴雨；2014年8月中旬至9月中旬低温、阴雨日偏多，对水稻抽穗扬花产生一定影响，造成水稻空瘪粒增加，结实率下降，花壳稻多。

病虫草害防治严格按照县植保站的防治技术意见进行。

1.4 测定方法

1.4.1 田间记载

记载生育期、分蘖动态、抗逆性。

1.4.2 考种与测产

每品种各取10穴室内测定穗数、株高、穗长，取5穴测定结实率和千粒重。小区田间实割100穴计产，折合成亩产量。用小型脱粒机脱粒，晒干使其含水量在14.5%以下并称重。

1.4.3 品质测定

米质测定按农业部部颁标准《NY 147-88》的方法测定，分别测定整精米率、垩白率、垩白度、胶稠度、直链淀粉。

2 结果与分析

2.1 供试品种生育期及农艺性状表现

从表1可见，在播期、移栽期及管理水平一致的条件下，2013年参试品种生育期144~155天，2014年152~164天，各试验品种正常成熟，均适宜里下河稻区生态气候种植。2013年7月上旬到8月中旬遭遇了百年难遇的高温天气，品种间对高温的反应有一定的差异性，但均表现出生育期比常年提前，对照淮稻5号全生育期也仅有150天，比常年少4~6天，中熟中粳稻品种宁粳4号、连粳7号、华粳7号等始穗、齐穗期均比常年提前1周左右，集中在8月23—25日齐穗，全生育期也缩短了5~8天。2014年8月中旬到9月中旬长期低温阴雨寡照，推迟了生育进程，始穗期较常年推迟3~4天；抽穗后温光条件非常好，对全生育期影响比较小。对温度变化影响不大的品种有南粳9108和对照淮稻5号，两年均在10月30日成熟，全生育期也仅仅相差2天。

表1 2013—2014年各品种生育期及农艺性状表现

年份	品种	播种期	移栽期	始穗期	齐穗期	成熟期	全生育期天	7月13日苗数	高峰苗	株高（cm）	穗长（cm）
2014	南粳9108	5月27日	6月18日	9月2日	9月6日	10月30日	156天	30.7	37.9	97	14.3
	连粳7号	5月27日	6月18日	8月29日	9月3日	10月28日	154天	25.58	32.39	105	16.4
	宁粳4号	5月27日	6月18日	8月29日	9月2日	10月26日	152天	32.05	36.39	97.5	17.4
	武运粳27	5月27日	6月18日	9月1日	9月3日	10月27日	153天	28.85	35.72	93	14.9
	淮稻5号	5月27日	6月18日	9月2日	9月3日	10月28日	154天	31.26	35.34	104	14.5
	华粳7号	5月27日	6月18日	8月29日	9月3日	10月28日	154天	24.62	34.16	97	13.7
	扬粳805	5月27日	6月18日	9月2日	9月3日	10月28日	154天	30.32	36.57	102.5	14.5
	华粳5号	5月27日	6月18日	8月28日	9月1日	10月26日	152天	25.63	30.91	95	16.2
	盐稻13	5月27日	6月18日	9月6日	9月10日	11月7日	164天	26.64	35.67	102.5	14.7
	南粳49	5月27日	6月18日	9月5日	9月7日	11月4日	161天	32.32	36.62	100	15.6
	泗稻785	5月27日	6月18日	8月31日	9月4日	10月28日	154天	32.78	36.57	112.5	16.7

（续表）

年份	品种	播种期	移栽期	始穗期	齐穗期	成熟期	全生育期天	7月13日苗数	高峰苗	株高（cm）	穗长（cm）
2013	南粳9108	5月29日	6月21日	8月29日	9月3日	10月30日	154天	22.7	33.28	92	16.3
	连粳7号	5月29日	6月21日	8月20日	8月25日	10月21日	145天	23.62	33.82	98	17.81
	淮稻5号	5月29日	6月21日	8月29日	9月2日	10月26日	150天	23.05	33.28	93	14.65
	宁粳4号	5月29日	6月21日	8月19日	8月23日	10月21日	145天	23.32	32.85	92	16.26
	武运粳27	5月29日	6月21日	8月24日	8月28日	10月24日	148天	22.63	33.18	93	15.23
	连粳10号	5月29日	6月21日	8月25日	8月29日	10月22日	146天	23.12	33.75	100	15.26
	华7号	5月29日	6月21日	8月20日	8月25日	10月20日	144天	22.57	32.93	85	16.04
	盐稻11号	5月29日	6月21日	8月23日	8月28日	10月22日	146天	23.12	34.5	94	15.13
	宁粳5号	5月29日	6月21日	8月29日	9月5日	10月31日	155天	22.06	31.82	93	15.15
	圣稻16号	5月29日	6月21日	8月23日	8月27日	10月24日	148天	21.85	31.24	83	17.06

2013年气温偏高，高峰苗出现在7月20日前后，除了圣稻16和宁粳5号高峰苗在32万/亩以下外，其他品种都很接近，33万/亩左右，总量均低于常年；2014年低温寡照，高峰苗偏多，除华粳5号30.91万/亩、连粳7号32.39万/亩外，其余参试品种均在35万/亩左右，南粳9108最高，达到37.9万/亩。

受高温影响，2013年参试品种株高均低于常年，83~100cm，平均92.3cm；仅连粳7号、10号和盐稻11株高高于对照淮稻5号，圣稻16最矮，仅83cm，华粳7号次之，85cm。相对2013年，2014年阴雨日多，参试品种株高高于常年，93~112.5cm，平均100.5cm；连粳7号比2013年高出7cm，南粳9108、宁粳4号高出5cm，参试品种中只有连粳7号和泗稻785比对照高，泗稻785最高，达到112.5cm；最矮的武运粳27号，93cm。

2013年穗长幅度14.65~17.81cm，连粳7号最长，淮稻5号最短；2014年穗长幅度13.7~17.4cm，宁粳4号最长，华粳7号最短。

2.2 供试品种产量及构成因子分析

表2 2013—2014年各品种产量及构成因素

年份	品种	有效穗（万/亩）	总粒数（粒/穗）	结实率（%）	千粒重（g）	理论产量（kg）	实收产量（kg）	较CK±（kg/亩）	产量（±%）	位次
2014	南粳9108	24.93	122.8	94.95	26.41	767.69	729.8	24.6	3.49	1
	连粳7号	24.68	129.9	94.61	25.04	759.50	723.2	18	2.55	2
	宁粳4号	25.47	126.8	95.11	24.51	752.87	719.6	14.4	2.04	3
	武运粳27	26.5	109.38	96.09	26.7	743.66	705.2	0	0.00	4
	淮稻5号	25.68	106.09	94.73	28.56	737.08	705.2	—	—	4
	华粳7号	24.6	116.17	93.74	27.3	731.34	703.5	-1.7	-0.24	6
	扬粳805	25.06	105.69	96.79	28.2	722.93	692.9	-12.3	-1.74	7
	华粳5号	25.01	109.11	95.68	26.97	704.17	688.8	-16.4	-2.33	8
	盐稻13	25.17	113.15	94.74	26.55	716.37	688.8	-16.4	-2.33	8
	南粳49	26.24	100.08	96.08	27.22	686.80	651.9	-53.3	-7.56	10
	泗稻785	23.68	115.67	88.87	27.16	661.13	623.2	-82	-11.63	11

（续表）

年份	品种	有效穗 （万/亩）	总粒数 （粒/穗）	结实率 （%）	千粒重 （g）	理论 产量 （kg）	实收产量 （kg）	较CK± （kg/亩）	产量 （±%）	位次
2013	南粳9108	23.23	131.5	94.7	26.12	755.61	716.5	14.2	2.02	1
	连粳7号	24.45	126.77	94.48	25.18	737.38	706.9	4.6	0.65	2
	淮稻5号	24.13	118.87	92.48	27.28	723.64	702.3	—	—	3
	宁粳4号	24.3	125.58	93.56	25.35	723.76	694.2	-8.1	-1.15	4
	武运粳27	24.05	122.3	94.28	26.01	721.28	693.3	-9	-1.28	5
	连粳10号	24.13	117.78	93.4	25.75	683.52	662.1	-40.2	-5.72	6
	华粳7号	23.05	112.38	93.38	27.18	657.45	646.1	-56.2	-8.00	7
	盐稻11号	24.5	109.87	87.87	27.39	647.86	637.5	-64.8	-9.23	8
	宁粳5号	22.48	111.55	96.5	25.89	626.51	606.8	-95.5	-13.60	9
	圣稻16号	22.65	111.7	86.48	26.87	587.90	571.4	-130.9	-18.64	10

从表2可以看出，2013年参试品种产量变幅571.4~716.5kg/亩，高于淮稻5号（CK）产量的有南粳9108和连粳7号，分别比CK增产4.30%和2.08%，宁粳4号和武运粳27号相对CK略低，比CK减1.15%、1.28%，说明高温对中熟中粳稻品种产量有一定影响。2014年雨水较多年份参试品种产量变幅623.2~729.8kg/亩，高于淮稻5号（CK）产量的有南粳9108、连粳7号、宁粳4号和武运粳27，增幅0~3.49%，相对产量略低的是华粳7号和扬粳805。

从两年品比试验来看，在里下河稻区能经受住极端高温和低温阴雨寡照影响，产量保持高产、稳产的品种为南粳9108、连粳7号与淮稻5号，宁粳4号与武运粳27号在极端高温天气影响下生育期缩短，结实率降低，产量比对照稍低，可搭配种植。

2.3 供试品种品质比较（表3）

表3 2013—2014年各品种品质比较

品种	整精米率（%）	垩白粒率（%）	垩白度（%）	胶稠度（mm）	直链淀粉含量	米质
南粳9108	71.4	10	3.1	90	14.5	优质食味米
连粳7号	72.6	19	2	84	16.2	国标二级
宁粳4号	67.7	33	4	83	16.7	优质米
武运粳27	69.4	30	1.8	80	17.2	国标三级
淮稻5号	60.3	34	3.3	79	17.2	国标三级
华粳7号	71.2	29	1.7	76	18.7	国标三级
扬粳805	74.9	20	1.4	80	17	国标二级
华粳5号	63.4	10	0.7	81	17.4	国标二级
盐粳13号	76.8	12	1.1	89	15.6	国标二级
南粳49	69.8	10	0.7	87	15.4	国标一级
泗稻785	73.2	29	3.2	89	15.4	国标三级

（续表）

品种	整精米率（%）	垩白粒率（%）	垩白度（%）	胶稠度（mm）	直链淀粉含量	米质
连粳 10 号	66.5	40	4.4	80	18.8	优质米
宁粳 5 号	67.7	33	4	83	16.7	国标二级
盐稻 11 号	71.6	10	0.6	74	19	国标二级
圣稻 16 号	77.1	13	1.5	78	16.8	二等食用标准

参试品种都是优质稻米，整精米率变幅 60.3%~77.1%，垩白粒率 10%~40%，垩白度 0.6%~4.4%，胶稠度 74~90mm，直链淀粉含量 14.5%~19%，除了宁粳 4 号、连粳 10 号未达到国标三级标准外，南粳 9108 为优质食味米，圣稻 16 号为二级食用米，其他均在国标三级以上。

2.4　供试品种抗逆性比较

参试品种纹枯病都有发生，宁粳 4 号、扬粳 805 和盐稻 13 号表现较轻，其余品种发生程度都达到中等；在稻瘟病的发生与防治上，华粳系列特别是华粳 7 号稻瘟病发生偏重，南粳 9108、连粳 7 号、10 号、华粳 5 号、盐稻 11 号、圣稻 16 号均有零星粒瘟发生，相对比较而言，宁粳 4 号、5 号发生轻，淮稻 5 号和扬粳 805 发生较轻；稻曲病和黑条矮缩病只要防治及时，都未发生；在抗倒性上除了泗稻 785 植株偏高，茎秆相对较软，抗倒能力差，其他品种表现中等到强。另外，武运粳 27 号和南粳 49 号表现有零星恶苗病（表 4）。

表 4　不同品种抗逆性比较

品种	纹枯病	稻瘟病	稻曲病	黑条矮缩病	抗倒性	其他
南粳 9108	较重	零星粒瘟	无	无	强	
连粳 7 号	较重	零星粒瘟	无	无	中等	
宁粳 4 号	较轻	轻	无	无	中等	
华粳 7 号	重	较重	无	无	强	
武运粳 27	较重	轻	无	无	强	零星恶苗病
淮稻 5 号	较重	较轻	无	无	强	
扬粳 805	较轻	较轻	无	无	强	
华粳 5 号	重	零星粒瘟	无	无	强	
盐粳 13 号	较轻	较轻	无	无	中等	
南粳 49	中等	中等	无	无	中等	零星恶苗病
泗稻 785	较重	轻	无	无	差	
连粳 10 号	较重	零星粒瘟	无	无	较强	
宁粳 5 号	较重	轻	无	无	中等	
盐稻 11 号	重	零星粒瘟	无	无	中等	
圣稻 16 号	较重	零星粒瘟	无	无	中等	

3　小结

从 2013 年极端高温天气到 2014 年长期低温阴雨这两种不利气候条件下的优质机插水稻品种在里下河稻区种植适应性上和高产、稳产、抗病上来看，南粳 9108、连粳 7 号、宁粳 4 号、武运粳 27 均可以大面积推广应用，尤其是南粳9108连续两年产量排名第1，而且稻米食味性好，病虫防治在可控范围内，生育期适宜，与里下河稻区大面积种植的淮稻5号相比，熟期早，熟相好，这两年的推广深得农户和米厂喜欢，可作为主推品种扩大种植范围。南粳49、盐粳13、宁粳5号生育期相对偏长，安全性要差一些，产量水平低于对照，不推荐大面积种植。华粳系列稻瘟病相对而言发生比较重，但产量稳定、其他抗性表现较好、品质也较高，只要能预防好稻瘟病，在里下河稻区有一定的市场号召力。扬粳805熟相不好，整齐度不够，穗型一般；泗稻785抗倒性差，不耐肥，穗型一般，综合表现一般，产量较低；盐稻11成穗率低，产量低，这些品种不予大面积推广。因此，在里下河稻区优质稻的推广上我们建议主推南粳9108、连粳7号，搭配宁粳4号、淮稻5号和武运粳27号。

参考文献

［1］ 米长生，洪国保，胡艳，等．淮河下游稻区机插粳稻新品种比较试验研究［J］．北方水稻，2013（2）：28-32.

［2］ 杨武广，张正海，张鹏，等．优质早熟晚粳水稻新品种比较试验［J］．北方水稻，2015（1）：19-21.

［3］ 方雷，张涛，高云，等．淮北稻区水稻品种适应性及生产力筛选试验研究［J］．农业科技通讯，2011（6）：56-59.

［4］ 江建，金秀华，苏瑞芳，等．2010年奉贤区优质水稻品种比较试验初报［J］．上海农业科技，2011（4）：28-29.

优质食味水稻南粳 9108 区域气候生态适应性试验

徐 红[1] 马 卉[1] 李 成[1] 唐 洪[2] 吴素琴[3] 金志德[4] 仇 芹[5]

（1. 江苏省建湖县农业技术推广服务中心，江苏建湖 224700；
2. 江苏省建湖县上冈镇农业技术综合服务中心，江苏建湖 224700；
3. 江苏省建湖县冈西镇农业技术综合服务中心，江苏建湖 224700；
4. 江苏省建湖县九龙口镇农业技术综合服务中心，江苏建湖 224700；
5. 江苏省建湖县沿河镇农业技术综合服务中心，江苏建湖 224700）

摘 要：建湖县开展不同播期对优质食味水稻品种南粳 9108 生产力及生长特性的影响试验，结果表明：南粳 9108 毯苗机插播种最适宜时段在 6 月 5 日前，最迟不能迟到 6 月 15 日。

关键词：播期；2015；最适宜时段；试验

为探讨在里下河稻区迟熟中粳机插优质食味水稻南粳 9108 最佳播期，建湖县 2015 年做了南粳 9108 区域气候生态适应性试验，以此作为大面积推广优质食味水稻南粳 9108 的技术支持。

1 材料与方法

1.1 试验设计

试验以南粳 9108 为供试材料，试验地点选择在建湖县玉进粮食种植家庭农场，供试土壤类型为江苏省里下河地区建湖县境内浅位勤泥土，耕作层土壤养分：有机质 30.3g/kg，全氮 20.1g/kg，有效磷 11.7mg/kg，速效钾 158.5mg/kg，前茬小麦亩产 450kg 左右，麦秸秆全量粉碎还田。

试验采用塑料软盘育秧，秧龄 18 天，模拟机插，设置 6 个播期，分别为 5 月 26 日、5 月 31 日、6 月 5 日、6 月 10 日、6 月 15 日、6 月 20 日，每期 3 次重复，小区面积 20m²，行株距为 25cm×14.5cm，每亩 1.84 万穴。

肥料运筹：纯氮 18.0kg/亩、五氧化二磷 9kg/亩、氧化钾 9kg/亩（50%作基肥，50%作拔节肥），基蘖肥：穗肥=6：4。在有效分蘖临界叶龄期的前一个叶龄，当茎蘖数达到预期穗数的 80%时，开始排水搁田，轻搁、多次搁；拔节至成熟期实行湿润灌溉，干干湿湿，病虫草害防治按照高产栽培要求实施。

1.2 试验观测记载内容

移栽至抽穗记录叶龄与茎蘖动态，各生育时期及其干物质积累与叶面积指数，成熟期考察穗部形状及产量。

2 结果与分析

2.1 生育期

表 1 南粳 9108 不同播期对应的生育时期

播种期	移栽期	始穗期	齐穗期	成熟期	全生育期
5 月 26 日	6 月 15 日	9 月 5 日	9 月 9 日	11 月 5 日	164
5 月 31 日	6 月 20 日	9 月 6 日	9 月 9 日	11 月 9 日	163
6 月 5 日	6 月 25 日	9 月 8 日	9 月 11 日	11 月 12 日	161
6 月 10 日	6 月 30 日	9 月 11 日	9 月 14 日	11 月 16 日	159

（续表）

播种期	移栽期	始穗期	齐穗期	成熟期	全生育期
6月15日	7月5日	9月15日	9月18日	11月20日	158
6月20日	7月8日	9月17日	9月21日	11月22日	155

从表1可知，南粳9108随着播栽期推迟，全生育期明显变短，与5月26日播期相比，6月20日播种的南粳9108全生育期短了9天。前期每推迟一期播种，生育期短1天，后期短2天。

2.2 茎蘖动态

表2 南粳9108不同播期关键生育阶段茎蘖动态表

播种期	移栽期	拔节期	增加茎蘖数	高峰苗	有效穗	成穗率（%）
5月26日	7.79	27.94	20.15	34.01	24.53	72.5
5月31日	8.17	27.65	19.48	36.79	26.0	70.6
6月5日	8.55	27.34	18.79	36.01	25.25	70.1
6月10日	9.32	27.12	17.8	33.11	25.58	75.3
6月15日	9.89	27.1	17.21	33.44	25.43	76.0
6月20日	10.55	26.0	15.45	31.21	24.2	77.5

从表2可知，从移栽期到拔节期增加的茎蘖数随播期推迟增加数逐渐减少；成穗率均在70%以上，6月5日前播种的，随播期推迟成穗率逐渐降低；6月5日后播种的，随播期推迟成穗率增加，主要是总茎蘖数少了，穗形较小。

2.3 叶面积动态

表3 南粳9108不同播期关键生育阶段叶面积动态表

播种期	拔节期	孕穗期	抽穗期	成熟期
5月26日	3.72	7.40	7.40	4.0
5月31日	3.74	7.42	7.42	3.91
6月5日	3.8	7.2	7.2	3.89
6月10日	3.77	7.42	7.42	3.86
6月15日	3.69	7.4	7.4	3.78
6月20日	3.70	7.2	7.2	3.58

从表3可知，拔节期随着播种期推迟，叶面积指数略有增加；但在孕穗期、抽穗期、成熟期，随着播期推迟，叶面积指数略有减少。

2.4 干物质积累

表4 南粳9108不同播期各关键生育阶段干物质积累情况

播种期	移栽—拔节期	拔节—抽穗期	抽穗—成熟期
5月26日	258.4	508.8	505.0
5月31日	252.2	503.6	501.0

（续表）

播种期	移栽—拔节期	拔节—抽穗期	抽穗—成熟期
6月5日	260.4	478.2	493.0
6月10日	261.2	452.8	487.0
6月15日	262.3	444.1	452.1
6月20日	263.4	430.2	447.3

从表4可知，随播期推迟，干物质积累量在移栽至拔节阶段，略有增加，拔节至抽穗与抽穗至成熟各播期积累量基本相近，但也均随着播期推迟积累量明显减少。

2.5 产量及穗粒结构

表5 不同播期对南粳9108产量和产量结构的影响

播种期	有效穗 （万/亩）	总粒 （粒/穗）	实粒 （粒/穗）	结实率 （%）	千粒重 （g）	理产 （kg/亩）	实产 （kg/亩）
5月26日	25.53	142.6	125.8	88.2	27.3	876.8	856.4
5月31日	25.58	131.8	116.2	88.2	27.2	808.5	776.9
6月5日	25.76	131.3	115.8	88.2	26.7	796.5	758.4
6月10日	25.53	132.6	114.1	86.0	26.5	771.9	731.0
6月15日	25.5	126.1	111.2	88.2	26.4	748.6	712.3
6月20日	24.2	118.1	100.5	85.1	26.6	646.9	608.3

从表5中可知，在5月26日前播种，亩产800kg以上；5月31日至6月10日播种，亩产在731~776.9kg；6月15日播种，亩产在712.3kg，6月20日播种亩产在608.3kg，播期对产量的影响达极显著水平。随着播期推迟，产量总体呈现下降的趋势，各播期之间呈极显著差异。从表5中可看出，播期对产量结构的影响主要体现在随着播期的推迟，穗粒数和千粒重呈现下降趋势，有效穗先升高再下降（6月5日为分界值）。6月15日后播种产量太低，风险巨大，在里下河地区不能提倡。

3 小结与讨论

迟熟中粳南粳9108采用毯苗机插，播期对产量的影响达极显著水平，随着播期的推迟产量呈直线下降。6月5日后播种的，叶面积指数、干物质积累、成穗率都随播期推迟而降低，有效穗、穗粒数、千粒重也随播期推迟而下降。因此，在里下河地区，最适宜时段在6月5日前播种。最迟不能迟到6月15日，6月15日后播种，风险大，产量低而不稳。

参考文献

［1］ 韩国路，宋桂香，宋宏梅，等．播栽期与播栽量对武运粳24产量的影响［J］．北方水稻，2013，43（1）：26-29.

［2］ 肖根粉，吴国先，粳稻新品种迟播适应性研究［J］．大麦与谷类科学，2013（1）：16-18.

穗肥不同施用期对南粳9108群体质量和产量品质的影响

徐 红[1] 马 卉[1] 李 成[1] 刘学进[2] 徐宝玉[2]

(1. 江苏省建湖县农业技术推广服务中心，江苏建湖 224700；
2. 江苏省建湖县农业科学研究所，江苏建湖 224700)

摘 要：通过试验研究了不同穗肥施用时期对优质食味粳稻南粳9108群体质量和产量的影响，结果表明，倒4叶施穗肥穗形大，产量高，不影响加工品质和食味值。大面积生产上水稻穗肥最好不迟于倒3叶期施用，既高产，又不会引起倒伏。

近年来，随着水稻品种向优质高产食味性好的方向发展，其对氮素的吸收增加，氮肥的施用量在显著增加。本试验旨在探讨水稻生育后期不同叶龄期施用氮素穗肥对水稻生长发育、群体质量及产量的影响，以确定本地生态条件下最佳施用穗肥的叶龄期，为今后大面积推广应用提供科学依据。

1 材料和方法

1.1 试验材料

试验于2014年在建湖县近湖镇农业中心小农场试验基地进行，农场土壤为浅位勤泥土，土壤含有机质30.3g/kg，全氮20.1g/kg，有效磷11.7mg/kg，速效钾158.5mg/kg，前茬为小麦，亩产量506kg。

供试品种为南粳9108，采用人工模拟钵苗机插。5月29日播种，6月22日移栽，秧龄25天。栽插株行距30cm×13.2cm，每亩1.68万穴，每穴5.2苗，基本苗8.74万。

1.2 试验设计

试验共设5个处理，处理1：在水稻倒6叶露尖和叶片全部抽出等量施用；处理2：在水稻倒5叶露尖和叶片全部抽出等量施用；处理3：在水稻倒4叶露尖和叶片全部抽出等量施用；处理4：在水稻倒3叶露尖和叶片全部抽出等量施用；处理5：在水稻倒2叶露尖和叶片全部抽出等量施用；每个处理重复2次，小区面积93m²（15.5m×6m）。全年亩总施氮量20kg，氮：磷：钾比例为1：0.4：0.8，氮肥运筹为：基蘖肥：穗肥=7：3，基蘖肥各占50%，整个氮肥施用比例为基肥：分蘖肥：穗肥=3.5：3.5：3。磷肥，全作基肥，钾肥作基肥和促花肥等量施用。水稻栽插前秧苗素质相同，大田管理按照机插稻高产栽培技术规程进行。

2 结果与分析

2.1 茎蘖动态特点

表1 穗肥不同施用时期试验茎蘖动态

处理	移栽期	够苗期 时间	够苗期 群体	N-n	高峰苗 时间	高峰苗 群体	拔节期	抽穗期	成熟期	成穗率（%）
1	8.68	7月15日	20.4	20.8	7月27日	28.9	25.1	22.4	21.5	74.4
2	8.69	7月15日	20.5	21	7月27日	29.8	25.4	22.3	21.5	72.4
3	8.66	7月15日	20.6	21.3	7月23日	27.8	25	21.7	21	75.5
4	8.72	7月15日	21	22.1	7月27日	28.8	25.6	22.6	21.84	75.8
5	8.73	7月15日	21.2	22.3	7月29日	28.9	25.7	21.96	21.84	75.5

从表1可知，穗肥不用施用时期各处理群体起点相近，在相同肥料作用下，够苗期、N-n叶龄期、抽穗期、成熟期南粳9108茎蘖虽有差异，但未达显著水平。

2.2 叶面积动态

表2 穗肥不用时期施用叶面积指数和抽穗期叶面积组成

处理	移栽期	拔节期	抽穗期					成熟期
			叶面积指数	有效叶面积指数	高效叶面积指数	有效叶面积率	高效叶面积率	
1	0.062	4.54	7.58	6.7	5.13	88.4	67.8	3
2	0.063	4.56	7.52	6.65	5.14	88.5	68.4	3.1
3	0.065	4.6	7.44	6.67	5.26	89.7	70.8	3.21
4	0.064	4.48	7.4	6.67	5.27	90.2	71.2	3.4
5	0.066	4.52	7.36	6.58	5.31	90.1	72.1	3.5

从表2可知，各处理在前期用肥相同，群体起点相近的前提下，不同时期施用水稻穗肥，各个主要生育阶段的叶面积指数点差异不大，均在高产栽培范围内，尤其是抽穗期有效叶面积指数占88.4%~90.2%，高效叶面积指数占67.8%~72.1%，成熟期叶面积指数均在3.0~3.5。

2.3 干物质积累

表3 穗肥不同施用时期南粳9108各主要生育阶段干物质积累

处理	拔节期	抽穗期	成熟期	抽穗—成熟期	
				积累量	占产量
1	345.6	799.1	1 317.8	518.7	74.3
2	342.4	788.3	1 298.1	509.8	74.9
3	350.2	805.9	1 328.9	523	75
4	343.8	800	1 310.4	510.6	73.7
5	346.2	786	1 270.4	484	73.3

表3说明，穗肥不同施用时期各试验处理群体干物质积累均是抽穗—成熟期大于拔节—抽穗期，拔节前最小。各处理拔节前、拔节—抽穗和抽穗—成熟阶段干物积累差异都不显著。

2.4 水稻产量及其穗粒结构

表4 穗肥不同施用时期南粳9108产量及构成因素

处理	有效穗（万）		粒数（粒）		总颖花量（万）	结实率（%）	千粒重（g）	产量（kg/亩）	
	每穴	每亩	总粒	实粒				理论产量	实际产量
1	12.8	21.5	136	126.5	2 924	93	27	734.3	691.7
2	12.8	21.5	136	126	2 924	92.7	27	731.4	680.4
3	12.5	21	136.1	130.8	2 858.1	96.1	27.1	744.4	697.7
4	13	21.84	129.7	124.4	2 832.6	95.9	27.1	733.6	693.2
5	13	21.84	122.4	116.8	2 673.2	95.4	27.2	693.7	660.4

从表4可知，同一施肥量，穗肥不同施用期处理产量有差异。处理3（倒4叶期）施穗肥水稻产量高，穗形大，实粒数多，对水稻产量的提高作用最大；处理5（倒2叶期）最低，主要是穗形小，实粒数最少。其他处理理论产量基本无差异，实际产量差异也不明显。

2.5 稻米品质

表5 穗肥不同施用时期南粳9108的加工品质

处理	整精米（g）	出糙率（%）	精米率（%）	整精米率（%）	垩白率（%）	垩白大小	垩白度	蛋白质含量（%）	直链淀粉含量（%）	胶稠度（cm）
1	101.65	86.06	75.21	66.54	10.5	21.64	2.23	7.5	7.85	6.8
2	103.22	86.48	75.63	66.85	18.5	22.57	4.2	7.6	12.45	6.95
3	103.29	86.65	76.05	67.37	25	16.93	4.26	7.65	12	7.4
4	103.69	86.88	76.41	67.88	30.5	18.66	5.69	8	11.6	8
5	106.76	87.1	76.56	68.71	31.5	18.4	5.75	8.05	11.35	8.06

表5可知，南粳9108不同穗肥施用期对出糙率、整精米率影响显著，随着穗肥施用期推迟出糙率、整精米率越高，也就是倒2叶施用穗肥出糙率、整精米率均达最高；但垩白率和垩白度均随着穗肥施用时期的推迟而减少，以倒6叶施用穗肥垩白率和垩白度为最高，倒2叶为最低；蛋白质含量和胶稠度随穗肥施用推迟而增加；直链淀粉含量随着穗肥施用时期呈抛物线形状，先增加后减少，在倒5叶达最高，然后逐步下降。

表6 穗肥不同施用时期南粳9108的RVA特征值（食味值）

处理	峰值黏度	热浆黏度	崩解值	最终黏度	回复值	峰值时间	糊化温度
1	2 381.5	1 549.5	832	2 248	−133.5	6.4	68.9
2	2 345.5	1 380	965.5	2 071.5	−274	6.3	68.6
3	2 401.5	1 498.5	903	2 209	−192.5	6.3	68.9
4	2 177.5	1 394.5	783	2 063	−144.5	6.4	69.3
5	2 392.5	1 572.5	820	2 293.5	−99	6.4	68.9

由表6可知，南粳9108为食味性稻谷，偏糯性，因此以倒4叶施用穗肥不影响其口感，峰值黏度达到最高。

3 结论

穗肥不同施用时期试验结果表明，水稻施穗肥还是倒4叶施穗肥穗形大，产量高，加工品质和食味值影响也较小；倒5、倒6叶施穗肥后刚好与搁田相吻合，肥效发挥慢，如果遇上阴雨天气还会导致一些无效分蘖发生，一旦无效分蘖成穗，造成群体偏大；倒2叶施穗肥偏迟，比常规倒4叶施穗肥减产5.6%。大面积生产上水稻穗肥最好不迟于倒3叶期施用，既高产，又不会引起倒伏。

参考文献

[1] 郭福明，石淑华，张雨政，等．水稻穗肥不同施用时期对产量的影响［J］．现代化农业，2012（7）：26.

[2] 朱晓彦，苏祖芳，等．穗肥不同施用时期对水稻产量和米质的影响［J］．中国农学通报，2006，22（8）：308-312.

[3] 余国峰，徐洪斌，陈秋雪．穗肥不同施用时期对寒地水稻的影响［J］．北方水稻，2012，42（3）：39-40.

塑盘育秧不同播种量秧苗素质和产量比较试验

马　卉[1]　徐　红[1]　姜红平[2]　唐　洪[3]　王以荣[4]　刘学进[5]

（1. 建湖县农业技术推广服务中心；2. 建湖县钟庄农业中心
3. 建湖县上冈镇草堰口社区农业中心；4. 建湖县粮棉原种场；
5. 建湖县农业科学研究所）

水稻秧苗素质的好坏直接影响到移栽后的生长发育及产量，不同播种量与秧苗素质有很大的关系。为进一步提高机插水稻盘育秧苗个体素质，为大田水稻优质生长积累强势物质基础，促进水稻生物产量和经济系数的提高，进而增加籽粒产量。我们会同县镇农业中心农技人员，从秧盘不同播量入手，进行秧苗苗体素质、大田生长群体质量和产量形成对比试验，从而优选出具有应用前景的播量范围。现将试验结果总结如下。

1　试验材料与方法

试验设在近湖镇小农场内，供试土壤类型为里下河地区建湖境内浅位勤泥土，耕层土壤养分：有机质30.3g/kg、全氮20.1g/kg、有效磷11.7mg/kg、速效钾158.5mg/kg，前茬为小麦。

供试品种为淮稻5号，种子发芽率85%，抗倒性中等，分蘖力较强。试验设计每个秧盘播干种70g、90g、110g、130g、150g、170g 6个播量水平。大田试验重复2次，计12个试验小区，随机排列，小区面积30m²。人工拉绳定穴模拟机插，栽插密度30cm×12.6cm，每亩1.76万穴，处理间重复间密度一致。

5月29日播种，采用塑盘旱育秧，秧盘规格28cm×58cm，6月21日人工拉绳定穴模拟机插，栽时叶龄3.7叶。

2　考察测定项目

单位面积成苗数：于播后10~15天在每个处理中切取10cm²×10cm²板面的秧苗2块，考察每平方厘米苗数。

秧苗形态指标：于播后10~15天在每个处理中切取8cm²×8cm²秧块1个，并从中选取有代表性秧苗20株，测定株高、茎基粗度（离分蘖中2cm处的苗粗度）。

秧苗发根力：于播后10~15天切取10cm²×10cm²秧块1个，洗去根部土壤，从中选取有代表性秧苗20株，计数种子根数。

缺穴率：每处理分别备育一盘秧苗，测定缺穴率（即机插漏插率）。

3　结果与分析

3.1　秧苗综合素质

据6月15日考查，秧苗株高、叶龄、根系、茎粗等指标不同播量间差异明显，播量为70g/盘和90g/盘的百株鲜重、茎基部粗度及单株根量等均具有明显的优势，与播量150g/盘和170g/盘间差异显著。但其苗数少、盘根差，秧苗不成块，不利于起秧、卷秧和运秧，尤以前者最甚，不适于机插。播量为150g/盘和170g/盘的百株鲜重、茎基部粗度偏低，尤其后者明显不及其他播量，苗体细弱，个体素质差，不利于机插后返青活棵，影响群体起点质量，对于培育健壮个体、高效优质群体的难度增大。播量≤130g/盘的茎基部粗度、单株鲜重及单株根量间无明显差异，但较150g/盘和170g/盘播量间差异明显。也就是说，播量达150g/盘时，秧苗个体素质下降明显。从秧苗个体综合素质和盘根而言，110~130g/盘时较好，130g/盘时最好（表1）。

表 1　不同播量秧苗素质及理论栽插情况　2013 年 6 月 15—20 日

播量 （g/盘）	叶龄 （叶）	株高 （cm）	茎粗 （mm）	百株鲜重 （g/百株）	种子根 （条）	盘根起运	苗数 （株/cm²）	基本苗 （万苗/亩）	漏插率 （%）
70	2.7	13.2	2.18	12	6.5	正常	1.08	5.48	19.75
90	2.7	13.3	2.16	11.7	6.4	正常	1.39	7.05	7.35
110	2.7	13.2	2.12	11.3	6.4	正常	1.7	8.62	5.21
130	2.7	13.5	2.06	10.8	6.1	正常	2	10.18	3.13
150	2.7	14.6	1.93	9.2	6.2	正常	2.24	11.75	1.08
170	2.7	14.7	1.75	7.7	6	正常	2.45	12.06	0.65

3.2　单位面积苗数及理论机插情况

从表 1 可以看出，播量与单位面积成苗数呈正相关，与漏插率呈负相关。即随着播量的增加，单位面积苗数、亩基本苗增加，而漏插率有明显的降低趋势。因此，播量越大，可以有效降低漏插率，提高栽插质量。

此外，按照水稻定量调控栽培的要求，要获得机插水稻的高产指标，除提高秧苗个体素质外，还需要插足每亩 1.8 万穴左右，每穴 3~5 苗，每亩 7 万~8 万基本苗。显然，每盘 70g 播量其基本苗仅为 5.48 万，漏插率也偏高，达到 19.75%。而在不考虑秧苗个体素质的情况下，当每盘播量达到 110g 及以上时，仅就满足栽插群体数量和减少漏插率是可行的。

3.3　群体动态

从表 2 看出，每亩基本苗数随着播量的增加而提高，基本苗数的多少与未来群体动态关系密切，因而，栽后群体发展态势与播量间也间接地存在着密切的关联性。从表中看出，各生育期群体总量都随着播量的增加而提高。但是否苗多群体就好呢？在这里，我们特别要关注高峰苗和成穗率与群体质量密切相关的两个指标。每盘 70g 播量处理高峰苗数 31.48 万，但它出现在拔节后，成穗率只有 72.85%，无效分蘖占 27.15%，群体质量不高；每盘 170g 播量的群体，虽然高峰苗出现在拔节前，但高峰苗偏多，达 34.86 万，群体偏大，群体质量也不高；每亩 130g 的播量，高峰苗出现在拔节期或稍前，高峰苗数 32.23 万，群体适中，成穗率最高，达 77.75%，群体质量好。

表 2　不同播量群体动态

播量 （g/盘）	移栽期 （万/亩）	拔节期 （万/亩）	抽穗期 （万/亩）	成熟期 （万/亩）	高峰苗 （万/亩）	成穗率 （%）
70	5.48	27.58	25.68	22.93	31.48	72.85
90	7.05	30.46	26.05	23.68	31.54	75.08
110	7.62	31.85	26.73	24.75	32.43	76.32
130	8.18	32.23	27.05	25.06	32.73	77.75
150	8.75	33.74	27.57	25.68	33.14	76.11
170	9.06	34.86	28.12	26.23	34.86	75.24

3.4　产量及其构成

实际产量以每盘 130g 播量的最高，达 678.8kg/亩，以 70g/盘播量最低，为 636.3kg/亩，差异达极显著水平。究其增产原因，130g/盘播量与每亩 70g、90g、110g 播量相比，主要表现为增穗增产，与 150g、170g 播量相比，主要表现为增粒增产。进一步分析各处理每亩总颖花量，也以 130g/盘播量最高，达

2 727.78万/亩，比每盘70g、90g、110g、150g、170g播量处理分别增加170.17万、91.25万、27.78万、45.76万和121.04万，分别增加6.65%、3.46%、1.03%、1.71%和4.64%，这是130g/盘播量比其他处理增产的根本原因（表3）。

表3　不同播量产量及其构成

播量 （g/盘）	有效穗 （万/亩）	穗粒数 （粒/穗）	群体 颖花量 （万/亩）	结实率 （%）	千粒重 （g）	理论产量 （kg/亩）	实际产量 （kg/亩）	显著性	
								0.05	0.1
130	25.06	108.85	2 727.78	95.38	27.75	722.0	678.8	a	A
110	24.75	109.09	2 700.00	95.23	27.82	715.3	672.4	ab	A
150	25.68	104.44	2 682.02	95.08	27.73	707.1	664.7	ab	A
90	23.68	111.34	2 636.53	95.10	27.85	698.3	657.8	b	AB
170	26.23	99.38	2 606.74	95.22	27.65	686.3	648.1	bc	B
70	22.93	111.54	2 557.61	94.56	27.90	674.8	636.3	c	B

4　小结与讨论

本试验研究结果表明，每盘播量低于110g，秧苗个体素质优化，但栽后理论群体指标不能达到机插秧高产栽培要求，盘内单位面积苗数少，机械漏插率高，栽插穴数少，基本苗不足。生育后期无效分蘖多，成穗率低，每亩颖花量不足，产量低，且秧苗盘根差，不利于起运和机插。每盘播量150g及以上处理，3叶期后盘内苗体拥挤，苗间透风透光条件差，苗体细弱，秧苗质量差，影响栽插秧苗起点质量。生育中后期群体偏大，高峰苗多，成穗率和颖花量不高，产量也不太高。每盘130g左右播量，20天及以内秧龄，移栽时苗体个体素质、秧苗起运和机插、大田生育质量、产量及其构成等都有一定的优势。综上所述，淮稻5号塑盘育秧其适宜的播量范围120~130g/盘（28cm×58cm），对于其他品种，要根据品种的千粒重、发芽率进行修正。

引进粳稻新品种适应性种植试验

黄钻华[1]　王永超[1]　赵玉伟[2]　王亚江[3]　张　骅[3]

（1. 亭湖区农作物栽培技术指导站；2. 亭湖区植保植检站；3. 亭湖区种子管理站）

摘　要：通过选用 8 个粳稻品种进行种植试验，分析比较不同品种的产量水平、生育特性及在亭湖地区的适应性、抗逆性，筛选出淮稻 5 号、南粳 9108、武运粳 27 号 3 个适合本地种植的优良水稻新品种，充实主推品种目录库。

关键词：粳稻品种；安全性测试；亭湖区

近年来，盐城市亭湖区紧紧围绕"口粮安全、市场导向、高效增收、绿色发展"的工作思路，强化粮食科技支撑，推进良种良法配套，2016 年粮食总产超 22.3 万 t，其中水稻生产贡献率达 45%，但种植的品种仍以淮稻 5 号为主，应用年限较长，为加快机插粳稻优质品种的更新换代，开展了不同粳稻品种适应性测试试验，以期筛选出增产潜力突出、性状特征优良的新品种，为大面积推广应用提供依据。

1　材料与方法

1.1　供试品种

参试粳稻品种共计 8 个，包括 4 个迟熟中粳品种：淮稻 5 号、南粳 9108、南粳 49、淮稻 18 号；4 个中熟中粳品种：武运粳 27 号、盐丰稻 2 号、扬育粳 3 号、盐粳 15 号。

1.2　试验设计

试验于 2016 年在亭湖区黄尖镇新街村俊峰家庭农场进行，采用大田分区集中种植，总试验面积10 672m²，每品种小区面积 1 334m²。试验地为第一年旱改水地块，滨海壤性潮盐土，pH 值 8.2，含盐量1.09g/kg，有机质 14.74g/kg，全氮 1.01g/kg，有效磷 14.75mg/kg，速效钾 193mg/kg。

1.3　栽培管理

参试品种于 6 月 2 日落谷，采用硬地硬盘育秧，7 月 2 日机械移栽，穴数 1.6 万/亩，每穴 3~4 苗。肥料运筹：45% 复合肥 25kg/亩作基肥，分蘖肥施尿素 20kg/亩分两次，拔节孕穗肥施复合肥 15kg/亩。水浆管理、病虫草防治同常规栽培。

1.4　天气特点

梅雨期延长，阴雨寡照多，田间积水严重，导致移栽期推迟近 10 天。中期出现了极端高温和干旱。后期高温高湿，部分有穗发芽现象，10 月底降温降雨影响收获。

2　结果与分析

2.1　产量及其构成因素

2.1.1　产量

8 个粳稻品种产量水平差异明显，由于超秧龄栽插和特殊天气条件，小区产量较低，超过 600kg/亩的品种仅有淮稻 5 号，产量达 603.6kg/亩；扬育粳 3 号、武运粳 27 号、南粳 9108 分别位列二位、三位、四位；盐粳 15 号、淮稻 18 号、盐丰稻 2 号、南粳 49 产量较低，均在 500kg/亩以下。最终实收产量与理论产量趋势一致（表1）。

2.1.2　穗粒结构

（1）有效穗数。由于阴雨寡照、延迟栽插及旱改水等，有效穗数明显不足。各品种比较，淮稻 5 号、武运粳 27 号、南粳 9108、盐粳 15 号分蘖性较好。

（2）每穗总粒数。扬育粳 3 号平均穗粒数达 124.8 粒，显著高于其他品种，南粳 9108、武运粳 27 号、盐丰稻 2 号粒数中等。

（3）结实率。盐粳 15 号、淮稻 18 号、南粳 49、淮稻 5 号结实率 90% 以上，高于其他品种。

（4）千粒重。盐丰稻 2 号、南粳 9108、淮稻 5 号千粒重相对较高，南粳 49 千粒重最低。

表 1　参试品种产量及其构成因素

供试品种	有效穗数（万/亩）	每穗总粒数（粒）	结实率（%）	千粒重（g）	理论产量（kg/亩）	实收产量（kg/亩）
淮稻 5 号	23.00	107.9	93.1	26.1	603.3	588.2
南粳 9108	20.71	115.0	89.5	26.3	561.3	518.5
南粳 49	18.80	102.7	93.7	24.6	445.6	441.2
淮稻 18 号	18.17	105.8	94.4	25.8	468.3	453.2
武运粳 27 号	22.20	112.6	88.6	25.4	562.8	510.1
盐丰稻 2 号	18.17	111.6	86.4	26.8	469.4	449.0
扬育粳 3 号	19.78	124.8	92.8	25.1	574.9	562.3
盐粳 15 号	20.24	103.4	94.8	25.1	497.9	490.7

2.2　生育期

8 个粳稻品种统一于 6 月 2 日播种，受降雨积水影响，7 月 2 日组织机械抢栽。从表 2 可以看出，迟熟中粳组拔节期、齐穗期、成熟期均较迟，全生育期长达 157~160 天，其中南粳 9108 生育期最长，为 160 天，故生产上不建议迟熟中粳品种用作直播，籽粒灌浆受后期低温风险大。中熟中粳组全生育期 155~156 天，其中扬育粳 3 号生育期最短，为 155 天（表 2）。在季节矛盾突出、气候条件不稳定的大形势下，选育并推广一批综合性状好、产量潜力高的中熟中粳品种是当前降低稻麦周年生产风险的有效途径之一。

表 2　参试品种各生育期对比

供试品种	落谷期（月/日）	移栽期（月/日）	拔节期（月/日）	齐穗期（月/日）	成熟期（月/日）	全生育期（天）
淮稻 5 号	6 月 2 日	7 月 2 日	8 月 12 日	9 月 10 日	11 月 6 日	157
南粳 9108	6 月 2 日	7 月 2 日	8 月 15 日	9 月 13 日	11 月 9 日	160
南粳 49	6 月 2 日	7 月 2 日	8 月 13 日	9 月 12 日	11 月 8 日	159
淮稻 18 号	6 月 2 日	7 月 2 日	8 月 13 日	9 月 11 日	11 月 7 日	158
武运粳 27 号	6 月 2 日	7 月 2 日	8 月 10 日	9 月 9 日	11 月 5 日	156
盐丰稻 2 号	6 月 2 日	7 月 2 日	8 月 11 日	9 月 9 日	11 月 5 日	156
扬育粳 3 号	6 月 2 日	7 月 2 日	8 月 10 日	9 月 8 日	11 月 4 日	155
盐粳 15 号	6 月 2 日	7 月 2 日	8 月 12 日	9 月 10 日	11 月 5 日	156

2.3　抗逆性与抗病性

2.3.1　抗逆性

由表 3 可以看出，盐丰稻 2 号株高最高，达 95.9cm，盐粳 15 号株高最矮，为 84.5cm，其余各品种株高在 85.5~88.2cm。尽管梅雨季节雨量大、时间长，部分水发苗茎秆弱，但中后期台风少，参试品种倒伏比例小。10 月高温高湿天气造成普遍穗发芽现象，所幸栽插迟，成熟期延后，总体穗发芽不重，其中中熟中粳组穗发芽率、粒发芽率要略高于迟熟中粳组。

2.3.2 抗病性

从抗病性来看，纹枯病发病较普遍，各品种发病率在5%~8%，差异不明显；稻瘟病以穗颈瘟为主，扬育粳3号发病相对较重，达6%，其余各品种发病率在0.5%~4%；各品种中，仅武运粳27号一个品种发生轻微恶苗病，发病率为1%（表3）。

表3 参试品种抗逆性与抗病性比较

供试品种	株高（cm）	倒伏比例（%）	粒发芽（%）	穗发芽率（%）	恶苗病（%）	纹枯病（%）	稻瘟病（%）
淮稻5号	88.2	0	0.10	8	0	6	2
南粳9108	88.1	0.1	0.15	10	0	7	3
南粳49	86.6	0.3	0.12	14	0	5	1
淮稻18号	87.4	0.5	0.11	7	0	7	3
武运粳27号	85.5	0.5	0.15	17	1	5	0.5
盐丰稻2号	95.9	2	0.37	28	0	8	4
扬育粳3号	87.8	1	0.24	20	0	5	6
盐粳15号	84.5	0	0.22	13	0	6	2

3 小结

试验结果表明，一是淮稻5号后期灌浆快，稳产性好，虽使用年限长，但本地农民接受度高，可继续使用；南粳9108产量潜力大，综合性状好，米质优，深受加工企业青睐，可作为主导品种推广，建议不作为直播使用；武运粳27号综合性状好，熟期适中，可搭配作迟播种植，需注意恶苗病的防治。二是扬育粳3号穗型大，产量高，生育期短，综合表现突出，但易感稻瘟病；盐粳15号结实率高，抗倒性强，但产量水平中等，以上2个品种可进一步示范种植。三是南粳49、淮稻18号、盐丰稻2号产量相对低于以上品种，综合性状存在一定不足，有待进一步试验观察。以上结论是在2016年特定天气状况和土壤耕作条件下得出的，对大面积生产有一定指导意义，但仍需进一步验证。具体品种的推广应用要根据自身特征特性（丰产稳产性、抗病抗逆性），综合考虑茬口、播栽方式、自然条件等多方面因素而定。

不同培肥营养土对机插秧苗素质及产量的影响

黄钻华[1]　沈　静[1]　周新秀[1]　伏红伟[1]　王永超[1]　黄年生[2]

（1. 江苏省盐城市亭湖区农作物栽培技术指导站；

2. 江苏省里下河地区农业科学研究所）

摘　要：开展了壮秧剂培肥、基质覆盖、常规培肥三种营养土培肥方式对比试验，结果表明，壮秧剂培肥和常规培肥+基质覆盖都可以改善秧苗生长环境，提高出苗率、成苗率，秧苗整齐度和综合素质好，一定程度上减少死苗发生；移栽大田后，秧苗起身快、分蘖多，叶面积指数高，壮秧剂培肥增产效应显著。

关键词：壮秧剂；基质；培肥；营养土；机插秧；秧苗素质；产量

水稻机插秧具有省工、省秧田、群体调节能力强、产量效益高等优势，是水稻种植机械化的发展方向[1]。近年来，江苏省机插秧的推广应用已进入快速发展轨道[2]，其沿海地区盐城市亭湖区通过大力发展水稻集中育供秧，进一步加快了机插秧的推广普及。全区自 2008 年开始开展集中育供秧工作以来，专业合作社由 1 家发展到 30 多家，其中育秧秧池面积超过 3.33hm² 的有 8 家，最大育秧面积达 7.33hm²，供秧机插面积近万亩，发展势头强劲。但在集中育秧推广过程中还存在营养土培肥质量参差不齐，青枯死苗、红黄苗时有发生，秧苗整齐度差、整体素质不高等问题[3]，从而影响到苗情基础和最终产量。为切实解决以上问题，筛选出适合本地大面积集中育秧秧土，进行了不同培肥营养土比较试验，为机插育苗生产提供便利可行的技术参考。

1　材料与方法

1.1　试验地点及供试材料

本试验于盐城市亭湖区南洋镇股园村稻麦试验示范基地进行，土壤为砂壤土，pH 值中性，肥力中等。

供试品种为淮稻 5 号。壮秧剂采用"育苗伴侣"（江苏里下河农业科学研究所研制，江都壮禾化工有限公司生产）；育苗基质（江苏淮安柴米河有限公司生产）；常规壮秧肥（N-P-K 含量为 25%）。

1.2　试验设计

试验设置 3 个处理：常规培肥 T1；常规培肥+基质覆盖 T2；壮秧剂培肥 T3。机插秧软盘统一规格为 58cm×28cm，播种量为干种 120g/盘。培肥方法：T1 处理用常规壮秧肥 30g/盘，T2 处理培肥方法同 T1，T3 处理用育苗伴侣 24g/盘，均与备好的干细土拌匀装盘。T1、T3 装土 3.0kg/盘，T2 处理装盘预留 0.8cm 厚度覆盖基质。5 月 29 日播种，各处理分别播 25 盘，6 月 17 日机插，机插规格 30cm×12cm，大田小区面积 66.7m²，重复 2 次，随机区组排列。

1.3　测定内容及方法

1.3.1　出苗率、成秧率

播种后考查各处理出苗率、成秧率。在秧苗 1 叶 1 心时分别切取 8cm×8cm 秧苗一块，装入沙袋，用水洗净后考查[4]。

1.3.2　秧苗素质

6 月 16 日（秧龄 18 天）观查秧苗形态，包括叶色、叶龄，测量苗高、茎粗，数出根系数量。另取整块秧盘 2 个，一端固定，另一端用长 28cm、宽 4cm 木条上下固定后，用弹簧秤钩拉，秧块断裂时的拉力即为盘结力度[5]。

1.3.3 茎蘖动态、叶面积指数

水稻关键生育阶段，在各处理小区定点考察 10 株苗茎蘖数，同时取 5 穴通过测量折算出各处理叶面积指数。

1.3.4 产量及穗粒结构

成熟期每小区取 5 株进行考苗，其余全部单独收获称重，最后折算成标准水分的实产。

2 结果与分析

2.1 对出苗、成秧的影响

壮秧剂培肥的秧苗出苗整齐，其出苗率、成秧率分别为 91.1%、87.5%，显著高于常规培肥和常规培肥+基质覆盖处理，且青枯死苗率仅为 2.1%，明显低于其他处理，说明壮秧剂培肥在一定程度上可以减少死苗发生，提高秧苗整齐度。同时，壮秧剂培肥未出现黄（白）苗，常规培肥+基质覆盖的黄（白）苗率也低于常规培肥，说明适当健全土壤营养组分，可促进秧苗根系发育，降低黄（白）苗发生比例（表 1）。

表 1　各处理秧苗出苗、成苗效果比较

处理	出苗率 （%）	成秧率 （%）	青枯死苗率 （%）	黄（白）苗率 （%）
TI（常规培肥）	84.7	79.8	7.4	3.2
T2（常规培肥+基质覆盖）	86.6	82.9	4.3	0.8
T3（壮秧剂培肥）	91.1	87.5	2.1	0

2.2 对秧苗综合素质的影响

据田间考察，T3 处理秧苗综合素质最优，T2 处理略好于 T1 处理。秧龄 18 天时 T3 处理苗高比 T1 处理矮 4.3%，而 T2 处理比 T1 处理高 1.8%，说明壮秧剂具有一定的矮化效应。3 个处理叶龄相仿，T3 处理叶色稍深。T3 处理秧苗茎基粗、总根数和盘结力度分别比 T1 处理增加 14.2%、10.5% 和 10.2%；T2 处理秧苗茎基粗、总根数和盘结力度分别比 T1 处理高 4.8%、2.9%、2.0%，说明常规培肥+基质覆盖和壮秧剂培肥可以培育壮苗，且壮秧剂对根系生长、增强盘结力效果明显（表 2）。

表 2　各处理秧苗综合素质比较（秧龄 18 天）

处理	苗高 （cm）	叶龄 （叶）	叶色	茎基粗 （mm）	总根数 （条）	盘结力度 （kg）
TI（常规培肥）	16.4	3.2	青绿	2.1	10.5	4.9
T2（常规培肥+基质覆盖）	16.7	3.2	青绿	2.2	10.8	5.0
T3（壮秧剂培肥）	15.7	3.2	浓绿	2.4	11.6	5.4

2.3 对茎蘖动态的影响

从图 1 可知，T2、T3 处理的总茎蘖数在有效分蘖临界叶龄期、拔节期、孕穗期、齐穗期和成熟期均比 T1 处理有不同程度的增加，各生育时期茎蘖数高低排序为 T3>T2>T1。说明常规培肥+基质覆盖和壮秧剂培肥的秧苗移栽大田后，缓苗期短，植株健壮，返青分蘖发苗快，尤其是壮秧剂培肥处理最终茎蘖数明显高于常规培肥处理和常规培肥+基质覆盖处理，说明通过壮秧剂培肥、常规培肥+基质覆盖等方法培育出的秧苗素质高、生长快，更能符合机插秧作业以及大田群体调节要求。

2.4 对叶面积指数的影响

从图 2 可知，叶面积指数随生育进程的推进呈现出先上升后下降的趋势，在孕穗期时达到最高值。在各生育时期叶面积指数以 T3 处理最高，其次为 T2、T1 处理。说明壮秧剂培肥和常规培肥+基质覆盖对秧

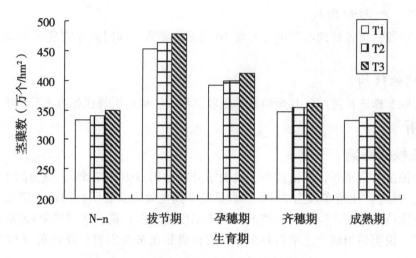

图1 各处理主要生育时期的茎蘖动态

N-n：有效分蘖临界叶龄期

苗移栽大田后的群体质量也具有一定改善作用。

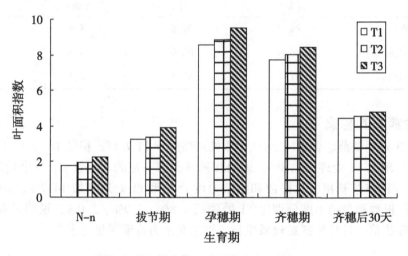

图2 各处理主要生育时期的叶面积指数

N-n：有效分蘖临界叶龄期

2.5 对产量及其构成因素的影响

从表3可以看出，T3处理产量最高，其理论产量和实际产量分别较T1处理增加5%、4%，T2处理产量居其次，其理论产量和实际产量分别较T1处理增加1.0%、0.9%。产量的提高源于亩穗数的增加，T2、T3处理有效穗数分别比T1处理增加1.5%、3.9%。说明使用壮秧剂培育壮苗机插，能够提高群体调节能力，协调穗粒结构，最终比较容易获得高产。

表3 各处理机插秧产量及构成因素

处理	有效穗 （万穗/hm²）	总粒数 （粒/穗）	结实率 （%）	千粒重 （g）	理论产量 （t/hm²）	实际产量 （t/hm²）
TI（常规培肥）	332.6	124.2	91.3	27.0	10.18	9.48
T2（常规培肥+基质覆盖）	337.7	123.9	91.0	27.0	10.28	9.57
T3（壮秧剂培肥）	345.7	125.8	91.7	26.8	10.69	9.85

3　小结与讨论

　　培育适龄壮秧是水稻机插农机与农艺配套的关键，开展基质、育秧专用产品的育秧效果研究，是完善育秧配套技术，提高栽插质量，解决制约机插秧可持续发展问题的重要措施[6]。本试验可以看出，与常规培肥相比，壮秧剂培肥和常规培肥+基质覆盖的秧苗出苗好，盘结力度强，综合素质明显提高，移栽大田后，植伤相对轻，分蘖起步快，在各主要生育时期叶面积指数高，亩穗数多，最终分别增产5%、1%。当前壮秧剂、育秧基质等产品是培肥秧土的可靠载体和推广主体[7]，大面积生产在对秧土适当培肥的基础上，建议采用基质覆盖或加入壮秧剂的培肥方法，也可两者结合使用，来提高苗床有机质、微量元素及调节剂等含量，从而改善土壤供肥补水能力和秧苗生长环境，有助于提高成苗率，培育出长势健壮的适龄秧苗。

参考文献

［1］　薛艳凤，张飞，高晋宇，等．江苏水稻机插秧推广的新现象新趋势［J］．江苏农机化，2015（4）：13-15.

［2］　颜士敏．江苏水稻机插秧发展现状与技术对策［J］．中国稻米，2014，20（3）：48-49，53.

［3］　黄年生，张小祥，李育红，等．育苗伴侣壮秧肥在水稻机插秧上的应用效应研究［J］．江苏农业科学，2009（5）：92-93.

［4］　瞿廷广，许鸿鸽，沈志坚，等．壮秧剂对水稻机插秧秧苗素质的影响［J］．农业装备技术，2003，29（2）：25-26.

［5］　于林惠，丁艳峰，薛艳凤，等．水稻机插秧田间育秧秧苗素质影响因素研究［J］．农业工程学报，2006，22（3）：73-78.

［6］　杨洪建，颜士敏，李杰，等．水稻机插秧田间育秧秧苗素质影响因素研究［J］．农业工程学报，2006，22（3）：73-78.

［7］　缪斌，何永红．不同秧土对水稻盘育秧苗素质的影响［J］．种子科技，2012（10）：27.

盐城机插水稻高产示范栽培技术探析

倪大勇

（盐城市亭湖区新兴镇农业综合服务中心）

摘 要：根据盐城气候及水稻种植的特点，结合水稻机插生长及稻田管理情况对现今在水稻栽培中如何进行科学管理进行探讨，并从实用技术的角度指出可以提高水稻产量的方法。

关键词：机插秧；水稻；栽培技术；管理

水稻是盐城地区主要的农作物之一，其种植产量直接影响着农户一年的经济收入，目前在水稻种植中为了改善原有的高劳动力及多环节的种植缺点，会采用机械进行插秧种植，但是受秧苗特点、机械使用及分蘖等影响，水稻产量无法得到很好的保障，必须采用相应的种植工艺才能获得高产。本文就机插水稻相配套的栽培技术进行探析，为机插秧的推广提供帮助。

1 机插水稻高产示范栽培技术

1.1 早播早栽

机插稻发育生产期要长于传统方式种植的水稻，并且后期所长出的穗子要小，为了降低机插水稻生育期长的缺陷所带来的影响，一般在进行机插秧种植时可选择早播早栽来保证其正常生长。

1.1.1 做好宣传培训

为了扩大机插水稻栽培技术的使用，需要做好宣传推广工作，并在农户中进行栽培技术的示范及培训工作，使农户可以掌握技术的使用特点。并将此种技术使用的优点及好处详细列明，使农户真正的认同和使用。

1.1.2 确定机插水稻面积

确定机插水稻的面积主要是为了做好前期的准备工作，在确定种植面积后进行营养土、插秧机、秧苗、肥料等必须用材的准备。

1.1.3 排好播种与移栽日程表

由于机插水稻需要早种，同一时间进行种植难免会造成机插栽种压力增大，因此需要对农户进行协调，确定具体的移栽时间，保证每户都可以在适当的时间范围内完成秧苗的移栽。

1.2 精细整地

整好秧田。在机插水稻种植的过程中多数是采用中、小型秧苗进行移栽，因此为了保证秧苗的成活率就要提高大田整地的质量。首先，要保证床土的平整，避免存有杂物影响秧苗的生长；其次，对表层土壤进行耕整，保证土壤沉实且结构稳定，不会过于板正，也不会过于松烂，使土壤维持在软硬适中的程度；最后，保证土壤沉实时间，通常在1~3天，从而使秧苗有更好的栽种条件。

1.3 选苗壮秧

1.3.1 品种选择

机插水稻本身发育期就较长，因此在水稻品种的选择上应以发育期较短的种类为主，并且机插水稻稻穗较小，因此可以根据盐城水稻种植情况选择早熟及稻穗较大的种子。

1.3.2 播期及种子处理

具体播种时间可以根据本地水稻种植中的茬口及时间进行种植时间的倒推，通常是提前15~20天为最佳时期。同时可以根据种植时间提前对种子进行处理，首先在育苗之前需要进行晒种，之后根据稻种特点及种类合理的配置药剂，之后浸泡2天，在2天后取出种子进行保温保水处理，催生其幼芽，露白后可以在营养土中进行播种。

1.4 科学管水

1.4.1 薄水活棵促分蘖

在进行机插秧后为了保证秧苗可以尽快扎根及生长需要对其进行灌溉，并观察其各个生长阶段的长势，及时进行补水，在秧苗移栽初期稻田内水量以处于苗高的1/2为最佳。首先，在炎热干旱的天气需要对稻田及时进行补水，水量需要没过稻苗的根茎，避免因炎热造成土壤水分流失而损伤稻苗的根茎，在阴雨天则不用再进行补水工作；其次，在移栽完成3天后为避免稻苗长期处于深水中出现坏苗及烂苗的情况需要降低稻田的水层深度，进行薄水层管理；再次，秧苗在度过分蘖期成活后需要降低灌溉水量，深度应在3.33cm以下；最后，等水稻田中水分自然蒸发吸收后，停止灌溉1~2天，此时主要促使其根系向土壤内部延伸生长。

1.4.2 适时分次轻搁田

多次及时适度轻搁田，可提高成穗率，强壮根苗，从而促进关键技术措施的形成。机插水稻搁田期与常规手插稻一样，遵循"苗到不等时，时到不等苗"的原则。在栽插质量和施肥条件良好的田块可以适当提早至总茎蘖数达预期穗数的80%时开始搁田。机插秧够苗期的苗体小，分蘖小，土壤水分敏感，应轻搁，以土壤不裂缝为宜；切忌一次重搁，造成有效分蘖死亡，导致穗数不足。

1.4.3 足水促花争大穗

由于拔节期的水稻正处于生长的高峰期，此时水稻的高度、稻穗大小、穗壳宽窄都处于生长期，因此需要保证有充足的水分来满足其生长需要，避免成长过程中出现其植体发展遇阻的情况。在稻田灌溉时要保证稻田水量没过其根部，中间不可出现持续断水的情况，以此来促使水稻可以结出大穗。

1.4.4 干湿交替防早衰

这种用水方式主要在灌浆期，此时水稻颗粒生长需要养分的支持，而干湿交替的灌溉方法可以促使水稻根叶的生长，从而可以获得更多的养分，使稻穗可以增重，避免出现稻粒干瘪或坏粒的情况。

1.5 合理施肥

1.5.1 施足基肥

在施肥时应根据水稻对各种微量元素的需要与种植区域内土壤的养分含量及肥力情况来选择有机肥及无机肥的联用，根据土壤肥力状况，施商品有机肥1 500~3 000kg/hm²，46%尿素120~150kg/hm²，12%过磷酸钙350~600kg/hm²，60%氯化钾40~60kg/hm²；或施商品有机肥1 500~3 000kg/hm²，高浓度配方肥300~450kg/hm²，46%尿素60~90kg/hm²，在机插前旋耕入土。

1.5.2 轻施活棵肥

栽后5~7天，施用46%尿素75kg/hm²，秸秆还田的田块增施尿素至115kg/hm²。

1.5.3 重施分蘖肥

栽后15天施46%尿素150kg/hm²，秸秆还田的田块增施至225kg/hm²；再隔10~15天后，结合苗情发育情况，施46%尿素0~10kg/hm²，调控田间群体，确保足苗成穗。

1.6 除草、治虫、防病

1.6.1 分次化除

在除草工作中需要进行三道除草流程对稻田杂草进行清除。第一次，在秧苗移栽之前进行，首先将大田中床土刮平，并夯实土层，在肥料中混入除草剂进行撒施，并在稻田中蓄水3~4天，尽量降低杂草的存活率；第二次，此次除草工作是在秧苗移栽后进行，根据杂草的长势、种类、草龄选择适当的除草剂进行封闭除草处理，在肥料或是细土中添加适量的除草剂撒施，之后稻田需要保水4~7天；第三次，对于在进行两次除草工作后仍存有杂草的区域可进行补施茎叶除草剂来进行除草，可根据田块杂草生长情况选择全田或是局部进行除草工作。

1.6.2 适时对症用药，防病治虫

由于水稻在生长的过程中所受病虫害种类较多且在前期、中期、后期所发病虫害种类有一定的区别，因此在进行病虫害防治时需要结合实际情况来选择农药。主要害虫有稻蓟马，蟆虫，稻飞虱，在发生防治适期用50%锐劲特、吡虫啉等农药，按要求进行喷雾防治；病害主要有纹枯病、稻瘟病，分别在分蘖末期和孕穗末期，采用12.5%纹霉清和20%三环唑可湿性粉剂，按要求进行喷雾防治。

2 加强秧田管理

2.1 增强管理

第一，水稻秧苗在进行移栽之前需要揭掉其所覆盖的无纺布，保证秧苗可以适应环境，通常进行此步骤在移栽的前3~5天；第二，为了避免秧苗在出土时出现死亡情况需要控制每日的施水量，并进行盘根工作，同时可对秧苗使用起根药，通常此步骤在移栽前第3、第4天时完成；第三，在移栽过后需要在秧田内覆盖无纺布，并保证稻田水量充足，土壤湿润；第四，在移栽之前可以适当的对秧田进行培肥，在秧苗移栽后可采用壮秧剂进行秧苗壮秧。

2.2 提高移栽质量

在应用机插栽培技术进行秧苗栽培的过程中秧苗的间隔密度、植株损伤、用水施肥等都是影响水稻田产量的重要因素，因此在移栽的过程中要保证移栽及种植的质量，可采用的管理方法有以下几点。

第一，确定水稻种植密度，通常水稻密度是受土壤肥力的影响，因此在种植之前需要对种植区域土壤肥力进行确定，之后再制定适当的秧苗密度，避免出现过密或过稀的情况影响稻田亩产量；第二，避免伤害秧苗，在起秧的过程中一些不正确的操作很可能会伤害到秧苗的根系，因此可为秧田配置专用的起秧工具及运输车辆，从而保证秧苗在运输到大田的这段区域不会受到损伤；第三，在移栽时要控制稻田的水含量，通常为高处床土露出水面为佳，如果遇到旱天需要及时进行补水，在有降水的情况下则可略过此环节，同时在施肥时需要注意施肥时间，普遍需要在移栽之前完成，从而保证土壤与肥料混合，使土壤肥力上升，以此满足秧苗对基肥的需求。

3 结语

在机插水稻的种植中既需要注重前期的栽种，还需要注重后期的管理。以上内容从播种、整地、壮苗、用水、施肥、病虫害防治等方面提出在实际中需要注意使用的栽培技术，只有通过对栽培技术的掌握及使用才能保证水稻田的高产。同时在水稻种植栽培中还需注意秧田的实际情况，根据秧田的实际需要进行管理，从而保证稻田秧苗的成活率。在盐城并不是全部地区都开始应用机插水稻种植方式，其还有许多仍采用传统的劳作模式，因此需要注重对机插水稻高产栽培技术的推广，从而带动当地的农业经济。

参考文献

[1] 权圣哲，张明，景伟.水稻机插秧高产栽培技术 [J].农业与技术，2014 (12)：104-104.

[2] 徐标.麦茬机插水稻高产栽培关键技术 [J].农业开发与装备，2016 (11)：159，166.

[3] 谢勇，梁迎暖，唐青.机插水稻高产栽培技术的实践与体会 [J].上海农业科技，2016 (3)：46-47.

[4] 许黎.水稻机插秧的优势及高产栽培技术探讨 [J].农民致富之友，2016 (16)：200.

[5] 李军.水稻机械移栽超高产栽培技术 [J].农村科技，2014 (2)：3-5.

机插水稻的生育特点及其大田管理技术探究

倪大勇

（新兴农业综合服务中心）

摘　要：本文对机插水稻的生育特点进行了系统阐述，并以此为依据对大田管理的技术做出了分析及探究，以期为提高机插水稻的生产效率及作物产出质量提供参考意见。

关键词：机插水稻；生育特点；大田管理技术

机插水稻只有按照一定的栽植原理进行农作，才能保证秧苗的分布状态具有合理性，从而实现对株距及总苗数的控制。在当今社会，为了提高农作效率，农机设备已经被广泛的应用于农业生产的各个领域，水稻栽植也不例外，这不仅能够达到对水稻秧苗生长质量的高时效控制，更能够在一定程度上提高水稻产量，为后续工作的进行提供便利条件，保证了水稻的高效率产出质量，因此机插水稻的栽植技术逐渐被重视起来。

1　机插水稻的生育特征

1.1　缓苗周期长

一方面由于机插水稻秧苗在进行移栽的过程中，叶苗处于生长初期，地下分枝并没有长成，叶片基部较细，根系缺乏生长活力，秧苗的整体生长性能普遍不高。另一方面由于机插秧苗的机械化作业特点，会对秧苗本身造成一定程度的损害，而秧苗的栽植环境又处于水层较浅或者没有水量分布的地质层，这就使得移栽对幼苗造成的损伤较重，缓苗周期需要较长时间。根据可靠数据的研究可以发现，机插水稻的缓苗周期比人工作业的缓苗周期要延长近一倍的时间，但是在地面以下或近地面处发生分枝以后生长速度就会逐渐增强。

1.2　成穗率难以得到保证

在以往的水稻秧苗栽植中，基本以人工手动栽植为主，这种栽植方式比农机的水稻栽插程度要深，而农机栽植不仅能够以栽植要求为标准，更能够实现对秧苗栽植进行优化分布，使其能够更好的吸收养分，利于植物分枝的生长。当幼苗完成缓苗后，分枝的生长会更加茂盛，发苗具有一定优势，但是如果在此阶段对苗的控制不合理，将会造成苗群体生长过剩的问题。通常情况下，当水稻苗生长基数达到一定数量时，成穗数量就可以达到总数一半以上。当水稻田的苗数达到总体数量一半以上时就需要对水稻苗进行搁田，因此可以看出，机插水稻的高峰苗成型期间要比手工作业早一到两个叶龄期间，成穗率难以得到保证。

1.3　有效分蘖比较集中

虽然机插水稻秧苗需要在叶龄成长的第 3 阶段进行移栽，但是由于移栽后秧苗受到一定损伤，秧苗需要一定期间进行缓和生长，因此机插秧苗在地面以下或者地表处所产生的分枝在叶龄达到第六阶段才会出现生长迹象，这就说明前期阶段分蘖都处于空档生育期。机插水稻的有效分蘖会比传统手工作业早一到两个叶龄阶段，因此不难发现，机插水稻的秧苗的成穗率普遍不高，而地下或者地表的植物分枝的有效生长期比较集中，并且周期较短，所以在进行实际的水稻秧苗生产过程中，需要实时观察秧苗的生长状态，并在第一时间采取有效的控苗办法，为秧苗生长发育创造较为有利的生长基础。

1.4　对化肥的吸肥特点

通常情况下，水稻对营养成分的吸收是具有一定量化特征的，单季稻在生长过程中会出现两个吸肥巅峰，这两个时期也就是地下或地表植物分枝的生长旺盛时期以及幼穗分化的后期，作业人员需要密切关注这两个阶段，对水稻进行适量施肥，满足水稻秧苗的吸肥需求。

2 机插水稻的大田管理技术探究

2.1 准备阶段

首先需要将水稻田进行耕田整理，保证田块表面平整、符合农作标准，并且要对水稻田表面进行杂物处理，使其表面不会存在杂物及杂草；其次，保持水稻田土质质量，不能过软也不能过硬，并对田地深度进行标准测量；再次，水稻田的内部环境特点必须具有接近表层的部分细，越往下越粗的特点，保证农机在进行插秧作业时不陷入泥土之中，对机械造成损伤，影响栽植质量；最后，要保证水稻田中的水分量充足，并且与泥土相互分离，不能浑浊不清。

2.2 耕地阶段

在进行水稻栽植前需要对栽植田进行耕地整平，首先需要运用农机设备对水稻茬进行整理，在完成后对土地进行平整作业，而后需要对其表面进行杂物清理；其次需要对水稻田的沟渠进行整理，对不完整的需要进行修葺，保证沟渠及田埂功能能够得到充分发挥；最后，需要对耕地进行放水，当水量达到保准要求后，将田耙平进行铺饰，再用农机进行耕地整理作业。

2.3 施肥阶段

通常情况下，基肥的施肥数量会占总施肥量的一半，在进行施基肥的过程中，牲畜粪便、氮磷钾复合肥、尿素等根据施肥要求都应按照比例进行投放。而缺少磷元素的土壤组需要有针对性的增加磷酸钙的施肥投入量，并在开展机插水稻农作前对水稻田增施碳铵肥，减少水稻秸秆在腐烂变质后形成物质造成田地氮肥流失问题的发生。

2.4 除草阶段

由于机插水稻秧具有秧苗够苗期提前、缓苗周期持续时间长以及浅栽定穴的特点，在进行水稻秧苗的栽植前期需要将田块进行沉淀，这就使得杂草生长数量及程度难以掌控，因此机插水稻的除草问题同样是不可忽视的，在目前的农田除草中大多使用封杀除草措施。其技术原理就是与水稻田内的泥浆沉淀进行融合，在完成耕地作业后将除草剂按照一定比例均匀地搅拌在土壤细土中，并使其在水稻田上面的水层中保持 5 天左右时间，使得除草剂能够充分融合在水稻田中，既能有效除草，又不破坏土质养分。

3 水浆及肥料的管理

3.1 水浆管理

由于机插水稻秧苗在移栽过程中会对苗木本身造成一定损害，因此秧苗的生长机能受到一定影响，在完成移栽后通常需要一段时间的缓和期，在这段期间内秧苗生长比较缓慢，因此植株普遍不大，而水稻田的水浆管理就显得尤为重要。在完成机插水稻秧苗的移栽后，需要将水稻田的面积水排出，并使其恢复标准状态，对田块进行修整，在这段期间不能够对本块农田进行机插作业，土质只有得到修养生息才能保持养分，为作物提供生长基础，减少肥料问题的发生频率，这不仅能够使秧苗根部生长发育环境更为有利，更能避免田块之间水量串流以及降水对水稻田造成水量过分充足问题的发生。除此之外，还需要对农田的浅水层进行及时查漏补缺，勤缺勤灌，也就是当浅水层完成修复落干后，才可以进行再次添水，保证土壤能够进行呼吸及调整，防治根茎的腐烂、变质。

3.2 肥料管理

为了避免肥料过剩对土壤及水稻造成的伤害，以及肥料的浪费问题，机插水稻应按比例进行施肥，并在有需要时进行追肥，每次都保持固定的少量的肥料投放。例如，当水稻产生地下及地表植物分枝时，需要分为 3 个阶段进行肥料的投放，首先是在移栽后的 6 天左右进行尿素的投入；其次是在移栽后的 13 天左右再次投入尿素肥料；最后是在秧苗移栽后的 20 天左右再次少量投入尿素，也就是可以按照秧苗生长状态每次少量的施肥。

4 病虫害的预防及治理

4.1 除草

机插秧田秧苗小、行距大、前期生长慢。栽后 5~7 天，再用 1 次除草剂，以确保除草效果。即结合第 1 次施用分蘖肥，撒施丁苄 1.5kg/hm²。

4.2 虫害的防治

机插秧主要害虫有稻蓟马、二化螟、稻纵卷叶螟和稻飞虱。稻蓟马、二化螟、稻纵卷叶螟可选用杀虫双、毒死蜱、锐劲特等进行防治。稻飞虱（包括灰飞虱），低龄若虫期可选用扑虱灵；虫口密度大、虫龄较高时，应选用毒死蜱、锐劲特或再加高浓度敌敌畏熏蒸防治。

4.3 对机插水稻的病害防治

机插秧主要病害有纹枯病、稻瘟病和稻曲病。应搞好种子处理和带药移栽工作。大田生产中，一般选用纹霉清防治纹枯病。三环唑对稻瘟病具有良好预防作用；一旦发现苗瘟、叶瘟，应选用加收比热进行有效地控制。对于稻曲病，应在抽穗前 7 天，使用粉霉灵、粉锈灵进行预防。

参考文献

[1] 佘如山，高德明，张文杰，等. 机插水稻各生育阶段水浆管理技术 [J]. 现代农业科技，2012 (03)：151，153.

[2] 程玉生. 水稻机插秧的大田管理 [J]. 农技服务，2014 (03)：29-30.

[3] 罗文平，曾晓勇，陈广山，等. 浅谈水稻机插秧苗期及大田管理技术 [J]. 科学种养，2016 (05)：137-138.

超级稻南粳 9108 毯式钵苗机插精确定量栽培技术

黄萍霞[1]　董爱瑞[2]　吉学成[2]

（1. 射阳县农业科学技术研究所；2. 射阳县作物栽培技术指导站）

摘　要：促进超级稻南粳 9108 毯式钵苗机插精确定量栽培技术的推广与发展，实现优质与高产同步，必须严格按照超级稻南粳 9108 毯式钵苗机插精确定量栽培技术，强化管理、科学推广。

关键词：超级稻；毯式钵苗机插精确定量栽培；高产；优质

射阳县地处苏北沿海中部，是全国粮食生产基地县，常年耕地面积 184.2 万亩，粮食作物以水稻、小麦等为主。长期以来，射阳县始终坚持紧抓粮食生产不放松，大力发展现代农业，创新农业经营模式，加快农业科技成果转化，有力推动了粮食生产快步增长。近年来射阳县加大优质超级稻品种南粳 9108 的推广力度，克服优质与高产之间的矛盾，在生产中形成了超级稻南粳 9108 毯式钵苗机插精确定量栽培技术规程。

1　范围

本规程规定了超级稻"南粳 9108"毯式钵苗机插精确定量栽培的产量目标、生育指标、育秧技术、机插技术、大田管理、病虫草害防治和收获等内容。本规程适用于射阳县南粳 9108 亩产 650~750kg 和生态条件相似地区的同品种机插栽培。

1.1　超级稻品种

超级稻品种（含组合，下同）是指采用理想株型塑造与杂种优势利用相结合的技术路线等有效途径育成的产量潜力大，配套超高产栽培技术后，比现有水稻品种在产量上有大幅度提高，并兼顾品质与抗性的水稻新品种。

1.2　精确定量栽培技术

水稻精确定量栽培是在叶龄模式与群体质量两大栽培理论与技术成果基础上，以叶龄进程为主线，把水稻生育进程与器官建成诊断定量化，按高产形成规律把群体质量及其动态指标定量化，以最必需、最少的作业次数，在最适宜的生育时期，用最适宜的技术定量化管理水稻，实现水稻生产"高产、优质、高效、生态、安全"目标的栽培理论与技术。主要包括精量稀播育壮秧、群体定量调控、精确定量施肥、节水保优浅湿灌溉等关键技术环节。

1.3　水稻毯状钵形秧苗机插技术

水稻钵苗机插技术，也叫钵形毯状秧苗机插技术。该技术结合了机插毯苗和抛秧钵苗的优势和特点，可利用普通插秧机实现钵苗机插。插秧机按钵苗精确取秧，实现根系带土插秧，伤秧和伤根率低，机插后秧苗返青快，发根和分蘖早，有利于实现高产。同时按钵苗定量取秧，取秧更准确，机插漏秧率降低，机插苗丛间均匀一致，从而有利于高产群体形成，实现机插高产高效。

2　指标

三因素指标：每亩有效穗数 22 万~24 万穗，每穗粒数 >130 粒，结实率 >93%，千粒重 >26.5g。壮秧指标：秧龄 17~20 天，叶龄 3~3.5 叶，成苗数 1.5~3.0 株/cm²，苗间均匀整齐。苗高 12~18cm，苗基部扁宽，叶挺色绿，均匀整齐，无病虫害。单株白根 10 条以上，根系盘结牢固，上毯下钵，其中 50% 根系在下部钵穴中，盘根带土厚度 2.0~2.5cm，提起不散。移栽指标：行距 30cm，株距 12cm，每亩 1.8 万穴，每穴 3~4 苗；或行距 25cm，株距 14cm，每亩 1.9 万穴，每穴 3~4 苗。群体动态指标：茎蘖动态，每亩基本苗6万~8万，栽后18~20天达到适宜穗数苗数，26~28天达到高峰苗数28万~30万/亩，成熟期穗数22万~24万/亩；叶面积动态，剑叶露尖至抽穗期封行，抽穗期叶面积指数6.5~7.0，高效叶面积占65%~70%，成熟期单茎绿叶数2张以上。

3 育苗

选择地势平坦，土壤肥沃，排灌、运秧方便，集中连片、便于管理的田块作秧田。按照秧田大田比例1:80留足秧田。毯状钵形秧盘育秧。秧盘准备：648孔毯状钵形秧盘规格为58cm×30cm，30盘/亩，504孔毯状钵形秧盘规格为58cm×25cm，40盘/亩。

4 床土和营养土准备

床土培肥：早春每亩施农家肥2 000kg、45%复合肥25kg，培肥床土。营养土准备：选择培肥后的床土，粉碎过筛作营养土，粒径不大于5mm，其中粒径2~4mm的土粒占60%以上。每亩大田需备足营养土80~100kg。营养土与基质按2:1比例复配，同时作为底土与盖种土。

5 秧板制作

规格：畦面宽1.4m，沟宽0.25m，沟深0.15m；秧田围沟宽0.3m，沟深0.25m。质量：播种前10~15天上水耖田耙地，开沟做板，排水晾板，播前两天精整秧板，土壤有机质含量>1.5%，水、肥、气、热协调，达到"实、平、光、直"标准。

6 育秧

6.1 种子准备

符合GB 4404.1中水稻常规种良种以上要求。

6.2 种子处理

播前晒种1~2天精选种子，用氰烯菌酯加杀虫丹或杀螟乙蒜素等药剂浸种，浸2~3天至露白。

6.3 播种时间

适宜播种期为5月下旬至6月初，具体根据茬口及移栽时间倒推确定。根据腾茬早迟预计移栽日期，掌握秧龄在17~20天。

6.4 播量

648孔秧盘用干种120g/盘；504孔秧盘用干种95g/盘。

6.5 播种

使用机械播种流水线播种，一次性完成铺底土、播种、覆土等工序。将播种量调至648孔秧盘120g，504秧盘95g。

6.6 铺盘

将秧盘两列横贴，盘间紧密无空隙，盘底紧贴秧板。

6.7 沟灌窨水

播后铺完土后，灌平板水，使秧盘底土充分吸湿后迅速排放。

6.8 覆盖

窨水排空后，随即覆盖无纺布，四周封严封实，直至一叶一心施肥时揭去无纺布，其间视天气状况和田间湿度及时补水。

7 苗床管理

7.1 揭无纺布

一般在秧苗出土2cm左右、第1完全叶抽出时（播后3~5天）揭无纺布，灌1次平沟水。揭无纺布时掌握：晴天傍晚揭，阴天上午揭，小雨天雨前揭，大雨天雨后揭。揭无纺布后如遇大雨立即上水保苗，雨后立即排水。

7.2 管水

揭无纺布前保持盘面湿润不发白，缺水补水；揭无纺布至2叶期前建立平沟水，保持盘面湿润不发白，盘土含水透气；2叶至3叶期视天气情况勤灌跑马水，前水不接后水；移栽前3~5天控水炼苗，做到晴天半沟水，阴雨天排干水，使盘土含水量适于机插要求。

7.3 施肥

秧苗1叶1心期，亩秧田用尿素4~5kg，于傍晚待秧苗叶尖吐水时建立深水层，均匀撒施或对水1 000kg浇施。移栽前3~4天看苗施好送嫁肥，尿素用量不超过5kg/亩。

7.4 防病治虫

主要防好灰飞虱、稻蓟马等。揭无纺布施肥后及时盖上阻止害虫侵入，移栽前3~5天揭去无纺布炼苗，并施用送嫁药，做到带药下田，一药兼治。不用防虫网的每亩用25%吡蚜酮24~30ml，或40%毒死蜱100g对水40~50kg喷雾防治灰飞虱。

8 机插技术

8.1 整地

在秸秆还田的基础上，麦草在田间抛撒均匀，施有机肥于地表，耕翻晒垡，上水后施无机肥旋耕整平，田面高低相差不超过3cm。不耕翻，只旋耕的田块，旋耕时田间宜保持表层水，要求旋耕两遍，保证秸秆和泥土充分拌和均匀，土壤沉实1~2天后插秧。

8.2 起运秧苗

毯状钵形秧盘起秧时直接将秧块卷起，放入运秧框中或直接卷起小心叠放于运秧车，堆叠层数2~3层，运至田头。

8.3 机插

采用普通插秧机插秧，须将插秧机由20回合调到18回合，或14回合，确保与秧盘钵形吻合。

行距30cm，株距12cm，每亩栽1.8万穴，每穴3~4苗；或行距25cm，株距14cm，每亩栽1.9万穴，每穴3~4苗，确保栽足6万~8万基本苗/亩。插秧时水层深度1~2cm，以秧根入泥0.5~1.0cm为宜，做到秧苗不漂不倒。

8.4 补苗

缺株率超过3%以上时要及时进行人工补缺，以减少空穴率和提高均匀度，确保基本苗数。

9 大田管理

9.1 水浆管理

9.1.1 返青活棵期

栽后及时灌水护苗活棵，水层深度3~4cm。栽后2~7天间歇灌溉，适当晾田，扎根立苗。切忌长时间深水，造成根系、秧心缺氧，形成水僵苗甚至烂秧。

9.1.2 分蘖期

活棵后浅水勤灌，灌水深度以3cm为宜，待其自然落干，再灌新水，如此反复，达到以水调肥、以气促根、水气协调的目的，促分蘖早生快发，植株健壮，根系发达。

在总茎蘖数达到预计穗数80%左右时开始脱水搁田，反复多次，由轻到重，搁至田中不陷脚、叶色落黄褪淡即可，以抑制无效分蘖并控制基部节间伸长，提高根系活力。

9.1.3 拔节长穗期

坚持湿润灌溉，孕穗及抽穗扬花期建立3~4cm的浅水层。

9.1.4 灌浆结实期

坚持湿润灌溉，保持田间干干湿湿，以利养根保叶，防止青枯早衰。成熟前7天断水。

9.2 肥料施用

9.2.1 肥料用量

坚持有机肥与无机肥搭配，实行测土配方施肥。氮磷钾肥施用按照每亩大田氮肥（N）18~20kg，磷肥（P_2O_5）9~10kg，钾肥（K_2O）9~12kg。

9.2.2 基肥

每亩秸秆还田 400kg 左右，基肥每亩施 45%复合肥 30kg，磷酸一铵 10kg。

9.2.3 分蘖肥

采用少量多次的方法。栽后 5 天左右，结合化除施尿素 7.5kg/亩，栽后 15 天左右施尿素 15kg/亩。同时注意捉黄塘，促平衡。

9.2.4 穗肥

以促花肥为主，于倒 4.0~3.5 叶左右施用，具体施用时间和用量视苗情而定，一般每亩施尿素 12.5kg，氯化钾 7.5~12.5kg。保花肥于倒 2.0 叶至 1.5 叶时施用，每亩施尿素 5kg。

9.3 病虫草害防治

根据当地植保部门发布的水稻病虫草害预测预报与防治意见做好病虫害防治工作。农药使用应符合 GB 4285 及 GB/T 8321 规定。

10 收获

黄熟期露水干后收获，及时晒干扬净。

11 生产档案

建立生产档案，保存 2 年以上。记录产地环境、生产过程、病虫害防治和采收中各环节所采取的具体措施。

直播稻播种量及行距对穗粒结构的影响分析

戴凌云[1]　吴建中[1]　孙广仲[1]　孙　斌[2]　郭登兄[2]　周赞钧[2]

(1. 江苏省盐城市盐都区粮油作物技术指导站，江苏盐城　224002；

2. 江苏省盐城市盐都区龙冈镇农业技术综合服务中心，江苏盐城　224011)

摘　要：以江苏大面积种植水稻的盐城市盐都区大田种植为背景，设计了不同播种量、行距对直播水稻穗粒结构影响的种植试验。通过对收集的种植试验各种资料分析，结果表明，播种量、行距变化对穗粒结构构成要素中的有效穗数、穗粒数和千粒重的影响程度是不一样的，与其数理关系表达也不相同。盐都直播稻当家品种（南粳 9108）在现有栽培管理水平下，选择播种量 7~8kg/亩、行距为 28cm 左右对提高单产较为有利。

关键词：直播稻；播种量；行距；穗粒结构

水稻播种方式是其栽培管理措施的重点内容之一。目前水稻栽培方式主要有田间直播和育秧移栽 2 种形式[1]。在数千年的栽培管理过程中，尤其在温饱成问题的农耕文化阶段，人们充分认识到要提高单位面积产量，只有充分利用当地气候资源，精耕细作[2]，因此，育秧移栽模式一直处于主导地位。随着我国综合国力的增强，逐步由农业国向工业国转变，农业生产领域由传统的追求提高粮食单产的单一选择向追求效益、生态、环保等多元目标转变，这一转变在水稻生产的标准性改变就是大面积进行水稻直播。国内许多学者研究认为，水稻直播问题较多，与育秧移栽相比，无效分蘖增多造成群体过大，成穗率降低[3]，田间草害、杂稻加重，生育期推迟，严重影响下茬小麦适期早播[4]，因此，一直受到农业管理部门和农业生产管理专家的反对。但是，水稻直播具有省去育秧移栽环节、节约成本等优势，深受广大农民的青睐，呈现逐年快速扩大的趋势，已成为当前水稻主要的栽培方式之一。据此，近几年来，从栽培管理角度研究科学栽培直播稻成了一个热门话题。

水稻直播历史悠久，与水稻的栽培史同步[5]。在现代水稻生产中也早有应用，如 1995 年江苏省仅南通市就有 50 多万亩直播水稻[6]。许多学者对水稻直播栽培技术进行了研究并取得了一定的进展[7]，从直播稻增产机理[8]、高产栽培技术[9]、生理生态[10]、产量效益[11]等方面提出了提高产量和品质的许多栽培管理措施建议，为发展直播水稻提供了技术支持。盐都地处里下河地区腹地，是江苏重要的水稻种植区域，直播稻面积占全区水稻种植面积比例逐年扩大，据此，本试验以当地的水稻当家品种南粳 9108 为例，进行直播稻播种量、行距对穗粒结构的影响研究。

1　材料与方法

1.1　试验品种

优质食味粳稻南粳 9108（苏审稻 201306），2015 年被评为农业部超级稻品种，适宜江苏省苏中气候区域种植，在盐都种植面积达 16 666.67hm^2，为当地水稻当家品种之一。

1.2　试验设计

试验采用二因素裂区设计[12]，播种量为主区，分 7 个水平，分别为 60kg/hm^2、75kg/hm^2、90kg/hm^2、105kg/hm^2、120kg/hm^2、135kg/hm^2、150kg/hm^2，种子发芽率 88%，千粒重 26g，净度 99%；以播种行距为副区，行距分为 15cm、20cm、25cm、30cm 共 4 个水平，重复 3 次，小区面积 24m^2，随机区组排列。

1.3　试验地点

选择居盐都区中部的龙冈镇兴龙居委会的中等肥力田块 0.3hm^2 为试验地。

1.4　播种方式及时间

播种方式为麦秸秆全量还田，人工条播。播种期为 2016 年 6 月 16 日，次日抗旱洇水。

1.5　管理措施

1.5.1　肥料运筹

①基肥：45%复合肥 525kg/hm²；②2 叶 1 心期断奶肥：尿素 150kg/hm²；③4 叶期分蘖肥：尿素 112.5kg/hm²；④倒 3.5 叶期促花肥：45%复合肥 525kg/hm²；⑤倒 2 叶期保花肥：尿素 112.5kg/hm²；⑥粒肥：尿素 112.5kg/hm²。纯 N 25.45kg，P_2O_5 10.5kg，K_2O 10.5kg，N：P_2O_5：K_2O＝1：0.41：0.41，N 肥基蘖肥与穗粒肥之比 52：48。

1.5.2　化控措施

秧苗 2 叶 1 心期，亩用 20%壮丰安 100ml 对水 30kg 喷雾；破口期，结合穗颈稻瘟病防治，亩用劲丰 130ml 对水 30kg 喷雾。

1.5.3　病虫草害防治与大面积相同

1.6　观测方法

水稻成熟收获前，每小区随机选取有代表性 2 个点，每个点 1m²，收获实产，调查有效穗数，每个点随机选择 100 穗，计数每穗总粒数、空秕粒和结实率，随机数取 2 个 1 000 粒样本称千粒重。

2　结果与分析

2.1　播种量对直播稻产量结构的影响分析

2.1.1　播种量对有效穗数的影响分析

设有效穗数为 Y1，播种量为 X，根据试验资料统计分析，两者之间的关系为抛物线型，具体如下式：

$$Y1 = -0.13945X^2 + 2.40447X + 17.23881 \tag{1}$$

对式（1）求导计算得出，当 X＝8.6 时 Y1 取得极大值，即播种量 129kg/hm²左右时，有效穗数最多。

2.1.2　播种量对实粒数的影响分析

设实粒数为 Y2，播种量为 X，根据试验资料统计分析，两者之间的关系为线性关系，具体如下式：

$$Y2 = 70.95190 - 0.95429X \tag{2}$$

由式（2）可见，随着播种量增加，每穗实粒数呈现减少的趋势。

2.1.3　播种量对千粒重的影响分析

设千粒重为 Y3，播种量为 X，根据试验资料统计分析，两者之间的关系为抛物线型，具体如下式：

$$Y3 = 0.08218X^2 - 0.95429X + 31.18929 \tag{3}$$

对式（3）求导计算得出，当 X＝5.8 时 Y3 取得极小值，即当播种量较少时，随着播种量增加，基本苗增多，群体增大，个体生长受到抑制，造成千粒重下降，但当播种量继续加大后，个体竞争激烈，基本没有分蘖成穗，主茎穗千粒重反而上升。

2.1.4　播种量对理论单产的影响分析

将试验收集的理论产量与播种量之间的关系绘成图 1。由图 1 可见，播种量与单产的关系呈现"W"形，说明单产与播种量之间的关系复杂，适当的播种量对稳定产量很重要，当播种量为 105～120kg/hm²时产量高而稳定。

2.2　行距对直播稻产量结构的影响分析

2.2.1　行距对有效穗数的影响分析

设有效穗数为 Y1，行距为 X，根据试验资料统计分析，两者之间的关系为抛物线型，具体如下式：

$$Y1 = -0.01769X^2 + 0.82079X + 17.71733 \tag{4}$$

对式（4）求导计算得出，当 X＝23.2 时 Y1 取得极大值，即行距 23cm 左右时对提高有效穗数最为有利。

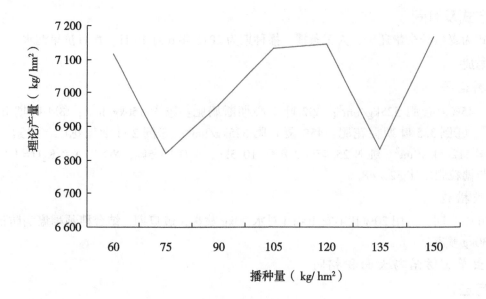

图 1　播种量与单产关系

2.2.2　行距对实粒数的影响分析

根据试验资料，行距与实粒数的关系如图 2 所示。

由图 2 可见，行距对每穗实粒数的影响，总体上是随着行距增加而增加，但这种关系具有非线性的特征，并不是直线增加的，在行距的不同宽度表现不一样，尤其 25cm 比 20cm 略减少的，减少了 3.4%。

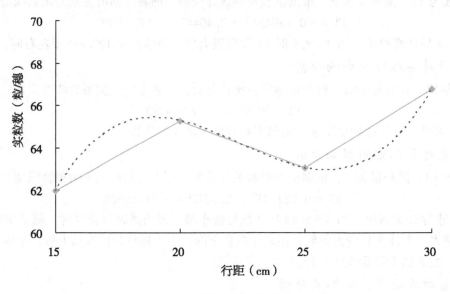

图 2　行距与实粒数的关系

2.2.3　行距对千粒重的影响分析

设有千粒重为 $Y3$，行距为 X，根据试验资料统计分析，两者之间的关系为线型关系，具体如下式：

$$Y3 = 25.56248 + 0.063086X \tag{5}$$

由式（5）可知，随着行距增大，千粒重呈现线性增加。

2.2.4　行距对理论单产的影响分析

设理论产量为 $Y4$，行距为 X，根据试验资料统计分析，两者之间的关系为抛物线型，具体如下式：

$$Y4 = -0.32014X^2 + 17.67649X + 235.67593 \tag{6}$$

对式（6）求导计算得出，当 $X = 27.6$ 时 $Y4$ 取得极大值，即行距 28cm 左右时对提高单产最为有利。

3 结论与讨论

大面积种植直播稻已经成为中国水稻栽培的发展趋势，所以，研究直播稻的科学栽培管理措施势在必行[13-15]。我们主要以播种量、行距对穗粒结构的影响为主题进行了栽培试验研究，为江苏里下河地区科学进行直播水稻栽培提供了参考信息。

参选文献

[1] 杜同庆，闫发宝，李振宏，等．不同栽培方式对南粳 9108 生育特性和产量的影响 [J]．北方水稻，2014，5（44）：25-27.

[2] 商兆堂．发展农用天气预报业务的思考 [J]．江苏农业科学，2012，40（9）：8-10，18.

[3] 张岳平，张玉烛，曾翔，等．一季晚稻直播栽培与育秧移栽的农艺性状比较 [J]．湖南农业大学学报．自然科学版，2006，32（6）：581-584.

[4] 张夕林，张谷丰，孙雪梅，等．直播稻田杂草发生特点及其综合治理 [J]．南京农业大学学报，2000，23（1）：117-118.

[5] 曾雄生．直播稻的历史研究 [J]．中国农史，2005，2：3-16.

[6] 章秀福，朱德峰．中国直播稻生产现状与前景展望 [J]．中国稻米，1996，5：1-4.

[7] 强刚．长江中下游地区直播稻栽培技术研究进展 [J]．南方农业，2015，19（18）：36-37.

[8] 王琳，竭润生，谢树果，等．水稻人工直播增产机理初探 [J]．耕作与栽培，2007，1：9-12.

[9] 李小章．水稻直播高产栽培技术 [J]．福建农业科技，2015，9：29-31.

[10] 陈品，陆建飞．长江中下游地区直播稻的生理生态特性及其栽培技术的研究进展 [J]．核农学报，2013，27（4）：487-494.

[11] 李杰，杨洪建，孙统庆，等．江苏省不同种植方式水稻产量效益分析及应用评价 [J]．江苏农业科学，2016，44（9）：520-523.

[12] 商兆堂，吴建中，蒋名淑，等．小麦长势对产量和品质的影响 [J]．安徽农业科学，2007，35（28）：8826-8829.

[13] 王美娥，钟宗石，陈明，等．机直播稻不同播期分蘖特性及其与产量构成的关系 [J]．安徽农业科学，2015，43（27）：55-57.

[14] 霍中洋，姚义，张洪程，等．播期对直播稻光合物质生产特征的影响 [J]．中国农业科学，2012，45（13）：2592-2606.

[15] 宋光荣．播期对不同类型品种直播稻生长特性的影响 [J]．农业科学与技术，2016，36（2）：1.

扬粳805水稻毯式钵苗盘育机插秧高产栽培技术

吉学成　　王大陆

（射阳县作物栽培技术指导站）

摘　要：扬粳805是江苏里下河地区农业科学研究所和江苏金土地种业有限公司育成的迟熟中粳水稻品种，经3年种植，表现出产量高，米质优，适合机插秧轻简栽培的特点；针对射阳地区出现的较大规模土地流转、联耕联种和沿海滩涂实现了土地集中化、生产规模化、经营产业化的现状，选用扬粳805水稻品种进行机插秧，采用毯状钵型秧苗栽插技术，通过培育健壮秧苗、把握机插质量、抓好大田管理等措施，能实现优良品种与先进的稻作技术的优势重组。

关键词：扬粳805；毯式；上毯下钵；机插秧；高产；栽培技术

扬粳805是江苏里下河地区农业科学研究所和江苏金土地种业有限公司育成的迟熟中粳水稻品种，2013年通过江苏省农作物品种审定委员会审定（审定编号：苏审稻201307）。该品种米质优，根据农业部食品质量检测中心检测，达到国标二级优质稻谷标准；在我县表现为产量高，3年平均9 375kg/hm²；优良食味稻米；株型紧凑，长势较旺，分蘖力较强，抗倒性较强；全生育期153天，适合机插秧轻简栽培；抗病性较强，中抗穗颈瘟、中抗白叶枯病、感纹枯病、中感条纹叶枯病。射阳县近2年来，土地流转速度加快，耕地逐步向种田大户手里集中；联耕联种面积不断扩大；沿海滩涂近1.4万hm²水稻已经实现了土地集中化、生产规模化、经营产业化。上述3方面原因，射阳县机械化插秧面积迅速扩大，全县120万亩水稻，机械化插秧面积达75万亩，占62.5%。选用扬粳805水稻品种进行机插秧能实现优良品种与上毯下钵育秧技术培育健壮秧苗等先进的稻作技术的优势重组。

水稻毯式钵形秧苗就是采用钵形毯状秧盘，培育具有上毯下钵形状的秧苗。水稻毯式钵形秧苗具有成苗率高、秧苗素质好；栽插时按钵苗精确取秧，可提高插秧机取秧的精确度，机插质量好；实现根系带土插秧，伤秧伤根少，秧苗返青快，发根和分蘖早；增产效果好的高产栽培目标。现将扬粳805水稻毯式钵苗盘育机插秧高产栽培技术总结如下。

1　培育健壮秧苗

1.1　育秧准备

1.1.1　合理选择秧池

选择排灌分开、运秧方便、便于操作管理的田块作为育秧田，秧田与大田的比例1：80，一般每亩大田需秧池田9~10m²。

1.1.2　加强苗床培肥

床土选用肥沃、疏松的菜园土或耕作熟化的表层土，先进行冬翻、春晒、培肥熟化床土，结合冬翻匀施腐熟人畜粪2 000kg/亩；播前25~30天制好营养土，取土前匀施45%复合肥（15-15-15）30~40kg/亩，选择晴好天气积土堆，水分适合时进行过筛。

1.1.3　育秧物资准备

一般每亩秧田要准备规格为25cm×60cm的钵形孔式软盘3 600张；幅宽为1.6m的育秧专用无纺布500m；育秧基质600kg，并与营养土按1：2比例充分拌匀。大田用种3~3.5kg/亩。

1.2 精细播种

1.2.1 确定育秧时间

播期按秧龄 18~22 天适龄移栽来确定，掌握"宁可田等秧，切莫秧等田"原则。依射阳地区大小麦茬口，常年一般于 5 月 15 日至 6 月 5 日分批播种，秋季休耕或沿海滩涂部分单季水稻的春茬秧，播期可提前到 4 月底 5 月初落谷。

1.2.2 制作标准秧板

苗床一般畦面宽 140cm，沟宽 25cm，沟深 15cm，田周围沟宽 30cm，沟深 25cm。在播种前 10~15 天上水秒田耙地，开沟做板，秧板做好后排水晾板，使板面沉实，播前两天铲高补低，填平裂缝，并充分拍实，板面达到"实、平、光、直"。

1.2.3 把控播种质量

播种前 1 天灌平沟水，待床土充分吸湿后迅速排水（采用机械播种流水线播种的不需要提前上水）；顺次铺盘，盘底与床面紧密贴合；将基质与营养土按 1∶2 比例混后匀铺于孔式软盘上，厚度以略低于钵平面为宜；按盘秤种，分次细播，一般每盘芽谷 140g 左右；播种后均匀撒盖籽土，以基本盖没芽谷为宜。播种后窨足水分，10~12h 后排干，然后覆盖无纺布。集中育供秧的专业合作社或秧池面积较大的家庭农场可采用机械播种流水线播种。

1.3 秧田管理

1.3.1 水分管理

揭无纺布前保持盘面湿润不发白，缺水补水。一般秧苗出土 2cm 左右、第 1 完全叶抽出时（播后 5~6 天）揭去无纺布。揭无纺布至 2 叶期前建立平沟水，保持盘面湿润不发白，盘土含水又透气，以利秧苗盘根。2~3 叶期视天气情况勤灌跑马水，移栽前 3~4 天，灌半沟水蹲苗，以利机插。整个秧苗期间以干为主，不缺水不补水，但施肥或遇到低温时必须灌深水 5cm。

1.3.2 科学施肥

床土培肥的可不施断奶肥；床土没有培肥或苗瘦的在一叶一心期（播后 7~8 天）建立浅水层后施肥，秧池田用尿素 3~5kg/亩，于傍晚秧苗叶片吐水时浇施。移栽前 2~3 天根据叶色确定送嫁肥的用肥量及施用方法，一般用尿素 5~7kg/亩。施用送嫁肥后，秧苗应在 3 天内移栽到大田。

1.3.3 防病治虫

秧池揭无纺布后练苗一天即开始用第一遍药，用 25% 吡蚜酮可湿性粉剂 30g/亩对水 30kg 喷雾，防治灰飞虱，控制条纹叶枯等病害的传播。在移栽前 2~3 天，每亩秧池用 48% 毒死蜱乳油 80g、75% 三环唑可湿性粉剂 20g、25% 吡蚜酮可湿性粉剂 30g，对水 30kg 进行喷雾，做到带药移栽，一喷多防。

2 把握机插质量

2.1 大田耕整

选用旋耕灭茬机耕翻，机械施基肥，然后进行干整拉平直接上水浸泡 1~2 天（如果高低差较大在上水前筑高低差埂），再进行耙平。

2.2 机械插秧

泥浆沉淀 1~2 天后，薄水层 1~2cm 进行机械插秧。机插深度控制在 1.5~2.5cm，根据扬粳 805 水稻品种的分蘖特性，机插行距 25cm、株距 12cm 以内，每穴 3~5 苗为宜。保证不漂、不倒、不空插，6 月 18 日前栽插的，基本苗控制在 7 万~8 万株/亩，6 月 19—22 日栽插的，基本苗控制在 8 万~10 万株/亩，推迟栽插应适当增加基本苗。机插后及时查看是否有漏穴、缺苗，当缺穴率超过 3% 时需人工补缺，以达到匀苗、足苗。

3 抓好大田管理

3.1 科学管水

栽插后灌水 3~4cm 护苗活棵；栽后 2~7 天日灌夜排，间歇灌溉；分蘖期实行浅水勤灌，除施肥、化除需保持水层以外，以湿润灌溉为主；总苗数达到预计穗数 90%时，及时分次适度搁田；孕穗、抽穗期保持水层；灌浆结实期干干湿湿；收获前 7~10 天断水。

3.2　肥料运筹

根据土壤肥力、茬口等因素施用肥料。稻谷产量 600~650kg/亩的田块，一般施纯 N 20kg/亩左右，N、P_2O_5、K_2O 之比为 1：0.5：0.5。大田施 45%复合肥（15-15-15）30kg/亩作为基肥。分蘖肥采用少量多次的方法，栽后 5~7 天结合化除用尿素 6~8kg/亩；栽后 10~18 天，用尿素 8~10kg/亩。穗肥以促花肥为主，于穗分化始期、即叶龄余数 3.0 时施用 45%复合肥 25kg/亩，加尿素 5kg/亩；保花肥在出穗前 18~20 天、即叶龄余数 1.5 时施用尿素 3~5kg/亩。

3.3　病虫草害防治

机插后 5~7 天，结合施肥用 53%苄嘧·苯噻酰可湿性粉剂 50~60g/亩，进行大田化除。对杂草发生量仍较多的田块，可在 7 月上旬根据草相选用对应的除草剂进行茎叶处理。重点防治好水稻穗颈瘟病，在破口期用 75%三环唑可湿性粉剂 30g/亩或 40%稻瘟灵乳油 125ml/亩对水喷雾，隔 5~7 天（齐穗期）再防治一遍。其他病虫防治按照当地植保部门的意见进行。

射阳县水稻钵苗机插超高产栽培技术试验研究

黄萍霞[1]　茆春太[1]　董爱瑞[1]　吉荣华[1]　孙　蔚[2]

(1. 射阳县作物栽培技术指导站；2. 射阳县农牧渔业总公司)

摘　要：采用水稻钵盘育苗机插，配套精确定量栽培技术进行超高产研究，结果表明：钵盘育出的秧苗带土量大，秧体干重大，充实度高，大田返青快，分蘖发生早，有利于构建高产群体，从而获得高产。

关键词：水稻；钵盘；机插；超高产栽培；秧苗素质；产量

钵形塑盘育苗可育出根部带有完整钵形营养土块的秧苗，具有叶龄较长、秧体干重大、充实度高等特点，移栽时带钵土，不伤根，无植伤，因此栽后基本无缓苗现象，分蘖发生早，出穗早，增产效果显著[1]。本试验目的是探索水稻钵盘育苗机插生长发育与产量形成特点，建立适合当地的超高产栽培技术，为钵苗机插技术推广应用提供配套的农艺支撑。

1　材料与方法

1.1　试验概况

试验在射阳县种牛场稻综合展示基地内进行，土壤类型为滨海盐土，基础地力：有机质 17.1g/kg、碱解氮 76mg/kg、速效磷 3.9mg/kg、速效钾 154mg/kg。供试超级稻品种为南粳 9108。

1.2　试验设计

试验设 4 个处理，分别为：钵苗（硬盘育苗）移栽（A）、上毡下钵（软盘育苗）移栽（B）、毯苗（平盘）移栽（CK），以抛秧为对照（C），面积均为 3 亩。

1.3　试验实施

1.3.1　营养土准备

落谷前 7 天按每 100kg 床土拌入育苗伴侣 0.6kg，充分拌匀制成营养土备用，育秧基质为江苏科力农业资源科技有限公司生产的科力牌育苗基质。

1.3.2　播种

A：5 月 28 日播种，采用 2BD-300（LSPE-40AM）型水稻钵苗播种机播种。每盘播种约 70g，每穴 3~4 粒，大田每亩用约 40 盘，亩用种量约 3kg，底土为营养土与基质按 2∶1 比例复配。B、CK：5 月 28 日播种，采用 2BL-280A 型水稻播种流水线播种。每盘播种约 120g，大田每亩用约 26 盘，亩用种量约 4.5kg。播种后覆盖无纺布。C：5 月 17—18 日落谷，软盘旱育，大田每亩用约 60 盘，亩用种量约 3.5kg，无纺布覆盖。

1.3.3　秧田管理

齐苗后揭膜不用无纺布覆盖，用吡蚜虫、毒死蜱轮换喷雾防治飞虱，每 2 天喷药 1 次。2 叶期 100 盘用 15% 多效唑 4g 对水喷雾。2 叶期后坚持不卷叶不补水。1 叶 1 心时秧池上水追施尿素 5kg/亩；移栽前 5 天秧池上水追施尿素 7.5kg/亩。

1.3.4　移栽

处理 A：6 月 27 日移栽，钵苗摆栽行距 33cm，株距 12.4cm，栽植 1.63 万穴/亩，基本苗 6.5 万/亩；处理 B、CK：6 月 27 日机插，行距 25cm，株距 12cm，每穴 3~4 苗，亩基本苗 7 万左右；C：6 月 24 日抛栽，秧龄 5.5 叶，每亩 1.8 万~2 万穴，亩基本苗 7 万左右。

1.3.5 肥料运筹

基肥亩施水稻返青肥 40kg/亩（N≥15%。腐殖酸≥10%，中微量元素≥10%，有机质≥20%，氨基酸≥10%，N≥12%，P≥0%，K≥4%）。蘖肥分 6 月 30 日和 7 月 8 日 2 次施用，分别亩施尿素 7.5kg 和 12.5kg。7 月 22 日，亩施 3～5kg 尿素加复配锌、钾肥等弥补雨水过多造成肥料流失，满足生长的营养需求。8 月 2 日施促花肥，每亩施尿素 10kg，8 月 15 日施保花肥，每亩施尿素 7.5kg。

1.4 调查项目与方法

移栽前考察秧苗素质、田间苗情记载；大田期间主要记载生育期及茎蘖变化动态,；田间调查穗粒结构、5 点梅花状取样实割调查产量。

2 结果与分析

2.1 秧苗素质

试验结果表明，处理 A、B、C 秧苗素质好于对照。移栽前南粳 9108 钵苗株高 16.5～19.3cm，波幅 2.8cm，平均 17.16cm，毯苗株高 9.6～13.1cm，波幅 3.5cm，平均 11.63cm，钵苗较毯苗高 5.93cm；叶龄，钵苗 4.4～5.7 叶，波幅 1.3 叶，平均 5.2 叶，毯苗 3.5～4.3 叶，波幅 0.8 叶，平均 3.81 叶，钵苗较毯苗多 1.7 叶；白根数，钵苗 15～21 根，波幅 4 根，平均 17.6 根，毯苗 9～13 根，波幅 4 根，平均 11.5 根，钵苗较毯苗多 6.1 根。百株干重钵苗较毯苗高 5.51g。从整齐度来看，钵苗、毯苗均好于塑盘旱育秧苗；茎秆粗壮来看，处理 A 秧苗充实，茎秆粗壮，处理 C 好于 B，而所有处理均好于对照（表 1）。

表 1 不同处理对秧苗素质的影响

秧苗类型	株高（cm）	叶龄（叶）	白根数（根）	分蘖数（个）	百株干重（g）
A	17.16	5.2	17.6	0.00	8.63
B	15.47	4.35	14.4	0.00	5.17
C	16.99	4.84	16.43	0.00	7.65
CK	11.63	3.81	11.50	0.00	3.12

2.2 群体茎蘖动态

由表 3 看出，不同处理的群体茎蘖数和成穗率差异较大，钵苗机插的成穗数最多，达到 25.3 万/亩，成穗率也为 4 种不同技术中最高，为 69.5%。毯苗机插的高峰苗及成穗数均少于其他 3 个处理，可能与栽插过程中植伤重、缓苗期长有关。塑盘旱育抛秧的高峰苗及成穗数低于钵苗机插、上毡下钵，可能由于抛秧的无序化种植，光能利用率低于其他几种栽插方式有关（表 2）。

表 2 不同处理对群体茎蘖动态的影响　　　　　　　　　　　　　　单位：万/亩

栽插类型	基本苗	高峰苗	抽穗期	成穗数	成穗率（%）
A	6.5	36.4	29.1	25.3	69.5
B	7.3	36.5	27.9	23.8	65.2
C	7.2	34.6	26.8	23.5	67.9
CK	7.1	33.2	24.5	21.3	64.2

2.3 生育进程

表 3 可以看出，钵苗机插高产栽培技术生育期最短，仅为 151 天，较毯苗机插少了 5 天，主要是因为这项技术在秧苗移栽时植伤小，缓苗期较短。而水稻塑盘旱育抛（摆）秧技术简便易行，发苗快，成熟期较其他栽插方式提前 6 天左右，主要是因为其落谷时间早于其他栽插方式。

表3 不同处理生育进程比较

技术名称	生育期					
	落谷期	移栽期	拔节期	抽穗期	成熟期	全生育期（天）
A	5月28日	6月27日	8月4日	9月3日	10月26日	151
B	5月28日	6月26日	8月6日	9月5日	10月29日	154
C	5月18日	6月24日	8月3日	9月3日	10月19日	154
CK	5月28日	6月26日	8月8日	9月6日	10月31日	156

2.4　产量及其构成

不同处理的产量差异较大，钵苗机插的产量最高，达到679.99kg/亩，较CK产量（603.67kg/亩）增产76.32kg/亩，增幅12.64%。亩穗数、穗粒数、结实率均最高，分别为25.3万/亩、113.7粒/穗、92.7%，分别比CK高4万/亩、12.1粒、0.8%。但千粒重却低于其他栽插方式。水稻灌浆中后期曾出现连续3天以上低温天气，受极端天气影响，水稻不同栽插方式灌浆速率差异较大。

由此可以看出，钵苗移栽显著增产的主要原因是群体总颖花量的显著增加，同时保持良好的结实性状（表4）。

表4 不同处理产量构成及产量比较

栽插类型	有效穗数（万/亩）	每穗总粒数	结实率（%）	千粒重（g）	理论产量（kg/亩）
A	25.3	113.7	92.7	25.5	679.99
B	23.8	105.2	92.1	27.9	643.36
C	23.5	105.5	91.9	27.7	631.13
CK	21.3	101.6	91.4	27.9	603.67

3　结论与讨论

综合4项技术表现，钵苗机插技术仍然表现突出，基本无缓苗期，发棵快、分蘖多，产量也最高。上毡下钵机插高产栽培技术与毯苗机插技术比较优势明显，毯苗机插植伤重，缓苗期达到了5~7天，在今年持续低温阴雨的条件下，最终生育期及产量较其他移栽方式均无优势。

结果表明，钵苗育出的秧苗带土量大，秧体干重大，充实度高，大田返青快，分蘖发生早，其育苗方法的创新有效克服了毯苗机插秧龄弹性小、容易超秧龄、秧苗素质差、移栽植伤重、个体生长量小等问题。实践证明，培育壮秧是关键，只有培育"齐、匀、壮"的标准化壮秧，才能保证机插后田间群体均衡一致，以弥补穴数少带来基本苗不足的弱点，达到足穗壮秆，实现高产优质[2]。施肥管理上，钵苗机插前期秧苗个体大、分蘖发生早，基本无缓苗期，中后期干物质积累多，需要养分多，建议减少分蘖肥的施用，提高穗肥用量，氮肥运筹基蘖肥：穗肥=6：4，基肥：分蘖肥=5：5。

射阳县小麦收获期集中在6月上旬，与水稻适宜栽插时间重叠，形成迟茬接迟茬的季节矛盾，钵苗机插移栽秧龄弹性较大，适宜移栽的秧龄可延长至25~35天，有效的缓解了季节紧张的问题，同时延长了水稻生育期，能够充分发挥水稻产量潜力，获得超高产量。但由于钵苗插秧机及其配套机械价格高，且作业效率明显低于抛秧、上毡下钵、毯苗机插等栽插方式，农民对此难以接受，大面积推广仍然难度较大。

参考文献

[1] 张洪程. 水稻新型栽培技术 [M]. 北京：金盾出版社，2011.
[2] 张洪程. 钵苗机插生产特点及其利用的核心技术 [J] 农机市场，2012（8）：19-21.

2016年盐城市大丰区水稻新品种比较试验研究

朱孔志[1]　韦运和[2]　张瑞芹[2]　谷　欢[2]

(1. 江苏金色农业科技发展有限公司；2. 盐城市大丰区作物栽培技术指导站)

1　材料与方法

1.1　试验品种（系）

结合本地实际情况，2016年拟安排试验品种（系）共21个，其中中熟中粳10个，迟熟中粳11个，分别如下。

中熟中粳：武运粳21、京粳1号、苏秀867、连稻99、扬粳113、泗稻785、连稻7号、皖垦津清、金稻14-153（系）、金粳004（系）。

迟熟中粳：南粳51、南粳52、南粳0212、南粳9108、淮稻5号、宁粳6号、淮稻18、盐稻15、盐稻11、金稻13-02（系）、金粳263（系）。

1.2　试验地点

试验安排在盐城市大丰区刘庄镇民主村基地进行，供试地为黏性土壤，土地平整、肥力均匀、排灌方便、形状规整，前茬作物为小麦；土壤有机质含量为21.7g/kg，全氮含量为1.38g/kg，有效磷含量为10.8mg/kg，速效钾含量为175.0mg/kg，全盐含量为1.55g/kg，pH值为7.6。

1.3　试验设计

试验共设21个处理，即每个品种为一个处理，不设重复，随机排列。每个品种试验面积为2亩，品种间留走道0.6m或设田埂。

1.4　试验过程

试验采用盘育小苗机插的方式，大田用种量4kg/亩，5月21日落谷，6月19日移栽，移栽时采用机插秧，行株距为25cm×12cm，平均密度为2.22万穴/亩。基肥亩施用$N : P_2O_5 : K_2O$含量为23:24:0缓控释肥20kg，移栽7天结合化除亩施尿素10kg。移栽20天亩施$N : P_2O_5 : K_2O$含量为36:0:9缓控释肥25kg。稻田草害于6月25日50%丁草胺每亩100g化除，7月29日甲维·杀蝉、吡蚜酮、井冈·戊唑醇防治大螟、稻纵卷叶螟及纹枯病；8月15日三环唑、稻瘟酰胺、甲维·茚虫威防治稻瘟病、稻纵卷叶螟等；8月15日及8月29日稻瘟酰胺、三环唑、甲维·苏云金杆菌防治稻瘟病、稻纵卷叶螟等；9月10日稻瘟酰胺防治稻瘟病，11月5日收获。

2　结果与分析

2.1　生育期及抗逆性表现

2.1.1　生育期

2016年6月下旬在水稻移栽之后，遇到持续的低温降雨，不利于水稻的返青和分蘖；7—8月出现持续性的高温，水稻生育进程加快、抽穗期提前；9—10月出现了连续的阴雨天，光照严重不足，灌浆速度减慢，所以水稻的整个生育期与去年相比基本保持一致。参展的21个品种全生育期在142~160天。其中皖垦津清全生育期最短为142天，淮稻18全生育期最长为160天。其余品种（系）的全生育期介于两者之间。

其中中熟中粳生育期中拔节孕穗时间较早品种有皖垦津清、连稻99、武运粳21和金稻14-153，可作为直播稻栽培；拔节孕穗期较迟的品种有京粳1号、苏秀867、泗稻785和连粳7号。迟熟中粳生育期中拔节孕穗期时间较早的品种有金粳 263、宁粳 6 号和金稻 13-02；拔节孕穗期较迟的品种有盐稻 15、淮稻 18、淮稻 5 号和南粳 52，但是淮稻 18 和淮稻 5 号后期灌浆速度比较快。

2.1.2　恶苗病

各品种在生长期间未发现有恶苗病的发生，这可能与前期使用的拌种剂有很大的关系；与此同时在秧苗移栽时叶面喷施黄腐酸钾也起到提高苗的抗逆性及抗病性（表 1）。

表 1　不同水稻新品种生育进程、生育期及抗性表现

品种名称	播种期	移栽期	拔节期	抽穗期	成熟期	全生育期（天）	恶苗病	稻瘟病（%）	倒伏（%）
武运粳 21	5 月 21 日	6 月 19 日	7 月 22 日	8 月 12 日	10 月 12 日	144	0	35.87	100
金稻 14-153	5 月 21 日	6 月 19 日	7 月 23 日	8 月 13 日	10 月 15 日	147	0	32.89	60
京粳 1 号	5 月 21 日	6 月 19 日	7 月 26 日	8 月 21 日	10 月 18 日	150	0	33.33	100
苏秀 867	5 月 21 日	6 月 19 日	7 月 27 日	8 月 21 日	10 月 16 日	148	0	32.26	20
金粳 004	5 月 21 日	6 月 19 日	7 月 27 日	8 月 20 日	10 月 25 日	157	0	28.38	30
连稻 99	5 月 21 日	6 月 19 日	7 月 20 日	8 月 13 日	10 月 14 日	146	0	32.86	0
扬粳 113	5 月 21 日	6 月 19 日	7 月 25 日	8 月 17 日	10 月 18 日	150	0	33.87	0
泗稻 785	5 月 21 日	6 月 19 日	7 月 28 日	8 月 21 日	10 月 18 日	150	0	15.79	20
连粳 7 号	5 月 21 日	6 月 19 日	7 月 25 日	8 月 21 日	10 月 19 日	151	0	17.11	0
盐稻 15	5 月 21 日	6 月 19 日	7 月 28 日	8 月 27 日	10 月 26 日	158	0	15.63	0
皖垦津清	5 月 21 日	6 月 19 日	7 月 20 日	8 月 12 日	10 月 10 日	142	0	14.94	0
盐稻 11	5 月 21 日	6 月 19 日	8 月 1 日	8 月 23 日	10 月 24 日	156	0	14.52	50
金稻 13-02	5 月 21 日	6 月 19 日	8 月 5 日	8 月 22 日	10 月 25 日	157	0	27.72	80
金粳 263	5 月 21 日	6 月 19 日	7 月 28 日	8 月 20 日	10 月 23 日	155	0	30.16	20
淮稻 18	5 月 21 日	6 月 19 日	8 月 1 日	8 月 28 日	10 月 28 日	160	0	30.91	20
宁粳 6 号	5 月 21 日	6 月 19 日	8 月 3 日	8 月 21 日	10 月 20 日	152	0	31.91	40
淮稻 5 号	5 月 21 日	6 月 19 日	8 月 1 日	8 月 26 日	10 月 26 日	158	0	16.00	0
南粳 9108	5 月 21 日	6 月 19 日	8 月 3 日	8 月 23 日	10 月 21 日	153	0	25.42	0
南粳 0212	5 月 21 日	6 月 19 日	8 月 2 日	8 月 23 日	10 月 23 日	155	0	21.05	0
南粳 52	5 月 21 日	6 月 19 日	8 月 4 日	8 月 28 日	10 月 27 日	159	0	23.64	0
南粳 51	5 月 21 日	6 月 19 日	8 月 2 日	8 月 23 日	10 月 23 日	155	0	19.30	0

2.1.3　倒伏及穗发芽情况

由表 2 可知倒伏主要分为茎倒伏和根倒伏，2016 年 9 月 14 日受 "莫兰蒂" 台风的影响，导致 7 个品种出现了茎倒伏，其中为害较重的是武运粳 21 和金稻 14-153，倒伏率分别为 60% 和 40%，较轻的是苏秀 867，倒伏率为 5%。

10 月 1 日受 "暹芭" 台风的影响，11 个品种出现了不同程度的根倒伏和茎倒伏；其中根倒伏比较严重的是武运粳 21、京粳 1 号、金稻 13-02，倒伏率分别为 90%、100% 和 60%。茎倒伏较重的是金稻 14-153 和金粳 263，倒伏率分别是 60% 和 50%，金粳 004 茎倒伏率最低不足 5%。

表 2　不同水稻新品种田间倒伏情况

品种	调查日期	倒伏类型	倒伏率（%）	调查日期	倒伏类型	倒伏率（%）	调查日期	倒伏类型	倒伏率（%）
武运粳 21	9 月 15 日	茎倒	60	10 月 7 日	根倒	90	11 月 2 日	根倒	100

（续表）

品种	调查日期	倒伏类型	倒伏率（%）	调查日期	倒伏类型	倒伏率（%）	调查日期	倒伏类型	倒伏率（%）
金稻 14-153	9 月 15 日	茎倒	40	10 月 7 日	茎倒	60	11 月 2 日	茎倒	60
京粳 1 号	9 月 15 日	茎倒	10	10 月 7 日	根倒	100	11 月 2 日	根倒	100
苏秀 867	9 月 15 日	茎倒	5	10 月 7 日	茎倒	20	11 月 2 日	茎倒	20
金粳 004	9 月 15 日	—	—	10 月 7 日	茎倒	5	11 月 2 日	茎倒	30
泗稻 785	9 月 15 日	—	—	10 月 7 日	茎倒	20	11 月 2 日	茎倒	20
盐稻 11	9 月 15 日	—	—	10 月 7 日	茎倒	40	11 月 2 日	茎倒	50
金稻 13-02	9 月 15 日	茎倒	20	10 月 7 日	根倒	60	11 月 2 日	根倒	80
金粳 263	9 月 15 日	茎倒	10	10 月 7 日	茎倒	50	11 月 2 日	茎倒	55
淮稻 18	9 月 15 日	—		10 月 7 日	茎倒	20	11 月 2 日	茎倒	20
宁粳 6 号	9 月 15 日	茎倒	10	10 月 7 日	茎倒	30	11 月 2 日	茎倒	40

11 月 2 日收获之前进行一次统计，倒伏较重的是武运粳 21 和京粳 1 号，都为 100%；武运粳 21 倒伏的原因：①武运粳 21 拔节抽穗时间较早，植株封行过早，影响植株茎秆和节间的粗度；②两次台风的影响造成的机械损伤；③多个品种处于同一个区域，生育期不一致，水分管理出现偏差，为不影响其他品种的灌浆，田间需保持一定量的水分，导致武运粳 21 基部节间酥软，出现根倒伏的现象，这与后面水稻基部发黑相验证。京粳 1 号倒伏的主要原因：①植株株高较其他品种最高，本身的抗倒伏能力较其他品种偏差；②两场台风外力的作用加速倒伏。其他品种的倒伏主要是与台风和水分管理不当有很大的关系。

表 3　不同水稻新品种田间穗发芽情况

品种	武运粳 21	京粳 1 号	盐稻 11	宁粳 6 号	金粳 263	金稻 13-02
穗发芽（%）	60%~70%	55%~60%	≤10%	20%~25%	5%~10%	10%~15%

由表 3 可以看出，武运粳 21 和京粳 1 号穗发芽率最高分别达到 60%~70% 和 55%~60%，与水稻的根倒伏有很大的关系。宁粳 6 号穗发芽率为 20%~25%，与品种本身的特性有关系，在宁粳 6 号百亩示范方田也发现穗发芽的现象，主要是后期宁粳 6 号灌浆速度快，遇到长期的降雨及适宜的温度，打破休眠出现穗发芽的现象。金稻 13-02 出现了根倒伏，穗发芽率为 10%~15%，根倒伏幅度较武运粳 21 和京粳 1 号较低。其余品种主要与本身的品种特性有关系。

2.1.4　稻瘟病及发病情况

（1）苗瘟。5 月 21 日落谷，6 月 10 日在苗床上发现金稻 14-153、苏秀 867、南粳 9108、南粳 52 有零星的苗瘟，用三环唑+禾奇正中药肥，苗瘟得到了有效的控制。

（2）叶瘟、节瘟。6 月 19 日水稻移栽至抽穗灌浆中期，由于稻瘟病发病需要在低温、寡照、高湿的环境，而这段时间持续性的高温，不利于稻瘟病菌的繁殖，再加上合理的水肥调控及药物防治，基本上无病害的发生。

（3）穗颈瘟、枝梗瘟、谷粒瘟。在水稻灌浆成熟期间，遇到持续性的低温寡照降雨天气，为稻瘟病的发病创造了条件，在此时期统计的数据如表 4 所示。通过表 4 可以看出，中熟中粳品种中发病率较高的是武运粳 21、京粳 1 号、扬粳 113，发病指数均达到 4 级；发病率较低的是泗稻 785、连粳 7 号，发病指数均为 2 级，皖垦津清，发病率最低，但发病指数为 3 级；其余品种介于二者之间。迟熟中粳品种中发病率较高的品种是南粳 52、南粳 9108，发病指数均为 4 级；南粳 0212，发病指数为 3 级；发病率较低的品种是盐稻 11、盐稻 15，发病指数为 3 级；淮稻 5 号，发病指数为 2 级。

表4 不同水稻新品种（系）抗稻瘟病性表现

水稻品种	1级	2级	3级	4级	5级	病穗	总穗	病穗率（%）	病指
武运粳21	13	10	7	3	0	33	92	35.87	14.35
金稻14-153	10	8	5	2	0	25	76	32.89	12.89
京粳1号	9	6	3	1	0	19	57	33.33	11.93
苏秀867	12	5	3	0	0	20	62	32.26	10.00
金粳004	12	6	2	1	0	21	74	28.38	9.19
连粳99	14	8	1	0	0	23	70	32.86	9.43
扬粳113	10	7	3	1	0	21	62	33.87	11.94
泗稻785	8	4	0	0	0	12	76	15.79	4.21
连粳7号	9	4	0	0	0	13	76	17.11	4.47
盐稻15	6	3	1	0	0	10	64	15.63	4.69
皖垦津清	9	3	1	0	0	13	87	14.94	4.14
盐稻11	5	3	1	0	0	9	62	14.52	4.52
南粳51	15	10	3	0	0	28	101	27.72	8.71
南粳52	11	5	2	1	0	19	63	30.16	9.84
南粳0212	11	4	2	0	0	17	55	30.91	9.09
南粳9108	8	4	2	1	0	15	47	31.91	11.06
淮稻5号	8	4	0	0	0	12	75	16.00	4.27
宁粳6号	9	4	2	0	0	15	59	25.42	7.80
淮稻18	9	5	2	0	0	16	76	21.05	6.58
金粳263	9	4	0	0	0	13	55	23.64	6.18
金稻1302	7	3	1	0	0	11	57	19.30	5.61
全田	204	110	41	10	0	365	1 446	25.24	8.12

2.2 农艺性状及产量性状表现

2.2.1 不同水稻品种表型表现

表5 不同水稻品种表型表现

水稻品种	株型	叶色	分蘖性性	成穗率	长势	熟期转色
武运粳21	较紧凑	浓绿	强	71.06%	繁茂	好
金稻14-153	较紧凑	浓绿+	弱	86.09%	繁茂	好
京粳1号	较紧凑	黄绿	弱	84.17%	繁茂	中
苏秀867	松散	青绿	一般	70.63%	中等	好
金粳004	较紧凑	青绿	强	66.68%	繁茂	好
连粳99	紧凑	浓绿+	一般	93.51%	繁茂	好
扬粳113	较紧凑	青绿	一般	74.40%	繁茂	好
泗稻785	松散	黄绿	弱	80.95%	繁茂	好
连粳7号	较紧凑	浓绿	弱	93.05%	繁茂	好

（续表）

水稻品种	株型	叶色	分蘖性性	成穗率	长势	熟期转色
盐稻 15	紧凑	浓绿	弱	91.38%	繁茂	好
皖垦津清	较紧凑	浓绿+	强	74.94%	中等	中
盐稻 11	较紧凑	浓绿	强	83.51%	繁茂	好
南粳 51	紧凑	浓绿	强	88.84%	繁茂	好
南粳 52	松散	浓绿	弱	90.03%	繁茂	好
南粳 0212	较紧凑	黄绿	强	85.65%	繁茂	好
南粳 9108	紧凑	浓绿	一般	91.87%	繁茂	好
淮稻 5 号	较紧凑	青绿	强	79.05%	繁茂	好
宁粳 6 号	松散	浓绿	弱	79.55%	中等	好
淮稻 18	紧凑	青绿	弱	80.43%	繁茂	好
金粳 263	较紧凑	浓绿+	一般	79.63%	繁茂	好
金稻 13-02	松散	浓绿+	强	78.16%	繁茂	好

从表 5 可以看出，21 个品种的株型基本上呈现松散、紧凑和较紧凑三种类型，其中宁粳 6 号、金稻 13-02、南粳 52、苏秀 867 和泗稻 785 比较松散，其余品种紧凑和较紧凑。叶色表现，京粳 1 号、南粳 0212 和泗稻 785 3 个品种叶片颜色较其他品种浅，从苗期至后期成熟收获整个生育期颜色都较其他品种淡，后期肥水管理应与其他品种区别处理。而浓绿型如武运粳 21、金稻 14-153、金粳 263、金稻 13-02、宁粳 6 号等大部分此类品种容易发生倒伏，即植株的颜色与倒伏有一定的关联，需要后续的试验验证。分蘖性表现，其中中熟中粳品种（系）分蘖性较强的品种有金粳 004、武运粳 21、苏秀 867、连稻 99 等，在栽培过程中可通过合理控制基本苗数来保证田间有效穗数；而金稻 14-153、泗稻 785、连粳 7 号分蘖力较低需要增加基本苗数来提高田间有效穗数。迟熟中粳中，分蘖性较强的品种有盐稻 11、淮稻 5 号、金稻 13-02、淮稻 5 号等，在栽培过程中可通过合理控制基本苗数来保证田间有效穗数；迟熟中粳中分蘖性较一般的品种金粳 263、宁粳 6 号等，需要增加基本苗数来提高田间有效穗数。成穗率表现：成穗率较高的品种有连稻 99、连粳 7 号、皖垦津清、金粳 263、金稻 13-02、金稻 14-153 等；成穗率较低的品种有金粳 004、苏秀 867、扬粳 113 等。长势表现，苏秀 867、皖垦津清、宁粳-6 号表现中等，宁粳 6 号需要增加基本苗数，而苏秀 867 和皖垦津清需要提高每穗粒数来提高产量，具体可通过水肥来调节。熟期转色表现，21 个品种中，除皖垦津清和京粳 1 号转色中等外，其余均表现良好。

2.2.2 不同水稻品种产量农艺性状及其表现

（1）株高表现。参展的 21 个水稻品种（系）中，株高在 72~98cm，其中京粳 1 号最高，连稻 99 最矮，其余介于二者之间。

（2）穗长表现。参展的 21 个水稻品种（系）中，水稻穗长在 13.9~17.9cm，其中京粳 1 号和金粳 14-153 最长，均属大穗型，南粳 0212 最短，其余介于二者之间。

（3）每亩有效穗数表现。参展的 21 个水稻品种（系）中，水稻每亩有效穗数在 21.52 万~27.14 万穗之间，其余介于二者之间。其中金稻 13-02、淮稻 18、淮稻 5 号、金粳 004、武运粳 21，均属分蘖力强的品种，盐稻 15、金稻 14-153、连粳 7 号、金粳 263、扬粳 113 等品种分蘖性一般，在后续的栽培管理中需要增施磷肥或增加适宜密度来提高产量。

（4）每穗总粒数表现。参展的 21 个水稻品种（系）中，水稻每穗总粒数在 92.1~136.6 粒，其余介于二者之间。其中京粳 1 号、南粳 52、金稻 14-153，均属大穗型；淮稻 18、皖垦津清、苏秀 867 等属于穗型较小，在栽培管理中要通过增加有效分蘖数来提高水稻的产量。

（5）总颖花数表现。参展的 21 个水稻品种（系）中，水稻的总颖花数在 2 321.89 万~3 357.02 万。其中总颖花数较高的品种有南粳 52、金粳 004、京粳 1 号、盐稻 11、连稻 99、南粳 9108、淮稻 5 号等，总颖花数较低的品种有盐稻11、泗稻785、南粳0212、皖垦津清、苏秀867等。产量基本随着总颖花数的增加而增加，其中少部分的产量也受千粒重的影响。

（6）结实率表现。参展的21个水稻品种（系）中，水稻结实率在80.2%~96.8%，其中淮稻5号、南粳9108、连粳7号、扬粳113、泗稻785结实率均较高，均达到96%以上，而南粳52、京粳1号和苏秀867等结实率较低，其余介于二者之间。

（7）千粒重表现。参展的21个水稻品种（系）中，水稻千粒重在25.8~31.4g，其余介于二者之间。其中扬粳113千粒重最重，为31.4g；京粳1号和苏秀867千粒重最低，均为25.8g，在后期的栽培过程中可通过叶面喷施磷酸二氢钾抗逆增产类产品来提高千粒重的重量。

（8）产量表现。参展的21个水稻品种（系）中，水稻产量在526.0~790.4kg，其余介于二者之间。其中金粳004、盐稻11、扬粳113、南粳9108、淮稻5号、南粳52等品种产量较高；而苏秀867、淮稻18、皖垦津清、泗稻785等品种产量较低。

2.2.3 小结

（1）中熟中粳品种中扬粳113、金粳004综合表现较好，扬粳113和金粳004植株高度适中、抗病性强、株型较紧凑、生育期适中且成熟期较早、熟相好、产量高，可用于直播和机插。

（2）迟熟中粳品种中南粳9108、淮稻5号和南粳52综合表现较好，南粳9108株型较紧凑，长势较旺，分蘖力较强，叶色淡绿，叶姿较挺，抗倒性较强，后期熟相好。淮稻5号株高适中，株型较紧凑，叶片挺立，抗倒性较强，分蘖力中等，成穗率高。南粳52株型紧凑，长势较旺，分蘖力较强，叶色淡绿，叶姿较挺，后期熟色好（表6）。

表6 不同水稻新品种（系）农艺性状、产量性状及产量表

品种名称	株高（cm）	穗长（cm）	有效穗（万穗）	每穗粒数（粒）	总颖花数（万）	结实率（%）	千粒重（g）	理论产量（kg/亩）
武运粳21	81.5	16.4	25.98	113.2	2 940.94	95.9	26.8	755.9
金稻14-153	82.6	17.9	22.62	125.9	2 847.86	90.9	27.6	714.5
京粳1号	98.0	17.9	23.7	136.6	3 237.42	86.7	25.8	724.2
苏秀867	79.6	15.5	24.78	93.7	2 321.89	87.8	25.8	526.0
金粳004	76.7	15.5	26.46	125.8	3 328.67	88.6	26.8	790.4
连稻99	72.0	16.4	24.36	122.1	2 974.36	94.5	26.2	736.4
扬粳113	91.8	16.7	23.61	110.3	2 604.19	96.2	31.4	786.6
泗稻785	92.6	16.3	23.68	101.3	2 398.78	96.2	27.7	639.2
连粳7号	95.3	16.4	23.07	124.0	2 860.68	96.3	27.2	749.3
盐稻15	90.3	14.5	21.52	113.0	2 431.76	94.5	29.6	680.2
皖垦津清	83.3	15.7	25.54	92.4	2 359.90	95.5	27.6	622.0
盐稻11	90.2	17.5	25.88	116.0	3 002.08	94.4	27.8	787.8
金稻13-02	88.9	14.4	27.14	108.6	2 947.40	88.8	27.7	725.0
金粳263	91.0	14.5	23.11	126.5	2 923.42	95.1	26.9	747.87
淮稻18	85.9	14.8	26.52	92.2	2 445.14	93.3	28.2	643.3
宁粳6号	86.6	15.8	24.07	116.3	2 799.34	92.3	28.0	723.5
淮稻5号	87.9	15.2	26.22	112.7	2 954.99	96.8	27.0	772.3
南粳9108	92.2	17.4	24.14	122.5	2 957.15	96.6	27.4	782.7
南粳0212	92.3	13.9	24.33	98.3	2 391.64	95.3	29.5	672.4

（续表）

品种 名称	株高 （cm）	穗长 （cm）	有效穗 （万穗）	每穗粒数 （粒）	总颖花数 （万）	结实率 （%）	千粒重 （g）	理论产量 （kg/亩）
南粳 52	89.2	17.7	24.83	135.2	3 357.02	80.2	28.2	759.2
南粳 51	87.3	15.5	25.39	108.4	2 752.28	94.6	28.1	731.6

3 品种（系）评述

武运粳 21：该品种全生育期 144 天，株高 81.5cm，株型较紧凑，穗型半直立，群体通风透光好，苗期叶色淡，长势旺盛，叶姿态挺，后期转色快，熟相好。分蘖性强，亩成穗 25.98 万穗，穗长 16.4cm，结实率 95.9%，每穗实粒数 113.2 粒，千粒重 26.8g，产量 755.9kg/亩，产量排名第 7。稻瘟病发病率 35.87%，发病指数 14.35；纹枯病发病率 1%，发病指数 3.21；恶苗病发病率 0；抗倒伏能力中等，根倒伏率 100%，与根倒伏相关联的穗发芽率为 60%~70%。

金稻 14-153：该品种全生育期 147 天，株高 82.6cm，株型较紧凑，穗型半直立，群体通风透光好，苗期叶色青绿，长势繁茂，叶姿态挺，后期转色快，熟相好。分蘖性弱，亩成穗 22.62 万穗，穗长 17.9cm，结实率 90.9%，每穗实粒数 125.9 粒，千粒重 27.6g，产量 714.5kg/亩，产量排名第 15。稻瘟病发病率 32.89%，发病指数 12.89；纹枯病发病率 0；恶苗病发病率 0；抗倒伏能力一般，茎倒伏率 60%。

京粳 1 号：该品种全生育期 150 天，株高 81.5cm 左右，株型较紧凑，穗型半直立，群体通风透光好，整个生育期叶色淡，长势旺盛，叶姿态挺，后期转色中，熟相好。分蘖性弱，亩成穗 23.70 万穗，穗长 17.9cm，结实率 86.7%，每穗实粒数 136.6 粒，千粒重 25.8g，产量 724.2kg/亩，产量排名第 13。稻瘟病发病率 33.33%，发病指数 11.93；纹枯病发病率 3%，发病指数 4.25；恶苗病发病率 0；抗倒伏能力弱，根倒伏率 100%，与根倒伏相关联的穗发芽率为 55%~60%。

苏秀 867：该品种全生育期 148 天、株高 79.6cm 左右，株型松散，穗型半直立，群体通风透光好，苗期叶色青绿，长势中等，叶姿态挺，后期转色快，熟相好。分蘖性一般，亩成穗 24.78 万穗，穗长 15.5cm，结实率 87.8%，每穗实粒数 93.7 粒，千粒重 25.8g，产量 526.0kg/亩，产量排名第 21。稻瘟病发病率 32.26%，发病指数 10.00；纹枯病发病率 0；恶苗病发病率 0；抗倒伏能力一般，茎倒伏发生率为 20%。

金粳 004：该品种全生育期 157 天、株高 15.5cm 左右，株型较紧凑，穗型半直立，群体通风透光好，苗期叶色青绿，长势繁茂，叶姿态挺，后期转色快，熟相好。分蘖性强，亩成穗 26.46 万，穗长 15.5cm，结实率 88.6%，每穗实粒数 125.8 粒，千粒重 26.8g，产量 790.4kg/亩，产量排名第 1。稻瘟病发病率 28.38%，发病指数 9.19；纹枯病发病率 0；恶苗病发病率 0；抗倒伏能力强，茎倒伏发生率为 30%，但在其他 1 120 亩田块中未发现有倒伏的现象。

连稻 99：该品种全生育期 146 天、株高 72.0cm 左右，株型紧凑，穗型直立，群体通风透光好，苗期叶色浓绿，长势繁茂，叶姿态挺，后期转色快，熟相好。分蘖性一般，亩成穗 24.36 万，穗长 16.4cm，结实率 94.5%，每穗实粒数 122.1 粒，千粒重 26.2g，产量 736.4kg/亩，产量排名第 10。稻瘟病发病率 32.86%，发病指数 9.43；纹枯病发病率 0；恶苗病发病率 0；抗倒伏能力强。

扬粳 113：该品种全生育期 150 天、株高 91.8cm 左右，株型较紧凑，穗型半直立，群体通风透光好，苗期叶色青绿，长势繁茂，叶姿态挺，后期转色快，熟相好。分蘖性一般，亩成穗 23.61 万，穗长 16.7cm，结实率 96.2%，每穗实粒数 110.3 粒，千粒重 31.4g，产量 786.6kg/亩，产量排名第 3。稻瘟病发病率 33.87%，发病指数 11.94；纹枯病发病率 3%，发病指数 2.21；恶苗病发病率 0；抗倒伏能力强。

泗稻 785：该品种全生育期 150 天、株高 92.6cm 左右，株型松散，穗型半直立，群体通风透光好，苗期叶色青绿，长势繁茂，叶姿态挺，后期转色快，熟相好。分蘖性弱，亩成穗 23.68 万穗，穗长 16.3cm，结实率 96.2%，每穗实粒数 101.3 粒，千粒重 27.7g，产量 639.2kg/亩，产量排名第 19。稻瘟病发病率 15.79%，发病指数 4.21；纹枯病发病率 0；恶苗病发病率 0；抗倒伏能力中等，茎倒伏发生率 20%。

连粳 7 号：该品种全生育期 151 天、株高 95.3cm 左右，株型较紧凑，穗型半直立，群体通风透光好，苗期叶色浓绿，长势繁茂，叶姿态挺，后期转色快，熟相好。分蘖性弱，亩成穗 23.07 万穗，穗长 16.4cm，结实率 96.3%，每穗实粒数 124.0 粒，千粒重 27.2g，产量 749.3kg/亩，产量排名第 8。稻瘟病发病率 17.11%，发病指数 4.47；纹枯病发病率 0；恶苗病发病率 0；抗倒伏能力强。

盐稻 15：该品种全生育期 158 天、株高 90.3cm 左右，株型紧凑，穗型直立，群体通风透光好，苗期叶色浓绿，长势繁茂，叶姿态挺，后期转色快，熟相好。分蘖性弱，亩成穗 21.52 万穗，穗长 14.5cm，结实率 94.5%，每穗实粒数 113.0 粒，千粒重 29.6g，产量 680.2kg/亩，产量排名第 16。稻瘟病发病率 15.63%，发病指数 4.69；纹枯病发病率 0；恶苗病发病率 0；抗倒伏能力强。

皖垦津清：该品种全生育期 142 天、株高 83.3cm 左右，株型较紧凑，穗型半直立，群体通风透光好，苗期叶色浓绿，长势中等，叶姿态挺，后期转色中，熟相好。分蘖性强，亩成穗 25.54 万穗，穗长 15.7cm，结实率 95.5%，每穗实粒数 113.0 粒，千粒重 27.6g，产量 622.0kg/亩，产量排名第 20。稻瘟病发病率 14.94%，发病指数 4.14；纹枯病发病率 0；恶苗病发病率 0；抗倒伏能力强。

盐稻 11：该品种全生育期 156 天、株高 90.2cm 左右，株型较紧凑，穗型直立，群体通风透光好，苗期叶色浓绿，长势繁茂，叶姿态挺，后期转色快，熟相好。分蘖性强，亩成穗 25.88 万，穗长 17.5cm，结实率 94.4%，每穗实粒数 116.0 粒，千粒重 27.8g，产量 787.8kg/亩，产量排名第 2。稻瘟病发病率 14.52%，发病指数 4.52；纹枯病发病率 3%，发病指数 1.45；抗倒伏能力一般，茎倒伏发生率为 50%。

金稻 13-02：该品种全生育期 157 天、株高 88.9cm 左右，株型松散，穗型半直立，群体通风透光好，苗期叶色浓绿，长势繁茂，叶姿态挺，后期转色快，熟相好。分蘖性强，亩成穗 27.14 万，穗长 14.4cm，结实率 88.8%，每穗实粒数 108.6 粒，千粒重 27.7g，产量 725.0kg/亩，产量排名第 12。稻瘟病发病率 19.30%，发病指数 5.61；纹枯病发病率 0；恶苗病发病率 0；抗倒伏能力一般，根倒伏率 80%，与根倒伏相关联的穗发芽率为 10%~15%。

金粳 263：该品种全生育期 155 天、株高 91.0cm 左右，株型较紧凑，穗型半直立，群体通风透光好，苗期叶色浓绿，长势繁茂，叶姿态挺，后期转色快，熟相好。分蘖性一般，亩成穗 23.11 万，穗长 14.5cm，结实率 95.1%，每穗实粒数 126.5 粒，千粒重 26.9g，产量 747.87kg/亩，产量排名第 9。稻瘟病发病率 23.64%，发病指数 6.18；纹枯病发病率 0；恶苗病发病率 0；抗倒伏能力一般，与茎倒伏相关联的穗发芽率为 5%~10%。

淮稻 18：该品种全生育期 160 天、株高 85.9cm 左右，株型紧凑，穗型直立，群体通风透光好，苗期叶色青绿，长势繁茂，叶姿态挺，后期转色快，熟相好。分蘖性弱，亩成穗 26.52 万穗，穗长 14.8cm，结实率 93.3%，每穗实粒数 92.2 粒，千粒重 28.2g，产量 643.3kg/亩，产量排名第 18。稻瘟病发病率 21.05%，发病指数 6.58；纹枯病发病率 0；恶苗病发病率 0；抗倒伏能力中等，茎倒伏发生率 20%。

宁粳 6 号：该品种全生育期 152 天、株高 86.6cm 左右，株型松散，穗型半直立，群体通风透光好，苗期叶色浓绿，长势繁茂，叶姿态挺，后期转色中等，熟相好。分蘖性弱，亩成穗 24.07 万，穗长 15.8cm，结实率 92.3%，每穗实粒数 116.3 粒，千粒重 28.0g，产量 723.5kg/亩，产量排名第 14。稻瘟病发病率 25.42%，发病指数 7.80；纹枯病发病率 0；恶苗病发病率 0；抗倒伏能力一般，茎倒伏率 40%，与茎倒伏相关联的穗发芽率为 20%~25%。

淮稻 5 号：该品种全生育期 158 天、株高 87.9cm 左右，株型较紧凑，穗型直立，群体通风透光好，苗期叶色青绿，长势繁茂，叶姿态挺，后期转色快，熟相好。分蘖性强，亩成穗 26.22 万穗，穗长 87.9cm，结实率 96.8%，每穗实粒数 112.7 粒，千粒重 27.0g，产量 772.3kg/亩，产量排名第 5。稻瘟病发病率 16.00%，发病指数 4.27；纹枯病发病率 0；恶苗病发病率 0；抗倒伏能力强。

南粳 9108：该品种全生育期 153 天、株高 92.2cm 左右，株型较紧凑，穗型半直立，群体通风透光好，苗期叶色淡，长势旺盛，叶姿态挺，后期转色快，熟相好。分蘖性强，亩成穗 24.14 万穗，穗长 17.4cm，结实率 96.6%，每穗实粒数 122.5 粒，千粒重 27.4g，产量 782.7kg/亩，产量排名第 4。稻瘟病发病率 31.91%，发病指数 11.06；纹枯病发病率 0；恶苗病发病率 0；抗倒伏能力强。

南粳 0212：该品种全生育期 155 天、株高 92.3cm 左右，株型较紧凑，穗型半直立，群体通风透光好，苗期叶色黄绿，长势繁茂，叶姿态挺，后期转色快，熟相好。分蘖性强，亩成穗 24.33 万，穗长 13.9cm，结实率 95.3%，每穗实粒数 98.3 粒，千粒重 29.5g，产量 672.4kg/亩，产量排名第 17。稻瘟病发病率 30.91%，发病指数 9.09；纹枯病发病率 0；恶苗病发病率 0；抗倒伏能力强。

南粳 52：该品种全生育期 159 天、株高 89.2cm 左右，株型松散，穗型半直立，群体通风透光好，苗期叶色浓绿，长势繁茂，叶姿态挺，后期转色快，熟相好。分蘖性弱，亩成穗 24.83 万，穗长 17.7cm，结实率 80.2%，每穗实粒数 135.2 粒，千粒重 28.2g，产量 759.2kg/亩，产量排名第 6。稻瘟病发病率 30.167%，发病指数 9.84；纹枯病发病率 6.5%，发病指数 4.65；抗倒伏能力强。

南粳 51：该品种全生育期 155 天、株高 81.5cm 左右，株型紧凑，穗型半直立，群体通风透光好，苗期叶色浓绿，长势繁茂，叶姿态挺，后期转色快，熟相好。分蘖性强，亩成穗 25.39 万，穗长 15.5cm，结实率 94.6%，每穗实粒数 108.4 粒，千粒重 28.1g，产量 731.6kg/亩，产量排名第 11。稻瘟病发病率 27.72%，发病指数 8.71；纹枯病发病率 8.8%，发病指数 4.64；抗倒伏能力强。

响水县粳稻新品种适应性研究

张红叶[1]　方怀信[1]　崔　岭[1]　杨　力[2]　金　鑫[2]

（1. 响水县粮油作物栽培技术指导站；2. 盐城市粮油作物技术指导站）

摘　要：为探索和研究不同粳稻品种的特征和特性，筛选出适合响水县自然生态条件种植的水稻新品种，粮油作物栽培技术指导站组织 8 个粳稻品种进行对比试验，结果表明：连粳 7 号、连粳 6 号和宁粳 4 号综合性状和产量均比较好，目前在我县大面积种植综合表现也比较好；连粳 9 号在今年试验过程中产量表现较好，但其综合性状有待于进一步试验示范。

关键词：水稻品种；生育期；植株性状；产量

针对响水县水稻常规品种混杂，群众对品种难以选择、难以购种的现象，我们针对性地选择了 8 个常规粳稻新品种进行比较试验，对 8 个粳稻品种的生育特点、特征特性和产量水平进行对照比较，为筛选出适合我县生态条件种植的粳稻新品种，提供科学的理论依据。

1　试验设计与技术体系

1.1　试验田情况

试验设在响水县陈家港镇立礼村 7 组，土壤质地属黏壤土，土壤有机质含量较高，肥力较好，前茬作物为小麦，6 月 10 日收获。

1.2　参试品种

粮油作物栽培技术指导站共组织连粳 7 号、宁粳 4 号、连粳 6 号、连粳 9 号、连粳 11 号、连粳 12 号、中稻 1 号和华瑞稻 1 号 8 个常规粳稻品种参与试验比较，中稻 1 号作为对照。

1.3　试验设计

参试品种按事先设计好的顺序排列，不设重复，每个品种（系）面积 540m²，机插行距 30cm，株距 11cm，栽插 2.02 万穴/亩，3~4 苗/穴。

1.4　田间管理技术体系

1.4.1

育苗与秧田于 5 月 28 日用 25%氰烯菌酯悬乳剂浸种，5 月 31 日采用塑料软盘育秧，6 月 21 日栽插，栽插秧秧龄 20 天，叶龄 3.2 叶。秧田管理按照正常的机插秧苗床技术操作规程进行，确保育壮秧。

1.4.2

大田前茬小麦收获后，开始上水泡田，7 月 18 日，用 75 马力（55kW）以上的拖拉机进行旋耕第一遍后，每亩撒施 40%有机—无机（有机、无机各占 20%，有机成分中氮、磷、钾分别占 13%、4%、3%）复混肥料 50kg 加尿素 12.5kg 作基肥，然后再用拖拉机进行旋耙整平；栽后 7 天，撒施尿素 10kg/亩作分蘖肥，7 月 5 日，撒施尿素 10kg/亩作壮蘖兼平衡肥；7 月 18 日排水搁田，采用多次轻搁的方法，直至达到搁田标准；8 月 1 日施促花肥，撒施 40%复合肥 15kg/亩、尿素 5.0kg，8 月 11 日施保花肥，撒施尿素 5kg/亩。总施纯 N 量为 27.3kg/亩。正常水浆管理。水稻各期病虫害防治，按照县植保部门意见进行防治。

1.5　试验结果考查

栽后及时对 8 个水稻品种进行定点定期进行考苗，重点考察 8 个不同水稻品种的群体发育动态和生长发育特征特性，成熟期对不同品种植株性状及穗部结构进行具体考察。具体考察结果分别见表1、表2、表3、表4、表5、表6。

2 结果与分析

2.1 气候条件对水稻生长发育的影响

根据对响水县气象台的气象预报资料分析，水稻生长期间的总体气象条件为低温寡照，总积温3 600℃，较上年同期少171℃，较常年同期少128.6℃，属于偏少年份；日照时数883.8h，较上年同期减少186.2h，较常年同期少243.3h。≥0.1mm的雨日天数计61天，比去年多17天，分蘖期气候条件较好，利于水稻分蘖；拔节孕穗期日平均温度低于常年，可能延长了幼穗分化时间，利于水稻形成大穗，2016年8月旬平均气温为24.7℃，比上年少4.2℃，比常年少1.7℃，旬日照时数为135.5h，分别比去年和常年减少137h、101.2h；抽穗结实期气候总体偏差，影响水稻结实率和千粒重。由于今年特殊的气候条件，参试的部分品种千粒重影响明显，品种的生育期普遍较常年推迟5~7天。

2.2 生育期表现

参试的8个粳稻品种统一于5月31日播种，6月21日机插，于8月30日至9月8日齐穗，全生育期149~154天；宁粳4号、连粳12号、连粳7号3个品种成熟期与对照基本一致[3]；连粳6号成熟期比对照迟2天；连粳11号成熟期比对照迟3天；华瑞稻1号比对照迟4天（表1）。

表1 参试品种的生育期（月/日）

品种	育苗期	栽插期	分蘖始期	分蘖高峰苗期	拔节期	破口期	齐穗期	成熟期	全生育期（天）
连粳7号	5月31日	6月21日	2月7日	7月27日	2月8日	3月9日	8月9日	11月1日	154
宁粳4号	5月31日	6月21日	2月7日	7月26日	2月8日	3月9日	8月9日	11月1日	154
连粳6号	5月31日	6月21日	2月7日	7月25日	7月30日	1月9日	6月9日	10月30日	152
连粳9号	5月31日	6月21日	2月7日	7月26日	7月28日	2月9日	7月9日	10月31日	153
连粳11号	5月31日	6月21日	2月7日	7月25日	7月28日	8月30日	4月9日	10月28日	151
连粳12号	5月31日	6月21日	2月7日	7月27日	2月8日	3月9日	8月9日	11月1日	154
中稻1号	5月31日	6月21日	2月7日	7月27日	2月8日	3月9日	8月9日	11月1日	154
华瑞稻1号	5月31日	6月21日	2月7日	7月25日	7月26日	8月27日	2月9日	10月26日	149

2.3 茎蘖动态与分蘖成穗率

由表2可见，宁粳4号、连粳7号、连粳9号分蘖率高于对照，分蘖率最差的是华瑞稻1号；所有品种分蘖成穗率均高于对照，其中连粳9号分蘖成穗率最高，连粳6号的略高于对照。

表2 茎蘖动态与分蘖成穗率

品种	基本苗（万/亩）	高峰苗（万/亩）	分蘖率（%）	有效穗数（万/亩）	分蘖成穗数（万/亩）	分蘖成穗率（%）
连粳7号	8.7	40.2	462.1	24.8	16.1	64.9
宁粳4号	9.3	45.2	483.9	26.8	17.5	65.2
连粳6号	9.3	32.3	347.3	22.3	13	58.3
连粳9号	8.9	39.6	444.9	26.5	17.6	66.4
连粳11号	10.5	35.4	337.1	26.1	15.6	59.7
连粳12号	9.1	35.1	385.7	26.6	17.5	65.7
中稻1号	10.3	41.4	401.8	22.8	12.5	54.8
华瑞稻1号	9.7	31.5	304.7	24.9	15.2	61

2.4 农艺性状

由表 3 可见，水稻总叶片数除了宁粳 4 号、连粳 11 号和华瑞稻 1 号低于对照约 1 张叶片外，其他都与对照一致，均是 15 张。所有品种株高都低于对照，其中连粳 7 号、连粳 11 号和华瑞稻 1 号都不到 100cm。主茎伸长节间数比较接近，都在 5.0~5.4 个。穗长都高于对照，但连粳 6 号、华瑞稻 1 号相对较高，分别高于对照 3.59cm 和 3.53cm。

表 3　参试品种植株性状

品种	总叶片数（张）	株高（cm）	主茎伸长节间数（个）	穗长（cm）
连粳 7 号	15	99.5	5	15.6
宁粳 4 号	14.3	103	5.4	14.5
连粳 6 号	15	107.3	5.3	17.69
连粳 9 号	15	106.7	5	14.2
连粳 11 号	13.7	99	5.2	14.4
连粳 12 号	15	107.3	5	14.59
中稻 1 号	15	109.5	5.3	14.1
华瑞稻 1 号	14	98.7	5	17.63

2.5 抗性情况

由表 4 可见，所有品种条纹叶枯病和稻瘟病均未发生[2]。纹枯病除连粳 11 号和宁粳 4 号相对较重外，其他都较轻。抗倒性最好的是连粳 7 号，与对照相近：其他都略差于对照，其中宁粳 4 号倒伏最为严重，基本倒伏；连粳 11 号部分倒伏，其他都是零星倒伏。

表 4　参试品种抗病性和抗倒性情况

品种	条纹叶枯病	稻瘟病	纹枯病病株率（%）	倒伏情况
连粳 7 号	无	无	7.6	未见倒伏
宁粳 4 号	无	无	17	基本倒伏
连粳 6 号	无	无	5.7	零星倒伏
连粳 9 号	无	无	4.2	零星倒伏
连粳 11 号	无	无	20.7	部分倒伏
连粳 12 号	无	无	2.6	零星倒伏
中稻 1 号	无	无	2.4	未见倒伏
华瑞稻 1 号	无	无	6.6	零星倒伏

2.6 产量情况

由表 5 可见，所有品种产量水平均高于对照，其中连粳 7 号、连粳 6 号产量增 10% 以上，分列前二位，分别较对照增 78.9kg、77.1kg，分别增 12.9%、12.6%；宁粳 4 号、连粳 11 号分别较对照增 54kg、38.1kg，分别增 8.8%、6.23%，其他增幅低于 5%。

表5 产量结构考察

品种	成穗数（万/亩）	每穗粒数（个）	结实率（%）	千粒重（g）	理论亩产（kg/亩）	实收产量（kg/亩）	产量排名次
连粳7号	24.8	124.9	90.6	25.6	718.4	689.7	1
宁粳4号	26.8	119.5	90.1	24	692.5	664.8	3
连粳6号	22.3	133.8	88.3	27.2	716.6	687.9	2
连粳9号	26.5	111.2	89.6	25.6	675.9	648.9	4
连粳11号	26.1	103.3	86.4	24.8	577.7	641.1	5
连粳12号	26.6	112.2	87.1	25.6	665.5	633.9	7
中稻1号	22.8	121.2	91.6	26	658.1	610.8	8
华瑞稻1号	24.9	119.3	89	26.4	662.7	636.2	6

2.7 品质情况

由表6可见，连粳11号品质相对较好，出米率高，精米率为72.7%，垩白率27%，垩白度3%。其次是连粳7号和连粳12号。宁粳4号品质相对较差，精米率为64.1%，垩白率32%，垩白度5%，与对照相近。

表6 稻米品质情况

品种	精米率（%）	垩白率（%）	垩白度（%）
连粳7号	69.6	21	3
宁粳4号	64.1	32	5
连粳6号	65.6	30	3
连粳9号	67.9	27	3
连粳11号	72.7	27	3
连粳12号	69.1	20	2
中稻1号	68.5	44	5
华瑞稻1号	67.4	19	2

3 结论

通过对8个不同粳稻品种的对比试验，对每个品种的综合农艺性状和产量水平进行了定性和定量分析，连粳7号、连粳6号和宁粳4号农艺性状和产量水平表现都比较好，这与响水县目前大面积种植的表现是一致的；连粳9号在本试验中综合性状较好，但其特征特性与产量水平年度间的差异性有待于进一步试验示范[1]。

参考文献

［1］ 张红叶，周钧，等. 淮北地区粳稻新品种（系）对比试验总结 [J]. 北方水稻，2014（6）：64-66.

［2］ 顾文亮，张红叶，等. 连粳7号品种引进及塑盘旱育精确摆栽技术推广应用 [J]. 农业科技通讯，2013（6）：232-234.

［3］ 杨力，刘洪进，等. 中熟中粳新品种宁粳4号栽培试验研究 [J]. 沿海粮食高产高效集成技术研究新进展，2013（7）：75-77.

超级稻连粳 7 号不同播（栽）期与株行距
配置对产量结构的影响

张红叶[1]　杨　力[2]　金　鑫[2]

（1. 响水县粮油作物栽培技术指导站；2. 盐城市粮油作物技术指导站）

摘　要：本文通过对超级稻连粳 7 号不同播（栽）期与株行距配置对产量结构的影响试验比较分析，初步认为对于同一株行距，及时早播（栽），产量表现就越好，播（栽）越晚，产量表现就越差；对于不同株行距，适期早播（栽）的，行距可以适当放宽，随着播（栽）期的推迟，行距应作相应的缩减，有利于产量水平的提高。

关键词：水稻；播（栽）期；株行距；产量结构

连粳 7 号，是连云港市黄淮农作物育种研究院于 2005 年选育、2010 年通过省级审定的中熟中粳超级稻品种，2011—2014 年连续四年列入江苏省主要农作物"四主推"推介名录，2013 年、2014 年被农业部列为主导品种[1]。近年来，由于响水县水稻高产增效创建活动的示范辐射作用，随着水稻机插秧的不断发展，连粳 7 号种植面积也逐年扩大，已成为响水县水稻当家品种。不同播期对超级稻连粳 7 号产量结构的影响已有报道并具共识，但不同株行距对其产量构成的影响存有异议，本试验旨在探讨和研究不同播期不同株行距的配置对超级稻连粳 7 号产量结构的影响[2]，为响水县机插秧株行距的合理配置提供理论依据。

1　试验设计

1.1　试验田情况

试验设在响水县陈家港镇立礼村 7 组殷开发家承包田里，土壤质地属黏壤土，土壤有机质含量较高，肥力较好，前茬作物为小麦，6 月 11 日收获。

1.2　试验品种

超级稻连粳 7 号

1.3　试验处理设计

A 处理为不同播（栽）期，A1、A2、A3 分别为第 1、第 2、第 3 期播（栽）；B 处理为不同行距，B1 代表 30cm，B2 代表 25cm。不同处理每期均设三个重复，共设 18 个小区，每个小区面积 12m²（3m×4m）各个区组采取随机排列，小区四周设保护行，区组与区组间、区组与保护行间均留 50cm 操作行。

2　技术体系设计

2.1　浸种设计

分 3 期浸种，用 25% 氰烯菌酯悬浮剂 2 000 倍液浸种，浸足 48h，浸后不用淘洗，直接播种，防治水稻恶苗病、干尖线虫病等种传病害。

2.2　播（栽）期设计

本试验共设 3 个不同播期，分别为 5 月 31 日、6 月 5 日、6 月 10 日；对应的 3 个不同栽插期，分别为 6 月 21 日、6 月 26 日、7 月 1 日，栽插秧龄为 20 天。

2.3　栽插技术

18 个小区按原来设计好的随机区组图分 3 期栽插，人工模拟机插秧栽插，按照重复拉线定点栽插，行距 30cm，株距为 11cm，每小区栽 11 行；行距 25cm，株距为 13.2cm，每小区栽 13 行。2.0212

万穴/亩，3~4苗/穴。

2.4 大田管理技术

前茬小麦收获后，上水泡田，7月17日，用75马力（55kW）以上的拖拉机进行旋耕后，每亩撒施40%有机—无机（有机、无机各占20%，有机成分中氮、磷、钾分别占13%、4%、3%）复混肥料50kg加尿素12.5kg作基肥，然后再用拖拉机旋耙整平；栽后7天，撒施尿素10kg/亩作分蘖肥，栽后12天，撒施尿素10kg/亩作壮蘖兼平衡肥；7月19日排水搁田，采用多次轻搁的方法，直至达到搁田标准；8月2日施促花肥，撒施40%复合肥15kg/亩、尿素5.0kg，8月10日施保花肥，撒施尿素5kg/亩。总施纯N量为27.3kg/亩。水浆管理：薄水分蘖，适期搁田，孕穗与扬花期建立浅水层，后期干湿交替，湿润灌溉，成熟7天前断水。水稻各期病虫害防治，按照当地县植保部门意见，进行综合统防统治。

2.5 试验结果考查

栽后及时对不同小区定点定期进行系统考苗，重点考查不同小区的群体发育动态和生长发育特征特性，成熟期对不同小区植株性状及穗部结构进行具体考查。具体考察结果分别见表1、表3。

3 结果与分析

3.1 气候条件对水稻生长发育的影响

根据对响水县气象台的气象预报资料分析，今年响水县在水稻生长期间的总体气象条件为低温寡照，总积温3 600℃，较上年同期3 771℃少171℃，较常年同期3 728.6℃少128.6℃，属于偏少年份；日照时数883.8h，较上年同期1 070h减少186.2h，较常年同期1 127.1少243.3h。≥0.1mm的雨日天数计61天，比上年多17天，分蘖期气候条件较好，利于水稻分蘖；拔节孕穗期日平均温度低于常年，可能延长了幼穗分化时间，利于水稻形成大穗，今年8月旬平均气温为24.7℃，比上年少4.2℃，比常年少1.7℃，旬日照时数为135.5h，分别比上年和常年减少137h、101.2h；抽穗结实期气候总体偏差，影响水稻结实率和千粒重。由于今年特殊的气候条件，对千粒重和结实率影响明显，生育期较上年推迟5~7天。

3.2 生育期表现

由表1可见，不同播（栽）期的各个生育时期表现均不一致，第1期栽插的小区水稻全生育期为153天，分别比第2期、第3期栽插的生育期长2天、4天，各个生育时期也均较第2期、第3期栽插的提前。

表1 不同小区生育期表现（月/日）

生育期	育苗期	栽插期	分蘖始期	分蘖高峰期	拔节期	破口期	始穗期	齐穗期	成熟期	全生育期（天）
A1B1	5月31日	6月21日	2月7日	7月24日	2月8日	1月9日	4月9日	6月9日	1月11日	153
A1B2	5月31日	6月21日	2月7日	7月24日	2月8日	1月9日	4月9日	6月9日	1月11日	153
A2B1	5月6日	6月26日	6月7日	1月8日	7月8日	7月9日	4月9日	9月9日	3月11日	151
A2B2	5月6日	6月26日	6月7日	1月8日	7月8日	4月9日	7月9日	9月9日	3月11日	151
A3B1	10月6日	1月7日	11月7日	6月8日	12月8日	6月9日	9月9日	11月9日	5月11日	149
A3B2	10月6日	1月7日	11月7日	6月8日	12月8日	6月9日	9月9日	11月9日	5月11日	149

3.3 叶龄动态

由表2看出，对于同一品种超级稻连粳7号不同的栽插期，其总叶片数是不一致的，第1期栽插的超级稻连粳7号总叶片数为15张，分别比第2、第3期栽插的总叶片数多1张、2张。

表2 不同小区叶龄动态（张）

小区	7月14日	7月24日	8月6日	8月27日	终叶龄
A1B1	8.1	9.7	11.3	14.7	15

（续表）

小区	7月14日	7月24日	8月6日	8月27日	终叶龄
A1B2	8.1	9.7	11.4	14.8	15
A2B1	7.3	8.8	10.7	13.9	14
A2B2	7.3	8.8	10.7	14	14
A3B1	6.1	7.8	9.6	12.8	13
A3B2	6.1	7.8	9.6	12.7	13

3.4 产量表现（表3）

表3 超级稻连粳7号不同播期、不同行距产量结构考察表

小区号	每亩穴数（万）	每穴穗数（个）	每亩穗数（万）	每穗粒数（个）	结实率（%）	千粒重（g）	理论单产（kg/亩）	小区实收产量（kg）	实收单产（kg/亩）
A1B1①	2.0212	13.65	27.59	109.6	91.7	27	748.7	14.45	717.6
A1B1②		14.55	29.4	104.6	89.8	27	745.6	15.82	785.6
A1B1③		12.75	25.77	110.3	90.8	27	696.9	14.88	738.3
A1B2①	2.0212	12.5	25.27	116.2	88.0	27	697.7	13.15	653.2
A1B2②		14.3	28.90	100.6	93.3	27	732.4	14.53	721.8
A1B2③		12.6	25.46	110.7	90.6	27	689.4	13.79	684.6
A2B1①	2.0212	13.95	28.2	113.3	89.2	27	769.5	14.31	710.5
A2B1②		13.55	27.38	110.2	91.4	27	744.6	14.37	713.4
A2B1③		13.24	26.77	110.8	90.2	27	722.4	13.68	679.3
A2B2①	2.0212	12.15	24.56	101.1	94.1	27	630.9	11.24	558.1
A2B2②		14.85	30.00	101.3	77.6	27	636.7	13.81	685.8
A2B2③		12.25	24.76	127.7	79.5	27	678.7	13.0	645.4
A3B1①	2.0212	14.65	29.61	93.55	90.5	27	676.8	12.12	601.9
A3B1②		12.15	24.55	112.0	89.4	27	663.7	11.99	595.3
A3B1③		10.75	21.73	108.9	87.3	27	557.8	10.98	545.3
A3B2①	2.0212	11.85	23.95	114.4	90.4	27	668.7	11.78	584.9
A3B2②		13.70	27.69	94.7	88.6	27	627.3	11.83	587.3
A3B2③		12.35	24.96	111.6	83.8	27	630.3	12.17	604.2

3.4.1 同一株行距不同播（栽）期

不同播栽期处理之间水稻单产差异显著，5月31日播种的水稻单产最高，为716.9kg/亩，较6月10日增加51.4kg/亩，增7.7%，差异极显著；较6月5日增加130.4kg/亩，增22.2%（表4）。

表4 同一株行距不同播（栽）期小区实产差异显著性表

处理	平均单产（kg/亩）	5%差异	1%差异
A1	716.9	a	A
A2	665.4	b	A
A3	586.5	c	B

3.4.2　不同株行距相同播（栽）期

不同机插株行距水稻单产差异也达到显著，B1 处理的水稻单产为 676.4kg/亩，较 B2 处理增加 40.2kg/亩，增 6.3%（表 5）。

表 5　不同株行距同一播栽期每亩实产比较表

处理	平均单产（kg/亩）	5%差异	1%差异
B1	676.4	a	A
B2	636.1	b	A

3.4.3　不同株行距不同播栽期

在总共 6 个处理中，以 A1B1 的产量最高，达到 747.2kg/亩，显著高于 A1B2，A2B1 也显著高于 A2B2，表明栽插期在 6 月 26 日之前，行距设为 30cm 可达到较高的产量水平。A3B2 和 A3B1 由于栽插期推迟到 7 月 1 日，产量较低，仅为 592.1kg/亩和 580.8kg/亩，显著低于 6 月 21 日和 6 月 26 日的处理（表 6）。

表 6　不同株行距不同播栽期每亩实产比较表

处理	平均单产（kg/亩）	5%差异	1%差异
A1B1	747.2	a	A
A2B1	701.1	ab	AB
A1B2	686.5	bc	AB
A2B2	629.8	cd	BC
A3B2	592.1	d	C
A3B1	580.8	d	C

4　结论

4.1　同一株行距产量

尤其是稻麦两熟制的地区，前茬小麦收获后要及时抢播（栽），播（栽）越早，产量表现就越好，播（栽）越晚，产量表现就越差，及时抢栽是超级稻夺得高产的关键[2]。

4.2　不同株行距产量

适期早播（栽）的，行距可以适当放宽，有利于群体与个体的协调发展，提高单产；随着播（栽）期的推迟，行距应作相应的缩减，有利于产量水平的提高，年度间的变化有待于进一步的试验研究。

4.3　不同育秧、移栽期生育期

随着育秧期和移栽期的推迟，生育期有所推迟[3]。主要表现为收获期推迟 2~4 天，生育期也相应缩短 2~4 天。总叶龄数则减少 1~2 张。

参考文献

［1］　田霞，蒋家昆，等. 超级稻连粳 7 号特征特性及精确定量机插高产栽培技术［J］. 农业科技通讯，2015（3）：235-237.

［2］　孙瑞建，杨桂甲，等. 江淮地区杂交中籼水稻不同播期试验研究［J］. 中国农学通报，2014，30（27）：52-57.

［3］　王书梅，高慧，等. 杂交中籼不同播期、播量、秧龄和抛栽密度的试验初探［J］. 安徽农学通报，2009，15（16）：97-98.

秸秆还田对稻田土壤培肥和水稻产量的影响

杨　力　刘洪进　李长亚　周　艳　王文彬　金　鑫

（盐城市粮油作物技术指导站）

摘　要：以水稻品种武运粳23为材料，在氮、磷、钾施用量相同的条件下设全年还田（水稻秸秆全量还田+小麦秸秆全量还田）、当季还田（水稻秸秆不还田+小麦秸秆全量还田）、对照（水稻秸秆不还田+小麦秸秆不还田）、隔季还田（水稻秸秆全量还田+小麦秸秆不还田）4个处理，研究秸秆还田对水稻产量和稻田土壤培肥的影响。结果表明，秸秆还田处理增加了穗粒数，提高了产量，增产幅度达到3.0%~9.9%。全年还田和当季还田处理降低了土壤的pH值，降低了7.4%~8.8%；经过1年的种植，土壤中的P_2O_5和K_2O含量都有一定的下降，秸秆还田处理可以缓解下降幅度。但与对照相比，全年还田和当季还田处理使土壤有机质含量、土壤全氮含量分别提高1.8%~5.8%和8.3%~11.2%，碱解氮、速效钾和速效磷的含量分别增加3.7%~4.2%、25.3%~26.9%和4.1%~4.7%；秸秆对土壤培肥的作用顺序为全年还田>当季还田>隔季还田>不还田，受还田季数的明显影响。

关键词：水稻；秸秆还田；土壤培肥；水稻产量

　　秸秆还田是农业生产过程中的一项重要技术措施，研究表明[1-2]，秸秆还田后改变了土壤状况、营养成分和微生物群落，对土壤pH值、有机质含量、N、P、K含量有重要影响。秸秆还田对水稻的生长发育作用明显，前期抑制水稻生长，中后期由于作物秸秆腐解过程中陆续释放出大量的碳、氮、磷、钾等营养元素为作物所利用，促进水稻生长，增产作用显著[3]。土壤酸碱度（pH值）不但直接影响根和微生物的活性，又直接影响土壤中各种养料的有效性[4-5]。秸秆还田后在水稻田中厌氧微生物分解，产生酸化产物，所以秸秆还田后水稻田里的pH值是一个变化的过程[6]。秸秆中除有较多的有机质外还含有一定数量的N、P、K以及各种微量元素，在秸秆腐解过程中被陆续释放出来为作物所利用[7]。众多研究表明，秸秆还田可以明显增加土壤中有机质、氮、速效磷和速效钾的含量[8]，因而秸秆还田对土壤地力影响的研究，越来越受到人们的重视。本文研究了秸秆还田对稻田土壤养分和水稻产量的影响，旨在为大面积水稻生产中秸秆还田提供理论指导。

1　材料与方法

1.1　基本情况

　　试验于2011—2012年在盐城市农业科技（稻麦）综合展示基地同一块田中进行，2011年11月种植小麦，2012年5月种植水稻，土壤为发育于潟湖相母质的水稻土。2011年种植水稻前测定，土壤0~20cm有机质含量21.54g/kg、全氮0.86g/kg、速效氮70.6mg/kg、速效磷14.2mg/kg、速效钾86.7mg/kg。2012年5月20日播种育秧，6月25日移栽，11月4日成熟。大田期施用尿素650kg/hm²、过磷酸钙880kg/hm²、氯化钾400kg/hm²，氮肥运筹比例基肥40%、分蘖肥20%、促花肥20%、保花肥20%，磷钾肥运筹比例基肥50%、促花肥50%，基肥结合耕地施，分蘖肥移栽后5天施，促花肥倒4叶期施，保花肥倒2叶期施。大田水分管理，分蘖期浅水层，拔节后间歇灌。其他栽培管理与当地大面积生产相同。小麦季品种选用扬麦16，播量为225kg/hm²，撒播。根据当地农民习惯进行肥料管理，大田期每公顷施45%复合肥450kg作基肥，尿素75kg作分蘖肥，尿素187.5kg作拔节肥。

1.2　试验设计

　　供试水稻品种武运粳23，由江苏水稻研究所育成并提供。设4个处理：A. 全年还田（水稻秸秆全量还田+小麦秸秆全量还田）；B. 当季还田（水稻秸秆不还田+小麦秸秆全量还田）；C. 对照（水稻秸秆不还田+小麦秸秆不还田）；D. 隔季还田（水稻秸秆全量还田+小麦秸秆不还田），小区面积31.5m²（7m×4.5m），3次重复，随机区组排列。

经调查试验所在地区常年小麦秸秆产量（干重）6.75～7.5 t/hm²，水稻秸秆产量（干重）8.0～8.5t/hm²。本试验小麦秸秆全量取7.2t/hm²（干重），水稻秸秆全量取8.3t/hm²（干重）。试验田小麦、水稻人工平地收割，脱粒后将秸秆用联合收割机切碎，取碎秸秆2kg烘干法测定含水量，再按含水量折算为鲜秸秆量后过秤还田。还田时间为水稻小麦移栽播种前3天，先将秸秆均匀撒铺在小区内，再用50型拖拉机旋耕到20cm土层。

1.3 测定内容与方法

试验田于2011年进行定位试验前测定一次基础地力，在试验开展后的稻麦关键生育时期（拔节、抽穗和成熟期）用"x"法随机进行5点取样，取各处理0～20cm耕层土样。土壤样品经风干、充分混合后，四分法留取适量样品进行粉碎；凯氏半微量定氮法测土壤全氮含量；用钼酸铵—偏钒酸铵法测定土壤全磷含量；用火焰光度法测定全钾含量；用重铬酸钾—外加热法测定土壤有机质的含量。

试验田在施基肥前和稻麦于关键生育时期（拔节、抽穗和成熟期）和7月5日至8月7日每7天测定速效氮、磷、钾。用"x"法随机进行5点取样，取各处理0～20cm耕层新鲜土样用于测定。用AA3连续性流动分析仪测定土壤速效氮；用NH_4Ac浸提—火焰光度计法测定土壤速效钾的含量；$NaHCO_3$法测定土壤速效磷的含量。

土壤pH值：于水稻移栽后0～42天每7天测定1次，各小区耕层土壤pH值（15～20cm）。pH值用上海仪达有限公司生产的PHS-3型号的酸度仪测定。

产量和产量构成因素：成熟期各小区取5穴考查每穗粒数、结实率和千粒重，各小区去边行实收计产。

1.4 数据分析

试验数据采用SPSS来统计分折，并采用新复极差法进行处理平均数的显著性检验。

2 结果与分析

2.1 秸秆还田对土壤培肥的影响

表1列出了2011年小麦种植以前的土壤基础地力（实验前）和2012年3个水稻关键生育期（拔节、抽穗、成熟）的数据。

由表1可以看出，经过2季的种植，相对试验前，拔节和抽穗期各还田处理土壤有机质含量均低于对照，成熟期A（全年还田）、B（当季还田）和D（隔季还田）处理提高了土壤有机质含量，提高值分别为4.6%、0.7%和0.1%。由此可见，秸秆还田可以增加土壤有机质含量，而且增加幅度与还田的季数有关系。土壤全氮含量是评价土壤氮素肥力的重要指标，表1显示，土壤全氮含量的变化和有机质的变化趋势基本一致，全年还田和当季还田更有利于土壤中全氮含量的增加，增加幅度达到20.3%～23.5%。土壤中的P_2O_5和K_2O的变化趋势基本一致（表1），经过2季的种植，土壤的P_2O_5和K_2O含量都有一定的下降，秸秆还田处理可以缓解下降幅度，P_2O_5和K_2O含量下降幅度的顺序为A（全年还田）>B（当季还田）>D（隔季还田）>C（不还田），作用大小受还田季数影响。

表1 不同处理对土壤养分含量的影响

处理 （Treatments）	有机质 organic matter（g/kg）				全氮 soil nitrogen（g/kg）			
	试验前	拔节	抽穗	成熟	试验前	拔节	抽穗	成熟
A	21.54	18.84ab	20.32a	22.53a	0.86	0.98a	0.95a	1.07a
B	21.54	19.13a	20.03a	21.69b	0.86	0.93a	0.97a	1.04a

（续表）

处理 (Treatments)	有机质 organic matter（g/kg）				全氮 soil nitrogen（g/kg）			
	试验前	拔节	抽穗	成熟	试验前	拔节	抽穗	成熟
C	21.54	17.15b	19.90a	21.30b	0.86	0.92a	0.91a	0.96a
D	21.54	18.12ab	19.96a	21.56b	0.86	0.90a	0.94a	0.99a

处理 (Treatments)	全钾 K_2O（g/kg）				全磷 P_2O_5（g/kg）			
	试验前	拔节	抽穗	成熟	试验前	拔节	抽穗	成熟
A	6.75	7.17a	6.73a	6.16ab	1.09	0.82a	0.83a	1.07a
B	6.75	6.80a	6.72a	6.45a	1.09	0.78a	0.82a	1.01a
C	6.75	6.59a	6.02b	5.63b	1.09	0.76a	0.77a	0.90b
D	6.75	6.60a	6.56a	5.87ab	1.09	0.77a	0.81a	0.91b

土壤 NH_4^+-N 可以被水稻直接吸收利用，是土壤速效 N 的重要组成部分。由表2可知，经过1年的种植，土壤中 NH_4^+-N 大量的被消耗，其含量有很大程度的降低，3个秸秆还田处理的 NH_4^+-N 含量略高于对照，各处理间差异不显著，秸秆还田处理对土壤 NH_4^+-N 含量有一定的补充，弥补了部分消耗掉的 NH_4^+-N。作物秸秆中磷素含量较低，所以短期秸秆还田实验土壤中磷素含量不能产生明显的变化。2年的秸秆还田处理对土壤中速效 P 含量略有提高，但是作用效果并不显著，3个还田处理的趋势基本一致。秸秆中的钾主要以离子形态存在，秸秆施入水稻田后容易被水解释放出来为水稻所利用，增加土壤中速效钾的含量。水稻拔节、抽穗、成熟期，与对照相比，3个秸秆还田处理后土壤中速效钾含量有明显增加的趋势（表2）。

表2 不同处理对土壤中速效养分含量的影响

处理 (Treatments)	NH_4^+-N（mg/kg）Content of NH_4^+-N			
	试验前	拔节	抽穗	成熟
A	18.2	10.53a	11.18a	11.84a
B	18.2	9.30a	11.55a	11.95a
C	18.2	9.35a	10.88a	11.42a
D	18.2	9.45a	11.65a	12.32a

处理 (Treatments)	速效 P（mg/kg）Content of exchangeable P			
	试验前	拔节	抽穗	成熟
A	23.2	22.01a	23.41b	25.30a
B	23.2	22.57a	23.93a	25.12a
C	23.2	22.98b	22.54b	23.85b
D	23.2	22.22a	23.08ab	25.23b

处理 (Treatments)	速效 K（mg/kg）Content of available K			
	试验前	拔节	抽穗	成熟
A	86.7	117.38b	112.22a	106.12a
B	86.7	117.94b	114.15a	107.48a
C	86.7	109.95c	105.76b	94.78b
D	86.7	124.80a	116.77a	111.59a

2.2 秸秆还田对稻季土壤速效 N、P、K 含量的影响

表 3 表明，在施用等 N 量条件下，各处理稻季土壤 NH_4^+-N 含量有一致的变化规律，水稻生长前期对 N 素需求量较小，土壤 NH_4^+-N 含量较高，随着水稻生长速度加快，吸收氮量增加，各处理土壤 NH_4^+-N 含量持续降低，8 月 7 日后基本降至同一水平。各处理在水稻生长前期（7 月 5—29 日 4 次测定）以全年还田处理土壤 NH_4^+-N 含量最高，为 49.35mg/kg，比对照提高 24.7%。水稻生育期间土壤 NH_4^+-N 含量平均值全年还田>当季还田>隔季还田>对照，秸秆还田处理的 NH_4^+-N 平均含量显著高于对照。说明秸秆还田有利于增强土壤保肥能力，提高氮肥利用率。各处理土壤速效钾含量存在一定的差异，还田处理土壤速效钾含量在各测定时间均高于对照，相比于隔季和当季还田处理，全年还田处理在整个生育期都保持较高的土壤速效钾含量。土壤中磷的含量相对较低，磷素易流失，秸秆还田也可以明显提高土壤中的全磷、无机磷含量，并促进有机磷的矿化（表 3）。与对照相比，秸秆还田处理后农田系统中磷素有一定盈余，导致土壤速效磷含量增加，不同还田处理之间差异较小。

表 3　不同处理对稻季土壤速效 N、P、K 含量的影响

处理 (Treatments)	NH_4^+-N（mg/kg）　Content of　NH_4^+-N				
	7 月 5	7 月 13	7 月 21	7 月 29	8 月 7
A	10.20a	20.01b	49.35a	29.53a	10.53a
B	11.17a	23.58a	48.73a	26.02ab	9.30a
C	10.01a	19.29b	39.56b	18.54c	9.35a
D	10.11a	19.53b	45.48a	22.93bc	9.45a

处理 (Treatments)	速效 P（mg/kg）Content of available P				
	7 月 5	7 月 13	7 月 21	7 月 29	8 月 7
A	20.64a	22.42a	23.28a	24.96a	25.01a
B	18.46c	20.17b	22.89a	23.36b	25.57a
C	19.47b	18.57c	21.79b	24.76a	23.98b
D	19.54b	19.87b	21.84b	23.14b	25.22a

处理 (Treatments)	速效 K（mg/kg）Content of available K				
	7 月 5	7 月 13	7 月 21	7 月 29	8 月 7
A	116.36a	113.26a	123.50a	124.64a	117.38b
B	110.65ab	105.76a	116.68a	114.05b	117.94b
C	104.74b	104.02 b	97.69b	105.44c	111.95c
D	110.97ab	108.62a	114.40a	118.56ab	124.80a

2.3 秸秆还田后稻田土壤 pH 值的变化

土壤 pH 值决定了土壤酸碱状况，土壤酸碱性是土壤重要的化学性质，直接影响土壤中各种养分的有效性。由图 1 可以看出，水稻移栽后各处理土壤 pH 值呈现下降的趋势，在 28 天时有一个最低值，其后由于间歇灌溉，降低土壤中酸性物质积累，致使土壤 pH 值上升，在 42 天时基本恢复到原有水平。其中 21 天和 28 天时，A 和 B 处理较对照分别低 2.6%、7.4% 和 7.1%、8.8%，这可能是受到稻田水的酸碱影响，还可能是与土壤中有机质分解产生的有机酸有关。隔季还田处理土壤 pH 值与对照基本保持一致，说明隔季还田对稻田土壤 pH 值没有明显影响。

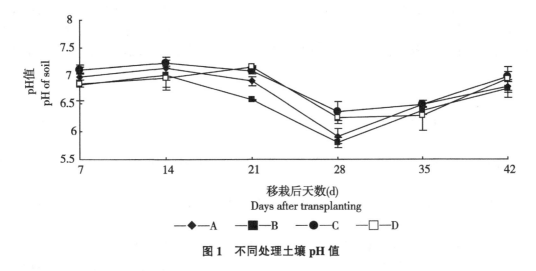

图1 不同处理土壤 pH 值

2.4 秸秆还田对水稻产量的影响

表4列出了各处理的产量及其构成因素，各处理产量较对照（C）均有提高，其中全年还田处理（A）较 C 高9.9%，增产最显著。产量构成因素方面，各处理穗粒数较对照提高 4.2%~10.7%，结实率较对照略有下降。穗数方面，当季还田处理（A）最低，比对照低3.1%，全年季还田和隔季还田处理较 C 有高有低。综合来看，与对照相比，全年还田处理显著增加了穗粒数，同时保持较高的穗数和千粒重，增产显著；当季还田处理虽然拥有较高的穗粒数，但同时降低了穗数，增产不明显。

表4 不同处理水稻产量及其构成

处理 Treatments	穗数 Panicles（万/hm²）	穗粒数 Spikelets per panicle（粒/穗）	结实率 Seed-seting Rate（%）	千粒重 1 000-grain weight（g）	产量 Grain Yield（t/hm²）
A	334.33a	133.80ab	93.45a	30.25a	12.63a
B	316.05b	138.64a	92.09a	30.07a	12.13ab
C	326.40ab	125.19b	93.90a	29.94a	11.49b
D	321.39ab	130.46ab	93.51a	30.22a	11.84b

3 讨论

关于秸秆还田对水稻产量的影响已有相关报道，但结果不尽一致。余延丰[9]认为在稻麦两熟制地区，作物秸秆和化肥配合施用可以显著提高下季作物产量；徐国伟、卢萍等[10-11]人认为秸秆还田会使水稻产量提高2%以上；而张海林[12]则认为短期内（2~3年）水稻会减产。本研究发现隔季还田、当季还田和全年还田处理分别提高水稻产量3.0%、5.6%和9.9%，全年还田增产效果最为显著，支持了秸秆还田有利于提高水稻产量的观点。秸秆还田使水稻增产的主要原因是：全年秸秆还田虽然降低了水稻穗数，但显著增大了库容，如穗粒数和千粒重。

对于秸秆还田对土壤肥力的影响，前人已经做了大量的研究，杨敏芳[13]和杨长明等[14]研究发现秸秆还田可提高土壤酶活性从而提高土壤供肥能力，与化肥混合施用效果会更好。詹其厚[15]和刘世平[16]认为，秸秆还田增加了土壤中的各种养分含量。土壤酸碱度（pH 值）直接影响土壤中各种养料的有效性，本实验发现秸秆还田处理降低了土壤 pH 值，增强了土壤酸度，对土壤养分分析发现，经过1年的种植，秸秆还田处理能显著提高土壤有机质含量、土壤全氮含量，土壤中的 P_2O_5 和 K_2O 含量都有一定的下降，秸秆还田处理可以缓解下降幅度。速效钾和速效磷可以直接被水稻吸收利用，秸秆还田与无机化肥配合施用，可以增加土壤中一些养分的有效性[17]，秸秆还田处理的土壤中速效钾和速效磷的含量有增加的趋势，增加的大小顺序为 A（全年还田）＞B（当季还田）＞D（隔季还田）＞C（不还田）。原因可能是秸秆还田保护了土壤中可溶性钾，提高了钾的有效性；同时促进了土壤中微生物的生长，在分解养分物质的过程中微生物保护了土壤中的速效磷。正是秸秆还田的优良培肥效果才促进了水稻产量的提高，验证了前人的观点。

参考文献

[1]　江永红．秸秆还田对农田生态系统及作物生长的影响［J］．土壤通报，2001，32（5）：209-213.

[2]　张国志，徐琪．长期秸秆覆盖免耕对土壤某些理化性质及玉米产量的影响［J］．土壤学报，1998，35（3）：384-390.

[3]　詹其厚，张效朴，袁朝良．秸秆还田改良砂姜黑土的效果及其机理研究［J］．安徽农业大学学报，2002，29（1）：53-59.

[4]　曾木祥，张玉杰．秸秆还田对农田生态环境的影响［J］．农业环境与发展，1997（1）：1-7.

[5]　余延丰，熊桂云，张继铭，等．秸秆还田对作物产量和土壤肥力的影响［J］．湖北农业科学，2008，47（2）：69-171.

[6]　卢萍，杨林章，单玉华，等．绿肥和秸秆还田对稻田土壤供氮能力及产量的影响［J］．土壤通报，2007，38（1）：39-42.

[7]　徐国伟，吴长付，刘辉，等．秸秆还田及氮肥管理技术对水稻产量的影响［J］．作物学报，2007，33（2）：284-291.

[8]　张海林，秦耀东，米文珊．耕作措施对土壤物理性状的影响［J］．土壤，2003（2）：140-144.

[9]　杨敏芳，朱利群，卞新民，等．耕作措施与秸秆还田对稻麦两熟制农田土壤养分、微生物生物量及酶活性的影响［J］．水土保持学报，2013，27（2）：272-281.

[10]　杨长明，杨林章．有机—无机肥配施对水稻剑叶光合特性的影响［J］．生态学杂志，2003，22（1）：1-4.

[11]　詹其厚，段建南，贾宁凤，等．长期施肥对黄土丘陵区土壤理化性质的影响［J］．水土保持学报，2006，20（4）：82-89.

[12]　刘世平，聂新涛，张洪程，等．稻麦两熟条件下不同土壤耕作方式与秸秆还田效用分析［J］．农业工程学报，2006，22（1）：48-51.

[13]　梁东丽，李小平，谷洁，等．陕西省主要土壤养分有效性的研究［J］．西北农业大学学报，2000，28（1）：37-42.

[14]　Cohen A, Zoetemeyer R J, Deursen A, et al. Anaerobic digestion of glucose with separated acid production and methane formation［J］. Water Research, 1979, 13：571-580.

[15]　Horiuchi J, Shimizu T, Kobayashi M. Selective production of organic acids in anaerobic acid reator by pH control［J］. Bioresource Technology, 2002, 82：209-213.

[16]　Cicerone R J, Delwiche C C, Tyler S C. Methane emissions from California rice paddies with varied treatments［J］. Global Biogeochemical Cycles, 1992, 6：233-248.

[17]　Wassmann R, Shangguan X T. Spatial and seasonal distribution of organic amendments affecting methane emission from Chinese rice fields［J］. Biology and Fertility of Soils, 1996, 22：191-195.

两系杂交稻宁两优1号的特征特性及其高产栽培技术

侍爱邦[1*] 杨 军[1] 周正红[2] 何其所[2] 肖 群[2]

宋开业[2] 刘学进[2] 张瑞才[3]

(1. 江苏省盐城市盐都区大冈镇农业技术推广综合服务中心，盐城 224043；2. 江苏神农大丰种业科技有限公司，南京 210031；3. 江苏省盐城市盐都区粮油站，盐城 224000)

摘 要：宁两优1号是江苏神农大丰种业科技有限公司用168S与R185配制而成的强优势两系杂交稻组合，于2012年通过江苏省审定，该组合米质优良、高产稳产、适应性强，尤其是产量增幅明显。总结了该品种特征特性和大面积生产亩产650kg的产量构成，并总结了该品种的高产关键栽培技术。

关键词：宁两优1号；特征特性；栽培技术

宁两优1号是江苏神农大丰种业科技有限公司用168S（苏审稻201215）与R185配制而成的强优势两系杂交稻组合，于2012年通过江苏省审定，审定编号：苏审稻201202。该组合经过几年来的大面积推广应用，表现为米质优良、高产稳产、适应性强，尤其是产量增幅明显，平均亩产量650kg，高产田块亩产可达800kg，比对照II优084增产8.13%，比其他两系杂交稻增产4.6%，达极显著水平。

为适应宁两优1号大面积种植，我们用了3年时间进行了大面积高产栽培试验，摸索出了该品种的特征特性，总结了大面积亩产650kg的产量结构特点和高产栽培技术。

1 特征特性

1.1 根系发达

宁两优1号根系生长旺盛，数多量足。移栽前考察：宁两优1号单株总根数达58.4条，平均长度达13.6cm，分别比II优084单株总根数多16条，平均长度增加3.1cm。成熟期挖根冲洗，单株总根量大多数在500~600条，总干根重达7.64g。比II优084根数增加100~150条，干根重增加1.41g，根系密集层主要分布在15cm左右的土层中。

1.2 茎秆粗壮

成熟期考察：宁两优1号平均株高达127.3cm，比II优084高10.5cm，但基部节间较短，株高主要长在穗下节间。从植株基部算起，5个节间的长度分别为3.69cm、8.01cm、12.20cm、21.23cm和39.99cm，对照II优084 5个节间的长度为5.52cm、9.24cm、12.83cm、18.59cm、30.97cm。茎基部第1、第2节间的粗度与II优084相似。

1.3 叶色深绿，株型紧凑

在4月底、5月初播种的情况下，一生总叶片数17左右，不同的生育时期观察，该组合叶色深浓，一生始终比II优084深一级以上，并且株型紧凑，叶姿挺拔，叶片上举，叶片与茎秆的开张角小于II优084，据齐穗期测定，剑叶、倒二叶、倒三叶与主茎的夹角分别为11.3°、12.1°和12.8°而II优084相应的3张叶片的开张角为14.8°、16.7°和16.4°。生长繁茂，一生中叶面积系数始终高于II优084，特别是最后3片功能叶的叶面积明显大于II优084。

1.4 穗大粒多

宁两优1号的穗型在平面上看呈长方形状，穗长平均在23.91cm，比II优084长2.25cm。据穗部形

---

* 侍爱邦（1964— ），男，高级农艺师，从事农业技术推广工作。E-mail：jssab@139.com

状考察，宁两优 1 号穗型大，一次枝梗比 II 优 084 略多，二次枝梗比 II 优 084 多一倍以上。枝梗排列紧密，每个一次枝梗上平均有 2.88 个二次枝梗（含退化）。退化后每个一次枝梗上含有 2.56 个二次枝梗，比 II 优 084 多 26.98 个。每穗总粒数达 181.46 粒（CV = 7.39），比 II 优 084 每穗平均 131 粒（CV = 4.7）多 50.46 粒；穗粒数 152.3 粒，比 II 优 084 平均多 31.78 粒；结实率、千粒重都比 II 优 084 低，结实率平均 83.9%（幅度 71% ~ 86.6%）比 II 优 084 低 8.1%，千粒重平均达 26.56g（幅度 25.2 ~ 27.64），比 II 优 084 低 1.94g（表 1）。

1.5 米质中等

宁两优 1 号米质中等，适口性较好，略带黏性，蒸煮时涨性较好，稻谷出糙率达 78.6%，比 II 优 084 低 1.3%，精米率达 69.3%，整米率达 67.1%，分别比 II 优 084 低 2.7% 和 1.1%。

表 1　宁两优 1 号穗部形状考察表

组合	一次枝梗			二次枝梗			总粒数	实粒数	结实率（%）	千粒重（g）	备注
	正常	退化	小计	正常	退化	小计					
宁两优 1 号	13.45	1.13	14.58	34.44	17.5	51.94	181.46	152.3	83.9	26.56	
II 优 084	11.63	1.0	12.63	13.78	14.13	27.91	131.0	120.5	92	28.25	
±	1.82	0.13	2.95	20.66	3.37	24.03	50.46	31.8	-8.1	-1.94	

1.6 分蘖成穗规律

宁两优 1 号秧田分蘖和低位分蘖成穗率较高，有效分蘖临界叶龄期符合主茎叶龄减去伸长节间的叶龄期规律。主茎能出生分蘖最高叶位在第十一叶。二次分蘖发生的最高叶位在主茎第六叶的一次分蘖上，成穗最高叶位在主茎第五叶位一次分蘖上。从追踪成穗的情况来看，分蘖穗占整个穗数的 92.48%，其中一次分蘖占分蘖穗的 52.85%。

1.7 干物质的积累

宁两优 1 号由于株型紧凑，叶片着生的夹角较小，从移栽到大田以后，一直有较高的叶面积系数，因此各生育期的干物质积累量比 II 优 084 多，日积累量也高，其最大值都在孕穗期前后。成熟时，宁两优 1 号的生物产量达 1 568.3kg/亩，比 II 优 084 的 1 185.9kg/亩，增加 382.4kg，增幅 32.2%。

2　产量结构特点

3 年来，我们对不同产量水平的典型田块的穗状结构资料分析，以每亩穗数（X1）、每穗粒数（X2）、结实率（X3）、千粒重（X4）和产量（Y）进行通径分析。

表 2　产量构成因素对产量的通径系数

项　目	1—Y	2—Y	3—Y	4—Y
X1，1→	0.21299	0.036304	0.236943	-0.0010569
X2，2→	0.0113755	0.679744	-0.702965	0.0107184
X3，3→	0.054584	-0.516819	0.924572	-0.0114723
X4，4→	0.017629	-0.570938	0.831206	-0.012761

表 2 结果表明，在上述四个自变数中，对产量的增效作用最大的是结实率，其次是每穗总粒数，对产量有较大作用的是每亩穗数，因此，宁两优 1 号的栽培策略应该是在稳定足穗的基础上，攻大穗，争结实率，稳定提高千粒重。大面积亩产 650kg 以上的产量结构是：每亩 17 万 ~ 18 万穗，每穗 170 ~ 180 粒，结实率 80% ~ 85%，千粒重 26 ~ 27g。

3 关键栽培技术

3.1 狠抓壮秧为突破口，为大穗足穗奠定基础

培育壮秧是充分发挥杂交稻分蘖优势和大穗优势的主要手段。分蘖追踪表明，秧田分蘖穗平均穗型达210.16粒，比大田分蘖穗141.7粒，多68.46粒，占48.31%，低位分蘖的优势相当明显。要培育叶蘖同伸的多蘖壮秧，一是要坚持肥床育秧，秧苗田至少每亩要40担（1担=50kg，全书同）以上人畜粪，25kg标肥，25kg磷肥，以满足壮秧生长的要求，坚持用好多效唑，落地秧在5~6叶期，每亩用15%的多效唑粉剂200g处理，能显著地提高秧苗素质；二是合理安排播期，旱育秧4月底前后落谷，露地秧5月5日前后落谷，机插秧5月底落谷，以利于茬口安排，不至于造成秧龄过长，而影响秧苗素质。

3.2 坚持合理密植，栽足基本苗

建立适宜的群体结构，与成穗多少、成穗率、穗型大小、纹枯病发生密切相关。密度过高，群体过大，病害重，易倒伏，最终成穗率低，千粒重也攻不上去；密度不足，起点苗数太少，秧田分蘖和低位分蘖的优势难以发挥，高叶位、高次分蘖的比例相应增加，虽然成穗率高，但穗层不整齐，穗型不一致，产量也难以提高。根据3年的实践和不同密度的试验，该组合的栽插密度以每亩1.8万~2.1万穴为宜，基本苗8万左右。

3.3 加强肥水运筹，搞好合理促控

针对宁两优1号对肥水较为敏感的特点，在肥水运筹上必须措施得当，切实抓好"三肥""四水"。肥料运筹，在总用肥量35~40个纯氮和有机肥占40%的前提下，一是施足基肥，占总用肥量的60%，有机肥全部用作基肥，使中后期稳长，速效氮肥占总用肥量的20%；二是早施分蘖肥，占总用肥量的25%左右，促早发快发；三是重施穗粒肥，攻结实率和千粒重，防止后期脱力早衰。在水浆管理上，重点抓"四水"，一是分蘖水，浅水促分蘖，快发早够苗。二是控苗水，脱水控制无效苗，发苗不过头。三是扬花水，抽穗前后建立水层，减少颖花退化，攻大穗，提高结实率。四是养老稻。收获前7天断水，提高千粒重。

3.4 加强病虫防治，减轻危害损失

宁两优1号对螟虫、纹枯病、叶病、紫鞘病的发生程度重于Ⅱ优084，如不认真防治，损失比较严重。因此，在不同的生育时期，要搞好"两查两定"，控制病虫为害，特别是后期叶病防治上，用好两次粉锈宁，效果非常显著。据调查，在孕穗期和抽穗期各用粉锈宁35ml和40ml，病叶率从100%下降到31%，病指从43.1下降到11.3，剑叶的功能期从38天延长到54天。

参考文献

[1] 丁大见，侍爱邦，杨军，等．盐粳11号有机稻米生产技术［J］．大麦与谷类科学，2011（3）：85-86.

[2] 张文灿，丁大见，侍爱邦，等．两系杂交水稻组合宁两优1号制种栽培技术［J］．大麦与谷类科学，2013（3）：19-20.

盐粳 13 号机插秧高产栽培技术

杨 军 侍爱邦 陈金德 王广中 姜 勇 张国兵 阮章波

（江苏省盐城市盐都区大冈镇农业技术推广综合服务中心，盐城 224043）

摘 要：盐粳 13 号是盐城市盐都区农业科学研究所育成的粳稻新品种，大冈镇 2014—2015 年连续二年大面积作机插稻种植。结果表明，该品种具有产量高、株型好，抗性强、米质优等特点。介绍了该品种作为机插稻种植的表现、产量结构和高产栽培措施。

关键词：盐粳 13 号；种植表现；栽培措施

盐粳 13 号是盐城市盐都区农业科学研究所育成的迟熟中粳稻品种，该品种 2014 年通过江苏省品种审定（审定编号：审稻 201408），适宜江苏省苏中及宁镇扬丘陵地区种植，是沿淮和苏中地区机插稻种植的好品种。

1 种植表现

1.1 产量高

2011—2012 年参加江苏省区试，两年平均亩产 662kg，比对照淮稻 9 号增产 6.8%；2013 年生产试验平均亩产 648kg，比对照淮稻 9 号增产 5.9%。2014 年和 2015 年在盐都大冈大面积种植，表现高产稳产，一般亩产 700kg 左右，高产田亩产可达 750kg 以上。

1.2 品质好

盐粳 13 在盐都区作麦茬机插稻栽培，全生育期 152 天左右，比上年淮稻 9 号略迟，株型紧凑，长势较旺，分蘖力较强，叶色淡绿，剑叶挺拔，穗立形态半直立，群体整齐度较好，后期灌浆速度快，一次性灌浆成熟，熟期转色好，生长清秀，株高 96cm 左右。稻米品质经农业部质量检测中心检测：精米率 76.8%，垩白粒率 12%，垩白度 1.1%，胶稠度 89mm，直链淀粉 15.6%，达国标二级优质米，米粒整体，米饭晶莹，口感柔软，富有弹性，冷而不硬，有清香味。

1.3 抗病性强

2014—2015 年，盐粳 13 号在盐都区大冈镇示范种植，表现茎秆粗壮，抗倒性强；白叶枯病、纹枯病、稻曲病发生轻，穗颈瘟 3 级，条纹叶枯病 2014—2015 年田间种植鉴定，最高穴发病率 16.3%（感病对照 2 年平均穴发病率 69.3%），大田表现抗条纹叶枯病。

2 产量结构

经过多块田调查，大面积 700kg 以上的产量结构是，每亩有效穗数 24 万左右，总粒数 130 粒左右，结实率 93% 左右，千粒重 26g 以上。

3 栽培技术

3.1 适时播种

适宜播种期为 5 月底至 6 月初，秧龄掌握在 18~22 天。

3.2 育秧准备

3.2.1 秧池准备

选择排灌分开、运秧方便、便于操作管理的田块做秧池，按照秧田与大田（1∶100）~（1∶80）比例留足秧田。

3.2.2　床土准备

每亩秧池要备足15t过筛细土。床土培肥可按100kg过筛细土均匀拌和0.5kg调酸型旱育壮秧剂。盖种土不能拌肥料。

3.2.3　种子准备

每亩大田备足种子6kg，播种前进行药剂浸种。方法是：用浸种灵2ml加5%锐劲特6ml，对水8kg，浸种子6kg，浸48~72h（温度20~25℃），捞起催芽至露白播种，也可晾干后直接播种，不能用清水淘洗。

3.2.4　秧盘及辅助材料准备

每亩大田备足40张塑料秧盘。并配备无纺布。

3.3　播种工序

3.3.1　精做秧板

达到平、光、直的要求。

3.3.2　排放秧盘

横排2列，盘与盘之间要尽量排放密接，盘底与畈田要贴实，盘周围用土壅实。

3.3.3　铺平底土

底土厚度掌握在2~2.5cm，铺好底土后，用木板刮平。

3.3.4　喷洒底水

尤其是催芽播种，一定要用喷壶洒水湿润底土。

3.3.5　精细播种

每盘播干籽150g，做到按盘秤种，分次播种，力求播种均匀。

3.3.6　撒盖籽土

盖种籽土厚度以盖没种子为宜。

3.3.7　上水润床

慢灌平沟水，湿润秧盘土后排放。

3.3.8　封膜盖草

沿秧板每隔50~60cm放一根细芦苇以防无纺布与床土黏贴，然后平盖无纺布，并将四周封实，高温高湿促齐苗。

3.3.9　灌水涸盘

灌爬畈水，洇湿秧盘土，开好平水缺。

3.4　苗期管理

3.4.1　及时揭膜

齐苗至1叶1心期，选择晴天傍晚揭膜，揭膜后灌一次爬畈水，使盘土保持湿润。

3.4.2　水浆管理

秧苗3叶期前上平沟水。做到干湿交替，保持盘土湿润不发白，含水又透气。晴天中午若秧苗出现卷叶要灌薄水护苗，雨天放干秧沟水，提高秧苗根系活力。移栽前3~4天控水炼苗。

3.4.3　肥料运筹

1叶1心期灌薄水追施断奶肥，每亩秧池用尿素4~5kg，移栽前3~4天，看苗追施送嫁肥。

3.4.4　化学调控

于2叶1心期喷施一次控高促壮剂。

3.4.5　病虫防治

秧田期露地育秧的秧田，要按统一方法（标准）搞好稻飞虱、螟虫、苗病等病虫防治。移栽前1~2

天，秧苗上要喷药一次，做到带药移栽。

3.5 栽插准备

3.5.1 施足基肥

坚持有机肥与无机肥相结合，大量元素与微量元素相结合。在秸草还田的基础上，复合肥每亩施用高浓度硫酸钾复合肥 20~25kg、尿素 10kg、硫酸锌 1kg。

3.5.2 精细整地

一是掌握翻土适宜深度，一般大田耕翻深度掌握在 12~15cm；二是田面平整，无残茬、高低差不超过 3cm；三是田面整洁；四是待沉实后移栽，土壤类型为沙土的上水旋耕整平后需沉实 1~2 天，黏土一般要待沉实 2~3 天后再插秧。

3.5.3 适时栽插

施足基肥的基础上，要做到适时栽插。一是适龄移栽。秧龄掌握在 18~22 天，叶龄 3~4 叶，苗高 15~18cm。二是正确起运。起秧时小心将秧块卷起，运送时堆叠层数 2~3 层。运至田头应随即卸下平放，使秧苗自然舒展，做到随起随运随插。三是合理密植。行距 25cm，株距 13~14cm，亩栽 1.9 万~2.0 万穴，穴苗数 3~5 株，8 万~9 万基本苗。四是清水淀板，薄水浅插，水层深度 1~2cm，不漂不倒，一般以入泥 0.5~1.0cm 为宜。

3.6 大田管理

3.6.1 水浆调控

薄水栽插，水层深度 1~2cm。寸水活棵，栽后建立 3~4cm 水层，促进返青活棵。活棵后应浅水勤灌，灌水时以水深达 3cm 左右为宜，待其自然落干，再上新水，如此反复，达到以水调肥，以水调气，以气促根，使分蘖早生快发。

机插秧分蘖势强，高峰苗来势猛，可适当提前到预计穗数 90% 时排水搁田，分两次，由轻到重，搁至田中不陷脚，叶色褪淡即可，以利抑制无效分蘖并控制基部节间伸长，提高根系活力。

叶龄余数 3.5 时至抽穗扬花期结束期间应建立浅水层，以利颖花分化和抽穗扬花。

灌浆结实期间歇上水，干干湿湿，以利养根保叶，活熟到老，切忌断水过早。

3.6.2 精确施肥

3.6.2.1 肥料运筹原则

控制总量，有机肥与无机肥合理搭配，节氮增磷补钾加锌肥，每亩大田施肥总量折纯氮 20kg，五氧化二磷 6kg，氧化钾 12kg，基（蘖）肥与穗肥之比为 （6:4）~ （5:5）。

3.6.2.2 基肥

在秸秆全部还田基础上的，每亩底施 45% 复合肥 20kg，尿素 10kg，硫酸锌 1kg。

3.6.2.3 蘖肥

适施基肥的基础上分次施蘖肥，以利攻大穗、争足穗，若初田肥力水平高、底肥足，要防止群体发展过快，降低成穗率，不宜多施分蘖肥，以控制秧苗前期稳健生长。一般在栽后 5~7 天施一次返青分蘖肥，并结合使用小苗除草剂进行化除。方法：每亩用 5~7kg 尿素与稻田小苗除草剂一起拌湿润细土，堆闷 3~5h 后在傍晚田内上水 5~7cm 后撒施。施后田间水层保持 5~7 天，开通平水缺，防止水淹没秧心造成药害，以提高化除效果。栽后 10~12 天，每亩用尿素 7~9kg 再施一次，以满足机插水稻早期分蘖的要求；栽后 18 天左右视苗情施一次平衡肥，一般每亩施尿素 3~4kg 或 45% 复合肥 9~12kg。

3.6.2.4 看穗肥

叶龄定施肥时间，看叶色定用氮量。在主茎叶龄余数 3.5 叶时，每亩用高浓度复合肥 10kg，尿素 12.5kg 左右；主茎余叶龄 1.5~1 叶时施用保花肥，每亩用尿素 4~5kg，后期结合病虫防治搞好药肥混喷。

3.6.3 病虫草害综合防治

3.6.3.1 化学除草

秧苗移栽后 5 天左右，结合第一次分蘖肥每亩用 50% 苄嘧·苯噻酰草胺 60g，拌尿素撒施，并保持水层5~7天，确保防效。

3.6.3.2 病虫防治

在栽培防治的基础上，以水稻生育期为主轴，以病虫发生轻重缓急为依据，在不同的生育阶段，瞻前顾后，采用一药兼治、多药混用、药肥混喷的方法，打好水稻病虫害防治总体战。

关于水稻机插秧育秧技术难点问题的探讨

李庆体

(滨海县正红镇农业生产服务中心)

摘　要：探讨水稻机插秧育秧技术的难点问题。于 2015 年 2 月至 2016 年 2 月选取盐城市某地区的水稻试验田 6 块，随机分为对照组与研究组，每组各 3 块，前者采用传统的手插水稻技术种植，后者采用水稻机插秧育秧，记录并比较 2 组平均每块试验田插秧育秧的工作效率及最终产量。研究组平均每块试验田的工作效率是对照组试验田的 1.2 倍，平均产量则是对照组的 1.1 倍。应用水稻机插秧育秧技术能够提高工作效率和增加产量，但是要正确处理育苗、育秧、播种、铺盘等各个环节中的难点问题，以获得最大化效益。

关键词：水稻机；育秧技术；插秧；难点问题

以往所采用的手插水稻技术不仅劳动强度大，而且难以达到较高的生产效率，在农业机械得到大力推广的当代社会，水稻机插秧育秧技术得到了广大农户的青睐。其可以充分利用土地、光照、温度等资源，减少水稻生产病害，提高作业效率[1]。然而大部分稻农不了解相关知识，也未曾接受专业培训，种植过程中经常出现苗根不壮、出苗不齐等情况。笔者探讨了水稻机插秧育秧技术的难点问题，报道如下。

1　材料与方法

于 2015 年 2 月至 2016 年 2 月之间选取本市某地区的水稻试验田 6 块，随机分为对照组与研究组，每组各 3 块，每块试验田的面积相同，2 组的土壤、光照、温度、气候环境等均相同。对照组采用传统的手插水稻技术种植，观察组采用水稻机插秧育秧，记录各块试验田插秧育秧所用时间，比较 2 组的工作效率，于收获季节比较 2 组的产量。

2　结果

经过观察、记录与分析，研究组平均每块试验田的工作效率是对照组试验田的 1.2 倍，平均产量则是对照组的 1.1 倍。

3　讨论

水稻机插秧育秧技术的优点有作业效率高、解放劳动力、稳产增收、节省秧床等，近几年得到了广大稻农的青睐。然而许多不熟悉机械操作技能的稻农只是单纯模仿机插技术，状况频出，难以充分发挥该技术的优势和作用[2]。为了使劳动效率增强、土地利用率提高、水稻产量增加，稻农要把握好各个环节的技术难点，并及时加以处理。

3.1　机插秧育苗的难点问题

要合理选择育秧方式。现阶段，我国水稻机共有 4 种常用的插秧育秧方式，分别为泥浆双膜育秧、硬盘基质育秧、双膜细土育秧和软盘细土育秧，而后 2 种的应用更为广泛。双膜细土育秧指将有孔地膜直接平铺在秧板上，再将一层床土整齐铺放好，厚度大约为 2.2cm，接着播种并覆膜。该方式无论操作还是管理都比较简单，而且可用塑盘代替底膜，从而降低成本，然而同时也会增加用种量，大大降低了秧苗利用率。软盘细土育秧就是育秧软盘上统一排放秧苗，接着将一层床土整齐铺好，并且直接在床上播种与覆膜。育秧软盘的高度、宽度和长度分别为 2.5cm、28cm 和 58cm，床土厚度大约是 2.2cm，覆膜方式是发挥保温保湿作用的主要手段。该方式显著提高了水稻的成秧率与利用率，然而使用年限最多为 3 年，加上秧盘费用高，在很大程度上增加了水稻的生产成本，所以难以大规模推广应用。其次是选择机插苗，要结合机插苗的量化指标与形态特征加以判断。其要达到的量化指标如下：秧龄最好是 15~20 天，叶龄最好达到 3.5~3.8 叶，苗株高最好在 12~17cm，苗茎粗度在 2mm 以上，单株白根量最好在 10 根以上。机插苗的形态要和壮苗相同，小苗叶青而挺，苗茎粗壮，苗高均匀整齐，有较多根基源。这种苗经过移栽会具有较强的抗逆性，早扎根，发芽壮，容易成活[3]。

3.2 育秧准备的难点问题

要选择与配制床土。床土就是育秧床土，通常每亩水稻机插大田对床土的需求量为 100kg。在选取与配制床土时，要求十分严格。床土应当是酸性土，pH 值在 5~6，可选择秋耕冬翻的稻田土、保水偏酸和疏松通气的菜土，但可检测到绿黄隆的除草剂田土是绝对不能使用的。稻农要依次粉碎、过筛与培育床土。粉碎土的粒径大约是 3cm，绝对不能大于 5cm。因为菜土通常肥力适中，有较强的透气保水性，能够直接在床土上发挥作用。然而稻田土还要另外施加肥料，在播种前 2 个月向每亩地均匀施加 35kg 左右的畜粪肥，前 1 个月再均匀施加 90kg 左右的 45% 复合肥；准备苗床。秧田要具有药害污染少、向阳、土质肥沃的特点。播种前 10 天，运用水做法开沟，做好苗床后，其秧畦宽度大约为 1.5m，秧沟宽度大约 28cm，深度大约 18cm，四周的沟宽与沟深分别大约是 25cm 与 30cm。接着要补低填缝与排水晾床，避免畦面发生塌陷；要选择与准备其他需用到的材料。若采用双膜育秧方式，每亩要用长度是 4m 宽度是 1.5m 的地膜。应用软盘育秧方式，每亩要用长度是 4.2m 宽度是 2m 的农膜。另外，还要准备遮蔽草苫（具有保温保湿与封膜作用）和铺床土的木条。

3.3 播种和铺盘技术的难点问题

要选择播种量和播种期。每亩大田机插育秧对杂交稻与常规稻种的大致需求量分别为 1.5kg 与 3kg。在确定播种期时，要综合考虑机插育秧播种特性、光照条件、水稻品种等因素，与手工插秧相比，要延后大约 15 天。选种与浸种。盐水选种是最常采用的选种方法，操作简单，其比例是 1kg 水加入 20g 食盐，制成选种液。选种后，要马上用清水将种子外壳的盐分清洗干净，以免出芽率受到影响，接着即可进入浸种程序。利用药剂浸种可以预防稻种带菌引起的病害，可将"吡虫啉""使百克"等农药作为药剂，根据说明书要求对水浸种，可跳过淘洗环节，直接催芽。催芽时间通常是 2 天，最好达到 58% 的出芽率，芽壮、整齐、气香、色摆。播种芽谷前，先将其放在室内通风干燥处，经过 4~6h 的摊晾，可以使其更好地适应外界环境；播种摆盘和封膜盖草。该阶段的难点问题如下：在营养土装盘前，要将杂物清除，不可装太多，以免使出苗效果受到影响；在床土上喷药消毒，通常首选农药"敌克松"；根据土壤含水量确定播种时间；播种前需要认真调试播种机，对洒水量、盖土厚度等指标进行观察，从而达到底土水分饱满、盖土不见芽谷的播种效果；在封膜盖草环节，严格控制温度，避免闷种烂芽与高温烧芽。封膜过程中，要按照一定间隔铺放植草，如芦苇等加以阻隔，预防农膜和床土发生黏连。

3.4 苗期管理的难点问题

保温。保促全苗的一个重要环节就是封膜覆草后的高温高湿。所以要结合天气变化对盖草厚度加以调整，避免出现高温灼苗现象。除此之外，大雨，特别是暴雨后要尽快将膜上的积水清除，避免造成闷种烂芽等情况。揭膜，必须把握好揭膜时间，在温湿度适宜的前提下揭膜。

播种 3、4 天后就炼苗，揭膜前先进行平沟灌水，待秧苗高度为 2cm 时再揭膜，具体时间最好是在晴天傍晚，小雨之前或者大雨之后。灌水，在秧田前期，管理好床土，使秧板盘土保持在不发白的状态，炼苗时要注意水分的控制，以免床土含有过多水分。施肥，主要施薄肥，在秧田前期每亩田施加 5kg 尿素，并且追洒清水，避免细苗受到伤害。防害，喷洒农药防治灰飞虱、螟虫等虫害。移栽，在秧苗约 18 天时进行。

3.5 活棵分蘖期的难点问题

水稻长叶、长根与分蘖营养器官生长的主要时期就是活棵分蘖期，应实现壮株大蘖的目的，要注意以下 2 方面：结束机插后，在管理水层时，让秧心与水层相远离，在薄水的前提下调肥与移栽；分蘖期在活棵之后，要做到浅水勤灌，水深最好在 3cm 以下，与此同时要混合使用肥料与药剂，分多次施加，达到根深苗壮的目的。

综上所述，应用水稻机插秧育秧技术能够提高工作效率和增加产量，但是要正确处理育苗、育秧、播种、铺盘等各个环节中的难点问题，以获得最大化效益。

参考文献

［1］ 张洪程，龚金龙．中国水稻种植机械化高产农艺研究现状及发展探讨［J］．中国农业科学，2014（7）：1273-1289.

［2］ 陈健晓，陈文，邢福能，等．水稻机插育秧技术发展趋势及在海南的应用现状［J］．热带农业科学，2014（5）：25-27，38.

三、水稻综合种养

盐城市推进稻田综合种养的成效、做法及建议

杨 力[1] 金 鑫[1] 戴凌云[2] 徐 红[3]

(1. 盐城市粮油作物技术指导站 224002；2. 盐城市盐都区粮油
作物技术指导站 224002；3. 建湖县农业技术推广中心 224700)

2015 年以来，我国粮食增产难增收的现象逐渐凸显，为此，中央提出了加大农业供给侧结构调整和实施"藏粮于地、藏粮于技"战略；江苏省一号文件也相应明确了发展稻田综合种养的具体要求。通过近两年实践，稻田综合种养能够实现一田两用、一水双用，种养共赢，有利于粮食供给侧结构的调整、绿色生态品牌的建立，从而促进农业增效和农民增收。

1 稻田综合种养的初步成效

盐城市按照"加快农业结构调整，推进稻田综合种养"的总要求，高度重视稻田养殖工作，经过2015—2016 年的推进实施，取得了一定的成效。

1.1 综合种养规模扩大

据不完全统计，全市 2016 年已经发展稻田综合种养面积达 1.3 万亩以上，较上年增加 0.6 万亩。主要增加在里下河的盐都区和建湖县，均较上年增加 0.2 万亩左右。盐都区七星农场和建湖县九龙口镇、高作镇、上冈镇均新建了 500 亩以上稻田养殖小龙虾生产基地，全市九县（市、区）都已开展了稻田综合种养，其中响水县实现了零的突破，陈家港镇的卢化兵种植大户首次在稻田养殖小龙虾 60 亩。

1.2 综合种养模式较多

全市各地根据实际情况，因地制宜发展多种稻田综合种养模式。目前全市已有稻田养殖小龙虾、稻田育扣蟹、稻田养鸭、稻田养泥鳅、稻田养草鱼等多种模式，其中以前 3 种养殖模式数量多、面积大。一是种养主体多元化。全市从事稻田养殖的经营主体主要有合作社、经营企业、家庭农场及个人。其中个人占50%左右，家庭农场、合作社、企业分别占 25%、15%、10%。二是县域特色多样化。射阳县以稻田养殖泥鳅为主，主要分布在长荡乡、洋马镇和盘湾镇；盐都以稻鸭共作和稻田养殖小龙虾为主，均有 500 亩以上的示范点；建湖县主要以稻田养鱼和稻田养殖小龙虾为主，并且开展了稻田养殖小龙虾的试验示范工作；阜宁县主要是稻田养殖对虾为主；东台市主要以池塘养蟹结合稻田养殖小龙虾为主，且种养时间较长，成效比较明显；大丰区主要以稻田养殖出口欧盟的小龙虾为主，品牌效应较好；亭湖区、滨海县、响水县也都陆续开始了小龙虾的稻田养殖。三是销售渠道多样化。除了线下直接交易外，逐步走上网络销售。网上销售主要采用 B2B、B2C、C2C、O2O 等形式，以 O2O 线上网店、线下实体店相结合销售为主。

1.3 综合种养效益提升

一是经济效益提升。一般稻田综合种养亩纯效益可增加 1 000~2 000元，其中稻田养殖小龙虾亩效益达 2 000元左右。建湖县高作镇大成家庭农场稻田养殖小龙虾，不仅把收益放在小龙虾上，而且积极开发"盐阜虾田稻"商标，打造有机米品牌，有机米销售价格每千克达到 20 元，实现了种稻效益反超小龙虾的好成效，综合种养效益达到 4 000元。二是生态效益提升。调查表明，稻田综合种养不仅能增加土壤有机质和全钾含量 1 个百分点以上，还能降低纹枯病、稻飞虱和杂草基数50%以上，大大减少了农药施用的次数和数量，保证了水产品和稻米安全品质的提高。如稻田综合种养优质稻米的转化率达 30%以上，极大地增强了市场竞争能力。三是社会效益提升。发展稻田养殖，不仅能促进农业增效、农民增收、农村致富；而且能培植农村经济增长新亮点，增加农村就业机会；更重要的是增加了稻谷和水产品的供应，综合利用了国土资源和水资源等。

2 稻田综合种养的主要做法

推进稻田综合种养，面临着许多新矛盾、新难题，需要多措并举，综合作用。盐城市在推进稻田综合种养主要做法有 3 个方面。

2.1 强化扶持，政府推进

一是规划引领牵动。盐城市人民政府办公室盐政转发〔2016〕317 号关于印发《2016 年秋播及 2017 年农业结构调整工作意见》的通知中，明确提出了稻田综合种养的相关要求。二是政策扶持推动。中共盐城市盐都区委〔2016〕3 号文件"关于加快发展农业现代化促进农民持续增收的政策意见"中明确提出"对新发展稻田套养鱼虾蟹的复合经营主体，规模在 200 亩以上可以给予 5 万元的补贴"。射阳县长荡乡政府引进稻田养殖泥鳅项目时，也出台了相应的扶持政策，主要是补贴土地租用的租金。原从农民手中流转过来的每亩 900 元租金补贴了 450 元，大大地促进了稻田综合种养大户及企业的热情。三是项目补助拉动。建湖县、盐都区粮油部门，争取了"江苏省稻田综合种养试点项目"100 万元专项资金，进行了科学安排，用于典型带动，协调推进。除了积极争取农业三项工程推进稻田综合种养外，盐都区还实施了江苏省三新工程"稻渔共作技术集成与示范推广"项目，建湖县围绕三新工程项目"优质食味稻米清洁栽培技术推广"，结合稻田综合种养，统筹推进。

2.2 强化培训，技术跟进

一是观摩培训，眼见为实。全市各县（市、区）先后组织 20 多场次去安徽全椒县、湖北潜江县和淮安盱眙县参观学习。市、县粮油技术推广部门多次组织水稻种植"1+N"技术观摩会，对稻田综合种养实行了"家家到"观摩推进。二是会议培训，排忧解难。市县农业技术推广部门制作技术培训多媒体，先后召开各种会议，对稻田综合种养技术进行专题培训，为搞好稻田综合种养奠定了坚实的技术基础。三是大户培训，现身说法。我们邀请部分大户通过技术交流和稻田现场问答等形式，现身说法，大大地增强推进稻田综合种养的信心和决心。

2.3 农渔融合，协作共进

一是共同开展技术指导。先后邀请省、市、县水产技术推广专家，共同开展稻田综合种养技术指导，切实解决种养生产存在的突出问题，如水草的种植、养殖的密度等，大大地提高了种养水平。二是合作开展技术研究。建湖县农业技术推广中心联合水产技术推广部门合作开展了相关试验研究。主要对稻田综合种养品种区域性生产力比较、种养模式的病虫草发生特点及无公害防治等进行了试验研究。三是联合制定技术标准。粮油技术和水产技术推广部门联合制定了"克氏原螯虾稻田养殖技术规程"，并作为盐城市地方标准进行了发布。

3 稻田综合种养的建议对策

应该看到，盐城市稻田综合种养推进速度较慢，成熟典型较少。从调研情况来看，发展稻田综合种养，必须坚持"因地制宜，适度规模，市场先行，种养共赢"的原则，还要强化 3 方面的对策措施。

3.1 必须强化政策配套

一要明确实施细则。江苏省虽然在 2016 年一号文件中明确提出了推进稻田综合种养的相关要求，但由于基本农田保护这个限制因素，各地在推进过程中，手脚放不开，步子迈不大。目前上下都没有一个明确的规范要求，只有解决好了这个关键问题，稻田综合种养才会有较大幅度的发展。建议明确稻田综合种养的实施细则，重点要明确养殖可占用整个稻田面积的比例等。二要增加资金扶持。虽然省里通过高产创建专项资金中划拨了部分资金立项用于稻田综合种养的发展，各地也多少出台了一些奖补资金，但扶持力度仍然不大。建议继续增加扶持力度，并在"三新"工程项目中增加稻田综合种养扶持课目，并成立省级专家团队，加强项目实施的指导。三要强化考核督查。2017 年，盐城市农委把"稻田复合经营示范创建"列为 2017 年重点工作之一，明确要求各县（市、区）新建 1~2 个 200 亩以上集中连片的示范基地，必将推动稻田综合种养工作的开展。建议各级在推进农业供给侧结构调整中增加稻田综合种养考核的相关内容。

3.2 必须强化环境保护

一要实行健康种养。加强水质管理，优化饲料管理，保持良好生态环境。同时，要控制种养密度，按照技术规程进行种养，提高水稻和养殖体抗逆能力。二要禁用剧毒农药。近年来，盐城市高效低毒低残留农药使用面积每年增加2个百分点，农药使用量减少约2个百分点，但从调查中发现，部分种养农户为了节省成本，在清塘去虾去蟹时往往都使用低价高毒农药，有的已使用多年，造成环境污染十分严重。必须要联合水产部门，加大养殖污染执法力度，严禁使用剧毒高毒农药，积极推广高效低毒低残留农药，净化种养环境。三要开展生物和物理防治。结合无公害水稻、绿色水稻和有机水稻的生产，积极使用生物农药；安装频振式杀虫灯，诱杀田间趋光性害虫；投放性诱捕器，诱杀田间趋化性害虫；采用稻田养鸭和稻田养鸡等，控制害虫和杂草基数。

3.3 必须强化产业发展

一要提升稻田养殖指导能力。稻田综合种养涉及技术层面多，养殖户缺乏系统性、专业性、高水平的技术指导和服务，很多种养、管护技术人员也没有形成配套的技术指导体系。必须要强化稻田综合种养技术队伍的培训观摩和技能竞赛等活动，制定系列"一看就懂，一学就会，一用就灵"的稻田综合种养技术规程，提升稻田综合种养的技术指导水平。二要提升骨干企业参与程度。目前盐城市稻田综合种养主体是农民和合作社、家庭农场，缺乏技术、市场等方面的集成优势，质量参差不齐，售价差距较大，收益波动加剧。必须要有骨干企业的参与，贯通生产、流通、加工、销售产业链，建立"龙头企业+专业合作组织+养殖户"3级联动的发展模式，发展订单和订制种养，降低经营风险，锁定未来利润。三要提升知名品牌建设水平。近年来盐城市稻田养殖稻米品牌日益显现，如盐都稻鸭共作"七星谷"有机稻米品牌、建湖稻田养殖小龙虾"盐阜虾田米"品牌和建湖稻鸭共作"三虹"有机稻米等品牌。其中"三虹"牌有机稻米品牌获得首届中国"优佳好食味"有机大米"国米级"金奖，并获得"公正杯"首届江苏优质稻米暨品牌杂粮博览会"江苏好大米"特等奖。但全市整体水平不高，要通过政府推动和市场引导相结合的方法，积极组织和参加各类稻米展销会，加强宣传推介，着力打造具有市场竞争力的稻田综合种养的知名品牌和区域公共品牌，提高产品附加值。

盐城市稻田综合种养典型模式与配套关键技术

刘洪进[1]　金　鑫[1]　杨　力[1]　宋长太[2]

（1. 盐城市粮油作物技术指导站；2. 盐都区水产技术推广站）

摘　要： 本文主要介绍了江苏省盐城市稻田综合种养典型模式与配套关键技术，旨在因地制宜、加快稻田生态循环综合种养、绿色增效技术示范与推广，全力推进"稻田+"，充分挖掘水稻"提质、降本、增效"潜力，减少养殖排放，提高渔稻产品质量安全水平，为持续促进农民增收致富、加快现代农业发展做出积极贡献。

关键词： 稻田综合种养；典型模式；关键技术

2017年是推进农业供给侧结构性改革的深化之年，国内外宏观经济形势和农业发展的内外部环境都发生了深刻变化，江苏省委省政府对粮食生产提出了新的更高要求，要求进一步调整优化农业结构，转变农业发展方式，促进农业增效和农民增收，加快推进稻田综合种养工作。与单纯种植水稻相比，稻田综合种养单位面积化肥使用量减少30%、农药使用量减少40%以上。稻田综合种养产业化水平显著提高，经济、生态效益显著提升，可持续发展能力显著增强。2017年，盐城市农委要求全市加快推进稻田综合种养工作，将稻田综合种养工作作为调整农业结构、促进农民增收的新举措。从2016年实施稻田综合种养试点以来，各地涌现出不少典型，取得了明显成效，实现一水两用、一田多收，稻鱼共作轮作、稻蟹（虾、蟹、鳅）共作等模式亩效益普遍在2 000元以上，有效调动农民积极性，促进了农民增收致富。

1　稻田综合种养基本情况

1994年江苏省盐城市盐都区已经开展稻田养殖。大纵湖兴湖居委会（原马沈村）65.38%的农户从事水产养殖业，58.6%的稻田育蟹种、养成蟹，30hm²稻田育蟹种，亩产稻谷412kg，纯收入5 200元。稻田综合种养效益比单纯种植稻麦亩收益平均高2 000元左右，有效调动农民积极性，带动了周边地区开展稻田综合种养。2016年，盐都区积极响应省市号召，高度重视稻田综合种养试点工作，将其作为调整农业结构、促进农民增收的重要措施，进一步加强政策扶持力度，培育出一大批典型示范基地。其中，七星农场53.33hm²稻渔综合种养基地，示范套养小龙虾、泥鳅、鳖、黄颡鱼等，据初步测算，亩产稻谷在350kg左右，由于品质提升，市场售价要高于普通稻谷70%以上，基本能保证水稻产值与普通种植模式持平；同时，套养的小龙虾，亩收获小龙虾100kg，纯收益达2 000元左右；套养的黄颡鱼，亩收获黄颡鱼50kg，纯收益达1 500元左右；套养的甲鱼，亩收获商品鳖50kg，纯收益达2 500元；套养的泥鳅，亩收获泥鳅100kg，纯收益约2 000元。建湖县已在高作镇、钟庄街道、冈西镇等地建立稻田养殖小龙虾、稻田养蟹70hm²，亩产小龙虾75kg，增效1 000元，稻田养蟹333.33hm²，亩产河蟹40kg，增效1 500元。

2　稻田综合种养的主要模式

2.1　稻田蟹种模式

亩放蟹苗1.5~2kg，产优质蟹种100kg左右，稻谷250~300kg，效益3 000元以上。盐城市盐都区大纵湖兴湖居委会、龙冈九曲、港北等村采用这种种植、养殖模式，效益相当可观。

2.2　稻田养殖小龙虾模式

利用低洼的单季稻田，6月插秧，10月收割，稻草还田，然后灌水投放种虾15kg左右繁殖虾苗；第2年开春后投有机肥、补充部分豆饼等饲料，4月中旬至水稻插秧前捕捞上市。可年产稻谷400~550kg/亩、小龙虾100~150kg/亩。小龙虾对水温无特殊要求，生长水温为6℃以上，5℃水温仍能蜕壳、

4℃仍有觅食活动。最适生长水温为 16~33℃。高于 33℃时进入深水区，晚上聚集在浅水区或攀附于水草表层。

2.3 稻田养殖泥鳅模式

稻田第 1 次除草后每亩放养 3~4cm 长的泥鳅苗种 20 000~25 000 尾；亩产稻谷 450kg，泥鳅 150kg 左右，效益 2 500~3 000 元。

3 稻田综合种养关键技术

3.1 稻田育蟹种模式种养技术要点

3.1.1 稻田选择与准备

要求水源充足，水质良好，不受任何污染。四周开挖环沟，建双层防逃设施，建好进、排水渠道。

3.1.2 环沟消毒

4 月上旬，环沟先加水至最大水位，然后采用密网拉网防除野生敌害，同时采用地笼诱捕敌害生物，7 天后排干池水。4 月中旬起重新注新水，用生石灰消毒。

3.1.3 移栽水草

一般 4 月下旬开始移栽，环沟中的水草种类要搭配，四周设置水花生带。

3.1.4 蟹苗放养

选用长江水系亲蟹在土池生态环境繁育的蟹苗（也称大眼幼体），亲蟹要求雌蟹 0.1~0.125kg/只、雄蟹 0.150kg/只以上。放养时间一般在 5 月中旬前。蟹苗先在环沟中培育 30 天左右，放养量一般亩稻田 1.5~2kg。

3.1.5 饲料投喂

仔蟹进入大田后，除利用稻田中天然饵料外，可适当投喂水草、小麦、玉米、豆饼和螺、蚬、蚌肉等饵料，采取定点投喂与适当撒洒相结合，保证所有的蟹都能吃到饲料。饲养期间根据幼蟹生长情况，采取促、控措施，防止幼蟹个体过大或过小，控制在收获时每千克在 160~240 只。

3.1.6 水质调控

育蟹种稻田由于水位较浅，特别是炎热的夏季，要保持稻田水质清新，溶氧充足。水位过浅时，要及时加水；水质过浓时，则应及时更换新水。换水时进水速度不要过快过急，可采取边排边灌的方法，以保持水位相对稳定。

3.1.7 日常管理

要坚持早晚各巡田一次，检查水质状况、蟹种摄食情况、水草附着物和天然饵料的数量及防逃设施的完好程度，大风大雨天气要随时检查，严防蟹种逃逸。尤其要防范老鼠、青蛙、鸟类等敌害侵袭。生长期间每隔 15~20 天泼洒 1 次生石灰水，亩用生石灰 5kg。

3.1.8 病害防治

一龄幼蟹培育过程中病害防治要突出一个"防"字。首先是投放的大眼幼体要健康，不能带病，没有寄生虫。二是饵料投喂要优质合理，霉烂变质饵料不能用，饵料要新鲜适口，颗粒饲料蛋白质含量要高，以保证幼蟹吃好、吃饱、体质健壮。三是水质调控要科学，要营造良好的生态环境。

3.1.9 蟹种捕捞运输

水草诱捕，在 11 月底或 12 月初将池中的水花生分段集中，每隔 2~3m 一堆，为幼蟹设置越冬蟹巢，春季捕捞只要将水花生移入网箱内，捞出水花生，蟹种就落入网箱内，然后集中挂箱暂养即可。

3.2 稻虾连作、共作模式种养技术要点

3.2.1 稻田选择与改造

只种一季水稻，当年 10 月至翌年 5 月养虾。水稻收割后，用小型挖掘机沿稻田四周开挖环沟，环沟不封闭，在稻田的一端留 10~20m 不挖通，插秧和收割机械通行到田块中间。开挖环沟挖出的泥土，加

固、加高、加宽田埂。

3.2.2 移栽多品种水草

用生石灰或茶粕清塘消毒，在稻田水体消毒 5~7 天后，在环沟深水区移栽伊乐藻、轮叶黑藻等。栽植面积占深水区的 50%，在大田浅水区移栽伊乐藻和马来眼子菜等，栽植面积占大田 6%左右。

3.2.3 茬口衔接

水稻小龙虾连作模式，当年水稻收割后的 9 月底或 10 月上旬至翌年 6 月上旬养殖小龙虾，5 月至 6 月上旬专田育秧，6 月中旬至 9 月底种植水稻，以水稻种植为主。

3.2.4 种虾留存与投放

5 月至 6 月上旬用地笼捕捞小龙虾，留下部分规格较大的小龙虾苗种与水稻共作，作为后备亲虾培育，规格为 80~100 尾/kg，留存量为 5kg/亩，每年的 8 月中旬至 9 月上旬往稻田的环形沟和田间沟适当补投亲虾，亩补充投放 5~10kg。

3.2.5 饲喂管理

植物性饲料：3—6 月每隔 15 天投 1 次水草，以伊乐藻为主。颗粒配合饲料：每天 18~19 时投喂，粗蛋白含量为 28%，投喂量 50kg/亩。

3.2.6 水位控制

稻虾连作期间：第 1 年水稻收割后至越冬期结束，大田水位控制在 0.3~0.5m，环沟水位控制在 0.8~1.2m，第 2 年水稻插秧前，大田水位控制在 0.4~0.6m，环沟水位控制在 1.2~1.5m，避免小龙虾减少蜕壳次数。稻虾共作期间：留田小龙虾数量较少，水位控制以适应水稻生长为主，采取浅灌即排，诱导小龙虾集中到环沟中，环沟中水位控制在 0.8~1.0m。虾池的水源不应受到菊酯类或有机磷农药的污染，控制浮游动物数量以增殖藻类，有利于生态平衡。

3.2.7 小龙虾病害防治

在投放亲虾前用生石灰水对虾沟进行消毒；定期泼洒 EM 菌液调节水质；在养殖过程中定期补水，调控水质；合理投喂饲料，做到定时、定位、定量。

3.2.8 小龙虾捕捞

起捕时间应集中在 4 月上旬至 6 月中旬。采用虾笼诱捕，捕大（30g 以上）留小。三天移动地笼一次的捕捞方法。

3.3 稻田养殖泥鳅模式种养技术要点

3.3.1 稻田选择

选择水源充足、水质清新无污染，田块底层保水性能好的稻田。开挖暂养沟、环沟和田间沟，做到沟沟相通，"三沟"面积占稻田种养总面积的 10%。

3.3.2 药物消毒

鳅种放养前 10 天左右，亩稻田用生石灰 30~40kg 或漂白粉 1.0~2.5kg，对水搅拌后均匀泼洒，杀灭田中的致病菌和敌害生物。

3.3.3 鳅种放养

在水稻返青后 6 月中旬放养鳅种，亩投放规格 240 尾/kg 的鳅种 25kg。放养前先用 15~20mg/L 的高锰酸钾溶液浸浴 10min，或用 1.5%~3%的食盐水消毒 10~15min。

3.3.4 饲料投喂

泥鳅在稻田中主要摄食各种浮游动、植物及腐殖质，植物碎片、植物种子、水蚯蚓等。但稻田中泥鳅的天然饵料是有限的，需要辅以人工投饵，要坚持"四定"原则，每天 2 次，9 时和 17 时左右各一次，饲料投在暂养沟和环沟中设置的食台上，投饵量按泥鳅总体重的 2%~3%计算，上午投喂日投量的 40%，下午投喂日投量的 60%。

3.3.5 水位和水质管理

需保持稻田水质清新。若发现水色变浓，要及时换水，田面水深保持 15cm 左右，环沟、暂养沟保持水深 40~65cm，在高温季节，每隔 10~15 天换水 1 次，每次换水量为稻田水量的 1/4 左右，适当加深水位，定期用生石灰或微生物制剂调节和改善水质。

3.3.6 病害防治

采用"预防为主，防治结合"的原则，一般稻鳅模式下，很少有泥鳅疾病发生，在鱼病多发季节，每隔 15 天按生石灰 20g/m³ 漂白粉用量泼洒 1 次。

3.3.7 设置防鸟装置

3.3.8 捕捞

地笼网捕捞。傍晚将地笼网放置在暂养沟和环沟中，第 2 天早晨收捕，采取"捕大留小，适时上市"的原则。

盐城市盐都区推进稻田综合种养的实践与思考

戴凌云[1] 孙广仲[1] 杨 力[2] 金 鑫[2]

（1. 盐城市盐都区粮油作物技术指导站，江苏盐城 224002；
2. 盐城市粮油作物技术指导站 ，江苏盐城 224002）

摘 要：稻田综合种养是农业供给侧改革的一项重要措施，针对近年来盐城市盐都区稻田综合种养的发展现状，从行政推进、技术跟进、产业促进三方面对促进稻田综合种养的发展进行了思考和探索。

关键词：稻田综合种养；发展；思考

近年来，盐都区紧积极实施"藏粮于地、藏粮于技"和农业供给侧结构调整战略，按照"因地制宜，适度规模，市场先行，种养共赢"的原则，积极推进稻田综合种养工作，取得了一定的成效。2016 年全区累计推广 266.7hm^2，较上年增加一倍；且种养模式较多，也出现了多个 6.7hm^2 以上的种养典型，七星农场千亩稻田综合种养基地为 2016 年全市秋播农业结构调整会议提供了观摩现场，得到了与会领导的一致好评；通过稻田综合种养优质稻米转换率比例达 30% 以上，经济、社会和生态效益较好。

1 行政推进是搞好稻田综合种养的重要前提

稻田养殖在盐都区已有 30 多年的发展历史，虽然不是新生事物，但在新形势下推进仍面临着许多矛盾和困难，制约因素较多，目前盐都区稻田综合种养发展速度较慢，成熟典型较少，需要行政引擎发动，起步前行。

1.1 明确用地规范

江苏省虽然在 2016 年一号文件中明确提出了推进稻田综合种养的相关要求，但因稻田综合种养需开挖养殖围沟，部分改变耕地现状，加之实施稻田综合种养的匡口中水稻种植面积占总面积的比例暂无权威规定，国土部门在土地利用监管上，往往无法判断是否违规，一般先通知停止施工，影响项目推进。同时，用于基础设施建设的仓储、机库等用地问题也难以解决。由于基本农田保护这个限制因素，各地在推进过程中小心翼翼，手脚放不开，步子迈不大。只有解决好了这个关键问题，稻田养殖才会有较大面积的发展。建议省级农业和国土部门联合制定实施细则，明确用地规范，重点要明确养殖围沟可占用整个稻田面积的比例等。同时，各级农业部门也要加强与国土部门的联系沟通，争取对发展稻田综合种养工作的理解和支持。

1.2 明确扶持政策

除一些在外创业有成、有一定资金实力和已有养殖基础的老板外，如无财政项目资金扶持，一般新型经营主体都难于承担前期基础设施建设、水利改造、防逃防盗设施建设等资金筹措压力和种养风险。尽管盐都区区委出台了稻田综合种养规模达 13.3hm^2 以上奖补 5 万元的扶持政策，但推进速度仍然缓慢。为此，在政策扶持上需要继续加大力度。一是继续组织实施"江苏省稻田综合种养试点"项目，在原有基础上扩大试点范围，增加扶持力度。二是在政策许可的范围内，统筹整合国土、水利、农业开发等涉农项目资金，对稻田综合种养农田基础设施建设上进行适当倾斜。三是各级政府设立稻田综合种养推进专项奖补资金，对达到补助标准的示范基地，按一定的补助标准落实"以奖代补"政策。四是积极争取金融部门在涉农贷款和农经系统的政策性融资担保上，为稻田综合种养示范推广提供稳定的资金支持。

1.3 明确目标考核

目前基层干群对稻田综合种养认识不够到位，绝大多数新型经营主体对发展稻田综合种养处于观望态度，仍满足于目前低投入、低效益的常规稻麦种植或投入较多、市场风险较大的单纯的提水养殖，试点的积极性不高，不敢、不想也不愿发展。少数经营主体以流转土地开展稻田综合种养为名，准备1~2年后转为纯搞提水螃蟹养殖，根本不想搞稻田综合种养。在省市县各级党委政府高度重视稻田综合种养示范推进的情况下，镇村干部更要解放思想，强化行政推动，引导群众特别是新型经营主体积极示范。一要加强宣传。各地要在电视、报纸、网络上大力宣传稻田综合种养对于推进供给侧结构调整、改善生态环境、提升产品品质、促进农民增收的重要性；要借助媒体对现有成功典型的经验进行宣传报道，营造良好的氛围，并组织基层干群特别是一些有发展意向的新型经营主体进行考察观摩，增强感性认识，提高积极性，推动稻田综合种养的示范扩展。二要加强规划。要因地制宜规划稻田综合种养示范区，明确实施规模、主推模式和管理机理。鼓励、引导新型经营主体组建专业合作社，通过土地流转、股份合作等多种形式，不断扩大生产经营规模；要把示范区建设与其他项目实施、休闲观光农业建设和特色乡村建设有机结合起来。三要强化考核。要把稻田综合种养列入粮食生产考核中去，列入当前农业供给侧结构调整的考核指标中去。

2 技术跟进是搞好稻田综合种养的关键因素

稻田综合种养，不仅要掌握水稻种植技术，而且还要掌握养殖技术，更重要的是要掌握复合种养技术，涉及的技术环节较多，一些种养失败的大户，就是因为一着不慎，全盘皆输。必须加强稻田综合种养技术的研究、培训和指导。

2.1 多层面开展技术研究

一是研究稻田综合种养条件下的水稻种植技术。重点研究水稻栽插密度和肥水施用技术。水稻种植的密度既要力争高产需求，又要保证养殖的鱼虾蟹正常生长和活动的空间。肥料施用要研究肥料的种类及施用的时间和数量；水浆管理主要研究如何科学搁田而不影响水产品的健康生育。二是研究养殖技术。重点研究水草种植和放养技术。水草种植技术上主要研究水草混合种植的比例和种植密度等，放养上主要研究放养数量、投喂饲料的数量和时间节点等，通过研究实现最佳配比。三是研究优质种养技术。水稻除草、穗颈稻瘟病是防治难点，防治不好会影响种养质量，特别是作为有机稻米种植的品质难以保证。重点研究生物、物理及生态防治技术，研究药物防治的种类和使用方法。四是研究机械收种技术。一般稻田综合种养的水稻不能直播，重点要研究机插秧和抛秧技术，包括适宜的品种、植株的高度、密度和水浆管理的配套技术等。五是研究多种种养模式。加强调查研究，不断优化稻田综合种养模式，逐步形成适合本地发展、适应市场需求、社会经济效益较好的经营模式。通过试验研究，逐步形成制定适合本地实际、简便易行、操作方便的稻田综合种养技术规程，目前已经参与制定"克氏原螯虾稻田养殖技术规程"，并获得市级地方标准。还要逐步制定稻田育扣蟹、稻田养鸭等市级地方标准。

2.2 多形式开展技术培训

大多新型经营主体只对粮食种植技术和市场行情有所了解掌握，对水产养殖技术、特别是稻田综合种养技术了解甚少。水产养殖上，除盐都区水产技术推广站外，基层技术力量普遍薄弱，示范基地难于及时就近获得高水平的技术指导和服务，很多种养、管护技术只能靠自学或在实践中探索积累。要采取多种形式强化技术培训。一是专家培训抢入门。要邀请各级水产专家和稻渔复合种养专家，到盐都区开展专题技术培训，扩大稻田综合种养的知晓度和参与度。二是现场培训拓眼界。要组织种养经营主体去安徽全椒县、湖北潜江县和淮安盱眙县等参观学习，并组织去本市建湖、东台等县（市）和本区七星现代化农场等区内规模种养户参观学习，借鉴学习成功经验，加强示范推广，扩大示范带动效应。三是大户培训增信心。定期邀请部分成功的种养大户，通过技术交流和稻田现场问答等形式，现身说法，传授技术和经验，增强推进稻田综合种养的信心和决心。

2.3 多部门开展技术指导

稻田综合种养，是一个系统工程，涉及的专业较多，有种植、有水产、有农机，特别是水产的种类较多，必须要加强多部门合作，开展系统性、专业性、高水平的技术指导和服务。一是农渔融合指导。在关键时刻，种植、水产技术推广部门，不定期联合开展稻田综合种养技术指导工作。为新型经营主体和种养大户提供基础工程改造、选种育种、苗种放养、水质调控、病害防治等相关服务，同时要简化技术操作程序，明确关键技术，不断提高种养管理技术水平。二是机艺融合指导。一些稻田综合种养示范户，水稻种植和收获往往靠人工进行，作业效率严重低下，成本居高不下，种养效益难以提升。要加强与农机部门合作，切实解决种养过程中水稻全程机械化作业的难题，同时也要完善水产养殖中增氧和捕捞机械的开发与应用，努力提升稻田种养效益。三是农气融合指导。养殖的水产品易受台风暴雨、极端高低温等不利气候影响，要加强与联合气象部门合作，密切关注天气变化，防止灾害发生，降低灾害损失。

3 产业促进是搞好稻田综合种养的根本保证

盐都区的稻田综合种养，如果没有产业化作为保证，也只能是昙花一现。必须要以市场为导向，质量为核心，品牌做后盾，销售为保证，才能促进种养殖效益稳定提升，才能保证稻田综合种养殖的稳定发展。

3.1 要提升产品质量层次

吃得饱，更要吃得好，这是农业供给侧结构调整的宗旨。市场的竞争首先是质量的竞争，稻田综合种养必须把产品质量放在首位。一要选用优质水源。稻田综合种养，水是关键。没有优质的水源，很难生产出优质的产品。要选择靠近河流、湖泊且水质相对较好的区域，如盐都区的大纵湖、楼王等乡镇进行种养。并要实行健康种养，强化水质管理。二要选用优质的品种。水稻中要选用食味品质优良的如南粳9108等品种，积极示范扬农稻1号等优质稻米新品种。养殖上要选用有成熟技术、有成功经验的品种进行养殖。三要选用低毒低残留的农药。要根据生产无公害、绿色和有机产品的市场需求，积极选用低毒低残留的农药，有条件的要示范应用生物防治和物理防治的方法，同时要精准用药，减少用药的次数和用药量。另外，在肥料使用上也要控制化肥施用数量，积极应用绿肥和有机肥。

3.2 要提升品牌建设水平

盐都区稻米品牌不多，特别是种养品牌不多，已有品牌影响力也不够。目前只有盐都七星现代化农场稻鸭共作"七星谷"的稻米品牌，已获得有机品牌认证，具有较强的市场竞争力。要加强市场培育，大力实施品牌战略，充分发挥品牌的溢价效应。一要强化品牌打造。通过政府推动和市场引导相结合的方法，鼓励、引导骨干企业和新型经营主体着力打造具有市场竞争力的稻田综合种养的生产和加工产品品牌，提升产品档次，提高产品附加值。也可以利用区域公共品牌提升产品的知名度。二要强化品牌宣传。要积极参加各种稻米博览会、展销会，推介种养品牌。同时要积极借鉴"七星谷"品牌宣传的经验，加大媒体宣传力度，提高品牌社会认知度。三要强化品牌维护。生产、流通、加工、销售产业链中的各个环节，都要恪尽职守，自觉维护品牌形象。

3.3 要提升市场营销能力

目前全区从事稻田综合种养的主体主要以个人为主，占50%以上，企业仅占10%左右，缺乏技术、市场、管理等方面的集成优势；盐都区稻田育扣蟹一直是以一家一户为主，质量参差不齐，产量、售价差距较大，收益波动加剧。在有骨干企业参与和品牌打造的前提下，重点要加大营销力度。一要实行订单和订制种植。要通过优良品牌优质产品，吸引中高端消费群体，实行订单和订制种植，培育稳定的客户群，减少营销费用，提高种养效益。二要加大网络营销力度。大力推行O2O线上网店、线下实体店相结合销售模式。三要积极探索专业销售。主要采用品牌代理、建立专卖店和网上电商销售等途径，扩大产品销量。

稻虾共作养殖模式初探

杨桂华　陈月平　奚圣贵

（大丰区草堰镇农技推广服务中心）

　　草堰镇是农业重镇，常年以种植业为主。近年来，由于市场发生变化，种粮经济效益低下，有很多的种田大户想放弃种植业，为了改善这一现状，镇政府领导高度重视，通过"请进来、走出去"形式，帮助大家解放思想，打破传统观念，引进新技术、新措施、新方法。大力引导产业结构调整，积极尝试推广立体种养殖模式，促进农业增效，农民增收。三元村、合新村、西渣等村部分农户率先探索出小龙虾"稻虾养殖"模式，即每亩田每年可收获"一稻二虾"，取得较好的社会效益和经济效益，现将有关情况汇报如下。

1　设施建设

1.1　开沟虾沟

　　针对目前种粮效益低，甚至受损的实际情况，到外走访调查学习，进行大胆偿试"稻虾养作"模式，一般以 40~50 亩为一个种养单元为宜，四周开一条环形沟，沟宽 4m、沟深 0.8m，同时田中央可开成宽 2m 的"十"或"井"字形的虾沟，虾沟虾潭（虾潭长、宽均 2m、深 1.2m）可开在虾沟的交叉处，与虾沟相通。

1.2　加固田埂

　　开挖环沟的泥土可以垒在外围建设田埂，一般田埂高于田面 0.6~0.8m，顶部宽约 2m，在田埂上可种植瓜、豆等作物。开挖虾沟时，可以在田间置小埂，给虾提供足够多的挖洞场所。

1.3　设置防逃设施

　　开好进、排水口，地点选择在稻田相对两角的土埂上，便于养殖过程中整过稻田的进排水流畅。田埂四周设置围栏，高 50cm 左右，以避免逃虾和控制天敌进入。

2　关建技术

2.1　水稻栽培

　　（1）品种选择。食口性好，抗病性强，丰产性高的品种—南粳 9108 稻种。

　　（2）栽作时间。一般在 6 月中下旬水稻机插秧，10 月中下旬水收获离田。

　　（3）病虫害防治。主要采取绿色防控和低毒低残留，减少水稻农药使用量和次数。

　　（4）肥料。以有机肥料为主，不施用化学肥料以及虾喂食和虾蜕掉的壳，可作为水稻肥料，促进水稻生长，绿色无公害有机稻米。

2.2　消毒与培肥

　　一般投放虾苗前 15 天左右进行消毒，每亩用生石灰 75kg 撒施，经过 3~5 天晒沟后，灌入新水清除敌害生物及寄生虫等。培肥，一般在放养前 7~10 天，亩施腐熟禽畜粪肥 300~500kg，使水色有一定的肥度，此外，每亩可以投放螺蛳 150kg，既可清洁水质，又是小龙虾鲜活的天然饵料。

2.3　种苗放养

　　（1）放养时间和数量。一般在每年 3 月底前或 8—10 月。初次养殖每亩投放抱卵亲虾 20~30kg，秋季在水稻收获后每亩投放 5~10kg，雌雄比（2~3）：1，主要为来年生产服务。

　　（2）虾苗虾种质量要求，规格要整齐，一次要放足，质量要好，体质健壮，附肢齐全，无病无伤，生命力强。放养时选择晴天早上或阴雨进行，避免阳光暴晒。

2.4 科学投喂

（1）按照虾不同生长发育阶段对营养的需求，搞好饵料组合。

（2）按照虾的摄食特点，科学投饵，投喂要采取定质、定量、定时、定点的方法，投喂均匀，使每只虾都能吃到，避免争食，促进均衡生长。

（3）按照天气、水质以及虾的活动吃食状况，合理投饵。

（4）投饵要精粗饲料合理搭配。一般按动物性饲料40%、植物性饲料60%来配比。

2.5 水质管理

（1）调控好水质。

（2）调整好水位，水位要注意稳定，不宜忽高忽低。

2.6 日常管理

（1）要坚持巡田检查，坚持早晚巡查各一次，观测稻田水质变化，发现异常及时采取对策。

（2）要注意水质变化，注意观察，若发现虾反应迟钝，游集到岸边，浮头并向岸上爬，说明缺氧严重，要及时注水或开增氧机增氧。经常加注新水，保持池水清洁。

（3）搞好防逃。要做好防汛工作，严防大风大雨冲垮田埂或浸水引发逃虾。

（4）加强蜕壳虾的管理。蜕壳是龙虾生长的重要标志，搞好蜕壳的管理非常重要。当大批虾蜕壳时，应减少投饵，减少人为干扰，一切操作要细心谨慎，创造良好的环境条件，促进虾顺利蜕壳。

3 经济效益

通过近一年来的实践种养殖模式，获得较好的经济效益。

（1）水稻收入。每亩平均实收水稻550kg（较正常产量低1～1.5成），按市场价2.8元/kg，计算人民币1 540元。

（2）虾子收入。每亩平均产虾55kg（年收获一季），按市场价42元/kg，计算人民币2 310元。

4 养殖体会

（1）通过"稻虾养殖"模式应用，提高了土地和水资源利用，增加了种养殖户的经济效益。

（2）水稻生产过程中，使用的是无公害农药，使用的次数比常规稻田要少，生产的水稻是绿色环保的有机稻。

（3）水稻生产过程中，产生的微生物及害虫为虾提供了充足的饵料，虾产生的排泄物又为水稻提供了良好的生物肥，形成良性生物链。使生态环境得到改善，实现生态增值。

稻田养鸭技术原理及效益评价

韩华平[2]　王国平[1]　何永垠[1]　薛根祥[1]　仲凤翔[1]

郜微微[1]　常伦岗[2]　徐　进[2]

(1. 东台市农业技术推广中心；2. 东台市南沈灶镇农技推广服务中心)

稻田养鸭源于中国，在古代就有稻田收割后放鸭啄食遗穗（粒）和害虫的记载。20 世纪 60 年代，日本受我国古代稻田养鸭的启示，探索出较为完整的稻鸭共作技术。80 年代，江苏省镇江地区引进该技术，经多年实践，稻鸭共作技术有了进一步发展，并在全国推广，但推广速度尚慢。随着我国对环境保护和食品安全的要求越来越高，稻鸭共作生产有机稻米技术较之稻田养鱼、养蟹、养虾、养蛙等有机生产方式有着不可替代的优越性和可操作性，必将有较快发展的前景。

2015—2017 年，我们在东台市沈灶镇常灶村试行稻鸭共作，面积大小从 3~10 亩不等，目前共已发展 52 亩。经过 3 年实践，探索了在本地进行稻鸭共作生产有机稻米的基本技术，取得了较好的效果。

1 稻鸭共作的概念

稻鸭共作就是在栽培水稻田里饲养适当数量的雏鸭与水稻共同生长。利用鸭的活动为水稻除草、除虫、施肥、耘耥，达到稻丰产、鸭丰满、无污染、双有机、多收益的目的。

按国家有机食品的生产规程要求，水稻栽培的一整套常规操作都有所改革。

稻鸭共作仍以水稻生产为主要目的，养鸭是利用鸭为水稻"打工"服务，替代人工为水稻的化学除草、化学除虫、化学追肥、化学促控或人工耘耥。

2 稻鸭共作的原理

常规栽培需要人工对稻田除草、追肥、治虫和化学调控，稻鸭共作以后，用鸭子替代了这些操作。

（1）鸭是杂食性水禽，对虫子尤为喜食。在稻田里有一只苍蝇飞过，常见到三四只小鸭追啄的情景。稻鸭共作以后，稻株中下部的飞虱等刺吸式口器害虫和、蝼蛄、稻螟蛉等咀嚼式口器害虫很难找到。稻株中上部的卷叶螟、大螟、二化螟等害虫也都能被鸭吃掉，即使中后期稻株长高以后，鸭也能跳跃捕捉到飞蛾，鸭的跳跃高度能达到体长的一半以上。稻鸭共作完全能够替代人工化学治虫。

鸭在 20 时前后和 3~4 时有两个活动高峰，正好与稻田虫害的取食、转株、飞落产卵活动高峰吻合，所以害虫被鸭大量取食。

（2）鸭在稻田 24h 活动，静止休息的时间很少。笔者曾在 3.1 亩稻田里观察 1 个小时，鸭群在稻田里游动巡逻了 7 趟，平均 10min 左右巡游一趟。所以稻田里 24min 保持浑水状态。

鸭的除草作用一是幼嫩草叶草芽直接被鸭吃掉，二是杂草被鸭不断踩踏无法生长，三是稻田一直处于浑水状态，杂草即使出芽但无法获得光照进行光合作用而死亡，所以稻鸭共作稻田无须使用除草剂，也绝对能保证稻田无草。

鸭不吃稻苗稻叶，我们曾做过这样的试验：将杂草和稻苗等量混合切碎饲喂小鸭，结果鸭拣食了杂草碎叶，而将稻叶留下，这可能与稻叶粗糙而草叶光滑有关。笔者在几年实践中也从未发现鸭取食稻叶的现象。

（3）鸭在稻田里的频繁运动使株行间空气流通，改善了稻株中下部小气候状况，水稻纹枯病、基腐病、条纹叶枯病等病害基本不会发生。同时由于鸭的捕食控制了飞虱、叶蝉等传毒害虫，抑制了传毒性病害的发生。

（4）稻鸭共作从雏鸭下田到稻穗乳熟离田，一只鸭排出粪便 20 多千克，每亩饲养 15~18 只鸭相当于施入稻田 400 多千克有机肥料，在鸭的巡游搅拌中均匀施入稻株根部。

（5）鸭在稻田里每天巡游数十上百趟，稻株不断受到鸭的触碰"抚摸"，稻株就长得敦实粗壮，所以稻鸭共作的水稻没有倒伏情况。

稻鸭共作田块在水稻收割后可以非常明显地看到稻桩周围的泥土明显高于行间 3~4cm，比人工"雍根"的还要整齐、标准、均匀。这是由于鸭在行间游动搅动泥土，而稻株周边水体相对较静，扩散的泥土就沉淀下来，久而久之稻株根部的泥土被雍高，起到了雍根作用，这也是不倒伏的原因之一。

所以鸭在稻田的活动取代了人工耘耥、摸秧根和化学促控的操作。

（6）稻鸭共作的意义。

一是鸭的"打工"替代了人工的繁重劳动，节省了劳动力。

二是鸭子为水稻的生长供给了治虫、除草、施肥、促控等"护理"措施，减少了人工田间操作。

三是鸭的取食替代了除草剂、杀虫剂和部分杀菌剂的使用，减少农药的用量，保护了生态环境。

四是稻田由于鸭的介入杜绝了化肥、杀虫剂、杀菌剂、除草剂的施入，实现了有机农业生产，提高了产品质量，增加了农民收入。

五是稻鸭共作实现了环保、有机、生物链系统可持续生产，为人类提供了安全、有机的稻米及鸭肉（蛋）等农产品。

3 稻鸭共作的效益

3 年生产实践表明稻鸭共作亩产值比常规栽培高 2 172.50 元，减去稻鸭共作比常规栽培每亩多投入 548 元，净产值每亩仍高 1 624.50 元。实际上市面稻鸭共作有机米都在每千克 20 元以上，按这个价格计算，稻鸭共作的亩净产值都在 5 500 元以上。

这里列一表，把稻鸭共作与常规稻工本效益做一粗略比较（表1、表2）。

表1　成本支出部分　　　　　　　　　　　　　　　　　　单位：元/亩

项目	稻鸭共作水稻	常规栽培水稻
稻种 3.5kg	28 元	28 元
育秧 0.5 工日	35 元	35 元
移栽 2 工日	200 元	200 元
除草剂	0	10 元
杀虫剂	0	60 元
杀菌剂	0	20 元
复合肥 40kg	0	112 元
尿素 50kg	0	85 元
有机肥 250kg	300 元	0
叶面肥	0	10 元
促控剂	0	5 元
鸭苗 18 只	72 元	0
饲料	396 元	0
围栏	40 元	0
围栏用工 0.5 工日	32 元	0
治虫除草施肥 5 工日	0	350 元
饲鸭管理 5 工日	350 元	0
收割费	80 元	80 元

（续表）

项目	稻鸭共作水稻	常规栽培水稻
晒干用工	20 元	20 元
水费	40 元	30 元
合计	1 593 元	1 045 元

注：围栏设施以 12mm 螺纹钢和塑料渔网组成，头年投入每亩约 160 元，连续使用 5 年不成问题

表1 比较，稻鸭共作比常规栽培每亩多投入 548 元。

表2　收入产值部分　　　　　　　　　　　　　单位：元/亩

项目	稻鸭共作水稻	常规栽培水稻
产量	500kg	650kg
出米（70%）	350kg	455kg
米价	10 元/kg	4.50 元/kg
米产值	3 500 元	2 047.50 元
鸭产值（18 只×40 元）	720 元	
合计产值	4 220 元	2 047.50 元
减投入亩净产值	2 627 元	1 002.50 元

表2 比较，稻鸭共作比常规栽培每亩增收 1 624.5元。

4　稻鸭共作栽培发展缓慢的成因简析

稻鸭共作虽具上述优势且发展已几十年，但其发展速度缓慢，究其原因粗析如下。

稻鸭共作栽培的相对高成本和有机米的高价格使生产者和消费者受制约。稻鸭共作栽培模式的投入成本至少是常规栽培的1.5倍以上，而农户的思维总是想以最小的投入取得最大的收益，在大于常规栽培投入的情况下，农民就本着"老路子好走"的保守态度不愿或不敢发展稻鸭共作了。同时，有机大米的价格目前大于常规米几倍或十几倍，这就使有机米较难走入大多数普通消费者家庭，反过来制约了有机米的生产发展。

传统栽培的习惯势力和对产量的片面追求，制约了稻鸭共作的发展。

政府和农业部门缺乏宣传指导和政策扶助影响稻鸭共作的发展。

5　稻鸭共作栽培前景展望

笔者认为稻鸭共作的有机生产必将有着较快发展的前景，理由如下。

一是稻鸭共作技术比稻田养鱼、养虾、养蟹、养蛙等有机生产技术有着投入较低、管理方便、"服务"水稻生产全程等不可比拟的优势。

二是随着国民收益的普遍增加，大众消费也将增加。国民的膳食水平从吃饱向吃好再向吃健康的认知水平发展，势必对有机稻米的需求度上升。

三是政府部门以及普通大众对生态环保认识的不断提高，对有机食品和可持续发展将更加重视。

6　稻鸭共作的技术关键

6.1　准备阶段

（1）地块选择与确定。当然土层深厚、土壤肥沃为上选，贫瘠土地可以通过培肥实现。地块周围500m 内不应有化工企业和污染作坊存在，地块上空及周边空气不存在污染物质，灌溉水源及周边水系不存在污染物质。田块面积以 7~10 亩划块为宜，田块地过大不利鸭的巡游，同时田块过大势必鸭群就大，对水稻生长不利。

（2）围栏设施准备。按田块周长购置围网，普通渔网即可，网眼不大于 2cm。网脚用 8mm 圆钢截成 1m 左右一根穿成，长度与田块周长同，上纲用比网线粗一点的塑料绳穿成。竖桩用 12mm 螺纹钢，一根螺纹钢 9m 可截成 7 根，按田块周长每 3m 一根。

（3）稻种选择。选用口感好质量优的优质米稻种，如南粳 9108。每亩用种同常规。

（4）肥料运筹。以有机肥为主，商品有机肥每亩不少于 200kg。施肥以基肥为主，整地插秧前全层施肥。追肥以氨基酸类液体肥随灌水冲施，辅助氨基酸类叶面肥喷施。

鸭种选择和出孵时间。选择体型小、活动力强的鸭种，如康拜尔、麻鸭。出孵时间在插秧后 6~8 天，不宜超过 10 天。

（5）饲料准备。以玉米、小麦、瘪稻谷为饲料，每只鸭 11kg 左右。

6.2 起步阶段

（1）育秧与秧床管理。同常规。

（2）鸭苗订购。以插秧日期后推 6 天，再向前推 28 天，与炕孵坊预订苗鸭，每亩 15~18 只。

6.3 实施阶段

（1）整地插秧。同常规，有机肥在干耕前施入。手插机插皆可，直播稻也可，但行距均应在 28~30cm，不可小于 26cm。插秧株距 13cm。

（2）鸭棚设置。在秧田一边选一处靠路边的地方搭一鸭棚。地面与田岸同高，用石棉瓦或彩钢瓦搭一棚，前高 90cm，后高 60cm，按每亩一块石棉瓦组搭，地面用塑料布平垫。

（3）围栏。插秧后 5 天内搞好围栏，按 3m 距离沿岸埝基部同田面相平处立桩，然后裁口按下网脚，将上纲绳拉紧，鸭棚围在其内。

（4）放鸭。插秧后 6~8 天放鸭下田，机插秧可再迟 1~3 天。原则上雏鸭不需育雏，出壳 24h 内必须下水，先饮水，后开食。

让鸭先熟悉鸭棚周围环境，自由戏水，自由采食。食在棚下，水在秧田。喂食时吹哨以形成条件反射。1~2 天后撤掉小围栏，使其全田巡游。

6.4 管理阶段

（1）鸭的管理。放鸭后 3~5 天内每天巡田 2 次，发现死鸭及时捞出田外。发现绒毛湿透的小鸭捞起擦干或用吹风机吹干绒毛，重新放入鸭群。每天饲喂 3 次，1 周后每天喂两次，每天巡田 1 次，两周后每 2~3 天巡田 1 次。

放鸭 20 天内遇大雨，雨停后及时巡田，捞出绒毛湿透的鸭吹干放入群中。

雏鸭开食 3 天内饲喂雏鸡料，以后喂煮熟的米饭和小麦，1 周后喂干小麦，并注意渐进式过渡。

饲喂量以每餐吃饱略剩为度。

饲料撒在棚下塑料布上，不可撒入水田中。

（2）水稻管理。保持全田有浅水，随着鸭的长大逐步渐深。搁田期分次软搁，落水到全田尚有部分水塘可供饮水时复水。

稻田病害如纹枯病、稻瘟病等可用生物制剂如砷嗪霉素等防治，虫害不需防治。

分蘖肥、孕穗肥以氨基酸类液肥随灌水冲施，保花肥喷施氨基酸类叶面肥，不施复合肥和尿素等化肥。

（3）鸭的离田。9 月中下旬水稻垂青进入乳熟期，适当增加鸭的饲喂量，以下顿饲喂时尚见到少量饲料为度。一旦发现鸭啄食稻穗，立即驱其离田。

（4）鸭离田后的水稻管理。同常规，一般不需治虫。

6.5 收获阶段

同常规。

稻瓜轮作高效种植模式及配套栽培技术

杜 宇

（东台市梁垛镇农技服务中心）

近年来随着农业产业结构的调整，设施瓜果蔬菜种植面积的不断扩大，种植大棚蔬菜及西瓜受连作障碍的影响，往往是打一枪换一个地方，成为制约设施瓜果蔬菜生产基地的一个瓶颈。大棚西瓜复种水稻是瓜菜粮轮作换茬的一种新模式，既克服了西瓜枯萎病连作障碍的影响，又通过瓜粮互补取得较好的收益。梁垛镇 2016 年调减粮油面积 1.2 万亩，其中大棚西瓜就有 3 千多亩，土地流转合同大多定的 3 年，政府出台的奖补兑现也是 3 年，比例是 2%、3%、5%，这就影响第 2 年和第 3 年大棚西瓜或大棚蔬菜的连茬种植，大棚西瓜复种水稻既解决了连作障碍又增加了亩效益，一般田块每亩可增收 1 千元以上，高的近 2 000元，大棚西瓜亩产 4 000~5 000kg，亩平效益 5 000元，水稻亩产 450~5 000kg，亩平效益 1 300元，合计亩效益 6 300元。

1 大棚西瓜栽培技术

1.1 选用适销品种

选用早熟品种以及耐低温、口感好、抗性强的优良品种。目前适宜本地大棚栽培的主要有小果型品种小兰、特小凤，中果型品种早春红玉以及大果型品种早佳8424 等。

1.2 适时育苗

育苗时间在元旦左右，采用电热线双棚增温基质穴盘育苗，苗龄掌握在 30~40 天、3~4 片真叶的健壮苗，苗床白天温度保持在 25~35℃，夜间保持在 18~20℃。既防止冻伤，又防止瓜苗徒长。苗期要加强病害的预防，及时喷施 75%百菌清可湿性粉剂 800 倍液加 70%甲基托布津可湿性粉剂 800 倍液，预防早春低温高湿引发苗期炭疽病、猝倒病和立枯病。

1.3 合理密植

定植前搭建好大棚，采用 3 棚 1 膜栽培，即 6m 跨度标准钢架大棚，内搭一竹架大棚，再搭两座小竹拱棚，地面再用地膜铺设。在 2 月底到 3 月初进行定植，亩栽 800 株左右。

1.4 棚温管理

定植后要加强保温，棚温保持在 30~32℃加速生根。1 周后，晴天中午通风，午后盖膜。成活至开花阶段，气温回升，晴天要逐步加大放风，棚温控制在 23~27℃。果实膨大阶段，昼夜温差掌握在 10℃左右，有利于果实生长。

1.5 肥水管理

大棚上膜前亩施腐熟鸡粪 1 500kg、45%硫酸钾三元复合肥 100kg，翻倒均匀。苗期用尿素 5kg 追施 1~2 次，挂果后亩用尿素、硫酸钾各 15kg，结合灌水，施 1 次膨果肥。西瓜整个生育期需水量较多，但要求空气干燥、土壤含水量不能过高，一般沟灌，但注意不宜大灌，雨后及时排水。采摘前 5 天不能灌水。

1.6 植株管理

采用双蔓整枝法，及时打杈和打顶，采用人工授粉，在晴天 8~10 时进行，选留主蔓第 2、第 3 雌花，每蔓保留 1 个瓜。西瓜坐果后，要注意疏果、摘除畸形果。

1.7 适时采收

5 月上旬即可陆续采收。同时可采摘二茬瓜一直到 7 月中旬。

2　水稻机插栽培技术

7月20日左右，大棚西瓜即可腾茬，拨除大棚整翻田地，主要栽培技术如下。

2.1　选用品种

选择中熟中粳品种：苏秀867、华粳5号等。

2.2　适时培育壮秧

一般在6月中下旬用机插秧盘，每亩25张左右，亩用种4kg，移栽叶龄掌握在3.5叶，秧龄25天左右。

2.3　合理确定基本苗

亩栽常规粳稻8万株左右，株行距11.4cm×30cm。适当增加基本苗以增加有效穗数。

2.4　肥水管理

西瓜田一般肥力较足，水稻基肥基本不要施，分蘖肥看苗情亩施尿素10~15kg。8月下旬亩施复合肥10kg加尿素10kg作为穗肥。坚持薄水栽插、浅水护苗、活水促蘖、适时搁田、间歇灌溉等水浆管理方法，合理促控群体。

2.5　抓好病虫防治

前期抓好纹枯病防治，亩用24%噻呋酰胺30g，生长后期重点抓好穗稻瘟病、稻纵卷叶螟等"三病三虫"防治工作，主要选用75%三环唑27g/亩和16%甲维·茚虫威15g/亩等药剂，及时开展防治，确保叶子不白、穗子不枯、茎秆不倒。

2.6　当水稻达九成熟时采用收割机及时收割晒干入库

四、小麦生产技术研究与推广

盐城市 2016 年小麦减产减收的原因分析及反思

杨 力 刘洪进 李长亚 王文彬 金 鑫

（盐城市粮油作物技术指导站）

2016 年，盐城市的夏粮生产由于受厄尔尼诺现象影响，秋播阶段遭遇连续阴雨、越冬阶段较强低温，尤其是生长后期阴雨天气较多、寡照、低温，病害穗发芽加重。面对不利的气候条件，全市各地紧紧围绕"高产、优质、高效、生态、安全"的目标，以小麦绿色高产增效创建活动为抓手，积极采取系列抗灾应变措施，取得了明显的成效，最大程度上减轻了灾害损失，形势比预期的要好。夏粮在连续几年增产的基础上，第一次出现了减产减收，其经验和教训值得总结和反思。

1 盐城市夏粮减产减收的主要特点

2016 年的夏粮食生产极不平凡，多灾多难，减产减收是全方位的，是近年来夏粮生产重要的转折点，主要有以下特点。

1.1 单产大幅大降

2016 年盐城市小麦总产达 212.2 万 t、减 10.9 万 t，减 4.89%。而小麦种植面积达 575.86 万亩，增 12 万亩，增 2.13%。小麦总产减少主要是因为小麦单产减少幅度较大所致，全市小麦亩产 368.48kg，较上年减 27.17kg，减 6.87%。

（1）全市县减产。全市九个县（市、区）家家减产，减幅达 3.51%~8.91%，其中响水县减产幅度最小，盐都区减产幅度最大。其他县（市、区）大丰市、亭湖区、建湖县、阜宁县、滨海县、射阳县、东台市分别减产 7.43%、7.29%、5.88%、7.20%、6.05%、6.98%、7.37%。全市九县（市、区）小麦单产在 360~379kg，较上年 388.3~405.6kg 明显下降，减产幅度最小的单产水平最高，减产幅度最大的单产水平最低。

（2）产量结构均减。小麦产量结构穗数减、穗粒数减、千粒重减。亩穗数 38.1 万、减 1.5 万，减 3.8%；每穗粒数 29.2 粒、减 0.8 粒，减 2.67%，千粒重 38.6g、减 0.8g，减 2.03%。

（3）高产田减幅大。2015 年盐城市小麦最高单产达 612.2kg，平均万亩丰产片单产为 570kg，而 2016 年最高单产仅为 530kg，正常万亩片产量仅 500kg 左右，均较上年减少 70~80kg，下降 12.5% 左右，明显高于大面积生产降幅。

1.2 品质有所下降

受天气影响，去年秋播腾茬迟，墒情差，小麦播种大幅度推迟。特别是自 5 月以来，阴雨天气连续不断，收获时节又连续阴雨，造成小麦质量与去年相比普遍下降，穗发芽、赤霉病和黑胚病较多。据中储粮收购粮调查显示，2016 年平均芽麦比例达到 3% 左右，赤霉病率 4% 左右。

1.3 效益大幅下降

价格倒挂的负面影响更为突出，保护价收购的比例较低。2016 年小麦出售价格与上年相比，下降幅度较大，收购初期正常麦平均收购价 1.8 元/kg，穗发芽麦收购价格 0.9 元/kg，导致大部分农户无法及时交售粮食，部分有仓储能力的农户惜售，后期小幅上扬。全市平均收购价只有 1.90 元/kg，比上年减少 0.28 元/kg。小麦平均亩产值 700 元，比上年减少 207 元，一是减产减收。2016 年小麦单产减少了 27.17kg，按正常每千克 2.3 元最低保护收购价计，每亩减少 62.49 元。二是减价减收。按小麦单产 368.48kg 计，每千克 1.9 元，下降 0.40 元，下降 149.39 元。亩纯效益 127.45 元，比上年减少 172.85 元。

据测算，2016 年普通农户小麦亩均现金收益为 209.19 元，比上年同期的 425.79 元减少了 216.60 元，减幅为 50.87%。而种植大户的种植成本偏高，收益出现亏损：盐都区胥加祥预计亩均产量（水分 14%）350kg，出售价格按每千克 2.00 元估算，亩均收入 700.00 元，亩均成本达 934.65 元，亩均亏损 234.65 元；建湖县顾玉川种植小麦 287 亩，亩均产量 275kg（水分 13.5%），按经纪人收购价每千克 1.20 元计算，亩均收入仅有 330.00 元，损失更大。

2 盐城市夏粮减产减收的原因分析

2016 年夏粮减产减收的原因是多方面的，有客观因素也有主观因素，有自然因素也有市场因素，有技术因素也有政策因素，多种因素交织一起综合作用，这就给出了一个强烈的信号，种植小麦不再象以前那样稳产稳收了，有的种植大户夏粮已经出现了亏损。导致 2016 年粮食减产减收的原因归结起来，主要有以下 4 个方面。

2.1 不利气候条件阻碍了麦子的正常生长

2016 年小麦生育期间（2015 年 10 月 21 日至 2016 年 6 月 5 日）温光水等气象条件特点是：温度高，有效积温多，光照少，雨日多，雨量大。累计 0℃ 以上有效积温 2 359.7℃，比上年同期增加 80.4℃，增 3.5%，旬平均温度 10.4℃，比常年增加 1.3℃；光照 1 076.3h，分别比上年、常年减少 64.3h、279.8h，分别减 5.6%、20.6%；降水量 562.3mm，分别比上年、常年增加 237.4mm、210.8mm，分别增 73.1%、60%，雨日 69 天，比上年增加 15 天。

（1）秋播严重滞后，苗情基础变差。去年秋播连阴雨，10 月中下旬播种的稻套麦共生期长，麦苗细长软弱，遇 11 月 26 日前后低温，麦苗部分冻死，此期机械收稻经过辗压的麦苗冻死率更大，加上越冬期 −15～−10℃ 的低温，稻套麦冻害加重，与往年相比成穗数下降，田间缺苗情况较明显。而水稻离田早或共生期短的田块冻害的影响基本没有。由于水稻腾茬迟、加之稻秸秆还田比例较大，播种出苗比常年推迟 10 天以上，有"三个比例大"：一是稻套麦田比例大，二是迟播麦田比例大，三是稻秸秆还田比例大，致使秋播形势相当严峻。

（2）旱茬及稻套麦早播，冬春冻害加重。1 月下旬以来，盐城市遭遇连续 18 天低温，甚至出现了"世纪寒潮" −14℃，对盐城市小麦生产造成了不利影响。特别是里下河地区稻套麦面积较大，共生期短的无论早迟播种，冻害均较轻，而共生期较长的叶片严重拉长，冻害加重，成穗数下降明显。

（3）早春轻旱，苗情转化缓慢。2 月中旬至 3 月底降水 43.8mm，比常年减少 18.9mm，另外 3 月中下旬正是拔节孕穗肥吸肥高峰期，降水仅 3.3mm，比常年减少 23.3mm，严重影响拔节孕穗肥的吸收利用。

（4）连续阴雨加花期不一，赤霉病防治难度大。由于小麦抽穗扬花后连续阴雨，加之播期拉长抽穗扬花时间不一。2015 年 11 月底前播种的大面积小麦在 4 月 18—30 日齐穗，生育进程比去年早 2～3 天，但 2015 年 12 月后迟播的 150 多万亩小麦将在 4 月 25 日至 5 月 10 日齐穗，全市从南到北小麦齐穗扬花期前后长达 20 多天，加重了赤霉病的发生。

（5）后期早衰严重，千粒重下降明显。由于 5—6 月连续阴雨，造成根系发育不良和早衰，加之小麦白粉病的发生加重，造成后期灌浆时间缩短，灌浆不足，千粒重降低。

2.2 病害加重发生影响了麦子的丰产丰收

小麦主要病害发生重，而部分次要病害叶锈病、全蚀病、种传病害和灰飞虱、麦黏虫、麦蜘蛛、红吸浆虫等害虫发生面有所扩大，但发生程度总体较轻。

（1）白粉病中等偏重，局部发生。始见期早，最早阜宁 2 月 29 日查见，始见日比上年早 3 天，其他多数县（市、区）于 3 月 7—20 日查见，也早于去年 2～5 天。4 月上旬温、湿度条件十分有利小麦白粉病的发生。不同小麦品种间发病差异明显，如阜宁调查，宁麦 13、扬麦 13、淮麦 29、淮麦 20 发病最重，其次是济麦 22、淮麦 30、徐麦 35、周麦 21、淮麦 26、淮麦 35、淮麦 33、连麦 8 号，郑麦 9023、连麦 7 号、淮麦 32、瑞华麦 520、天民 198、徐麦 30 相对较轻，徐麦 33 发病最轻。最终调查，上三叶自然病叶率全市平均为 77.61%，病指平均为 37.44，分别略高于去年的 75.19%、34.94。防治田块平均病叶率为 28.04%，平均病指为 10.72，病叶率略高于去年的 27.52%，病指则略低于去年的 11.16。

（2）赤霉病中等偏重，局部大发生。2016年小麦赤霉病见病迟、显症高峰出现迟。田间最早滨海5月2日始见病穗，比去年迟6天，5月上旬田间病情发展一直很缓慢。5月15日强降雨后田间病穗开始明显上升；地区间不平衡性大，北部响水、滨海、阜宁三县发病相对较重；抽穗扬花期偏早的旱茬小麦发病轻于抽穗扬花期偏迟的稻茬小麦。品种间差异明显，宁麦13、淮麦、扬麦相对较轻，郑麦、连麦、周麦21、徐麦相对较重。最终全市发病面积达427.02万亩，占种植面积的66.11%，大面积防治田平均病穗率、平均病指仍分别达到3.23%、1.46，分别高于去年的2.12%、0.93，未治田病穗率、病指分别为48.65%、31.18，也分别高于去年的41.55%、23.93。

（3）纹枯病中等发生，局部偏重发生。2016年纹枯病见病早、侵茎迟、查见白穗均早达2~3天；旱茬麦发病重于稻茬麦，如响水5月29日调查系统田，旱茬麦病株率72.7%，侵茎率67.2%，白穗率3.8%，病指38.8，均高于稻茬田50%以上；4月上旬前病情发展较慢，4月中旬病情上升加快，4月下旬至5月上旬进入发病高峰。最终全市自然侵茎率、自然病指平均分别为28%、14.25，分别高于去年的20.71%、12.95，自然白穗率1.86%，低于去年的3.13%。防治大田最终侵茎率平均为7.03%，高于去年的6.91%，病指、白穗率分别为3.75、0.36%，分别低于去年的4.41、0.41%。

2.3 新的收储形势影响了麦子的收购价格

2016年小麦收购呈现了与去年水稻收购趋势，小麦出售价格较低，加之产量品质下降，严重导致了小麦生产效益的大幅降低。一是最低保护价不再提高。2015年以前，小麦最低保护收购价都是逐年增加的，到2016年不再增加，释放了补贴政策有所改变的信号。二是收购偏迟。多地农民反映粮食部门还没有开秤收粮，或者仅有少数库点收粮，有的地方等了十多天才开秤。三是收价较低。由于库存较足，市场不旺，在一定程度上对新麦价格形成压制，加之新麦品质不佳，原粮加工企业、养殖大户及粮食经纪人也都谨慎收购，出现有市无价的现象，导致农民特别是种粮大户手中大量小麦无法售出。即使卖出也是价格较低，平均销售价在每千克1.9元。建湖县反映，6月初小麦一收就卖价格仅为0.67元/kg，6月中下旬红皮小麦1.6~1.7元/kg，白皮小麦价格一般在1.2~1.5元/kg。7月后小麦价格略有回升，7月中旬红皮小麦价格高的2.1元/kg，白皮小麦价格高的1.6~1.8元/kg。小麦价格低迷，加重效益的减幅，许多种植大户每亩亏损达200元左右。

3 盐城市夏粮减产减收的基本反思

2016年夏粮虽然减产减收，但在夏粮生产过程中，各地都按照高产栽培理论，设计栽培路径，采取了一系列抗灾减灾纠错措施，也取得了比较理想的效果。反思与自然灾害和病虫危害斗争的过程，有一些观点和对策是必须坚持的。

3.1 抗湿早播种是小麦丰产丰收的重要前提

分析近几年气候特点发现，已经连续多年出现11月上旬多雨寡照，从而导致前茬作物收获推迟，夏粮播种延后，在2015年尤其严重（出现连续25天降雨）。从气候发展趋势显示，该现象有发展成常态化的可能。但适期早播种这个高产理念不能丢弃。只有适期早播种，才能充分利用温光资源，确保小麦生育与季节同步。射阳县黄沙港镇张必军农户2015年秋播西农979小麦于10月29—30日播种，播量12.5kg/亩，尽管11月长时间的降雨，第1分蘖出现缺位现象，最终产量仍然达到523kg/亩；而去年全市200万亩12月迟播的小麦，大幅减产的结论也从反面证明了适期早播种的重要。因此抗湿播种已经摆上重要议事日程。一要明确适期早播种的时间。盐城市淮北半冬性品种适期播种在10月中下旬，淮河以南地区偏春性品种适期播种的范围在10月25日至11月5日，最迟播种不能迟于11月15日。二要采取多种种植方式。要认真吸取去年秋播机械难下田而长时间等田的新情况，在健全沟系的前提下，对地势较高的墒情适宜的田块，可采取机械播种方式进行播种；对地势较低的田块，可进行板茬人工直播；对不能及时收获水稻的田块，可进行适时套播种麦。对种植规模较大而土壤湿度较大的，可积极采用江苏省农业科学院研制的稻茬麦条带免耕宽幅施肥播种机为核心构成的"1211"稻茬麦全程机械化高效生产模式。可一次性完成秸秆还田、小麦播种、施肥、镇压等多道作业工序，同时也解决了使用旋耕刀具易出现的秸秆缠绕、土烂堵塞、难以切断等播种难题。三要选择生育期短的品种。在播种季节较紧的情况下，要选择耐迟播的品种。从近年来的实践经验来看，耐迟播种的品种有宁麦 13 和扬麦 23 等品种。同时，因地制宜适当增加播种数量。

3.2 施用拔节孕穗肥是小麦丰产丰收的

施用拔节孕穗肥是小麦一生中重要用肥，只有实施高效施肥，才能减少前期用肥，从而实现减肥不减产的目标。2016 年盐城市许多种植大户，在迟播到 12 月播种的情况下，坚持施用拔节孕穗肥，仍取得近 350kg/亩的产量。一要坚持标准科学施用。一般在 3 月 20 日左右，一次性施用拔节孕穗肥，每亩施用 45%复合肥 25kg+尿素 10kg。长势偏旺的少施或迟施，反之则多施或早施。发生冻害后拔节孕穗肥可增加用量。二是适当早施复合肥。从生产实践看，复合肥作为拔节肥施用效果不尽理想，可适当提前到返青期施用，尿素可在拔节时及时追施。三是冻伤适当增施。在低温发生后 2~3 天逐日田间剥查小麦幼穗受冻情况。对于发生轻微冻害（仅叶片受冻）的田块，后期生长基本不受影响，不需要采用针对性的补救措施。冻害比较严重（群体茎蘖 30%以内幼穗受冻）但正常群体麦田，可结合追施拔节孕穗肥每亩增施尿素 6~8kg。

3.3 防好赤霉病是小麦丰产丰收的关键所在

近年来，小麦赤霉病呈高发频发态势，且因天气等因素影响防治效果不尽如人意，必须把赤霉病的防治作为小麦丰产丰收的重要措施抓紧抓好。2016 年盐城市小麦赤霉病虽偏重发生，但由于全力防治，平均病穗率控制在 2.7%，显著低于省里"病穗率不超过 5%"的防控指标，但病粒率仍然较高，影响产量、品质和效益。一是坚持选用耐病品种。可选用发病较对较轻的宁麦 13、淮麦 30、徐麦 33、扬麦 13，减少使用淮麦 20、郑麦 9023、连麦 7 号、周麦 21、徐麦 35 等品种。二是坚持科学的防治策略。坚持见花就防，盛花再防，雨后补防；科学配方用药，防治产生抗药性。三是坚持肥药混喷。兼治灌浆期白粉病、蚜虫等病虫害；结合叶面喷施生长调节剂，保绿防衰、保粒增重、预防高温逼熟或干热风为害。

3.4 收后烘干是小麦丰产丰收的根本保障

随着劳动力的转移和土地规模经营，面临着小麦收获期间雨水偏多，而农民没有晒场和一收就卖的新情况，避免梅雨季节来得早而造成小麦穗发芽、烂麦场的风险，必须要加大小麦烘干设备的投入与应用。一要选择好烘干机品牌。目前盐城市粮食烘干机品牌近 20 家，质量参差不齐，要选择板材质量好和燃烧、温控、传感系统相对先进的品牌。二要科学掌握烘干水分。一般小麦水分在 23%以下，可采用热风烘干，水分超过 23%的可以先采取冷风烘干，待水分下降后再采用热风烘干。在烘干小麦和水分超过 30%的水稻时，只能装烘干机额定装载量的 80%~90%。三要尽量降低烘干成本。要解决配套设施用地问题，要通过地方财政资金适当解决锅炉补贴资金，要改粮食烘干工业用电为农业用电，最终增加农民收益。

迟播条件下盐城市中南部小麦品种引进与筛选

周　艳　李长亚　金　鑫　杨　力　刘洪进　王文彬

（盐城市粮油作物技术指导站，江苏盐城　224002）

摘　要：在迟播条件下通过对 16 个小麦品种引进试验，结果表明，在盐城市中南部麦区可选择扬辐麦 4 号和宁麦 13 等品种分蘖成穗率较强、综合抗性较好、产量潜力较高的品种为主推品种，搭配种植苏麦 188、淮麦 30 等品种，同时进一步示范种植宁麦 19、扬麦 22、苏麦 8 号等新品种。

关键词：小麦；品种；筛选；盐城市；2015 年

盐城市中南部地区是江苏省中、弱筋小麦优势种植区域[1]，常年小麦种植面积 30 万 hm²，总产 180 万 t 左右，但是种植品种多乱杂，尤其近年来播期推迟，已经严重影响单产潜力的发挥。为了促进新一轮小麦品种更新，筛选出适合当地耕作制度、生态条件的优质小麦新品种，为小麦新品种示范推广提供科学依据[2]。

1　材料与方法

1.1　试验基地基本情况

试验基地位于盐城市现代农业综合展示区，排灌方便，交通便利。土壤质地为黏土，前茬为水稻，秸秆全量还田，采用大型拖拉机旋耕，灭茬、破碎土块。

1.2　供试材料

试验品种 16 个，分别为扬麦 20、扬麦 22、扬麦 23、扬辐麦 4 号、苏麦 8 号、苏麦 188、苏科麦 1 号、宁麦 19、南农 0686、镇麦 9 号、宁麦 13、淮麦 30、郑麦 101、郑麦 9203、淮核 0914、盐丰麦 2 号。

1.3　试验方法

根据天气情况和土壤墒情，抢抓时机，11 月 11—12 日播种，采用机条播，播种量 262.5kg/hm²，每个品种 0.3hm² 左右。基肥为每公顷 45% 复合肥 525kg+尿素 150kg，3 月 17 日追肥每公顷尿素 45kg、45% 复合肥 300kg。

3 月 10 日麦田化学除草，每公顷用富麦 225g（35% 苄嘧·苯磺隆，）+锄王 450ml+6.9% 精恶唑禾草灵 2 250ml；4 月 30 日一喷三防用药，每公顷用 40% 多酮 2 250g+12.5% 烯唑醇 600g+30% 氰戊·辛硫磷 800ml；5 月 5 日一喷三防第 2 次用药，每公顷用 40% 多酮 2 250g+50% 氰戊·辛硫磷 600ml。

考察不同生育期苗情，成熟期测产。

2　结果与分析

2.1　不同品种生育进程

由表 1 可知，不同品种的出苗日期基本一致，而从拔节期的调查数据来看，各品种间生育期差异比较明显，扬麦系列品种较早，在 4 月 2 日之前全部拔节，淮麦系列较晚，4 月 5 日才拔节。不同小麦品种在 4 月 28 日至 5 月 1 日陆续进入始穗期，在 5 月 2—5 日陆续进入齐穗期，较始穗期推迟 4~5 天。品种间成熟期的差异较大，最早成熟的品种是扬麦 20、扬麦 23 和扬麦 22，于 5 月 29—30 日进入成熟期，生育期总共 199~203 天；其次是宁麦 13 号、苏麦 8 号、苏麦 188、苏科麦 1 号、宁麦 19、南农 0686、镇麦 9 号，于 6 月 1 日成熟，生育期共 201 天；淮麦和郑麦系列品种最迟，淮麦 30、淮核 0914、郑麦 101、郑麦 9023 和盐丰麦 2 号于 6 月 3 日成熟，生育期为 203 天。

表 1　2015 年盐城市示范基地小麦品种生育进程

序号	品种名称	播种期	出苗期	拔节期	始穗期	齐穗期	成熟期	全生育期（天）
1	扬麦 20	11 月 11 日	12 月 2 日	4 月 1 日	4 月 28 日	5 月 2 日	5 月 29 日	199
2	扬麦 22	11 月 11 日	12 月 2 日	4 月 1 日	4 月 29 日	5 月 2 日	5 月 30 日	200
3	扬麦 23	11 月 11 日	12 月 2 日	4 月 1 日	4 月 29 日	5 月 2 日	5 月 30 日	200
4	扬辐麦 4 号	11 月 11 日	12 月 2 日	4 月 2 日	4 月 29 日	5 月 2 日	5 月 30 日	201
5	苏麦 8 号	11 月 11 日	12 月 2 日	4 月 2 日	5 月 1 日	5 月 5 日	6 月 1 日	201
6	苏麦 188	11 月 11 日	12 月 2 日	4 月 2 日	4 月 29 日	5 月 2 日	6 月 1 日	201
7	苏科麦 1 号	11 月 11 日	12 月 2 日	4 月 3 日	4 月 29 日	5 月 2 日	6 月 1 日	201
8	宁麦 19	11 月 11 日	12 月 2 日	4 月 3 日	5 月 1 日	5 月 5 日	6 月 1 日	202
9	南农 0686	11 月 12 日	12 月 3 日	4 月 3 日	4 月 29 日	5 月 2 日	6 月 1 日	201
10	镇麦 9 号	11 月 12 日	12 月 3 日	4 月 2 日	5 月 1 日	5 月 5 日	6 月 2 日	202
11	宁麦 13	11 月 12 日	12 月 3 日	4 月 1 日	4 月 29 日	5 月 2 日	6 月 1 日	201
12	淮麦 30	11 月 12 日	12 月 3 日	4 月 5 日	5 月 1 日	5 月 5 日	6 月 3 日	203
13	郑麦 101	11 月 12 日	12 月 3 日	4 月 5 日	5 月 1 日	5 月 5 日	6 月 3 日	203
14	郑麦 9023	11 月 12 日	12 月 3 日	4 月 5 日	5 月 1 日	5 月 5 日	6 月 3 日	203
15	淮核 0914	11 月 12 日	12 月 3 日	4 月 4 日	5 月 1 日	5 月 5 日	6 月 3 日	203
16	盐丰麦 2 号	11 月 12 日	12 月 3 日	4 月 5 日	5 月 1 日	5 月 5 日	6 月 3 日	203

2.2　不同品种茎蘖动态

受上茬水稻收获较迟影响，2016 年小麦播种较迟，加上播后雨水少，出苗较差，每公顷基本苗普遍在 156 万~274.5 万，最高的是镇麦 9 号，基本苗为 274.5 万。最终每公顷成穗数以扬麦 22 最高，达到 561 万，郑麦 101 次之，为 546 万；南农 0686 和郑麦 9023 穗数尚未达到 450 万（表 2）。

表 2　2015 年盐城市示范基地小麦品种茎蘖动态（万/hm²）

序号	品种名称	基本苗	越冬期	返青期	拔节期	抽穗期	成熟
1	扬麦 20	175.5	282	856.5	961.5	519	510
2	扬麦 22	187.5	312	943.5	1 107	637.5	561
3	扬麦 23	181.5	244.5	1 024.5	994.5	675	531
4	扬辐麦 4 号	181.5	250.5	888	1 011	544.5	510
5	苏麦 8 号	193.5	225	1 093.5	1 042.5	568.5	531
6	苏麦 188	187.5	244.5	981	1 137	649.5	487.5
7	苏科麦 1 号	187.5	219	837	1 021.5	537	504
8	宁麦 19	169.5	199.5	799.5	1 170	550.5	484.5
9	南农 0686	231	337.5	793.5	1 077	475.5	420
10	镇麦 9 号	274.5	312	825	1 036.5	687	525
11	宁麦 13	169.5	237	781.5	1 233	588	510
12	淮麦 30	213	294	1 000.5	1 158	606	535.5

（续表）

序号	品种名称	基本苗	越冬期	返青期	拔节期	抽穗期	成熟
13	郑麦101	193.5	282	831	1 116	756	546
14	郑麦9023	156	181.5	325.5	925.5	469.5	439.5
15	淮核0914	213	268.5	981	1 152	850.5	535.5
16	盐丰麦2号	213	250.5	750	1 065	712.5	510

2.3 不同品种产量及其构成

2016年水稻腾茬晚，播种期较迟，播后出苗晚，出苗差，但越冬期间整体温度较高，冻害较轻，返青后积温偏高长势偏旺，抽穗扬花期降雨较多，部分品种赤霉病发生严重。但2016年的温光条件适宜，拔节肥施用到位，成熟期虽然遭遇降雨和大风，但田块基本无倒伏，产量形势较好。最高产量为扬辐麦4号8 353.5kg/hm²。部分品种由于赤霉病发生较重，导致产量较低。从产量结构分析，2016年拔节孕穗肥使用得当，穗型较大，平均穗粒数在40粒左右，但由于部分品种赤霉病发生较重，实粒数偏低，影响产量（表3）。

表3   2015年盐城市示范基地小麦品种产量及其构成

序号	处理	穗数（万/hm²）	穗粒数（粒/穗）	千粒重（g）	理论产量（kg/hm²）	实收测产（kg/hm²）
1	扬麦20	510	43.6	38.6	7 464	7 201.5
2	扬麦22	561	41.8	38.1	8 616	7 797
3	扬麦23	531	44.7	37.6	8 263.5	7 401
4	扬辐麦4号	510	45.6	38.2	8 562	8 353.5
5	苏麦8号	531	40.5	39.9	7 903.5	7 641
6	苏麦188	487.5	46.6	38.8	8 814	8 116.5
7	苏科麦1号	504	42.4	38.8	7 681.5	6 790.5
8	宁麦19	484.5	47.8	40.6	8 535	8 286
9	南农0686	420	48.8	38.7	7 290	6 847.5
10	镇麦9号	525	35.8	39	6 919.5	6 763.5
11	宁麦13	510	41.2	39	7 737	7 533
12	淮麦30	535.5	34.4	41	7 552.5	7 743
13	郑麦101	546	30	39.8	5 418	4 960.5
14	郑麦9023	439.5	35.6	42.5	6 226.5	6 010.5
15	淮核0914	535.5	29.4	40.2	6 691.5	6 537
16	盐丰麦2号	510	27.7	43.5	5 865	4 194

2.4 不同品种赤霉病发病情况

根据田间调查，小麦扬花初期集中在4月29日至5月1日，药剂防治时间分4月30日和5月5日2次。据5月21日调查发现：病穗10%以下的有宁麦13、苏麦8号、苏麦188、苏科麦1号；病穗10%~20%的有扬麦20、扬麦22、南农0686、镇麦9号；病穗20%~30%的有扬麦23、扬辐麦4号、淮麦30、郑麦9023、淮核麦0914；病穗30%~40%的有宁麦19、盐丰麦2号；病穗50%以上的为郑麦101。郑麦101病穗率最高，病指达到了14.4，分布均匀，级别相对较低；盐丰麦2号病穗分布不匀，级别高，病指达到 14.7（表 4）。

表 4 2015 年盐城市示范基地不同小麦品种赤霉病发病情况

序号	品种	扬花初期	病穗率（%）	病指	备注
1	宁麦 13	4 月 30 日	7.2	1.2	
2	扬麦 20	4 月 29 日	13.3	1.9	
3	扬麦 22	4 月 29 日	18.4	2.7	
4	扬麦 23	4 月 29 日	20.3	3.4	
5	扬辐麦 4 号	5 月 1 日	23.7	3.8	
6	苏麦 8 号	4 月 29 日	7.7	1.1	
7	苏麦 188	4 月 29 日	8	1.1	
8	苏科麦 1 号	5 月 1 日	9.1	1.3	
9	宁麦 19	4 月 29 日	30.1	4.4	
10	南农 0686	5 月 1 日	17.3	2.6	
11	镇麦 9 号	4 月 29 日	13.9	2.1	
12	淮麦 30	5 月 1 日	21.6	3.5	
13	郑麦 101	5 月 1 日	59.2	14.4	分布均匀，级别相对较低
14	郑麦 9023	5 月 1 日	26.4	4.9	
15	淮核 0914	5 月 1 日	29.9	12.8	分布不匀
16	盐丰麦 2 号	5 月 1 日	32.9	14.7	分布不匀，级别高

注：病级按 7 级标准

2.5 不同品种株型比较

由于播种较迟，墒情较差，生育期较短，小麦整体株高偏矮，平均株高为 78.2cm，较上年矮 6cm。不同品种之间差异较大，郑麦 9023 株高最矮，仅有 66.1cm，16 个品种中有扬麦 20、宁麦 13 和宁麦 19 超过 85cm。2016 年拔节孕穗肥施用较足，穗子均较长，盐丰麦 2 号穗长最长，达到 11.4cm，郑麦 101 和淮麦 30 穗长都超过 9cm；而苏麦 188 平均穗长仅有 7.1cm（表 5）。

表 5 2015 年盐城市示范基地小麦品种株高　　　　　　　　　　单位：cm

	品种	穗长	倒一	倒二	倒三	倒四	倒五	倒六	株高
1	扬麦 20	8.6	30.4	19.4	14.2	8.8	5.9		86.1
2	扬麦 22	8.3	22.5	20.6	13.0	8.1	4.1	1.4	74.6
3	扬麦 23	8.4	29.9	16.9	9.5	6.3	2.2		72.5
4	扬辐麦 4 号	8.1	29.2	19.2	11.1	7.3	4.1		78.0
5	苏麦 8 号	7.4	30.7	19.3	12.7	7.8	2.9	1.8	80.7
6	苏麦 188	7.1	28.6	19.4	12.5	8.5	3.4		79.0
7	苏科麦 1 号	8.5	31.2	20.2	11.7	7.0	2.5		81.2
8	宁麦 19	8.5	29.7	18.3	15.2	9.3	5.8	2.4	87.2
9	南农 0686	8.0	31.2	20.1	12.2	7.9	2.7		81.5
10	镇麦 9 号	8.9	26.9	18.0	12.1	8.8	5.2		77.6
11	宁麦 13	8.8	30.1	20.8	13.1	8.8	5.4		86.9

（续表）

	品种	穗长	倒一	倒二	倒三	倒四	倒五	倒六	株高
12	淮麦 30	9.2	26.2	20.4	11.2	6.9	2.1		74.5
13	郑麦 101	9.3	26.1	19.4	11.8	6.6	2.7	2.0	75.8
14	郑麦 9203	8.7	25.8	16.3	8.7	5.4	3.1		66.1
15	淮核 0914	7.8	24.6	16.5	12.2	6.8	4.5		71.4
16	盐丰麦 2 号	11.4	27.6	17.9	10.9	8.6	4.5		79.0

3　结论与讨论

在迟播条件下，系统考察了 16 个品种在盐城市现代农业示范基地种植情况，不同品种表现了各自特性、产量水平和不足之处。

通过对 16 个展示品种展示结果表明，在盐城市中南部麦区可选择扬辐麦 4 号和宁麦 13 等分蘖成穗率较强、综合抗性较好、产量潜力较高的品种为主推品种，搭配种植苏麦 188、淮麦 30 等品种，同时进一步示范种植宁麦 19、扬麦 22、苏麦 8 号等新品种。

生产上品种选择要综合考虑茬口、气候条件、土壤和地力水平等多方面客观因素，同时也要考虑不同品种在不同年份抗性差异以及稳产丰产性。本试验研究在迟播条件下得出的结果，对部分新品种需要进一步的试验示范加以印证。

参考文献

［1］　郭文善，王龙俊．江苏小麦生产技术．小麦高产创建技术［M］．北京：中国农业出版社，2008.

［2］　余松烈．中国小麦栽培理论与实践［M］．上海：上海科学技术出版社，2006.

晚播时间与密度对苏麦8号产量和磨粉品质的影响

金 鑫[1] 刘洪进[1] 杨 力[1] 李长亚[1] 吴建中[2]

(1. 盐城市粮油作物技术指导站，江苏盐城 224002；
2. 盐城市盐都区粮油作物技术指导站，江苏盐城 224002)

摘 要：为了明确晚播条件下盐城地区小麦适宜的播种期和密度，本研究以苏麦8号为试验品种。设置11月12日、11月18日、12月5日3个播种期，播种量分10.0、12.5、15.0、17.5、20.0kg/亩共5个水平，研究不同播种期和种植密度对小麦磨粉品质和产量及其构成因素的影响。结果表明，播种期推迟明显降低小麦的磨粉品质和产量，因此11月中旬大面积播种量控制在17.5kg/亩较为适宜；12月初过晚播种，大面积播种量控制在20kg/亩以上较为适宜。

关键词：晚播时间；密度；苏麦8号；磨粉品质

播种期和密度是影响小麦产量的重要因素。适期播种可充分利用光、热、水、气等自然资源，使冬前积累足够营养，培育壮苗，是夺取高产的基础[1]；推迟播期，会导致产量和加工品质下降[2-4]。适宜密度可以构建合理的群体结构，利于穗数、穗粒数和千粒重的协调发展。江苏里下河地区以稻麦两熟为主，小麦适宜播种期在10月底至11月初，但目前偏迟熟粳稻品种及直播稻种植面积过大，前作水稻腾茬普遍较迟，适期播种小麦面积小，晚播面积大，常年占小麦总面积的一半左右。为了探究小麦晚播新常态下如何通过调整播种期和播种密度取得高产，本试验开展了不同晚播时间与密度对小麦产量和磨粉品质影响的研究。

1 材料与方法

1.1 试验地基本情况

试验于2014年11月至2015年6月进行。试验基地位于盐城市现代农业综合展示区，排灌方便，交通便利。土壤质地为黏土，前茬为水稻，秸秆全量还田，采用大型拖拉机旋耕、灭茬、破碎土块。

1.2 供试品种

供试品种为春性红皮小麦苏麦8号。

1.3 试验设计

播种期设11月12日、11月18日、12月5日3个处理，播种密度根据播种量的不同设5个处理，分别是10.0、12.5、15.0、17.5、20.0kg/亩，重复3次，共45个小区，采用随机区组设计，小区长7m，宽5m，面积35m²。

1.4 田间管理

播种方式：先深旋耕埋草再人工开行条播，行距20cm。基肥追45%（15-15-15）三元复合肥40kg/亩，苗肥追尿素14kg/亩，拔节孕穗肥追40%（20-10-10）三元复合肥30kg/亩，合计用N 18.44kg/亩、P_2O_5 9kg/亩、K_2O 9kg/亩，N：P_2O_5：K_2O之比为1：0.49：0.49，N肥基苗肥与拔节肥之比为6.7：3.3。2月23日喷施壮丰安83ml/亩，始穗期喷施劲丰120ml/亩，病虫草害防治与大面积一样。

1.5 测定内容与方法

叶龄进程：全苗后，每个播期处理定点20株考察主茎叶龄。

产量及其构成因素：成熟期各小区取5穴考查穗粒数、结实率和千粒重，各小区去边行实收计产。

磨粉品质：收获脱粒后通过室内分析测定磨粉品质，容重测定按照国家粮食标准（GB 1351—2008）

进行；硬度用近红外（NIR）分析仪和单粒谷物硬度测定仪测定；出粉率用 Buhler 磨，磨粉按照 AACC26-20 进行，样品量 1 000g，根据籽粒硬度调节所需水量。

2 结果与分析

2.1 苏麦 8 号生育期及生育进程

由表 1 可知，11 月 12 日播种，一生总叶片数为 9.9 叶；11 月 18 日播种，一生总叶片数 9.5 叶；12 月 5 日播种，1 月 23 日调查时尚未出苗，一生总叶片数为 9.3 叶。

表 1 不同播种期苏麦 8 号主茎叶龄动态 叶龄（叶）

播种期（月/日）	考察日期（月/日）						
	12 月 20 日	1 月 9 日	1 月 23 日	2 月 23 日	3 月 11 日	3 月 23 日	4 月 23 日
11 月 12 日	1.5	2.2	3.3	4.4	5.6	7.2	9.9
11 月 18 日	1.2	1.9	2.5	4.4	5.6	7.1	9.5
12 月 5 日	0	0	0	2.5	3.7	5.3	9.3

2.2 不同播种时间与密度对苏麦 8 号倒伏面积比例的影响

12 月 5 日播种的小麦基本没有倒伏。11 月 12 日播种，播种量 20kg/亩倒伏面积比例最大，达 18.3%，与播种量 10.0、12.5、15.0kg/亩的差异达显著水平，与播种量 17.5kg/亩无显著性差异。11 月 18 日播种，播种量 20kg/亩倒伏面积比例最大，达 21%，与播种量 10.0、12.5、15.0、17.5kg/亩的差异均达显著水平（表 2）。

表 2 不同栽培密度小区倒伏面积比例

播种期（月/日）	11 月 12 日					11 月 18 日				
播种量（kg/亩）	10.0	12.5	15.0	17.5	20.0	10.0	12.5	15.0	17.5	20.0
倒伏面积比例（%）	0	0	4%	18.2%*	18.3%*	1%	1%	1%	12%	21%*

* 表示在 0.05 水平差异显著

2.3 不同播种时间与密度对苏麦 8 号产量及构成因素的影响

从表 3 可见，11 月 12 日播种，播种量 15kg/亩的有效穗数最多，为 49.9 万/亩，播种量 10.0、12.5kg/亩 2 个处理有效穗数较少，与播种量 15kg/亩处理的差异达显著水平（$P < 0.05$）。11 月 18 日播种，播种量 17.5、20.0kg/亩处理有效穗数较多，均达 50 万/亩以上；播种量 10.0、12.5kg/亩 2 个处理有效穗数偏少。12 月 5 日播种，播种量 20.0kg/亩有效穗数最多，为 34 万/亩；播种量 10.0、12.5kg/亩有效穗数较少，与播种量 15.0、17.5、20.0kg/亩 3 个处理达显著性差异（$P < 0.05$）。

对每穗结实粒数的影响。由表 3 可见，11 月 12 日播种，播种量 10.0kg/亩结实粒数最多，为 29.9 粒，播种量 20kg/亩最少，两者差异显著（$P < 0.05$）。11 月 18 日播种，播种量 10.0kg/亩结实粒数达 27.5 粒，与其他处理的差异达显著水平（$P < 0.05$）。12 月 5 日播种，播种量 10.0kg/亩结实粒数最多，为 32.2 粒，与播种量 12.5、15.0kg/亩无显著性差异，与播种量 17.5、20.0kg/亩的差异达显著水平（$P < 0.05$）。

对千粒重的影响。由表 3 可见，11 月 12 日播种，播种量 10.0、12.5、15.0、17.5、20.0kg/亩，千粒重均达 40g 以上，其中播种量 10.0、17.5kg/亩千粒重最高，分别达 42.4、42.6g。11 月 18 日、12 月 5 日播种，不同处理千粒重均达 40g 以上，且处理间无显著差异。

对实际产量的影响。由表 3 可见，11 月 12 日播种，播种量 10.0、12.5、15.0、2.5、20.0kg/亩处理间产量无显著性差异，播种量 17.5、20.0kg/亩 2 个处理的产量最高，分别为 454.4、451.2kg/亩。11 月

18 日播种，不同处理间产量无显著性差异。12 月 5 日播种，播种量 20.0kg/亩处理产量最高，为 359.4kg/亩播；播种量 10.0、12.5kg/亩 2 个处理与播种量 15.0、17.5、20.0kg/亩 3 个处理间产量差异达显著水平（$P<0.05$）。

表 3 苏麦 8 号不同播种时间与密度的产量及其构成因素

播种期 （月/日）	播种量 （kg/亩）	有效穗数 （万/亩）		每穗实粒数 （粒/穗）		千粒重 （g）		理论产量 （kg/亩）		实际产量 （kg/亩）	
	10.0	40.4	c	29.9	a	42.4	a	510.5	ab	425.9	ab
	12.5	42.3	bc	27.7	ab	41.8	ab	490.9	ab	444.8	a
11 月 12 日	15.0	49.9	a	28	ab	41.3	ab	574.7	a	443.4	a
	17.5	44.5	abc	27.6	ab	42.6	a	520.8	ab	454.4	a
	20.0	47.7	abc	26.2	b	41.1	ab	513.6	ab	451.2	a
	10.0	43.1	b	27.5	a	41.9	a	496.9	ab	444.3	a
	12.5	43	b	25.9	b	41.4	a	460.2	bc	439.1	a
11 月 18 日	15.0	46.7	ab	25.7	b	42.2	a	507.7	ab	435.7	a
	17.5	52.9	a	25.5	b	41.4	a	558.1	a	455.7	a
	20.0	51.6	a	25.1	b	40.9	a	528.7	ab	449.6	a
	10.0	26.7	b	32.2	a	40.5	a	349.1	d	321.5	bc
	12.5	25.6	b	30.5	a	40.9	a	320.3	d	293	c
12 月 5 日	15.0	32.6	a	29.1	a	40.7	a	385.5	cd	329.3	ab
	17.5	31.5	a	28.5	b	42.1	a	379.8	cd	347.4	ab
	20.0	34.0	a	28.2	b	40.5	a	388.7	cd	359.4	a

注：表中同列数据后不同小写字母表示在 0.05 水平差异显著。下同

2.4 不同播种时间与密度对苏麦 8 号磨粉品质的影响

对出粉率的影响。由表 4 可见，11 月 18 日播种的小麦出粉率较高，12 月 5 日播种的小麦出粉率普遍较低，但差异并不显著。各处理中，11 月 18 日播种，播种量 20kg/亩处理的出粉率最高，为 70.2%；12 月 5 日播种，播种量为 17.5kg/亩处理的出粉率最低，仅为 65.8%。

对硬度的影响。由表 4 可见，小麦的硬度随播种期的推迟显著降低，与播种量没有显著关系。11 月 12 日播种的小麦平均硬度为 30.0，比 12 月 5 日播种的小麦平均硬度 24.2 高 24.0%，11 月 18 日播种的小麦硬度居中。

对容重的影响。由表 4 可见，容重的表现与硬度相似，随着播种期的推迟，小麦容重显著降低，与播种量没有显著关系。11 月 12 日播种的小麦平均容重为 800.2g/L，较 12 月 5 日播种的小麦高了 29.7，高 3.9%，11 月 18 日播种的小麦硬度居中。

表4　不同处理磨粉品质

播种期 （月/日）	播种量 （kg/亩）	千粒重 （g）	出粉率 （%）	硬度（e）		容重（g/L）	
					平均		平均
11月12日	10.0	42.4a	68.4ab	29.4ab		803.0a	
	12.5	41.8ab	67.8ab	29.9ab		798.7abc	
	15.0	41.3ab	68.5ab	29.9ab	30a	801.7ab	800.2a
	17.5	42.6a	68.1ab	31.0a		797.3abc	
	20.0	41.1ab	69.4ab	29.7ab		800.3ab	
11月18日	10.0	41.9a	67.7ab	26.1cdefg		787.7c	
	12.5	41.4a	69ab	27.7bcd		791.0abc	
	15.0	42.2a	67.5ab	27.0bcdef	27.3b	790.7bc	791.5b
	17.5	41.4a	68.7ab	27.3bcde		793.3abc	
	20.0	40.9a	70.2a	28.5abc		795.0abc	
12月5日	10.0	40.5a	68.8ab	25.1defg		766.7d	
	12.5	40.9a	67.3ab	23.6g		769.3d	
	15.0	40.7a	68.1ab	23.5g	24.2c	770.0d	770.5c
	17.5	42.1a	65.8b	24.2fg		772.3d	
	20.0	40.5a	66.0b	24.5efg		774.3d	

3　小结与讨论

相同小麦品种在相同生态区不同播种期条件下，其产量和磨粉品质通常随播期的推迟而降低[5]。王东等[6]研究表明，过早或过晚播种均对产量和品质不利。本试验研究表明，播种期对容重和产量及其构成因素的影响较为明显，千粒重、容重和籽粒产量均以11月12日处理的为最高，可能因为过晚播种（12月5日）分蘖少，不利于形成较多的大分蘖而使产量降低。

蒋会利[7]研究发现，在一定时期内推迟播期对产量构成因素（穗数、穗粒数、千粒重）的影响均不显著。本试验研究发现，不同播种密度处理对产量及其构成因素影响总的趋势是播种量多，基本苗密度高，群体发展大，有效穗数多，但个体生长发育受到严重抑制，单株分蘖成穗数少，穗粒数少，千粒重低，茎秆抗倒伏力差，但差异不显著，这可能与小麦群体有较强的自我调节能力有关。苏麦8号属穗数型品种，分蘖性强，成穗率高，有效穗数多，但穗型小，单粒质量高。生产上小麦播种量的确定，与播种期的早迟和播种质量的好坏有关，适期播种、播种质量高，出苗齐全、均匀，应适当降低播种量、减少基本苗，反之应增加播种量。本研究发现，盐城地区11月中旬播种，大面积播种量应控制在17.5kg/亩左右较为适宜，偏早播种以15.0~17.5kg/亩较好，偏晚播种以17.5~20.0kg/亩较好。12月初过晚播种，以20.0kg/亩较为适宜。

参考文献

[1]　黄义德，姚维传. 作物栽培学［M］. 北京：中国农业大学出版社，2001.
[2]　张敏，王岩岩，蔡瑞国，等. 播期推迟对冬小麦产量形成和籽粒品质的调控效应［J］. 麦类作物学报，2013，33（2）：325-330.
[3]　吴娜，曾昭海，任长忠，等. 播期对裸燕麦生物学特性和产量的影响［J］. 麦类作物学报，2008，28（3）：496-501.
[4]　孙彦坤，付强. 不同播期对小麦产量及蛋白质含量的影响研究［J］. 中国生态农业学报，

2003，11（4）：155-157.

[5] 屈会娟，李金才，沈学善，等.播期密度及氮肥运筹对冬小麦籽粒产量的影响［J］.中国农学通报，2006（9）：141-143.

[6] 王东，于振文，贾效成.播期对强筋冬小麦籽粒产量和品质的影响［J］.山东农业科学，2004（2）：25-26.

[7] 蒋会利.播期密度对不同小麦品种群体茎数及产量的影响［J］.西北农业学报，2012，21（6）：67-73.

2016 年东台市晚播小麦高产成因及技术分析

郜微微　薛根祥　何永垠　王国平　仲凤翔

（东台市作物栽培技术指导站）

摘　要：近年来，极端性天气频发，小麦推迟播种已呈常态，如何在晚播情况下夺得小麦高产成为小麦生产的重中之重，笔者对 2016 年晚播小麦做了调查和分析，为今后进一步研究探索其配套的高产栽培技术打下了基础。

关键词：晚播小麦高产成因分析

2016 年 10 月全月雨量 364.6mm，雨日 24 日，其中 10 月下旬 11 天降水量 188.6mm，雨日 10 日，仅有 10 月 30 日一天未下雨，导致大面积水稻因雨推迟收获，收获期较往年推迟 15～20 天。水稻收获后，田间含水量饱和，小麦难以播种，造成大面积小麦晚播。全市小麦播期集中在 11 月下旬至 12 月上旬，较往年推迟一个月左右，且播种质量不高，烂根烂种现象普遍。在如此不利的情况下，我们主动采取应对培管措施，抢抓小麦生长中后期有利气候条件，推进各项措施的落实，通过全市广大农户的共同努力，夺得了晚播小麦的丰产丰收。

1　基本情况

1.1　晚播小麦产量结构

东台市作栽站经多点调查及实产验收，全市晚播小麦最终 9 张叶片比正常 11 张叶片少 2 叶；每亩穗数 35.36 万穗，比适期播种小麦 35.01 万穗增 0.35 万穗；每穗粒数 35.72 粒，比适期播种小麦 36.04 粒少 0.32 粒；千粒重 39.39g，比适期播种小麦千粒重 40.2g 少 0.81g；理论产量 497.52kg，比适期播种小麦 507.23kg 少 9.71kg；实收产量 452.1kg，比适期播种小麦 469.5kg 低 17.4kg（表 1）。

表 1　晚播小麦与适期播种小麦产量结构比较

类型	亩穗数（万）	穗粒数（粒）	千粒重（g）	理论产量（kg/亩）	实收产量（kg/亩）
晚播小麦	35.36	35.72	39.39	497.52	452.10
适播小麦	35.01	36.04	40.20	507.23	469.50
增减	0.35	-0.32	-0.81	-9.71	-17.40
±%	1.0	-0.89	-2.01	-1.91	-3.71

1.2　晚播小麦高产典型

沿海经济区种植大户张绿林，11 月 26 日播种，播种量 15kg/亩，机条播，6 月 2 日测产，每亩穗数 38.24 万，每穗粒数 39.2 粒，千粒重 40.32g，理论产量 604.4kg/亩，6 月 8 日机械收获，实收 80 亩田，折水分，平均亩产 562.75kg。小麦高产创建五烈镇南示范片高柳村百亩高产方，因连续降雨推迟播种，于 12 月 6 日播种，播种量 20kg/亩，机条播，5 月 25 日测产，每亩穗数 38.36 万，每穗粒数 37.93 粒，千粒重 40.46g，理论产量 588.69kg/亩，6 月 4 日机械收获，过磅称重，折水分，实测两块高产田，一块田 2.19 亩，实产 573.4kg/亩，另一块田 2.27 亩，实产 585.2kg/亩，整个示范片内小麦产量均衡，平均亩产超千斤。病虫害发生轻，小麦品质好，售价高，平均每千克 2.3 元，亩产值达千元以上，最高达 1 350 元左右，实现了超历史的丰产丰收。

2 高产成因分析

2.1 气候因素对小麦生长的影响

分析本地气象资料发现，温度高，雨水少，光照足，是2016年小麦生长全生育期的基本气候特点，也是晚播小麦能够高产的关键因素。全生育期（2016年12月至2017年5月）总积温1 899.3℃，比上年1 730.2℃增加169.2℃，比常年1 648.5℃增加250.8℃；日照1 081.7h，比上年983h增加98.7h，比常年1 034.5h增加47.2h；降水量227.8mm，比上年342.3mm减少114.5mm，比常年302.9mm减少75.1mm；雨日54天，分别比上年和常年少7天和2天（表2）。

表2　小麦全生育期（2016年12月至2017年5月）气象要素比较

气候时间	积温（℃）	日照（h）	降水量（mm）	雨日（日）
2016年12月至2017年5月	1 899.3	1 081.7	227.8	54
2015年12月至2016年5月	1 730.2	983	342.3	61
常年（近十年平均）	1 648.5	1 034.5	302.9	56

2.1.1 冬前气候优于往年，播期虽迟，仍获得了足够苗数

播前田间含水量饱和，播种推迟，不少田块烂耕烂种。播种后天气好转，光照和积温逐步上升，降水量减少，有利于出苗。播种至冬前生长期积温为147.8℃，比上年113.1℃增加34.7℃，比常年99.6℃增加48.2℃；日照120.8h，比上年96h增加24.8h，比常年106.7h增加14.1h；降水量5.8mm，比上年18.9mm减少13.1mm，比常年19.3mm减少13.5mm；雨日2天，比上年和常年分别少1天和3天。积温高、光照足，有利于出苗，比正常年份从播种到出苗时间缩短，为整个生育进程节省了时间。降雨少，田间渍害缓解，有利于根系发育。12月20日苗情统计，11月下旬播种的，叶龄1.2~1.8叶，比适期播种的3.5叶少1.7~2.3叶，由于播种量偏大，基本苗偏高，达35万以上，与正常播种田块总苗相当，但晚播小麦没有分蘖发生，12月上旬晚播的尚未全苗。

2.1.2 越冬期气候表现为暖冬特色，麦苗一直维持生长

越冬期温光水适宜，是小麦由弱转壮的有利因素。越冬期积温为273.4℃，比上年196℃增加77.4℃，比常年159.4℃增加114℃。气温总体偏高，平均温度多在0℃以上，低于0℃仅有三天，分别是1月20日-0.3℃、1月21日-1℃和1月23日-0.6℃，随后温度回升至3.8℃，小麦仍维持生长，但由于播种期迟，叶龄比正常播种少2~3叶，生长量不足。日照284.6h，比上年306.1h减少21.5h，比常年289.7h减少5.1h；降水量100mm，比上年54.4mm增加45.6mm，比常年增加74.1mm；雨日21天，比上年和常年分别多2天和4天。雨量多于常年，整个越冬阶段小麦都在长根长叶，几乎没有停止生长，弥补了播种偏迟造成生长量不足的缺陷。11月下旬播种的小麦叶龄4~5叶，2~3个分蘖，亩总苗38.6万，分别比适期播种的小麦少2.5~3叶、1~2个分蘖、18.6万；12月上旬晚播的小麦，叶龄2.5~3叶，未发生分蘖。虽然晚播小麦比适期播种小麦晚2~3叶，但麦苗总体生长健壮。

2.1.3 返青至拔节孕穗期气候温暖、光、湿适宜，小麦植株生育进程加快

返青至拔节孕穗期气候较好，苗情转化升级加快，从2月底至4月初，总积温453.4℃，光照263.4h，降水量69.1mm，分别比常年高6.5℃，少23.3h，少14.5mm，入春后气温平稳回升，日均温较常年高，没有发生倒春寒，降水量虽比常年少，但田间湿度刚好，不干旱，有利于小麦苗情转化，植株生育进程加快，生长稳健。

2.1.4 抽穗成熟期气温高、天气晴好、昼夜温差大，小麦灌浆快，提早成熟

抽穗成熟期总积温1 024.7℃，分别比去年和常年高90.9℃、82.1℃；光照412.9h，分别比上年和常年多143.3h、61.5h；降水量52.9mm，分别比去年和常年少157.8mm、73mm。积温高，光照充足，根系活动旺盛，但晚播小麦叶片比适期播种小麦少2~3叶，导致可以形成的光合产物不及适期播种小麦，穗

子比适期播种的略小，穗粒数 35.72 粒，比适期播种小麦少 0.32 粒，但比上年增 1.62 粒。雨水少，时间分布均匀，田间湿度小，白粉病、赤霉病发生轻。特别是齐穗后，整个灌浆期昼夜平均温差在 10℃ 以上，利于小麦的灌浆结实，籽粒充实。平均千粒重 39.39g，比适期播种少 0.81g，但比上年增 1.49g。收获前期气候适宜，没有大风大雨，没有倒伏的现象发生，从 5 月 25 日开始收获，收获期较往年提早一个星期左右，期间只有 5 月 31 日降水 0.4mm，其余都是晴好天气，非常适合小麦的收获和晾晒。

2.2 强化配套栽培技术的落实

2.2.1 选择高产适宜品种

针对不利气候的影响，充分宣传晚播小麦在品种选用上要有别于常年，应选择耐肥、高产潜力大、适宜晚播的品种，如扬麦 23 号、扬麦 25 号等，生育期相对偏短，成熟期早，营养生长时间短，灌浆强度高，籽粒易充实，容易达到穗大、粒多、粒重、早熟高产的目的。

2.2.2 适当加大播种量

晚播小麦分蘖发生少，常规 10kg 用种量必然造成群体不足，影响最终产量。我们广泛宣传发动农户增加播种量，通过提高群体密度来夺取晚播小麦的高产。在本地最适宜基本苗为 12 万~14 万株的基础上，采取超过适期每推迟一天，基本苗增加 3 000~5 000 株，播种量每亩相应增加 0.3~0.5kg 的措施，进行播种，12 月 5 日后播种的小麦，播种量每亩可增加到 20kg。栽培上走"足苗、独秆、攻大穗"的技术路径。

2.2.3 合理增加肥料投入

近年来，盐城市水稻收获时，秸秆普遍采用全量还田，秸秆前期腐熟需要消耗一定量的氮肥，针对 2016 年秋播小麦大面积晚播的实际情况，考虑到因小麦迟播水稻秸秆得不到充分的腐熟等因素，在肥料运筹上进行科学调整，合理增加肥料的投入。确定晚播小麦施肥遵循三个原则：一是施足基肥，争取足穗；二是重施拔节孕穗肥，减少小花退化，增加每穗粒数，主攻大穗；三是后期喷施叶面肥，增加抗逆性，防止早衰，增加粒重，主攻大粒。每亩总氮用量 22kg，比往年增加 20% 左右。投肥结构比例为：基肥（含种肥）：拔节肥：穗肥 = 6：2：2。在基肥施用上，防止秸秆腐熟过程耗氮影响壮苗，适当增加氮肥用量，促进小麦前期生长，弥补晚播带来的生长量不足。基肥亩施有机肥 300kg，尿素 12kg，45% 三元复合肥 25kg；拔节肥用尿素 10kg；穗肥用尿素 8kg；在小麦生长的中后期结合病虫防治，喷施 2 遍叶面肥，提高灌浆速度和籽粒充实度，从而提高粒重。

2.2.4 适时化控防倒

晚播小麦由于播种量大、用肥足，群体密度偏高，存在倒伏的潜在风险，必须搞好化学调控，培育壮秆植株。在麦苗返青至拔节前，群体长势偏旺的田块开始化控，每亩用 5% 烯效唑 35g 对水 35kg 均匀喷施，控制基部节间过长，促进茎秆充实。所有田块在麦苗拔节期结合防治白粉病，每亩用康普 4 号 125g，壮秆抗倒促大穗；在小麦齐穗后结合防治赤霉病，每亩再用康普 4 号 125g，增粒增重防倒伏。

2.2.5 主动出击防治病虫草害

由于晚播小麦冬前化除难以开展，必须重视春季化除组织实施，在气温稳定回升后的 2 月下旬到 3 月上旬，根据不同草害分类防治，先喷药防除以看麦娘等为主的禾本科杂草，每亩用 15% 炔草酯（麦极）可湿性粉剂 40g 对水 40kg 手动均匀喷雾。隔 5~7 天后再防除以猪殃殃、荠菜、繁缕等为主的阔叶杂草，每亩用 3% 双氟·唑草酮（春收）50ml 对水 40kg 手动均匀喷雾。

4 月中下旬小麦孕穗至扬花期，防治小麦白粉病，每亩用 20% 三唑酮乳油 60ml 或 50% 醚菌酯水分散粒剂每亩 20g 对水 40~50kg 均匀喷雾。

小麦齐穗见花，防治小麦赤霉病，第 1 次用药后 5~7 天开展第 2 次防治。推广使用氰烯菌酯单剂或氰烯菌酯、戊唑醇、咪鲜胺复配剂等高效药剂防治赤霉病，不同类型的药剂要交替使用。

3 小结与探讨

以上配套栽培技术是基于 2016 年秋播，大面积小麦因气候灾害导致晚播而制定并实施的，在当年的生产中取得了很好的成效。不同的年景应根据实际情况，科学制定栽培技术措施。

小麦栽培关键技术与提高种植效益的相关措施

吉同銮

（新兴农业综合服务中心）

摘　要：确保谷物基本自给，保证口粮绝对安全是我国国家粮食安全战略的底线，小麦作为我国"三大粮食作物"之一，其栽培技术和种植效益历来是农业部门和劳动人们所关注的焦点。中国人口总数已突破14亿大关，对小麦等粮食作物的需求也在不断上升，为了保证小麦供给充足，维护社会和谐稳定，必须要加强小麦栽培关键技术的研究，并在此基础上探寻提高种植效益的具体措施。

关键词：小麦栽培；关键技术；种植效益；有效果实

据国家统计局数据显示，2015年我国小麦种植总面积约为2.41万hm²，年产量13 000万t，同比增长3.32%。小麦产量的提升，一方面是优良小麦品种的选用，另一方面也有赖于逐渐成熟和完善的小麦栽培技术。文章从近年来国内小麦栽培种植的实际情况出发，首先分析了小麦栽培的关键技术，随后就如何进一步提升种植效益提出了几点可行性建议。

1　小麦栽培关键技术分析

1.1　因地制宜，提高整地质量技术

我国幅员辽阔，不同地区的地理环境、地质地貌存在较大差异。通过整地工作可以改善土壤结构，提高土壤的透气性、保水保肥能力，为小麦增产增收提供必要的基础环境。考虑到各个地区实际情况的差异，整地工作的具体要求也有所区别，但是总体来说，整地需要遵循以下几项技术原则。

一是整地要提早。秋季作物收割之后，要立刻进行耕地。耕地过程中，为了清除上一茬作物的残根，可以适当增加耕地深度，打破犁底层，将残留在土壤中的作物根系翻耕出来。在深耕期间，可以结合施用有机肥料，增加土壤肥力。同时，避免在中午阳光充足环境下进行土地翻耕，降低土壤失墒。在机械翻耕过后，农户还应当对翻耕后的土壤进行粗略复查，用农具粉碎耕地中的大体积土块。整地工作完成后，间隔5~7天，即可开始小麦播种。播种前应当提前了解天气，避免遇到阴雨天气影响适时播种。

二是要合理选用整地机械。目前，多数农户普遍采用旋耕机进行整地，其优点在于整地速度快，土壤粉碎性好，基本上不存在大体积的明暗坷拉，降低了后期人工复查的劳作强度。但是旋耕机的翻耕深度不足，而且表层土壤过于松软，后期小麦播种后，种子只能停留于土壤表层，根系较浅，入冬以后容易受到冻害影响。因此，必须要根据各地的实际情况，合理选择整地设备。即便是使用旋耕机，也只能在旱地进行整地作业，并且必须隔年使用，以此来保证小麦栽培的质量。

1.2　合理施肥，保证小麦生长质量

氮肥后移技术是指在低施有机肥的基础上，将氮肥底肥比例减少到50%左右。与此同时，在来年春季进行追肥时，也要相应的延后追肥实践，待小麦生长到拔节期后，再根据整个小麦田的整体状况，决定追肥时间和追肥量。一般情况下，当拔节期小麦出现叶色淡化，即可开始进行第1次追肥，如果小麦长势过旺，可以将追肥期适当延迟，在拔节期后期进行追肥，并辅以100~130kg/hm²浓度的尿素。追肥完成后，立即对小麦田地进行浇水，确保水肥结合，将追肥作用发挥到最大化。氮肥后移技术一方面能够充分发挥氮肥的利用效果，另一方面也能够增加小麦单位穗数，实现提高种植效益的最终目的。近年来，氮肥后移技术在国内小麦种植区得到了广泛应用，取得了较好的效果。

1.3 加强保护，积极应对自然灾害

在小麦栽培和种植过程中，自然灾害是影响小麦产量和质量的关键因素。国内小麦种植期间常见的自然灾害有旱灾、涝灾、热干风、霜冻和连阴雨天气等。我国大部分地区属于典型的季风性气候，夏季高温多雨，冬季寒冷干燥。加上近年来气候变化无常，旱涝灾害的发生频率也在不断增加。总体看来，北方小麦种植区易遭受旱灾，尤其以河南、河北等地最为严重；南方地区多发生涝灾，以安徽等省份为重。因此，必须要根据地区实际情况，做好自然灾害的应对措施。一是要尽快建立健全配套水利设施，在小麦种植区周边修建蓄水池，发挥防涝抗旱作用；二是种植护田林，调节小麦种植区的局部气候环境；三是选用抗倒伏、抗病害的优良小麦品种，提高小麦自身的抗病害能力。

2 提高小麦种植效益的具体措施

2.1 培养优良种植品种，提高单位面积产量

优良的小麦品种不仅环境适应性强，单位面积产量高，而且在市场竞争力更强，给小麦种植户带来的经济收益也更高。因此，选用优良小麦品种，是提高种植效益的基础。2016年农业部组织遴选了23类高产小麦品种，包括周麦22、鲁原502、百农AK58等，这些优良小麦品种虽然各自具有一定的地区局限性，但是其年产量和经济收益都较为可观。在确定了小麦种植品种后，还必须进行品种优选。挑选粒大饱满、无病虫害的小麦种子，在播种前进行翻晒，或是用0.01%～0.03%的硫酸铜进行浸泡，进行种子杀菌。完成上述操作后，根据当即气候条件的实际情况，适时选择播种时间，一般以地温10～15℃为宜。

2.2 提高小麦种植质量，迎合市场绿色需求

追求食品的绿色健康成为现代人的生活理念之一。小麦作为面食的主要原料之一，其质量安全也成为人们关心的焦点问题。在这一背景下，质量上乘、绿色无污染的小麦自然会受到消费者的追捧，在需求日益高涨的环境下，优质小麦的销售价格也会逐步攀升，并通过市场信息的传递，促使人们由单纯追求小麦种植数量向种植质量转变。尤其是在经济日益发展的今天，人们对于食品的质量要求也越来越高，因此，要想提高小麦种植效益，必须要兼顾小麦产量与质量，从而满足市场需求，获取更高的利润价值。

2.3 采用新型种植技术，节约成本减少浪费

小麦生产中的节本增效体现在以下几方面。

（1）生产规模小，导致人工、化肥、淡水、油、电、农药、农机具等投入产出率低。

（2）麦田盲目增施化肥、灌溉设施差以及灌溉技术落后。

（3）播种量过大，造成前期群体过大，成穗率低。节本的途径是积极推广保护性耕作技术，既节约了机耕费，又避免了土壤的风蚀，保持土壤肥力的不断提高。推广配方施肥技术和节水灌溉技术，提高肥水利用效率，特别是提高灌溉水的利用效率潜力更大。

2.4 调整小麦种植结构，提高小麦附加值

长期以来，我国的农业种植都是自力更生、一家一户的种植方式，虽然我国的市场经济也在不断地发展，但是规模有限。要想在某种程度上取得种植效益的高水平发展，扩大小麦发展规模，发展规模经济，实现小麦的高效、高产和优质化种植。另外，我国的小麦生产结构比较单一，加工产品的附加值低，因而延长小麦生产的产业链对于增强我国小麦市场的市场竞争力有着积极的推动作用。不断提高农业劳动者的素质和种植技术，提高小麦种植和收割的专业化水平，这样也能推动小麦的高产和高质量生产，实现种植效益的最大化。

3 结语

小麦栽培技术的优劣关系到小麦的种植产量，这不仅与国家粮食供给和口粮安全有密切联系，还直接影响到了广大农业种植户的切身利益。因此，必须要在分析各个地区实际情况的基础上，加强农民技术培训，提高对小麦栽培关键技术的认识，并以实际行动为小麦种植营造良好环境，确保小麦增收政策，提升

农民小麦种植效益，为尽快实现"两个一百年"奋斗目标打下坚实基础。

参考文献

［1］ 梁玉琪，范成伟．不同栽培管理模式下冬小麦根群构建与水氮利用及产量的关系研究［J］．陕西农林科技，2016（11）：131-133．

［2］ 周成云，倪向奇．河北平原冬小麦节水栽培技术发展及推广影响因素研究［J］．河北农业大学学报，2013（03）：115-117．

［3］ 王晓刚，石锐．陕南稻茬小麦油菜免耕覆盖栽培技术研究与推广效益分析［J］．农业技术发展，2014（04）：109-111．

江苏盐城小麦种植技术与病虫害防治

周新秀

（江苏盐城市亭湖区农作物栽培技术指导站）

摘　要：小麦在众多农作物中，既是一种粮食作物，又是一种经济作物。因此，在实际的种植过程中，小麦的产量对小麦种植业的发展具有十分重要的意义。该文围绕着小麦产量的提高，从小麦种植技术以及小麦病虫害防治技术这两个方面进行了分析，为实现小麦种植业的优质、高产提供了理论支持。

关键词：小麦；种植技术；病虫害；防治技术

小麦作为全国重要的经济作物之一，不仅可以作为粮食作物进行加工食用，为人类提供日常所需的各种营养，还可以用其进行酿酒，用途十分广泛。由于小麦的应用十分广泛，市场对小麦的需求量十分巨大，加强小麦的种植技术与病虫害的防治技术的研究，是提高小麦质量与产量的重要条件。

1　小麦的种植技术

1.1　小麦选种技术

小麦作为一种常见的农作物，品种、类型较多，因此，在进行小麦选种的过程中，要采用科学的选种技术进行筛选。具体包括以下几个方面：首先，由于小麦的品种不同，所以，适合其生长的气候与地理条件也各不相同，在实际选种的过程中，要根据小麦种植地的土壤情况以及气候条件来选择最适合本地生产的小麦品种。其次，小麦种子的纯度是决定小麦最终产量的首要条件，所以，在确定种子品种以后，要对小麦种子的纯度进行检测，确保其属于优质、高产一类的品种[1]。最后，小麦作为一种经济性农作物，在生长的过程中，受到病虫害的影响较大。因此，在选种的过程中，务必要选择抗病能力较强的小麦品种，减少其感染病虫害的概率。当地相关部门及小麦种植者，也应针对小麦生产过程中常见的病虫害，采取及时有效的防治手段，极大程度上降低病虫害对小麦生产造成的影响。

1.2　科学的耕作方式

在小麦种植生长的过程中，有效的提高产量是优先考虑的因素，除了选择优良的小麦品种进行种植以外，科学的选择耕作的方式，也是提高小麦产量的重要途径之一。从全国现代小麦的种植技术方面来看，轮作倒茬是一种十分常见的耕作方式。众所周知，土壤的肥力是有限的，小麦生长所需的营养也是比较固定的，在同一块土地上进行多次种植，必然会对土地的肥力造成影响，使得该土地的肥力下降，而在此地种植的小麦产量也会越来越低，无法实现小麦种植经济效益的最大化[2]。因此，通常采用轮作倒茬这种方式进行耕作。在小麦实际的耕作过程中，三次一轮换是最为常见的轮作周期，使用这种轮作倒茬的耕作方式，不仅可以使小麦的产量得到有效的保障，还能够有效的控制小麦球苗的发病率，并能有效的减少蟋蟀与土蝗的数量，有效的对小麦种植生产过程中的病虫害进行有效的控制。

1.3　科学合理的播种方法

播种是小麦种植过程中的第一步，也是较为重要的一个步骤，科学合理的播种方法也是提高小麦产量的重要手段之一。从小麦种植的实际情况来看，小麦播种的过程中，其数量、温度以及垄深、垄距等因素都会对小麦的最终产量、质量与种植效果造成影响。所以，在通常情况下，小麦种植过程中，若要提升产量，必先提高播种的温度，最适合小麦播种的温度通常在10℃左右，最适合小麦播种的密度在10粒左右，最适合小麦播种的垄深在80cm左右，垄距不能超过70cm。采用科学合理的播种方法，可以为小麦种子的生长提供最佳的生长环境与条件，使其能够更加健康的生长、成熟，促进小麦产品的产量高产、高收。

1.4 小麦种植中的灌溉与施肥

由于小麦在全国的种植范围较广，不同种植区域的土壤肥力不同、降水量不同，使得部分地区在小麦种植的过程中，需要通过灌溉来补充小麦种植生长过程中所需的水分，以免导致小麦因缺水而导致的蛋白质含量下降。通常情况下，在干旱地区，可以采用人力灌溉或地下水灌溉等方式。在降水量相对充足的地区，只需通过雨水进行常规灌溉即可。对于降水量较大的地区，应及时做好防洪、防涝的工作，以免大范围、长时间的降雨导致小麦群体倒伏，对小麦的种植生长造成较大的不利影响。

除此之外，在小麦的种植过程中，还可以通过有效的施肥来弥补小麦种植区域土壤肥力方面存在的缺陷。在小麦种植前，要采用科学合理的手段，施加一些具有迟效性的底肥。在小麦种子播种的过程中，还要继续采用科学合理的方法进行追肥，确保种子能够健康的发育、生长[3]。在小麦进入生长期后，对养分的需求量不断加大，然而，土壤对小麦提供的养分却是有限的，因此，要使用科学的方法结合当地土壤、气候的实际情况，选择该地区小麦生长所需的肥料，进行合理的追肥，从而使小麦在生长、成熟的过程中，养分的补给得到了充分的保证，最终使得小麦的总产量得到有效的提高，促进了小麦种植者经济收益的增加。

2 小麦病虫害的防治技术

2.1 采用药剂拌种

为了确保小麦的健康生长，确保小麦的产量不受影响，在小麦种植的开始阶段，便需要采取有效的方法，对小麦种植过程中可能出现的病虫害进行有效的防治。在小麦种子的播种阶段，可以采用药剂拌种的方法来提高小麦种子抵抗病虫害的能力。与此同时，药剂拌种可以有效的消灭小麦生长过程中常见的传染病及害虫，减少其传播与复发的概率。如果小麦种植区域处在病虫害发病率较高的地区，使用该方法抑制病虫害的感染和传播的效果更加明显。在拌种药物的选择过程中，可以选杀菌效果较好药效持久的药物，例如，粉锈宁乳油等，提高小麦种子抵抗病虫害的效果，延长药剂拌种的实际效果，确保小麦保持优质、高产的生长势头。

2.2 小麦生长不同阶段的病害防治技术

根据小麦生长的实际情况来看，小麦病害发生较为集中的阶段处于小麦的返青期、抽穗期以及灌浆期。因此，在小麦病害防治技术实施的过程中，要针对这3个不同的阶段、时期，采取不同的方法进行病害的防治工作，减少病害对小麦生长造成的不必要影响。具体防治技术如下。

（1）返青期的病害防治技术。小麦的返青期属于小麦生长的重要阶段之一，是小麦苗期的最后阶段，也是小麦种子发芽、生根的重要阶段，小麦的返青期也是决定小麦成穗率高低的关键时期。因此，必须采取有效的技术措施，对该阶段常见的病害进行有效的防治，确保小麦种子能够顺利发芽生根，健康生长。小麦返青期最常见的病害就是纹枯病，该类病害是小麦生长过程中的常见病害之一，也是对小麦生长影响最为严重的病害之一，感染纹枯病的小麦通常会出现植株倒伏、枯死等现象，还会对小麦的产量与质量造成十分不利的影响。在实际的防治过程中，可以购买纹枯净等药物粉剂，将其与三唑酮乳油、禾果利可湿性粉剂按比例与水进行混合，然后使用混合溶液对小麦的茎基部进行喷洒。需要注意的是，在首次喷施以后，不能盲目进行下一次的喷施，要根据药物使用相关规定，在15天后再对麦苗进行喷施[4]。

（2）抽穗期的病害防治技术。在小麦抽穗期常见的病害主要包括：锈病、白粉病以及赤霉病等，锈病与白粉病在发病初期，对小麦的造成的影响并不明显，需要对其进行一段时间的观察。如果对小麦生长造成了严重的不利影响，可以使用三唑酮乳油、禾果利可湿性粉剂进行防治，以免病害大面积暴发。科学有效的防治手段，也可以有效的阻止病害的传播与蔓延。在防治赤霉病的过程中，则可以使用50%的雾可湿性粉剂 $0.11\sim0.14kg/hm^2$ 进行防治。

（3）灌浆期的病害防治技术。在小麦生长的过程中，灌浆期是小麦病害高发的生长阶段，该阶段的病害防治效果直接决定了小麦最终的产量，因此，必须要重视该阶段的病害防治工作。从小麦种植的实际情况来看，灌浆期最常见的病害有锈病、白粉病等。该类病害在防治的过程中，可采取与其他阶段该病害相同的防治技术，以免导致病害的传播与蔓延。

2.3　小麦虫害的防治技术

从小麦种植生长的不同阶段来看，在小麦返青期，常见的虫害是吸浆虫，因此，在小麦抽穗期开始前，应使用锌硫磷毒土铺设在地表区域，从而有效的防治吸浆虫在该区域化蛹，从而避免吸浆虫害的发生；小麦的抽穗期常见的虫害是麦蜘蛛，对于麦蜘蛛大量出现造成的虫害，可以使用高校的聚酯类农药进行防治，该类农药也可以对吸浆虫成害后进行使用，不仅可以有效的消灭吸浆虫害对小麦生长的威胁，还能够避免蚜虫及食叶害虫等害虫的出现；小麦的灌浆期常见的虫害是麦穗蚜，被蚜虫侵害的小麦可以使用啶虫脒等药物来进行防治。除此之外，在小麦的生长过程中，黏虫也对小麦的种植生长产生了一定的影响。为了有效的防治黏虫成害对小麦生长造成不利影响，可以使用敌百虫等药物对其进行混合消除。在使用药物喷施的过程中，要确保喷施的周期与使用说明上保持一致，在喷施的过程中，药物要尽可能的喷施均匀，以免部分植株上留下大量的药物残留。在药物喷施的过程中，不仅要消灭虫害对小麦种植生长造成的影响，也可选用适当的药物对小麦周围的杂草进行喷施。杂草的存在会吸收土壤中的养分，使得小麦在生长过程中无法获得足够的营养，因此，必须要将杂草与病虫害一并消除，最大限度的发挥药物防治病虫害的效果，避免小麦遭到病虫害的侵袭，提高小麦的种植技术与水平。

3　结语

综上所述，小麦作为全国重要的农业作物，不仅可以有效的解决全国亿万人口的粮食需求，还是推进全国农村经济发展的重要经济作物，因此，小麦的产量就显得十分重要。在未来的小麦种植过程中，要采用科学的选种、耕作以及播种技术，合理的对小麦进行施肥与灌溉，促进小麦的高产、优产。在病虫害的防治方面，要准确的掌握小麦不同生长阶段不同病虫害的防治技术，并结合小麦生产地区的实际情况对其进行有效的使用，在提高小麦产量的同时，也促进小麦种植业经济效益的有效提升。

参考文献

［1］　沈东元，荆文学．小麦病虫害防治措施与防控要点论述［J］.农业与技术，2016，36（20）：81.

［2］　李秀春，王成霞，苏晓云．对当前小麦高产栽培技术要点的探讨［J］.农民致富之友，2014（22）：177.

［3］　钱超．小麦重大病虫害综合防治技术体系建立与实践分析［J］.科学种养，2015（09）：238.

［4］　郭万圣．探讨小麦种植管理以及有效病虫害防治技术研究［J］.农民致富之友，2014（18）：62.

小麦矮壮丰喷施技术试验

沈　静* 　黄钻华　　王永超　　杨霞光　　伏红伟

（盐城市亭湖区农业委员会）

摘　要：在小麦田开展不同浓度的矮壮丰喷施试验，试验结果表明，喷施矮壮丰对小麦控高、防倒伏作用明显，其喷施量以 50g/亩为宜。

关键词：小麦；矮壮丰；喷施；控高抗倒

近年来，小麦倒伏现象时有发生，据调查，小麦倒伏亩平均可减产 35kg 左右，直接影响小麦大面积高产、稳产。因气候变暖、使用易倒伏品种及播种量、肥料使用量过大等诸多原因，导致小麦在生长后期基部节间过度拉长，茎壁脆弱，遇到暴雨大风天气，易使小麦大面积倒伏，加重了病虫害的发生，影响机械化收割。根据生产实践，在小麦生长中后期喷施矮壮丰能有效控制小麦植株高度，提高麦秆的柔韧性，防倒伏效果明显。为此，本文于 2015 年春季小麦拔节初期开始，选用矮壮丰药剂进行多点喷施试验，以期筛选出适宜的喷施浓度和喷施量，为大面积生产使用提供依据。

1　材料与方法

1.1　试验材料

品种：宁麦 13（由盐城市第二种子公司提供）。药剂：春泉矮壮丰（由扬州市春泉生物化学厂提供）。

1.2　试验方法

试验设在亭湖区南洋镇股园村，土壤有机质含量 20.6g/kg，有效磷含量 7.58mg/kg，碱解氮含量 95.7mg/kg，速效钾含量 133.9mg/kg。

试验共设 4 个处理，春泉矮壮丰用量分别为：处理 1，25g/亩；处理 2，50g/亩；处理 3，75g/亩；各处理均对水 30kg 喷雾。对照（CK），喷清水；采用大田小区对比法，不设重复。每个处理面积 300m²。

试验田块 2014 年 11 月 5 日浅旋后撒播麦种，播种量 15kg/亩，基肥施用三麦专用复合肥，施用量 40kg/亩，加入尿素 10kg/亩，基肥折合纯氮 7kg/亩，在 12 月 25 日撒施尿素 15kg/亩，全生育期内施肥折合纯氮 14kg/亩。基本苗为 25.1 万/亩。3 月 8 日调查发现，试验田块小麦叶嫩绿，密度高，旺长趋势明显，有较大的倒伏可能性。

2　结果与分析

2.1　考苗办法

各处理小区采取 5 点取样法，每点考取 900cm² 麦苗的总茎蘖数，再取 5 点中接近总茎蘖平均数的 1 个点，考取株高、叶龄、主茎绿叶、节间长度。

2.2　喷药前考苗

3 月 13 日喷药前考苗，4 个处理平均株高 43.5cm、叶龄 8.5 张、主茎绿叶 3.1 张、基部第 1 节间长度 5.2cm，总茎蘖苗 66.3 万/亩，各处理之间的苗情差别不大（表 1）。

---

* 作者简介：沈　静（1983—　），女，助理农艺师，主要从事农作物栽培的工作；E-mail：727907236@qq.com。

表1 春泉矮壮丰喷药处理前田间苗情

处理	株高（cm）	叶龄（张）	主茎绿叶（张）	总茎蘖苗（万/亩）
CK	43.2	8.5	3.3	66.3
1	43.4	8.6	2.8	68.5
2	43.5	8.5	3.4	64.3
3	43.9	8.4	2.9	66.1

2.3 喷药后10天控高效果

3月23日田间考察显示，处理2株高为48.6cm，与处理3相近，分别比处理1、对照区矮1.6cm、4.2cm；叶龄进程相近；主茎绿叶2.7张，比对照区多0.2张；基部第1节间已定长，处理2第1、第2、第3节间长度分别为6.1cm、7.8cm、1.5cm，分别比对照区短0.6cm、1.9cm、0.3cm；总茎蘖苗数变化不大（表2）。

表2 不同用量春泉矮壮丰喷药处理后第10天田间苗情

处理	株高（cm）	叶龄（张）	主茎绿叶（张）	基1节	基2节	基3节	小计	总茎蘖苗（万/亩）
CK	52.8	9.6	2.5	6.7	9.7	1.8	18.2	53.5
1	50.2	9.6	2.4	6.2	9.7	1.6	17.5	57.2
2	48.6	9.5	2.7	6.1	7.8	1.5	15.4	54.1
3	48.7	9.4	2.5	5.8	6.7	1.3	13.8	52.4

2.4 喷药后20天控高效果

4月2日田间考察显示，处理2株高58.7cm，与处理3相近，分别比处理1、对照区矮2.6cm、6.1cm；对照区叶片已抽完，处理1、2、3叶龄余数分别为0.1、0.2、0.3张；主茎绿叶数相近；处理2基部第2、第3、第4节间长度分别为8.3cm、8.5cm、2.5cm，分别比处理1短2.5cm、0.8cm、0.3cm，比对照区短3.2cm、4.3cm、1.8cm；总茎蘖苗数下降基本同步（表3）。

表3 不同用量春泉矮壮丰喷药处理后第20天田间苗情

处理	株高（cm）	叶龄（张）	主茎绿叶（张）	基1节	基2节	基3节	基4节	小计	总茎蘖苗（万/亩）
CK	64.8	11.0	2.4	6.7	11.5	12.8	4.3	35.3	41.5
1	61.3	10.9	2.4	6.2	10.8	9.3	2.8	29.1	43.5
2	58.7	10.8	2.6	6.1	8.3	8.5	2.5	25.4	42.9
3	58.5	10.7	2.5	5.8	8.1	8.5	2.4	24.8	49.1

2.5 喷药后30天控高效果

4月12日田间考察显示，处理2株高77.2cm，分别比处理1、对照区矮4.1cm、13.4cm；各处理叶片均已抽完；主茎绿叶数相近；处理2基部自下往上第3、第4节间长度分别为13.4cm、17.8cm，分别比处理1短3.5cm、1.5cm，比对照区短4.3cm、2.5cm；处理2穗颈节间长23.2cm，分别比处理1、对照区短1.1cm、2.9cm（表4）。

表4　不同用量春泉矮壮丰喷药处理后第30天田间苗情

处理	株高（cm）	叶龄（张）	主茎绿叶（张）	节间长度（cm）						总茎蘖苗（万/亩）
				基1节	基2节	基3节	基4节	穗颈节	小计	
CK	90.6	11	2.2	6.7	11.5	17.7	20.3	26.1	82.3	36.7
1	81.3	11	2.3	6.2	10.8	16.9	19.3	24.3	77.5	36.3
2	77.2	11	2.5	6.1	8.3	13.4	17.8	23.2	68.8	36.5
3	75.7	11	2.4	5.8	8.1	13.5	16.6	23.1	67.1	36.1

2.6　喷药后40天控高效果

4月22日田间考察显示，处理2株高78.8cm，分别比处理1、对照区矮8.1cm、13.5cm；处理2基部自下往上第4节间长度为17.8cm，分别比处理1短1.5cm、比对照区短2.5cm；穗颈节间长度为25.7cm，分别比对照区短0.2cm、2.8cm（表5）。

表5　不同用量春泉矮壮丰喷药处理后第40天田间苗情

处理	株高（cm）	叶龄（张）	主茎绿叶（张）	节间长度（cm）						有效穗（万/亩）
				基1节	基2节	基3节	基4节	穗颈节	穗长	
CK	92.3	11	2.2	6.7	11.5	17.7	20.3	28.5	7.7	32.2
1	86.9	11	2.3	6.2	10.8	16.9	19.3	25.9	7.5	32.8
2	78.8	11	2.5	6.1	8.3	13.4	17.8	25.7	7.4	32.1
3	76.9	11	2.4	5.8	8.1	13.5	16.6	25.5	7.4	32.0

2.7　喷药控高对防止倒伏的影响

导致小麦倒伏的原因有多种，例如品种特征、栽培密度、肥料用量、气象条件以及有害生物为害等，倒伏是它们综合作用的结果，采用抗倒伏药剂春泉矮壮丰，主要是调控小麦在生长过程中的徒长和节间长度来减轻倒伏的程度。根据5月28日田间观察，试验田块肥料用量充足，小麦生长旺盛，没有施用返青拔节肥，经3月13日喷施矮壮丰后，试验田块处理2、3小麦未倒伏，处理1、对照区倒伏倾斜度在20°~45°。

3　结论与讨论

由不同用量春泉矮壮丰处理后的小麦田间苗情可以看出，4个处理中株高最矮的是处理3春泉矮壮丰75g/亩喷施，株高为76.9cm，其次为处理2春泉矮壮丰50g/亩喷施，株高为78.8cm；株高最高的是处理4清水喷施对照，株高为92.3cm，说明在使用春泉矮壮丰后，缩短了小麦节间长度，因此植株的高度降低。仅从本试验中3个处理的控高防倒伏效果来看，以处理3效果最为明显，但是与处理2效果差别较小，而处理1效果则明显下降。结合控高防倒伏效果和经济两方面的因素，本文认为处理2春泉矮壮丰50g/亩喷施的综合效果最好。试验同时发现，喷施矮壮丰对小麦后期抽出叶片的长宽以及穗数未发生明显影响。

参考文献

[1]　孙广仲，陈志清，郁祖良，等. 矮壮丰对小麦主要性状调控效应的研究 [J]. 现代农业科技，2006（02）：85-86.

［2］ 孟庆祥，王素霞．矮壮丰·壮丰安化控对小麦生长发育的影响［J］．安徽农业科学，2006（24）：6548.

［3］ 张德忠，张文利，杨焕来．冬前喷施不同化控剂对冬小麦控旺促壮的效果［J］．山东农业科学，2010（09）：65-67.

小麦新品种"扬麦23"的特征特性及配套高产栽培技术

黄萍霞

（射阳县作物栽培技术指导站）

扬麦23是由江苏金土地种业有限公司选育而成的强筋小麦品种，2013年通过国家农作物品种审定委员会审定，审定编号：国审麦2013006。该品种是集优质、高产、稳产、抗性好为一体的小麦新品种，适宜江苏淮南地区麦区种植。射阳县地处苏北沿海中部，苏北灌溉总渠（淮河）南岸，兼有沿海和沿淮生态区域特点，由于该品种具有高产、稳产及较强的抗病性等特点，自2014年试种以来，表现为早熟、优质、高产、多抗的特性，有望成为射阳县当家品种。

1 特征特性

扬麦23属春性穗粒兼顾（协调）型早熟品种，比宁麦13早熟2~3天，是所有示范红皮小麦品种中成熟最早的品种。该品种幼苗半直立，分蘖力强，叶绿色，苗期叶片窄长，中后期叶片较宽，生长旺盛。株高85cm，株型紧凑，旗叶上举，穗层整齐，属相好。穗纺锤形，长芒，白壳，红粒，籽粒椭圆形、硬质、较饱满。平均亩穗数35万~36万穗，比其他春性小麦多2万~3万穗，穗粒数38~40粒，千粒重40g（2017年达45g）。白粉病、赤霉病发生较轻，抗倒性较好。

2 产量表现

扬麦23于2015年、2016年、2017年连续3年参加射阳县稻麦综合示范基地中的小麦新品种示范，3年的产量分别为：508.1kg/亩、589.25kg/亩、591kg/亩，比主栽品种"郑麦9023"分别增79.1kg/亩、116.08kg/亩、157.5kg/亩。

2017年6月8日盐城市小麦高产创建专家组在射阳县临海镇八大居委会现场实产验收2.9亩，平均每亩产量586.2kg，射阳县2017年稻麦科技综合示范基地高产攻关田，经实产验收，平均亩产达到623.1kg，比全县平均单产增加近200kg/亩。

3 配套栽培技术

扬麦23为大穗型品种，适合稻麦周年高产种植。生产上，大面积实现高产，宜采用"稳穗、增粒、提粒重"主要栽培途径。

3.1 适期早播，培育带蘖壮苗越冬

射阳县为稻麦两熟轮作耕作制，土壤质地为沙壤土，小麦的播种，往往受到水稻收获的早迟、秋收秋种期间的天气等因素影响，正常年景下，移栽水稻10月20日前收获，直播稻10月底前收获，若天气晴好，小麦便可在10月25日至11月5日的适宜播期内播种结束，一旦出现2015年（11月5日至11月25日连续20天阴雨）、2016年（10月1日至11月8日、11月20日至11月底过程性连阴雨）的天气，则会严重影响小麦适期播种。为此，水稻生产上就要采用育秧移栽、田间开沟等措施，确保水稻在10月20日前收获结束，为小麦适期播种创造条件。同时水稻收获后即要耕翻整地、抢播。

3.2 降低播种量，控制基本苗

根据扬麦23分蘖力强的特性和射阳县土壤质地多为沙壤土、适耕性好、出苗率高的区域特点，在适期、适墒、机械条播的前提下，稻茬田每亩播种量9~10kg，旱茬田每亩播种量7.5kg，基本苗掌握在15万~18万/亩。

3.3 合理施肥

根据强筋小麦品质形成及吸肥规律，合理确定施肥结构及其运筹方式，提高施肥水平。一是施足基

肥。根据射阳县土壤富钾的实际，每亩基肥施磷酸一铵 15kg，尿素 7.5kg。二是早施分蘖肥，在 3 叶期每亩追施尿素 10~12.5kg，促进低节位分蘖，实现冬前 5~6 叶，单株分蘖 1.8~2.0 个的壮苗要求。三是重施拔节肥。在 3 月下旬，即小麦基部第 1 节间定长时，每亩追施复合肥（15：15：15）10kg，尿素 10kg。四是巧施孕穗肥。

3.4　综合防治好病虫草害

在小麦返青拔节期，做好草害、纹枯病等的防治。其中以看麦娘、茵草等禾本科杂草为主要草害的田块，每亩选用 15%麦极可湿性粉剂 40g，对水 40kg 均匀喷细雾。在小麦生长后期，重点加强赤霉病的预防，同时做好穗期蚜虫的防治。在防治措施上，积极推广"一喷三防"技术，提高防治效率，减本增效。针对小麦赤霉病的预防，如抽穗期遇到连阴雨，喷药时间宁早勿晚，在 10%小麦抽穗至扬花初期第 1 次喷药，间隔 5~7 天第 2 次用药。喷药后如遇雨天，则需雨后补喷。

3.5　抗灾应变

射阳县地处沿淮，气温比苏中略低，但临近海边，气温温差小于内地，针对扬麦 23 春性较强、抗寒性弱于半冬性或弱春性品种的实际，一要培育壮苗越冬。二要及时镇压，提高抗寒能力。近年来，由于秸秆全量还田技术的推广应用，在种植小麦季必先进行稻田土壤深耕，播后进行镇压，不仅增强土壤的保温、保水、保肥能力，更有利于小麦根系深扎，增强小麦的抗倒能力。三要及时抗灾补救，一旦发现冻害要及时冻伤肥补。

小麦应用"中东绿聚能"复合肥简化施肥试验研究

薛根祥　郜微微　何永垠　王国平　仲凤翔

（东台市作物栽培技术指导站）

东台市地处江苏黄海之滨，常年种植小麦 55 333hm²，是优质弱筋小麦生产基地。近年来，东台市作物栽培技术指导站通过实施小麦绿色高产高效创建，示范引领全市小麦生产水平不断提高。2016 年秋，该站在小麦绿色高产高效万亩示范区开展了"中东绿聚能"复合肥试验研究，从改进施肥措施、优化施肥技术的角度进一步探寻小麦夺高产的有效途径，取得了很好的效果，为"中东绿聚能"复合肥以后在生产上大面积推广提供了科学依据。现将试验研究总结如下。

1　材料与方法

1.1　供试肥料

"中东绿聚能"复合肥（N、P_2O_5、K_2O 用量配比为 18∶20∶7），由江苏中东化肥股份有限公司提供。磷酸二氢铵、尿素市售。

1.2　供试品种

扬麦 22 号。

1.3　试验地点

试验安排在东台市沿海经济开发区张绿林家庭农场内，试验区为相邻的两块田地，面积都是 40 亩，土壤为沙土，肥力均匀，前茬种植水稻。

1.4　试验处理

试验区：采用"一基一追"施肥法，亩用 30kg"中东绿聚能"复合肥做基肥；10kg"中东绿聚能"复合肥加 10 kg 尿素做拔节肥。

对照区：采用"一基三追"施肥法，亩用 22.5kg 磷酸二氢铵加 10kg 尿素做基肥；蜡肥追施 10kg 尿素；拔节肥追施 15kg 尿素；粒肥追施 10kg 尿素。

1.5　田间管理

本试验在高产栽培水平条件下进行，试验区和对照区除施肥措施不同外，其他管理措施一致。2016 年 11 月 26 日播种，机械条播，每亩用种 12.5kg。春季小麦 4 叶期，用 15%双氟·氯氟吡（春杰）加 15%炔草酯（麦极）对水 40kg 手动均匀喷雾，一次性防除田间单、双子叶杂草。结合病害防治，采用 2 次化控防倒：第 1 次在开始拔节时，结合防治白粉病每亩用康普 4 号 125g，以壮秆抗倒促大穗；第 2 次在齐穗后，结合防治赤霉病每亩再用康普 4 号 125g，以增粒增重防倒伏。2017 年 6 月 2 日田间取样测产，6 月 8 日全田机械收获，过磅称重，折水分，得实际产量。

2　结果与分析

2.1　小麦施用"中东绿聚能"复合肥的长势长相表现

在小麦全生育期中，试验区小麦一直生长稳健，叶色较对照区深，株高比对照区高，未出现脱力落黄现象，眼观长势长相优于对照。6 月 2 日测产时考察，试验区小麦株高 76.40cm，比对照区 69.70cm 高 6.70cm，增高率 9.61%；试验区小麦穗长 9.20cm，比对照区 8.75cm 长 0.45cm，增长率 5.14%。详情见表 1。

2.2 小麦施用"中东绿聚能"复合肥后的产量表现

6月2日采用"五点法"取样测产，试验区每亩穗数38.29万，比对照区38.18万增加0.11万，增加率0.29%；试验区每穗粒数40.60粒，比对照区37.80粒增加2.80粒，增加率7.41%；试验区千粒重39.87g，比对照区40.77g减少0.90g，减少率2.21%；试验区理论产量619.81kg/亩，比对照区588.39kg/亩增产31.42kg，增产率5.34%。6月8日进行机收实产，试验区40亩实收总产量23 040kg，实收平均单产576.00kg/亩，对照区40亩实收总产量22 010kg，实收平均单产550.25kg/亩，试验区比对照区亩平增产25.75kg，增产率4.68%。详情见表1。

表1 小麦施用"中东绿聚能"复合肥产量结构表

处理	株高（cm）	穗长（cm）	亩穗数（万）	穗粒数（粒）	千粒重（g）	理论产量（kg/亩）	实收产量（kg/亩）
绿聚能试验区	76.40	9.20	38.29	40.60	39.87	619.81	576.00
对照区	69.70	8.75	38.18	37.80	40.77	588.39	550.25
增减	6.70	0.45	0.11	2.80	-0.90	31.42	25.75
±%	9.61	5.14	0.29	7.41	-2.21	5.34	4.68

2.3 小麦施用"中东绿聚能"复合肥与常规施肥的效益比较

产值：试验区亩产576.00kg，对照区亩产550.25kg，按每千克小麦售价2.36元计算，试验区产值1 359.36元，比对照区1 298.59元每亩增加60.77元（表2）。

投肥成本：在试验区，"中东绿聚能"复合肥用量每亩40kg，按市场价2 550元/t计算，每亩102.00元；尿素用量每亩10kg，按市场价1 780元/t计算，每亩17.80元。对照区，磷酸二氢铵用量每亩22.50kg，按市场价1 800元/t计算，每亩40.50元；尿素用量每亩45kg，按市场价1 780元/t计算，每亩80.10元。追肥用工6元/亩（机器抛撒），试验区追肥1次，用工成本6.00元，对照区追肥3次，用工成本18.00元。如果人工撒肥，则每亩用工20元，成本更高。试验区比对照区在肥料投入上每亩节省12.80元（表2）。

表2 小麦施用"中东绿聚能"复合肥与常规施肥效益比较表

处理	产量（kg/亩）	售价（元/kg）	亩产值（元/亩）	肥料成本（元/亩）					效益对比（元）
				绿聚能	尿素	磷酸二氢铵	追肥用工成本	合计	
绿聚能试验区	576.00	2.36	1 359.36	102.00	17.80	0	6.00	125.80	+73.57
对照区	550.25	2.36	1 298.59	0	80.10	40.50	18.00	138.60	

3 小结与讨论

3.1 小麦施用"中东绿聚能"复合肥增产效果显著

"中东绿聚能"复合肥养分配比合理，长效缓释，满足了小麦生长的需肥要求，小麦整个生育期稳长稳发不脱劲，本试验中，播种期和播种量的一致决定了两个处理基本苗相当，对最终成穗数的影响不大；而试验区穗长和穗粒数都比对照区有显著增加，是源于幼穗分化阶段绿聚能复合肥均衡释放肥力减少了小花的退化促进了大穗的形成。后期试验区未施用任何肥料，而对照区施用10kg尿素做粒肥，使得对照区千粒重比试验区有所提高，但并不显著。在高产栽培水平下，对照获得亩产550.25kg的情况下，施用"中东绿聚能"复合肥的小麦田仍每亩增产25.75kg。

3.2 小麦施用"中东绿聚能"复合肥节本增效明显

本试验中，试验区和对照区的肥料投入成本相当，试验区每亩应用"中东绿聚能"复合肥40kg加尿素 10kg，成本为 119.80 元；对照区每亩应用磷酸二氢铵 22.5kg 加尿素 45kg，成本为 120.60 元。但试验区投肥养分全面，配比科学，更利于小麦夺高产。试验区较对照区减少两次施肥用工，省工节本增效明显。

3.3 小麦施用 "中东绿聚能" 复合肥具有较好的推广价值

分析两个处理的养分投入情况，试验区养分投入为 N：11.8kg，P_2O_5：8kg，K_2O：2.8kg。对照区养分投入为 N：23.44kg，P_2O_5：6.07kg，K_2O：0kg。与对照区相比，试验区减氮增磷补钾，养分配比更加合理，更利于小麦生长。试验区的氮素投入较对照区减少了一半，这就大大减少了氮肥流失，有利于控制农业面源污染，更好地保护农业生态环境，值得大面积推广。

综上所述，小麦施用 "中东绿聚能" 复合肥具有显著的增产增收效果，每亩增加产量 25.75kg，增加效益 73.57 元（产量增值：25.75kg×2.36 元/kg＝60.17 元，省工节本：12.80 元，合计：73.57 元），不但简化了小麦施肥技术，而且有利于保护农业生态环境，是小麦夺高产的措施之一，在今后的小麦生产上有很大的推广价值。

苏麦188滨海县种植适应性研究

郑 勇 周忠正

（滨海县农业委员会）

苏麦188是江苏丰庆种业科技有限公司自主选育的高产优质多抗中筋小麦新品种，于2012年通过国家农作物品种审定委员会审定（审定编号：国审麦2012005）。2016年秋播，在滨淮镇合新村采用机条播方式试种苏麦188，探索了其在滨海县的种植适应性。

1 种植的主要表现

1.1 长势长相

苏麦188幼苗半直立，叶色浓绿、叶片挺拔，分蘖力强，成穗率高。成熟期考察，株高79.2cm，株型紧凑，长相清秀，穗层整齐，熟相较好。

1.2 产量结构

2017年6月10日，在滨淮镇合新村示范种植点苏麦188田间测产，有效穗数45.6万/亩，每穗实粒数34.7粒/穗，千粒重41g计算，理论产量648.75kg/亩。

1.3 苗情动态

据苗情记载：基本苗28.4万/亩，越冬期42.5万/亩，高峰苗85.4万/亩，成穗率60.8%。

1.4 生育期

播种期2016年11月3日，出苗期11月14日，始穗期2017年5月11日，齐穗期5月16日，成熟期6月15日。

2 主要栽培技术

2.1 机械条播，提高播种质量

根据该品种的特性，滨海县试种田推迟播种期，于2016年10月25日采用免耕条播机，一次性完成灭茬、浅旋、开槽、播种、覆土、镇压等工序，提高播种质量，促进了小麦齐苗壮苗。

2.2 合理密植

试种田由于推迟播种期，因而适当增加播种量，每亩播量15kg，行距15cm，播种机中速行驶，确保落籽均匀，避免重播或拉大行距。由于播种质量高，墒情好，出苗率高。11月10日田间苗情调查每亩基本苗达到28.7万。

2.3 科学施肥，协调群体生长

2016年试种田肥料运筹策略为足施基肥、普施重施拔节孕穗肥。肥料运筹根据机条播播种方式，采用"V"形两促施肥法，基肥播种时每亩施40%高浓度复合肥50kg+尿素5kg+有机无机肥120kg，不施返青肥，重施拔节孕穗肥，3月中旬每亩施40%高浓度复合肥15kg。

2.4 综合防治病虫草害

苏麦188试种田2月底亩用满秋100ml加美闲40ml防除以猪殃殃、播娘蒿、野油菜、婆婆纳、巢菜等为主的麦田杂草；2月7日亩用世玛20~30ml防除小麦田雀麦、硬草、早熟禾等禾本科杂草。在3月中下旬每亩用井冈霉素400ml对小麦纹枯病进行防治；抽穗扬花期"一喷三防"，于4月30日及5月5日2次防治小麦白粉病、赤霉病及蚜虫，取得良好防治效果。

2016年小麦主推施肥配方校正与试验研究

刘志琴

（盐城市大丰区三龙镇农技中心）

1 试验目的

为保证肥料配方的准确性，做到宏观控制施肥结构和施肥总量，微观调节氮肥用量和运筹比例，发挥配方肥料施用的最大效益，要求对专家会商的区域性作物肥料配方进行校验，示范对比测土配方施肥的增产效果，进一步验证并完善肥料配方，优化测土配方施肥技术参数。

2 试验设计

试验共设 3 个处理。

不施肥（对照）。整个生长期不用任何肥料。试验小区面积 40m²。

配方施肥（主推配方 16-4-3）。氮肥用量比例为基蘖肥：穗肥=6：4，磷钾肥作基肥一次施入。肥料全部用单质肥料。基肥分别亩用 46% 尿素 20.87kg、14% 过磷酸钙 28.57kg、60% 氯化钾 5kg，拔节孕穗肥于 3 月 6 日撒施，亩用尿素 8.35kg。试验配方施肥小区面积 200m²。

习惯施肥（常规配方）按农户习惯施肥。基肥亩用磷酸一铵 15kg，42% 复合肥（20：10：12）17.5kg。2 月 6 日亩施返青肥，撒施尿素 17.5kg/亩，未施拔节孕穗肥。试验常规区面积 200m²，试验田种植面积 5 336m²。

3 试验过程

3.1 试验地基本情况

试验于 2016 年 11 月至 2017 年 6 月在三龙镇持久村一组下书超承包田内进行。试验小麦品种镇麦168，机器条播，与大田播种量一致，播种时间一致。处理间墒沟隔离。该户常年小麦、玉米平均产量水平在 500kg 上下，土质为沙壤土，小麦播种在 2016 年 11 月 11 日，播种后 7 天见苗，12 天全苗，试验区小麦一生用肥基肥亩用 46% 尿素 20.87kg、14% 过磷酸钙 28.57kg、60% 氯化钾 5kg，拔节孕穗肥于 3 月 6 日撒施，亩用尿素 8.35kg。常规施肥磷酸一铵 15kg/亩，42% 复合肥（20：10：12）17.5kg。2 月 6 日施返青肥，撒施尿素 17.5kg/亩，未施拔节孕穗肥。前茬玉米一生施用尿素 30kg/亩，金老虎复合肥 25kg/亩，玉米收获青贮产量 4 000kg/亩。在玉米收获后小麦播种前采集基础土样（0~20cm），送土肥站化验。试验地地力均匀，基础肥力中等。小区间墒沟隔离无肥水串流现象。示范点交通方便、沟系配套、成片种植小麦。试验过程中，及时记载了不同处理肥料施用、小麦生育进程考察，各个农事操作。11 月 20 日调查基本苗，亩基本苗达到 18.8 万。

3.2 试验地管理

试验田于 2017 年 2 月 15 日亩用 40% 炔草酯 50g 对水 20kg 喷雾防治麦田杂草，4 月 27 日亩用 50% 多酮 120g+25% 吡蚜酮 20g 防病治虫。4 月 3 日亩用己唑醇、噻虫嗪、嘧菌酯各 20g 对水喷雾防治，7 天后用第 2 次药（试验区和配方区都未用叶面肥）。该试验地病虫防治效果好，田间管理除施肥外，其余各项管理措施一致。无大的自然灾害，各小区生长情况好。小麦成熟期收获在 6 月 3 日，对照区成熟期较配方区常规区早 3 天。

4 试验结果

试验地出齐苗后每小区用芦苇秆框定有代表性的 1m² 进行定位观察记载。11 月 20 日调查各小区基本苗，每个小区调查两个点测定基本苗，每个点的面积 1m²。基本苗一致，达 18.8 万/亩。12 月 20 日调查无肥区、配方区、习惯施肥区单株分蘖、株高、叶片数分别为 0.77 个、0.94 个、0.89 个；11.9cm、14.1cm、14.4cm；3.7 张、4.3 张、4.3 张。由于 11 月的雨水和雨量较多，田间目测无肥区叶色淡绿，不表现缺肥症状，习惯施肥区叶色浓绿，长势好于配方施肥区。亩总苗数无肥区 36.1 万，配方区 39.6 万，习惯区 38.6 万。2 月 15 日调查无肥区、配方区、习惯区亩总苗数、株高、单株分蘖分别为 57.6 万、90.2 万、96.7 万；11.8cm、12.5cm、15cm；2.4 个、4.6 个、4.1 个。田间目测无肥区叶片黄化，分蘖少，株高略矮，长势较差。配方区、习惯区叶色绿，分蘖壮实，分蘖较多，长势正常。5 月 26 日测定各处理小区的理论产量（了解每个小区小麦产量结构）。千粒重实测计算。

表1　成熟期考察表（6月1日）

处理	株高（cm）	主茎叶龄（张）	1m² 样方内总有效穗数（个）	折每亩总有效穗数（万个）	每穗粒数（个）	千粒重（g）	测产产量（kg/亩）
无肥区	70.8	11	354	23.6	22.4	46.94	248.1
配方区	83.2	11	612	40.8	28.5	41.31	480.4
习惯区	85.0	11	620	41.3	27.8	40.88	469.7

由表 1 看出，亩有效穗配方区最高，高于无肥区 17.2 万、低于常规施肥区 0.5 万。测产产量配方区最高，高于无肥区 232.3kg，高于常规施肥区 10.7kg。

小麦收获前 1 天，6 月 7 日在各小区收割有代表性 3 点 3m² 计算实产。

表2　小区分收单打情况记载表（6月13日）

处理	3m² 实产			折算亩产量			千粒重（g）
	生物产量（kg）	秸草重（kg）	籽粒重（kg）	生物产量（kg）	秸草重（kg）	籽粒重（g）	
无肥区	2.20	1.12	1.08	488.9	248.9	240	46.94
配方区	4.66	2.62	2.04	1 035.6	582.3	453.3	41.31
习惯区	4.49	2.57	1.92	997.8	571.1	426.7	40.88

表3　各处理效益比较表

试验处理	折合亩产（kg）	比空白对照亩增（kg）	比对照亩增（%）	亩产值（元）	亩投肥药等成本（元）	亩净增产值（元）	亩效益（元）	亩增收（元）	氮肥效率（%）	投入产出比
配方区	453.3	213.3	88.88	1 087.92	418.3	511.3	669.62	243	47.05	1.60 : 1.00
习惯区	426.7	186.7	77.79	1 024.08	410	448.08	614.08	188.08	43.75	1.50 : 1.00
无肥空白区	240			576	150		426			3.84 : 1.00

注：小麦价格为 2.4 元/kg；亩效益为亩产值-肥料成本；产投比为效益/肥料成本

由表 2 和表 3 看出，小区实际收获产量：试验配方区亩产籽粒产量分别高于习惯施肥区、空白 26.6kg、213.3kg，配方施肥比习惯施肥增产 6.23%，比无肥空白对照增产 88.88%，无肥空白对照籽粒产量占配方区产量的 52.94%、占习惯施肥区的 56.24%。千粒重无肥空白对照处理最高，分别比配方区、习惯施肥区增 5.63g、6.06g。

配方施肥氮肥效率为 47.05%。习惯施肥氮肥效率为 ［（配方施肥产量-不施肥产量）/配方施肥产量］43.75%。

配方施肥亩增收情况：配方施肥产量 453.3kg/亩，配方区肥料成本 118.3 元/亩，种子、农药、耕作和收割等成本为 300 元/亩，小麦价格以 2.4 元/kg 计算，亩产值 1 087.92 元，亩效益 669.62 元。习惯施肥产量 426.7kg/亩，肥料成本 110 元/亩，种子、农药、耕作和收割等成本为 300 元/亩，亩产值 1 024.08 元，亩效益 614.08 元。综合以上情况，配方区比习惯区亩成本增加 8.3 元，增收 55.54 元。

配方施肥产投比：配方施肥投入产出比为 1.60 : 1.00，习惯施肥产投比。

5 试验结论

小麦配方田间校正试验结果表明配方施肥施肥结构比较合理，提高了肥料利用率，满足了小麦全生育期内所需的肥料，达到增产增收效果，也有利于农肥的减量增效，可见配方施肥产量高，综合效益高，值得推广。

小麦新品种比较试验总结

王 兴

（江苏省建湖县高作镇农业技术推广综合服务中心 224700）

摘　要：通过小麦品比试验观察比较新品种的丰产性、适应性、抗逆性，为大面积生产筛选出适宜推广的综合性状优、产量表现好、抗逆性强的高产稳产的小麦品种。

关键词：小麦；品比；试验

1　材料与方法

1.1　供试品种

参试品种共 7 个，分别为淮麦 30、淮麦 35、扬辐麦 4 号、苏科麦 1 号、镇麦 10 号、宁麦 13、宁麦 14，以大田淮麦 30 作 CK。10 月 30 日人工整地后撒播，亩用种量 12.5kg，11 月 2 日小旋耕机盖种。

1.2　试验地点

试验安排在高作镇海凤粮食种植家庭农场，前茬直播水稻，品种为淮稻 5 号，亩产量 635kg 左右，土壤为黏质土，肥力中等。

1.3　试验设计

每个品种小区面积 66.7m²，随机区组排列，重复 3 次，保护行设置为同品种延伸。全生育期内对苗情进行考察，成熟期，测定植株性状，收获小区产量测产。

1.4　肥料运筹

10 月 30 日旋耕施基肥，亩施（42%）复混肥 35kg，尿素 10kg，11 月 24 日雨后亩施苗肥 5.5kg，3 月 18 日施拔节肥 45% 复合肥 15kg/亩，4 月 5 日施孕穗肥 5kg/亩尿素，5 月 9 日结合病虫防治用 0.2% 磷酸二氢钾进行叶面喷肥。

1.5　病虫草害防治

12 月 1 日用膘马化除杂草，3 月 12 日亩用 15% 炔草酯 EC45ml、猪殃尽（氯氟吡氧乙酸）20ml、10% 苯磺隆 WP20g 防除看麦娘、硬草、及阔叶杂草；3 月 28 日亩用低聚糖 20g、吡蚜异丙威 100g、40% 多酮 WP50g 防治小麦纹枯病和灰飞虱；4 月 23 日亩用 40% 多酮 WP150g、25% 吡蚜酮悬浮剂 30g 防治小麦赤霉病和灰飞虱；4 月 30 日亩用 40% 多酮 150g、25% 吡蚜酮 30g 再次防治小麦赤霉病和灰飞虱；5 月 9 日以防治白粉病为主，兼治蚜虫、灰飞虱，亩用 40% 多酮 100g、15% 三唑酮 WP40g、5% 戊唑醇 15ml、吡蚜酮 20g、阿维高氯 60ml。

1.6　全生育期气候条件对苗情的影响

播期天气较好，出苗后较长时间无雨，但由于底墒足和阶段性降雨及时有利，苗情相对较好；早春连续雨雪天气有效缓解旱情，利于小麦生长；春季雨水略多，光照充足，气温平稳利于小麦穗分化，抽穗扬花期间雨日较少，利于赤霉病的防治；后期温光水匹配适宜，没有明显的干热风，利于灌浆结实。

2 结果与分析（表1至表10）

表1 品种生育期表

品种	播种期	出苗期	齐苗期	分蘖期	拔节期	始穗期	抽穗期	齐穗期	成熟期	收获期	全生育期
淮麦30	10月30日	11月7日	11月10日	12月5日	3月12日	4月14日	4月16日	4月17日	6月4日	6月9日	217
淮麦35	10月30日	11月7日	11月10日	12月7日	3月18日	4月17日	4月19日	4月20日	6月8日	6月9日	221
扬辐麦4号	10月30日	11月7日	11月10日	12月7日	3月10日	4月14日	4月16日	4月17日	6月5日	6月9日	218
苏科麦1号	10月30日	11月7日	11月10日	12月7日	3月10日	4月14日	4月16日	4月17日	6月7日	6月9日	220
镇麦10号	10月30日	11月7日	11月10日	12月7日	3月10日	4月14日	4月16日	4月17日	6月3日	6月9日	216
宁麦13	10月30日	11月7日	11月10日	12月10日	3月10日	4月14日	4月16日	4月17日	6月6日	6月9日	219
宁麦14	10月30日	11月7日	11月10日	12月10日	3月10日	4月14日	4月16日	4月17日	6月4日	6月9日	217

表2 品种植株性状表

品种	类型	总叶片数张	株高（cm）	节间（个）	第一节间长（cm）	第二节间长（cm）	第三节间长（cm）	第四节间长（cm）	穗下节间长（cm）
淮麦30	弱春性	11	75.8	5	4.15	8.35	14.36	20.7	25.68
淮麦35	半冬性	12	85.3	5	7.0	8.1	11.1	17.4	28.9
扬辐麦4号	春性	11	82.8	5	5.14	6.47	10.59	20.66	29.66
苏科麦1号	春性	11	77.0	5	4.35	6.92	10.4	19.1	28.77
镇麦10号	春性	11	75.3	5	5.8	8.84	12.85	19.51	25.56
宁麦13	春性	11	79.2	5	4.99	8.01	12.75	19.28	29.83
宁麦14	春性	11	80.1	5	4.1	7.6	10.9	18.5	29.5

表3 品种农艺性状表

品种	穗长（cm）	穗形	小穗排数（个）	退化小穗数（个）	每穗实粒数（粒）	熟相	穗层整齐度
淮麦30	7.53	纺缍形	15.9	3.0	32.02	1	1
淮麦35	9.5	纺缍形	19	2.6	37.1	1	1
扬辐麦4号	9.43	近长方形	18.4	2.6	38.3	1	1
苏科麦1号	7.38	纺缍形	16.2	2.1	37.1	3	1
镇麦10号	6.96	纺缍形	16.4	3.0	34.1	1	1
宁麦13	7.34	圆锥形	16.2	3.1	33.8	3	1
宁麦14	6.52	圆锥形	15.2	2.6	35.5	1	1

表4 品种茎蘖动态表

品种	基本苗	冬前苗	高峰苗	有效穗	成穗率（%）	幼苗习性	叶色	株型
淮麦30	22.7	42.5	95.8	40.8	42.6	3	深绿	紧凑
淮麦35	21.1	43.1	93.3	38.7	41.5	3	深绿	松散
扬辐麦4号	22.0	41.8	81.1	35.9	44.3	5	浅绿	紧凑

（续表）

品种	基本苗	冬前苗	高峰苗	有效穗	成穗率（%）	幼苗习性	叶色	株型
苏科麦1号	22.3	40.6	84.3	36.5	43.3	5	深绿	紧凑
镇麦10号	19.5	43.1	88.2	36.33	41.2	5	绿色	松散
宁麦13	21.3	36.9	82.7	37.6	45.5	5	深绿	松散
宁麦14	19.4	36.6	81.2	34.4	42.4	5	浅绿	松散

表5 品种籽粒性状表

品种	落粒性	芒	壳色	粒色	籽粒饱满度	千粒重	穗发芽	黑胚率（%）
淮麦30	3	5	1	1	1	44.3	1	0
淮麦35	3	5	1	1	1	42.5	1	0
扬辐麦4号	3	5	1	5	1	42.6	1	0
苏科麦1号	3	5	1	5	1	40.7	1	0
镇麦10号	3	5	1	5	1	41.3	1	0
宁麦13	3	5	1	5	1	39.8	1	0
宁麦14	3	5	1	5	1	39.7	1	0

表6 品种田间抗逆性表

品种	越冬期冻害		春季冻害		纹枯病		白粉病		赤霉病		倒伏		
	日期	程度	日期	程度	普遍率	程度	普遍率	程度	普遍率	程度	日期	面积（%）	程度
淮麦30		1		1	30	2~3	60	2	21	2	5月24日、6月1日	1.5	2
淮麦35		1		1	3	2	60	2	14	3			
扬辐麦4号		1		1	25	2	70	2	6	3			
苏科麦1号		1		1	13	2	80	2	2	2	5月7日 5月27日	35	4~5
镇麦10号		1		1	15	1~2	30	2	8	2	6月1日	3	2~3
宁麦13		1		1	40	2~3	90	2	6	3	5月7日	50	4~5
宁麦14		1		1	12	2	90	2	4	2	5月7日	70	4~5

表7 品种产量表

品种	有效穗（万/亩）	每穗粒数（粒/穗）	千粒重（g）	理产（kg/亩）	实产（kg/亩）
淮麦30	40.8	32.02	44.3	578.7	521
淮麦35	38.7	37.1	42.5	610.2	550
扬辐麦4号	35.9	38.3	42.6	585.7	527
苏科麦1号	36.5	37.1	40.7	551.1	498
镇麦10号	36.33	34.1	41.3	511.6	481
宁麦13	37.6	33.8	39.8	505.8	456
宁麦14	34.4	35.5	39.7	484.8	440

（续表）

品种	小区产量			平均	折亩产（kg）	比 ck（±kg）	比 ck（%）	位次
	I	II	III					
淮麦 30	52.3	51.9	52.2	52.13	521	62	13.5	3
淮麦 35	55.2	54.3	55.5	55.03	550	91	19..8	1
扬辐麦 4 号	51.7	52.9	53.5	52.70	527	68	14.8	2
苏科麦 1 号	47.2	48.8	53.3	49.77	498	39	8.5	4
镇麦 10 号	47.9	47.2	49.1	48.07	481	22	4.8	5
宁麦 13	44.3	46.6	45.9	45.60	456	-3	-0.7	6
宁麦 14	44.3	44.2	43.5	44.00	440	-19	-4.1	7
淮麦 20（CK）	大田						459	

表 8　试验结果分析——F 测验

变异来源	平方和	自由度	方差	F 值	$F_{0.05}$	$F_{0.01}$
处理间	284.778	6	47.463	28.659	2.996	4.821
重复间	7.687	2	3.843	2.321	3.885	6.927
误差	19.873	12	1.656			
总和	312.338	20				

表 9　试验结果分析——多重比较（LSR 法）

处理位次	处理名称	小区平均值（kg）	差异显著性	
			$LSR_{0.05}$	$LSR_{0.01}$
1	②	55.00	a	A
2	③	52.70	b	AB
3	①	52.13	b	AB
4	④	49.77	c	BC
5	⑤	48.07	c	CD
6	⑥	45.60	d	DE
7	⑦	44.00	d	E

表 10　试验结果分析——多重比较（LSD 法）

处理位次	处理名称	小区平均值（kg）	差异显著性	
			$LSR_{0.05}$	$LSR_{0.01}$
1	②	55.00	a	A
2	③	52.70	b	AB
3	①	52.13	b	AB
4	④	49.77	c	BC
5	⑤	48.07	c	CD

（续表）

处理位次	处理名称	小区平均值（kg）	差异显著性	
			LSR$_{0.05}$	LSR$_{0.01}$
6	⑥	45.60	d	DE
7	⑦	44.00	d	E

3 品种综述

3.1 淮麦35

亩产550kg，较CK增91kg，增19.8%。该品种半冬性中熟，全生育期230天，幼苗半匍匐，长势较好，叶色浓绿，分蘖力强，抗寒性较好，株高85cm，株型松散，抗倒性较好，穗纺锤形，长芒，白壳，白粒，籽粒半角质、饱满度较好，熟相好，穗层整齐，赤霉病、白粉病中等发生，纹枯病轻度发生。

3.2 扬辐麦4号

亩产527kg，较CK增68kg，增14.8%。该品种春性早熟，全生育期218天。幼苗直立，叶色深绿。株高82.8cm，株型较紧凑，抗倒性较强。分蘖性和成穗数中等，穗大粒多，千粒重较高。长芒，白壳，红粒，穗近长方形，穗层整齐，熟相好。纹枯病、白粉病中等发生，赤霉病发生轻。

3.3 淮麦30

亩产521kg，较CK增62kg，增13.5%。该品种弱春性，全生育期217天。幼苗半匍匐，叶浓绿色，分蘖力较强，分蘖成穗率高，株高75.8cm，株型紧凑，抗倒性较强，穗纺锤形，籽粒饱满，千粒重高，穗层整齐，熟相好。赤霉病、白粉病、纹枯病中等发生。

3.4 苏科麦1号

亩产498kg，较CK增39kg，增8.5%。该品种春性，全生育期220天。幼苗直立，叶色深绿，分蘖力较强，抗寒性一般。株高77cm，株型较紧凑，抗倒性一般。穗层整齐，穗纺锤形。长芒、白壳、红粒、饱满度好，千粒重高。熟相一般，赤霉病发生轻，纹枯病、白粉病中等发生。

3.5 镇麦10号

亩产481kg，较CK增22kg，增4.8%。该品种春性，全生育期216天。幼苗直立，叶色绿，分蘖力中等，抗寒性一般。株高75.3cm，株型松散，抗倒性较好。长芒、白壳、红粒、饱满度好，穗纺锤形，穗层整齐，熟相好。赤霉病发生一般，纹枯病中等发生，白粉病较轻。

3.6 宁麦13

亩产456kg，较CK减3kg，减0.7%。该品种春性，全生育期219天。幼苗直立，叶色深绿，分蘖力中等，抗寒性一般。株高79.2cm，株型松散，抗倒性较弱。长芒、白壳、红粒、饱满度好，穗圆锥形，穗层整齐，熟相一般。纹枯病中等发生，赤霉病发生轻，白粉病较重发生。

3.7 宁麦14

亩产440kg，较CK减19kg，减4.1%。该品种春性，全生育期217天。幼苗直立，叶色浅绿，分蘖力一般，抗寒性一般。株高79.2cm，株型松散，抗倒性较弱。长芒、白壳、红粒、饱满度好，穗圆锥形，穗层整齐，熟相好。纹枯病，赤霉病发生轻，白粉病较重发生。

小麦新品种烟农 1212 试验总结

崔　岭　张红叶　方怀信　王海燕

（响水县粮油作物栽培技术指导站）

摘　要：本试验对小麦新品种烟农 1212 的特征特性及产量结构进行研究，结果表明：烟农 1212 属于半冬性品种，该品种具有"一高五抗"即高产和抗寒、抗旱、抗病、抗干热风、抗倒伏等突出优点，并且产量潜力较高，为响水县大面积小麦生产引种烟农 1212 提供技术指导。

关键词：小麦；烟农 1212

1　材料与方法

1.1　试验品种

烟农 1212

1.2　种子来源

烟农 1212 由烟台市农业科学院以自选高产品系烟 5072 为母本，石 94-5300 为父本经有性杂交、系谱法选育而成的一个小麦新品系。

1.3　试验地点

试验设在响水县双港镇丰大村小麦创建示范片二东家庭农场田里，前茬玉米，土壤黏性，肥力中等。

1.4　试验方法

前茬玉米收获后，用玉米秸秆粉碎机械将玉米秆粉碎还田，于 10 月 9 日进行机械播种，每亩播种量 12.5kg。

2　数据考察记载

2.1　试验期间气候条件

烟农 1212 小麦新品种试验期间气候条件表现为积温较高，光照不足，降水偏多，气候因素总体有利。≥0℃有效积温 2 534℃，比去年同期 2 365℃增加 169℃，较常年同期 2 206℃增加 159℃，为历史上积温较高的年份；总降水量 438.8mm，略少于比去年同期，比常年同期 255.8mm 增加 183mm；总日照时数为 940.7h，比去年同期 1 108.4h 少 167.7h，比常年同期 1 551h 少 610.3h。

2.2　田间管理

2.2.1　肥料运筹

总施纯氮每亩为 19.7kg。基肥每亩施尿素 15kg 加磷肥 50kg，12 月 17 日每亩撒施壮蘖肥尿素 10kg，促蘖多蘖壮，为足穗奠定基础；3 月 23 日人工撒施拔节肥，每亩撒施 40%（N18：P12：K10）中东缓释生态复合肥 20kg，促进小花分化数量，提高小花结实率，增加每穗粒数，同时巩固分蘖成穗；4 月 12 日人工撒施孕穗肥，每亩撒施尿素 10kg，增加可孕小花数，增粒增重。

2.2.2　病虫草害防治

2 月 24 日，田间化学除草，防除田间播粮蒿、野燕麦、芥菜等杂草；3 月 27 日每亩用 15%井冈·戊唑醇悬浮剂 100ml 对水 30kg 防治小麦纹枯病；5 月 2 日每亩用 75%百菌清·戊唑醇可湿性粉剂 100g+22.5%氯氟·啶虫脒可湿性粉剂 30g+优欣 10g，防治小麦穗期赤霉病、黏虫、穗蚜等病虫害，同时喷施叶面肥，起到防早衰作用。

2.3 生育期与苗情记载（表1）

表1 烟农1212小麦新品种生育期与总茎蘖数定点考察记载表

生育时期	播种期	出苗期	分蘖期	越冬期	返青期	拔节期	孕穗期	抽穗期	扬花期	成熟期	全生育期（天）
时间	10月9日	10月15日	11月20日	12月20日	2月10日	3月27日	4月14日	4月28日	5月2日	6月8日	242
亩总茎蘖苗（万）	0	23.4	42.7	95.1	116.9	107.6	74.2	60.8	58.2	50.6	

2.4 病虫害发生情况

据5月22日调查，烟农1212小麦试验田间纹枯病病株率为10.7%，植株上三叶白粉病病叶率为3.6%，赤霉病的病穗率为0.76%，分别比全县面上其他品种的病株率（13.6%）、病叶率（33.6%）、病穗率（0.36%）减少2.9个百分点、减少20个百分点、增加0.4个百分点。试验田没有出现后期倒伏现象。

2.5 产量构成因素考察（表2）

表2 烟农1212小麦品种产量构成因素考察表

产量构成因素	每亩穗数（万穗）	每穗粒数（粒）	千粒重（g）	理论单产（kg/亩）
考察结果	47.8	38.6	41.4	763.9

3 试验结果

3.1 烟农1212品种特性特征

该品系半冬性，幼苗半匍匐，株高90.3cm。棍棒形穗，白壳、白粒，抗寒、抗病性好，每亩穗数47.8万，每穗粒数38.6粒左右，千粒重41.4g，落黄好，活棵成熟。旱茬适期播种主茎总叶片数12张。

该小麦新品种具有"一高五抗"即高产和抗寒、抗旱、抗病、抗干热风、抗倒伏等突出优点，生育后期仍能保持较大的绿叶面积，灌浆持续期长，灌浆强度大，落黄好，活棵成熟，"源足、库大"粒重高，具有较高的产量潜力。

3.2 实测产量

6月9日下午，由盐城市粮油作物技术指导站牵头组织的市专家组对响水县双港镇丰大村小麦绿色高产高效创建示范片烟农1212进行测产验收，通过现场核验面积、机械收割脱粒、称重、水分测定、去杂等，烟农1212小麦平均单产为594.3kg/亩，产量水平较高。

该品种试验结果仅限于本年度的气候条件下特征特性和产量水平，年度间是否具有重演性，有待于进一步试验与示范。

小麦黄苗与死苗发生原因与防治对策

方怀信[1]　张红叶[1]　崔　岭[1]　王海燕[1]　顾左仁[2]　钱素菊[3]

(1. 响水县粮油作物栽培技术指导站；2. 响水县陈家港镇农业技术服务中心；
3. 响水县七套社区农业技术服务中心)

摘　要：本文分别从播期、品种选择、水肥管理、秸秆还田、地下害虫和冻害等方面综合分析了小麦黄苗与死苗发生的多种原因，并提出了相应的防治措施，为小麦生产提供技术指导。

关键词：小麦；黄苗；死苗；对策

响水县属淮北小麦种植区域，常年种植小麦面积3.3万hm²左右。近几年，由于受到灾害性气候、不合理的栽培措施与病虫害防治不力等因素的影响，小麦在生产过程中经常出现黄苗与死苗现象，结果造成小麦缺苗断垄，从而制约了小麦产量水平的提升。为减少小麦黄死苗的发生，进一步提高小麦产量，本文对小麦黄苗与死苗发生的原因进行了分析，并提出了相应的防治对策，为小麦丰产丰收提供技术支持。

1　小麦黄苗与死苗发生原因

1.1　播种期与品种选择不合理

响水县属黄淮冬麦区，适宜种植半冬性品种，如果品种选择不当，选择了弱冬性或偏春性品种，其分蘖节较浅，抗旱性较差，幼苗受低温影响时，就会出现死苗现象。半冬性品种通过春化阶段时间较短，如播种过早，苗期温度太高，麦苗生长旺盛，生育期提早或提前拔节，这类小麦分蘖节细胞糖分浓度下降，冰点增高，抗寒性下降，当寒流来临时，便易遭遇冻害，造成黄苗甚至死苗；如播种过迟，小麦出苗迟，麦苗长势弱，个体不壮，不耐寒，冬前不能形成高产群体。

1.2　水分供应不平衡

小麦在生长期间，经常会遇到天气干旱或雨水过多等不利的气候条件，给小麦生产造成不利的影响。天气干旱，土壤中水分严重亏缺，麦苗根系发育不良，次生根减少，植株生长缓慢，分蘖困难，麦苗矮小，造成小麦中下部叶片发黄，严重时基部叶片逐渐干枯。在麦苗生长期间如果经常遇雨，阴雨连绵或雨量较大，田间持水量较高，小麦根系长期处于缺氧条件下，且渍害、湿害较重导致麦苗发黄，严重时会窒息而亡。另外，浇越冬水时间不当，而苗又弱小，形成"凌截"，也会造成小麦冬季死苗。

1.3　秸秆还田措施不到位

通过近几年秸秆还田调查结果来看，大部分农户秸秆还田存在的问题主要是秸秆还田量较大，稻秸秆适宜的还田量为250~300kg/亩，而实际生产中的还田量都超过这个标准；并且秸秆留茬高度较高，切碎长度较长，还田深度不够，播后没有及时镇压等，以致秸秆还田技术措施应用不到位。秸秆还田以后，耕翻浅和土草不融合，耕作层土壤比较蓬松，导致种子、小麦根系与土壤密接程度差，很有可能将麦种播在秸秆上或边缘，不仅保墒防冻能力差，影响全苗，而且容易出现"吊空"苗，影响幼苗顺利扎根，根系难以及时从土壤里吸收水分和养分，导致黄苗和死苗现象的发生。

1.4　地下害虫防治不力

近几年由于玉米、大豆等旱茬地下害虫虫口密度相对较高，没有经过药剂拌种和撒施防地下害虫药剂的田块，地下害虫如金针虫、蛴螬、蝼蛄等为害较重。小麦在出苗过程中或出苗后遭受地下害虫的为害，会造成小麦缺苗断垄，尤其在冬前或春季气温稍高，适宜地下害虫活动为害时，易造成局部或大面积麦苗发黄甚至死亡，影响群体总茎蘖数和后期成穗数。

1.5 施肥配方比例不当

小麦在一生当中，需要大量、多种营养物质的供应，如果营养不足或施肥配方比例不当，氮、磷、钾等营养元素比例失调，就会导致小麦生长发育不良，抵抗能力下降，以至黄化枯死。

1.6 冻害的影响

一是小麦进入冬季后至越冬期间因寒潮降温引起冻害，造成小麦叶片、主茎和大分蘖受冻发黄枯死；二是早春"倒春寒"的影响，小麦春季遇到0℃以下的低温冻害，轻则小麦叶片受冻，重则小麦分蘖受冻死亡，冻害的轻重直接影响小麦的分蘖及主茎成穗数，对小麦产量构成严重威胁[1]。

2 对小麦黄苗与死苗的防治对策

2.1 合理选择品种，适期播种

响水县属淮北小麦种植区域，应选用具有高产、稳产、优质、抗逆、适应性强的小麦品种，结合当地气候、土壤、地力等条件，一般选用中强筋半冬性品种，如济麦22、淮麦20、烟农19等，这些品种抗寒性较强，比较耐冻，均适合本地种植；不宜选用弱冬性或偏春性品种，如部分淮麦系列、宁麦系列、扬麦系列等，这类品种耐寒抗冻性差，容易产生冻害。适期播种能够使小麦苗期处于最佳的温、光、水条件下，充分利用光热和水土资源，在播期安排上，早茬小麦要求在10月5—15日播种，过早播种，导致麦苗生长旺盛，提早拔节，易形成冻害；播种太迟，冬前不能形成壮苗，不能安全越冬；稻茬晚播小麦要求在10月底前播种结束，确保能够壮苗越冬，如果播种过迟，小苗弱，不能安全越冬[2]。

2.2 提高秸秆还田质量

通过秸秆还田可以增加土壤中有机质的含量，改善土壤团粒结构，能够优化麦田土壤的综合性状，培肥地力，增强小麦生产的后劲，保证农业可持续发展。但如果还田质量不高，小麦出苗率低、根系发育不良、苗情素质差、冬春冻害死苗重，易对小麦生产产生不利的影响。为提高秸秆还田质量，应该掌握以下5个技术环节：一是还田量要适宜。一般情况下，还田水稻秸秆以250~300kg/亩为宜。二是秸秆留茬高度要小于15cm，秸秆切碎长度为5~8cm，并且秸秆要抛撒均匀。三是还田作业要用55 162.5W以上拖拉机，配套旋耕机（最好使用反转灭茬旋耕机）旋耕，旋耕深度要达到15cm以上，泥土盖草率80%以上。四是增施氮肥。秸秆在腐熟过程中增加氮素消耗而影响壮苗，每亩要增施总氮量10%左右的氮肥。五是播后及时镇压。秸秆还田后，耕作层土壤比较蓬松，小麦根系与土壤密接程度差，存有冬春冻害风险，所以要及时搞好播后镇压，提高种子、小麦根系和土壤紧密度，促进齐苗全苗和保墒防冻，确保安全越冬。

2.3 及时防治地下害虫

为有效地防治地下害虫对小麦造成的为害，一是可以采取药剂拌种，用50%辛硫磷乳油100ml对水2~3kg/亩，拌麦种50kg，堆闷2~3h播种；二是土壤处理，可在播种前，用5%毒死蜱或辛硫磷颗粒剂2~3kg/亩拌细土25kg左右撒于土表，然后随播种旋耕入土；三是出苗以后，发现黄苗、死苗时，可选用辛硫磷农药灌根。可用50%的辛硫磷乳油400~500ml/亩，对水500kg，顺垄灌根，或施用毒土：用50%辛硫磷乳油200~250ml/亩，加水10倍，均匀喷于25~30kg细土上拌匀做成毒土，顺垄条施，然后浇水。上述方法能够有效地防治金针虫、蛴螬、蝼蛄等地下害虫对小麦的为害。

2.4 科学地调节水分

要根据小麦不同的生育时期，合理地调控水分。对于苗期来说，对底墒不足的早播麦田，可在分蘖期浇水，若土壤肥力不足，可结合浇水施好壮蘖肥，促苗早发，以利幼苗安全越冬，对晚播麦要以提高地温和保墒为主，苗期不宜浇水，否则会降低地温，影响小麦苗情转化升级。根据天气状况适时冬灌，冬灌可形成良好的土壤水分环境，提高土壤热容量，促进植株生根长蘖，培育壮苗，这不仅有利于越冬保苗，而且是预防冬春死苗的重要措施。春季做好田间清沟理墒，降渍促壮，保证涝能排，旱能灌，渍能降，避免春季渍害、湿害造成小麦黄苗死苗现象的发生。

2.5 做好防冻预案

一是覆盖防冻。对板茬直播和稻田套播小麦，可通过增施土杂肥或采取开沟取土的方式加强覆盖。可利用秸秆覆盖措施，做到秸秆还田和冬季覆盖相结合，一般可用稻草150~200kg/亩均匀覆盖，防冻保苗，增强耐寒能力。二是镇压防冻。对稻草还田量较大的麦田，要根据墒情，在天气回暖后，千方百计采取机械或人工措施做好冬前田间适度镇压，确保根土密接，提高保墒防冻能力。三是冻伤肥补。冬前（4~5叶期）旺长田小麦喷施15%多效唑可湿性粉剂50~60g/亩，均匀喷雾，尽量不重喷；春季发生幼穗冻害时，需根据冻害程度采取措施应对，主茎幼穗冻死率在10%~30%以下的田块，宜施尿素5kg/亩，每超过10%，增施尿素2kg/亩。另外，调节适宜的播种深度，合理配方施肥，培育壮苗越冬也是避免小麦黄苗与死苗发生的主要措施。

参考文献

［1］ 于振文，等. 全国小麦高产创建技术［M］. 北京：中国农业出版社，2008.

［2］ 赵广才. 优质专用小麦生产关键技术百问百答［M］. 第3版. 北京：中国农业出版社，2013.

盐都区小麦拔节孕穗肥田间试验

侍爱邦　陈金德　王广中　姜　勇

（江苏省盐城市盐都区大冈镇农业技术推广综合服务中心，盐城　224043）

摘　要：为探讨本地区大面积推广品种郑麦9023后期穗肥适宜用量问题，进行了3年的小麦拔节孕穗肥试验研究，试验结果表明，重施穗肥对减少小花退化，增加实粒数，争取动摇分蘖成穗，增加有效穗，对提高小麦产量有显著作用。研究得出郑麦9023适宜用量为6.9kg纯氮。

关键词：小麦；拔节孕穗肥；施用量

　　小麦拔节至孕穗阶段，是一生中吸氮最多的时期，也是小麦的高效施肥期，施肥的增产效果显著，本研究通过对拔节孕穗肥的用量试验，探讨本地区大面积推广品种郑麦9023后期穗肥适宜用量。

1　材料与方法

1.1　试验设计

　　试验设9个处理，分别为：A空白对照（N0），B亩施尿素5kg（折纯氮2.3kg，下同），C亩施尿10kg（N4.6），D亩施尿素15kg（N6.9），E亩施尿素20kg（N9.2），F亩施45%三元复合肥15kg（折纯氮2.3kg，简称N2.3+PK，下同），G亩施尿素5kg加45%三元复合肥15kg（N4.6+PK），H亩施尿素10kg加45%三元复合肥15kg（N6.9+PK），I亩施尿素15kg加45%三元复合肥15kg（N9.2+PK）。随机区组设计，重复3次，小区面积100m²。播种期为10月30日，基肥每亩用45%复合肥20kg，尿素10kg，11月20日施苗肥7.5kg尿素，3月8日按实验设计追施拔节孕穗肥。

1.2　观察记载项目

　　定期观察茎蘖动态，成熟期分别考察叶面积、叶绿素、植株性状、穗粒结构和产量。

1.3　试验时间、地点，试验人

　　试验于2013年10月至2016年6月在盐都区扬帆家庭农场和盐都区凯盛家庭农场实施，试验田土质为黏土，前茬均为水稻，小麦品种为郑麦9023。本试验由盐都区大冈农业中心负责实施。盐都区粮油站负责技术指导。

2　结果与分析

2.1　施用穗肥对产量的影响

　　拔节孕穗肥试验的产量进行方差分析，处理间差异达极显著水平，用PLSD测验法进行多重比较，结果表明，各施肥的处理与不施肥的对照有显著的增产效果，以处理I（N9.2+PK）产量最高。

表1　单施尿素各处理间的差异显著性

处理	亩产量（kg）	差异显著性	
		5%	1%
D	459.5	a	A
E	456.2	a	A
C	447.4	ab	A
B	426.3	a	B

表 2　加用复合肥各处理间的差异显著性

处理	亩产量（kg）	差异显著性	
		5%	1%
I	484.8	a	A
H	474.8	a	A
G	463.3	ab	A
F	414.9	a	B

表 3　同等用氮时单纯施尿素与加复合肥间的比较

处理亩产量（kg）	单纯施尿素	尿素加复合肥	差异显著
E	456.2	484.8	显著
D	459.5	474.8	不显著
C	447.4	463.3	不显著
B	426.3	414.9	不显著

　　进一步分析可看出，单施尿素各处理间（表1），用氮 4.6kg 与 2.3kg 无显著差异，用氮 6.9、9.2kg 与氮 2.3kg 的有显著差异。用氮量在 0~6.9kg 范围内，产量随用氮量的增加而增加，用氮量到 9.2kg 产量则下降。

　　对用尿素加复合肥各处理比较看（表2），用氮量 I、H、G 之间无显著差异，但都与用氮量 A 的处理有极显著差异。在试验范围内产量随用氮量的增加而增加。

　　在同等用氮条件下，增施复合肥与单施尿素的比较（表3），增施复合肥就有加合的效果。因此如果以单纯追求高产为目标，拔节孕穗肥以尿素加复合肥为最佳，其用量可用到尿素 15kg 加 45% 三元复合肥 15kg。但从实际生产为实现高产、经济的角度看，因高浓度复合肥成本较高，如在基苗肥中已施足磷钾肥的，拔节孕穗肥以单施尿素 10~15kg 为宜。

2.2　施用穗肥对产量构成的影响

　　从表4可看出，各施肥处理的穗数均高于不施的对照，并随用氮量的增加而增加，说明施用拔节孕穗肥可争取动摇分蘖成穗。每穗实粒数的变化与穗数的变化类似，从每穗的小穗数看，总小穗数变化很小，而小穗退化书随施肥量的增加而减少，结实小穗数随施肥量的增加而增加。使用拔节孕穗肥增粒的作用主要是通过减少个结实小穗的小花退化，增强小花的可育性，提高结实率，从而增加了每穗实粒数。千粒重也是随着拔节孕穗肥的施用而有所增加，但其变化不明显。

表 4　拔节孕穗肥对产量构成的影响

处理	穗粒（万/亩）	每穗粒数	千粒重（g）	总小穗数	结实小穗数	退化小穗数
A	36.53	25.45	39.7	16.71	14.06	2.65
B	37.91	27.77	39.6	16.86	14.22	2.64
C	38.59	29.13	40.5	16.77	14.46	2.31
D	38.64	29.66	39.8	16.77	14.41	2.36
E	38.53	29.38	40.1	16.8	14.4	2.4
F	37.2	27.74	40.3	16.7	14.2	2.5
G	38.64	29.24	40.2	16.78	14.53	2.25

处理	穗粒（万/亩）	每穗粒数	千粒重（g）	总小穗数	结实小穗数	退化小穗数
H	38.94	30.48	41	16.54	14.31	2.23
I	39.17	30.64	40.4	16.98	14.48	2.5

对穗数、粒数、千粒重与产量的关系进行通径分析，粒数对产量的作用最大，其次为穗数；粒重最小。说明一次性重施拔节孕穗肥主要是通过增加实粒数和有效穗数而增产。

2.3 增施穗肥，培育高光效的群体

2.3.1 有利于提高茎蘖成穗率

从表5可看出，剑叶期、齐穗期的茎蘖数随拔节孕穗肥用量的增加而增加。不施肥的，拔节至剑叶期，分蘖急步下降，呈早衰现象，穗数不足。施肥过多的分蘖消亡过于缓慢，无效生长多，也恶化了群体的光照条件。追施适量拔节孕穗肥能保持茎蘖的稳步下降，穗数适宜、穗形大、产量高。说明追施拔节孕穗肥，虽对无效分蘖的发生和高峰苗没有影响，但可起到争取动摇分蘖成穗、提高茎蘖成穗率的作用。

表5　拔节孕穗肥对分蘖下降和成穗率的影响（万/亩）

处理	高峰苗	拔节期	剑叶期	齐穗期
A	77.22	61.51	39.57	36.53
B	77.71	61.95	42.18	37.91
C	77.75	61.71	44.19	38.59
D	77.69	61.96	46.24	38.64
E	77.72	61.93	48.91	38.53
F	77.35	61.62	41.05	37.2
G	77.87	61.98	43.74	38.64
H	77.25	61.27	45.36	38.94
I	77.9	61.96	47.23	39.17

2.3.2 有利于提高功能叶的功能期

从表6可看出，齐穗后上三张叶长和宽均随着拔节孕穗肥用量的增加而增加，因而上三张功能叶面积也增大，但因无效、低效叶面积的增多，高效叶面积率略有下降，不利于群体后期通风透光。而齐穗后叶绿素的增加，说明施用拔节孕穗肥能延长上部功能叶的功能期，有利于提高抽穗至成熟期的光合生产力，增加干物质的积累。

表6　拔节孕穗肥对上部功能叶的影响 （cm²）

处理	上三张功能叶（长×宽）				齐穗期绿叶数	齐穗后20天绿叶数
	剑叶	倒二叶	倒三叶	叶面积		
A	12.8×1.24	15.4×1.04	16.4×0.92	41.34	3.6	2.5
B	13.3×1.25	16.6×1.07	16.5×0.92	43.62	3.9	2.8
C	14.5×1.23	16.8×1.06	16.7×0.94	45.18	4.1	2.8
D	14.7×1.25	17.1×1.08	16.5×0.94	46.07	4.2	2.9
E	14.7×1.26	17.3×1.07	16.9×0.93	46.42	4.3	2.9

（续表）

处理	上三张功能叶（长×宽）				齐穗期绿叶数	齐穗后20天绿叶数
	剑叶	倒二叶	倒三叶	叶面积		
F	14.8×1.26	17.2×1.06	16.4×0.94	46.02	4.2	2.8
G	14.8×1.28	17.1×1.08	16.4×0.93	46.34	4.1	2.8
H	15.1×1.32	17.2×1.12	16.5×0.92	47.85	4.2	2.9
I	15.2×1.34	17.3×1.12	16.5×0.93	48.48	4.4	3.1

2.3.3 有利于提高粒叶比

粒叶比随着拔节孕穗肥用量的增加而提高，但当施肥量过多则由于群体叶面积过大，粒叶比反而下降，粒叶比与产量之间也呈极显著的正相关，说明追施拔节孕穗肥后提高了衡量群体源库关系的综合指标粒叶比，既增加了群体的总颖花量，又保持最大叶面积在适度范围内，避免了前重后轻施肥法增加总颖花量的同时，又把叶面积促得过大的不良做法。

3 小结与讨论

（1）小麦群体质量栽培，通过降低基本苗、减少基苗肥、控制腊肥和返青肥后，重施穗肥成了攻大穗、增粒重、夺高产的一项最为关键的措施。研究表明，本地后期穗肥的用量应达到 6.9kg 纯氮（占总用氮量 35% 左右），可保持群体中后期有较好的营养条件，更好地协调穗、粒、重三者之间关系。

（2）重施后期穗肥能显著提高成穗率、高效叶面积、粒叶比等重要的群体质量指标。其增产作用主要是：减少小花退化，增强小花可育性，增加实粒数，提高籽粒灌浆强度，增加干粒重；还可争取动摇分蘖成穗，提高成穗率，增加有效穗，因而大幅度增加了产量。

（3）试验也表明增施穗肥还应有量的概念，并非越多越好。后期穗肥过多时，由于植株体内氮素水平偏高，后期无效、低效叶面积增多，净光合同化率下降，影响籽粒中的物质积累，千粒重降低而不能高产，并有恋青现象。

苏麦8号小麦晚播适宜密度研究

吴建中　戴凌云　孙广仲

（江苏省盐城市盐都区粮油作物技术指导站，江苏盐城　224002）

摘　要：［目的］探寻晚播小麦不同种植密度与产量的关系。［方法］以苏麦8号小麦为试验品种，播种期分11月12日、11月18日、12月5日3个类型，播种量分别为150.0、187.5、225.0、262.5、300.0、337.5kg/hm²，分析不同播种量处理对产量及构成因素的影响。［结果］11月12日播种，播种量337.5kg/hm²处理的小区倒伏严重，产量较低，其他处理产量均达6 000.0kg/hm²以上，且无显著性差异，其中播种量262.5、300.0kg/hm²产量最高，均达6 750.0kg/hm²以上。11月18日播种，不同处理产量无显著性差异，单产均达6 000.0 kg/hm²以上，其中播种量300.0、337.5kg/hm²产量较高，达6 750.0kg/hm²以上。12月5日播种，因播种过迟，烂耕烂种，出苗严重不全不匀，产量普遍较低，播种量300.0、337.5kg/hm²产量较高，达5 250.0kg/hm²以上。［结论］11月中旬播种，大面积播种量控制在262.5~300.0kg/hm²较为适宜；12月上旬过晚播种，大面积播种量控制在337.5kg/hm²以上较为适宜。

关键词：播种密度；晚播；苏麦8号；产量

江苏里下河地区以稻麦两熟为主，目前偏迟熟粳稻品种及直播稻种植面积过大，前作水稻腾茬普遍较迟，晚播小麦种植面积较大，常年占小麦总面积的一半左右[1-2]。为了明确晚播小麦适宜的种植密度，笔者对晚播小麦适宜的播种量开展了试验研究。

1　材料与方法

1.1　试验地概况

试验于2014年11月至2015年6月进行。试验地位于盐城市盐都区潘黄街道新英村农业3项工程试验基地，试验田南北长100.0m，东西宽24.5m，面积2 450.0m²，前茬粳稻，土壤肥力中等，灌排方便。

1.2　试验品种

以春性红皮小麦苏麦8号为试验品种，种子由江苏红旗种业提供，种子发芽率90%，千粒重40g。

1.3　试验设计

播种期设3个处理，分别为11月12日、11月18日、12月5日（原计划播期为11月24日，后因抗旱泅水及阴雨天气影响，土壤湿度过大改为12月5日），播种密度根据播种量的不同设6个处理，分别为150.0、187.5、225.0、262.5、300.0、337.5kg/hm²。小区南北长6.0m，东西宽4.8m，面积28.8m²。采用随机区组排列，重复3次。

1.4　田间管理

播种方式：先深旋耕埋草，再人工开行条播，行距20cm。于11月18日播种后及12月31日抗旱泅水2次。基肥：45%（15∶15∶15）三元复合肥600kg/hm²；苗肥：尿素210kg/hm²；拔节孕穗肥：40%（20∶10∶10）三元复合肥450kg/hm²，合计用N 276.6kg/hm²、P_2O_5 135kg/hm²、K_2O 135kg/hm²，N∶P_2O_5∶K_2O之比为1∶0.49∶0.49，N肥基苗肥与拔节肥之比为6.7∶3.3。2月23日喷施壮丰安1 245ml/hm²，始穗期喷施劲丰1 800ml/hm²，病虫草害防治与大面积种植一样。

1.5　调查方法

全苗后，每个播期处理分别定点20株考察主茎叶龄；成熟前每个小区对角线3点取样，每个点约0.22m²，调查有效穗数，每个点取30穗考察结实粒数，分小区收获计算实际产量，取样称千粒重。

2 结果与分析

2.1 生育期及生育进程

11月12日播种，11月25日全苗，4月29日齐穗，6月7日成熟收获，全生育期208天，一生总叶片数9.9叶；11月18日播种，11月28日全苗，4月30日齐穗，6月7日成熟收获，全生育期202天，一生总叶片数9.5叶；12月5日播种，1月31日全苗，5月5日齐穗，6月12日成熟收获，全生育期190天，一生总叶片数9.3叶（表1）。

表1 不同播期小麦主茎叶龄动态

播种期	考察日期						
	12月20日	1月9日	1月23日	2月23日	3月11日	3月23日	4月23日
11月12日	1.5	2.2	3.3	4.4	5.6	7.2	9.9
11月18日	1.2	1.9	2.5	4.4	5.6	7.1	9.5
12月5日				2.5	3.7	5.3	9.3

2.2 栽培密度对小麦抗倒力的影响

表2 不同处理小麦倒伏面积比例 单位:%

播期	播种量（kg/hm²）	重复Ⅰ	重复Ⅱ	重复Ⅲ	平均	差异显著性
11月12日	150	0	0	0	0	bB
	187.5	0	0	0	0	bB
	225	0	12.5	0	4	bB
	262.5	3	30	22	18.3	aAB
	300	16	22	16.7	18.2	aAB
	337.5	25	20	33	26	aA
11月18日	150	0	0	2	1	bB
	187.5	0	0	2	1	bB
	225	0	0	2	1	bB
	262.5	33	0	2	12	bAB
	300	50	0	13	21	abAB
	337.5	67	11	60	46	aA

由表2可知，11月12日播种，播种量337.5kg/hm²倒伏面积比例最大，达26%，与播种量150.0、187.5、225.0kg/hm²处理间差异极显著，与播种量262.5、300.0kg/hm²处理间无显著性差异。11月18日播种，播种量337.5kg/hm²倒伏面积比例最大，达46%，与播种量300.0kg/hm²处理间无显著差异，与播种量150.0、187.5、225.0、262.5kg/hm²处理间差异均显著。

2.3 栽培密度对产量及构成因素的影响

2.3.1 对有效穗数的影响

由表3可知，11月12日播种，播种量225.0kg/hm²有效穗数最多，为748.5万/hm²；播种量150.0、187.5kg/hm²两处理有效穗数较少，与播种量225.0kg/hm²处理间差异达显著水平，与播种量262.5、300.0、337.5kg/hm²无显著性差异。11月18日播种，播种量262.5、300.0、337.5kg/hm²处理有效穗数较多，均达 750.0 万/hm² 以上，且处理间无显著性差异；播种量 150.0、187.5kg/hm² 两处理有效穗数偏少，且无显著性差异，与播种量 262.5、300.0、337.5kg/hm² 处理间均存在显著性差异。12 月 5 日播种，播种量 337.5kg/hm² 有效穗数最多，为 531.0 万/hm²；播种量 150.0、187.5kg/hm² 有效穗数较少，与播种量 225.0、262.5、300.0、337.5kg/hm² 处理间存在显著性差异。

2.3.2 对每穗结实粒数的影响

由表 4 可知，11 月 12 日播种，播种量 150kg/hm² 结实粒数最多，为 29.9 粒，与播种量 187.5、225.0、262.5kg/hm² 处理间无显著性差异，与播种量 300.0、337.5kg/hm² 处理间存在显著性差异。11 月 18 日播种，播种量 150.0kg/hm² 结实粒数最多，为 27.5 粒，与其他处理间差异达显著水平。12 月 5 日播种，播种量 150.0kg/hm² 结实粒数最多，为 32.2 粒，与播种量 187.5、225.0kg/hm² 处理间无显著性差异，与播种量 262.5、300.0、337.5kg/hm² 处理间差异达显著水平。

表 3 不同处理小麦有效穗数 单位：万/hm²

播期	播种量 （kg/hm²）	重复Ⅰ	重复Ⅱ	重复Ⅲ	平均	差异显著性
11 月 12 日	150	577.5	577.5	663	606	c B
	187.5	664.5	628.5	612	634.5	bc AB
	225	708	786	751.5	748.5	a A
	262.5	657	604.5	741	667.5	abc AB
	300	672	759	714	715.5	abc AB
	337.5	664.5	681	768	705	abc AB
11 月 18 日	150	691.5	687	562.5	646.5	b A
	187.5	604.5	652.5	676.5	645	b A
	225	616.5	718.5	766.5	700.5	ab A
	262.5	808.5	790.5	783	793.5	a A
	300	825	766.5	732	774	a A
	337.5	739.5	865.5	780	795	a A
12 月 5 日	150	382.5	421.5	399	400.5	b BC
	187.5	367.5	372	412.5	384	b C
	225	523.5	474	471	489	a AB
	262.5	451.5	507	457.5	472.5	a ABC
	300	517.5	510	504	510	a A
	337.5	465	529.5	597	531	a A

2.3.3 对千粒重的影响

由表 5 可知，11 月 12 日播种，播种量 150.0、187.5、225.0、262.5、300.0kg/hm²，千粒重均达 40.0g 以上，其中播种量 150.0、262.5kg/hm² 千粒重最高，分别达 42.4、42.6g，与播种量 337.5kg/hm² 千粒重 39.8g 之间差异显著。11 月 18 日、12 月 5 日播种，不同处理千粒重均达 40g 以上，且处理间无显著性差异。

2.3.4 对实际产量的影响

由表 6 可知，11 月 12 日播种，播种量 150.0、187.5、225.0、262.5、300.0kg/hm² 处理间产量无显著性差异，但均与播种量 337.5kg/hm² 处理间存在显著性差异；播种量 262.5、300.0kg/hm² 两处理产量最高，分别为 6 816.0、6 768.0kg/hm²；播种量 337.5kg/hm² 处理，因后期倒伏严重，产量最低，为 5 572.5 kg/hm²。11 月 18 日播种，不同处理间产量无显著性差异，播种量 300.0、337.5kg/hm² 两处理产量最高，分别为 6 835.5、6 795.0kg/hm²。12 月 5 日播种，播种量 300.0、337.5kg/hm² 两处理产量最高，分别为

5 391.0、5 314.5 kg/hm²;播种量 150.0、187.5kg/hm² 两处理与播种量 225.0、262.5、300.0、337.5kg/hm²处理间产量差异达显著水平。

3 小结与结论

小麦群体自我调节能力较强,不同播种密度对产量及其构成因素影响不大,总的趋势是播种量多、基本苗密度高,群体发展大,有效穗数多,但个体生长发育受到严重抑制,单株分蘖成穗数少,穗粒数少,千粒重低,茎秆抗倒伏力差[3]。播种量的多少主要取决于播种期的早迟和播种质量的好坏。播种早,播种质量高,出苗齐全、均匀,应降低播种量、减少基本苗,反之应适当增加播种量。苏麦8号属穗数型品种,分蘖性强,成穗率高,有效穗数多,但穗型小,粒重高,产量潜力大。11月中旬播种,大面积播种量控制在 300.0kg/hm² 左右较为适宜,偏早播种以 262.5～300.0kg/hm² 较好,偏晚播种以 300.0～337.5kg/hm² 较好。12月初过晚播种,以 337.5kg/hm² 以上较为适宜。

表4 不同处理小麦结实粒数　　　　　　　　　　　　　　　　单位:粒

播期	播种量 (kg/hm²)	重复 I	重复 II	重复 III	平均	差异显著性
11月12日	150	33.2	29.8	26.6	29.9	a A
	187.5	29.2	27.5	26.4	27.7	ab AB
	225	31.7	26.1	26.2	28.0	ab AB
	262.5	29.4	28.5	25.0	27.6	ab AB
	300	26.6	27.1	24.8	26.2	b AB
	337.5	26.4	26.8	23.0	25.4	b B
11月18日	150	26.4	27.4	28.7	27.5	a A
	187.5	24.0	26.5	27.2	25.9	b AB
	225	24.7	26.2	26.2	25.7	b AB
	262.5	24.3	24.5	27.7	25.5	b AB
	300	24.6	23.8	26.9	25.1	b B
	337.5	24.1	25.8	27.2	25.7	b AB
12月5日	150	28.9	32.4	35.1	32.2	a A
	187.5	29.5	31.2	30.9	30.5	ab A
	225	27.9	29.0	30.4	29.1	ab A
	262.5	27.0	31.7	26.9	28.5	b A
	300	26.7	30.5	27.5	28.2	b A
	337.5	28.7	29.6	27.6	28.6	b A

表5 不同处理小麦千粒重　　　　　　　　　　　　　　　　(单位:g)

播期	播种量 (kg/hm²)	重复 I	重复 II	重复 III	平均	差异显著性
11月12日	150	45.4	41.3	40.6	42.4	a A
	187.5	42.3	42.1	40.9	41.8	ab A
	225	41.3	42.0	40.5	41.3	ab A
	262.5	42.6	43.0	42.1	42.6	a A
	300	40.2	42.4	40.7	41.1	ab A
	337.5	40.5	40.5	38.3	39.8	b A

（续表）

播期	播种量 （kg/hm²）	重复Ⅰ	重复Ⅱ	重复Ⅲ	平均	差异显著性
11月18日	150	43.0	43.8	38.8	41.9	a A
	187.5	42.3	43.2	38.6	41.4	a A
	225	41.6	44.3	40.7	42.2	a A
	262.5	40.3	44.0	40.0	41.4	a A
	300	40.7	42.6	39.4	40.9	a A
	337.5	40.0	42.0	40.0	40.7	a A
12月5日	150	39.4	41.0	41.1	40.5	a A
	187.5	38.4	43.3	41.0	40.9	a A
	225	39.0	41.0	42.0	40.7	a A
	262.5	42.3	42.1	42.0	42.1	a A
	300	41.0	40.4	40.0	40.5	a A
	337.5	42.7	38.8	40.9	40.8	a A

表6 不同处理小麦实际产量 单位：kg/hm²

播期	播种量 （kg/hm²）	重复Ⅰ	重复Ⅱ	重复Ⅲ	平均	差异显著性
11月12日	150	6 337.5	6 772.5	6 054	6 388.5	abA
	187.5	6 963	6 835.5	6 216	6 672	aA
	225	6 529.5	6 685.5	6 738	6 651	aA
	262.5	6 825	6 981	6 643.5	6 816	aA
	300	6 582	7 060.5	6 661.5	6 768	aA
	337.5	6 807	5 247	4 663.5	5 572.5	bA
11月18日	150	6 546	7 074	6 373.5	6 664.5	a A
	187.5	6 579	6 669	6 511.5	6 586.5	a A
	225	6 564	6 546	6 495	6 535.5	a A
	262.5	6 529.5	6 861	6 841.5	6 744	a A
	300	6 574.5	6 963	6 970.5	6 835.5	a A
	337.5	6 946.5	6 633	6 807	6 795	a A
12月5日	150	4 395	5 263.5	4 812	4 822.5	bc AB
	187.5	4 551	4 638	3 994.5	4 395	c B
	225	5 089.5	4 776	4 950	4 939.5	ab AB
	262.5	5 037	5 350.5	5 245.5	5 211	ab A
	300	5 280	5 385	5 506.5	5 391	a A
	337.5	5 263.5	5 454	5 229	5 314.5	a A

参考文献

［1］ 周华江，吴建中，戴凌云，等．扬麦20小麦晚播适宜密度研究［J］．安徽农业科学，2014

（27）：9304-9306.

[2]　蔡红俊，吴建中，吴玉涛，等. 直播稻生产特点及栽培技术［J］. 安徽农学通报，2008，14（24）：70-71.

[3]　杨树宗，刘玲敏，张敏，等. 种植密度对京冬 8 号和济麦 22 单株生产力和产量的影响［J］. 河北科技师范学院学报，2013（4）：20-24.

小麦纹枯病发生危害和防治策略研究

孙兆留

（江苏省建湖县冈西镇农业技术综合服务推广中心）

小麦纹枯病是小麦的重要病害，自 20 世纪 80 年代在建湖县开始发生以来，发生程度总体呈上升趋势，近几年发生发展速度显著加快。2015 年病情发生重，已显著影响小麦产量，亩损失达 8%～20%，小麦纹枯病在建湖县冬前发生轻，春后上升速度快。发生轻的病株能够正常抽穗，但支撑和输导功能下降，造成空秕率多，穗粒数千粒重下降，易倒伏，发生重的病株茎部节间腐烂，形成枯孕穗、白穗。为了寻求经济、安全、有效的防治方案，减轻在建湖县的发生程度，多年来，我们对小麦纹枯病在建湖县的发生危害进行了调查和分析。

1 病害的发生特点

小麦纹枯病在建湖县发生时间长，从 20 世纪 80 年代到 90 年代以来，病情一直处于缓慢上升期，21 世纪以来病情的上升速度快，侵染程度高，总体来说有以下几个特点。

1.1 冬前侵染程度低

20 世纪 80 年代始见期在 2 月初为主，90 年代始见大致集中在 2 月中旬，进入 2000 年后正常在 2 月下旬查见。从调查的结果看，2000 年后 2 月底发生的普遍率略低于 20 世纪 80—90 年代。80 年代 2 月底的平均病株率为 6.1%，90 年代为 4.2%，2000 年以来平均病株率为 2.5%。

1.2 春后普遍率扩展速度快

春季是病情扩大的主要时期，建湖县近 3 年主要病情扩展集中在 3 月中旬至 3 月下旬，以 2009 年为例：3 月 4 日病株率为 5.3%，3 月 9 日为 7.6%，3 月 12 日为 9.4%，3 月 17 日为 11.6%，3 月 25 日为 16.9%，3 月 30 日为 18.8%。常年 3 月底，病株率在 8%左右。

1.3 拔节后侵茎程度高

小麦纹枯病从 3 月下旬开始侵茎，4 月上中旬侵茎速度快，4 月 20 日后，严重度上升，4 月底 5 月初田间出现死苗，5 月中旬田间出现白穗。

2 主要原因分析

在农田生态体系中，小麦纹枯病的发生受多种因素的影响，既有环境因素，也有麦田自身因素。总体来说，年度间的差异主要与气候、施肥和播种期等有关；而年度内的差异受品种、耕作、麦苗素质的影响为主。具体来说主要有以下几个方面。

2.1 气候因素

气温对小麦纹枯病的侵染影响较大，冬前建湖县气温偏低，2 月平均气温在 5℃，3 月平均气温在 10℃以下，并不是小麦纹枯病发生适宜温度，但温度的提高有利于侵染和蔓延。4 月上旬平均气温 15℃以上，纹枯病的发展开始加快，4 月中旬到下旬平均气温 18℃以上，是纹枯病适宜发生温度，病害进入危害高峰。雨水对纹枯病直接影响不大，但造成田间湿度大，有利于侵染。

2.2 播种的影响

播种密度高的田块，麦苗生长茂密，到 3 月田间枯黄叶多，地表面湿度大，有利于纹枯病的感染，病害发生程度重。寄种麦发生重于耕翻麦。麦子收割后种植水稻，菌核浮于表层；耕翻麦田将菌核部分深耕，表面的菌源相对减少，病害相对较轻。

2.3 施肥水平的影响

随着有机肥施用量的减少，无机氮肥施用量的增高，麦苗中后期生长速度快，节间拉长速度快，麦苗的抗病能力减低，发病程度重。在 4 月上中旬，麦苗节间柔嫩，导致侵茎率提高。

2.4 品种的因素

近年来种植品种的多样化增加，20 世纪 80 年代建湖县种植 3~5 个品种，现在有 30 个品种，品种间对小麦纹枯病的感病程度差异显著，建湖县近年调查，其中较为感病的品种有新麦 208 等，其发病程度明显重于其他品种，一般田块株发病率 26% 左右，个别田块高达 40% 以上。

2.5 麦苗素质的影响

田间管理的优劣对小麦纹枯病的发生有一定的影响，田间沟渠好，通风透气条件好的，麦苗生长健壮，发生程度相对低。麦苗素质差的利于纹枯病病菌的侵染，发生程度重。

3 综合防治对策

小麦纹枯病的发生是受多种因素影响。病菌一旦侵染后，依靠某一种手段难以达到理想的防效。因此，防治小麦纹枯病宜应用综合防治技术，结合运用农业栽培措施和化学防治技术，抑制其病害的发生发展，从而达到小麦生产的优质高产。

3.1 优选抗病品种

抗病品种的选择是防治小麦纹枯病的前提之一，选择在本地已经种植的高产且发病程度轻的品种。建湖县主要推广的品种有扬麦系列，陕农系列品种。

3.2 增加复合肥的使用量

从小麦生产的需求出发进行合理配方施肥，注意 N、P、K 的配比，适度提高钾肥的使用量，增强麦苗的抗病能力，提高麦秆的硬度，使其抗病，抗倒能力增强。

3.3 推广群体质量栽培，增强抗逆能力

首先注意田间密度的控制，群体不宜过大，沟渠畅通，田间通风程度适宜，避免高湿。同时加强田间杂草清除等。

3.4 化学防治

化学防治是一种补救并控制的手段之一。田间病情发生重的情况下，必须使用化学防治进行控制。第 1 次在 3 月 15 日亩用 5% 井冈霉素水剂 400ml 喷雾；第 2 次在 4 月 10 日再用 1 次。2 次施用后的保苗效果达 75%。3 月中旬用药控制病害扩展，4 月上旬是病情侵茎高峰前期，这时用药主要是控制病情的严重度。

五、其他

盐城市稻麦秸秆全量还田存在问题及对策

刘洪进　李长亚　周　艳　王文彬　金　鑫　杨　力

（盐城市粮油作物技术指导站）

摘　要： 盐城市秸秆资源十分丰富，全市年产秸秆量 600 万 t 以上，占江苏省秸秆总量 15% 以上，其中水稻和麦类秸秆数量最多，约 500 万 t，占总资源量的 83.3%。本文采用农机农艺相结合方式，研究稻麦作物留茬与秸秆全量还田技术模式及配套机械，提出适宜盐城区域稻麦秸秆机械化还田的技术方案。

关键词： 稻麦秸秆全量还田；农机农艺结合；技术

现在秸秆发电、制板、造纸、沼气等利用秸秆方法，消耗秸秆量小，不能解决面广量大的秸秆处理和利用问题。秸秆还田是培肥地力，发展农业生产的有效措施之一，大面积秸秆全量还田促进农业可持续发展，是现代农业发展的新趋势。国务院 2005 年 7 月 "关于做好建设节约型社会重点工作的通知" 中指出 "推广机械化秸秆还田技术"，指明了秸秆资源还田利用的主体方向。2008 年 7 月，国务院办公厅下发了《关于加快推进农作物秸秆综合利用的意见》（国办发〔2008〕105 号），明确提出 "认真落实资源节约和环境保护基本国策，把推进秸秆综合利用与农业增效和农民增收结合起来"。为此要提高秸秆的利用率，必须大力提倡秸秆的全量还田。盐城市是农业大市，主要农作物常年种植面积在 100 万 hm^2 左右，秸秆资源十分丰富，据测算，全市年产秸秆量 600 万 t 以上，占全省秸秆总量 15% 以上，其中水稻和麦类秸秆数量最多，约 500 万 t，占总资源量的 83.3%。近年来，随着市政府对秸秆还田力度的加大，一系列新的问题不断涌现，尤其是大量的秸秆还田，如果处理不好，对下茬作物有可能造成减产，我们通过多年的实践发现依靠农机农艺结合能够很好的解决这一问题。

1　秸秆焚烧的为害

近年来，盐城市稻麦连续增产，伴随而来的秸秆量也越来越大，每逢夏、秋大忙季节，农民为了下茬种植方便，常常焚烧秸秆，这样做带来了很多为害。

1.1　造成严重的大气污染，为害人体健康

焚烧秸秆时，大气中二氧化硫、二氧化氮、可吸入颗粒物 3 项污染指数达到高峰值。当可吸入颗粒物浓度达到一定程度时，对人的眼睛、鼻子和咽喉含有黏膜的部分刺激较大，轻则造成咳嗽、胸闷、流泪，严重时可能导致支气管炎发生。

1.2　引发交通事故，影响道路交通和航空安全

焚烧秸秆形成的烟雾，造成空气能见度下降，可见范围降低，直接影响民航、铁路、高速公路的正常运营，容易引发交通事故，影响人身安全。

1.3　引发火灾，影响财产和生命安全

秸秆焚烧，极易引燃周围的易燃物，一旦引发麦田大火，往往很难控制，造成巨大经济损失。

1.4　破坏土壤结构，造成农田质量下降

秸秆焚烧入地三分，地表中的微生物被烧死，腐殖质、有机质被矿化，田间焚烧秸秆破坏了这套生物系统的平衡，改变了土壤的物理性状，加重了土壤板结，破坏了地力，加剧了干旱，农作物的生长因而受到影响。

2　秸秆全量还田的益处

焚烧秸秆为害大，影响恶劣，盐城市越来越重视查处秸秆禁烧，一直在努力为秸秆寻找出路。大面积

秸秆全量还田促进农业可持续发展,是现代农业发展的新趋势,具有很多益处。

一是促进土壤有机质及氮、磷、钾等含量的增加。二是提高土壤水分的保蓄能力,改善土壤性状,增加团粒结构。秸秆在耕翻入土之后,在分解过程中进行矿质化,释放养分,同时进行腐殖质化,提高了土壤本身调节水、肥、温、气的能力。三是改善植株性状,提高作物产量。秸秆还田相当于给作物增加了养分的供应,使得干物质的积累增加,一般可增产5%~10%。

3 秸秆全量还田存在的问题

目前,我国积极开展秸秆全量还田技术的研究与实践,但技术不尽到位,机具不够配套,2013年盐城市大面积出现了4个问题。

3.1 稻秸秆全量还田春季麦子严重冻害比例大幅增加

稻秸秆全量还田后,稻秸秆不能与土壤较好混合,麦种与土壤不能较好接触,造成根系发育不良,遇到冷空气抗冻能力较差,极易形成冻害。2013年春天倒春寒,使盐城市的秸秆还田先进地区东台、大丰、盐都冻害比例达到还田面积的15%,而没有还田的田块基本无冻害。

3.2 麦秸秆全量还田导致水稻僵苗不发

麦秸秆还田量过大或不均匀易发生土壤微生物与作物幼苗争夺养分的矛盾,甚至出现黄苗、死苗、减产等现象。水稻田里大量麦秸秆腐熟产生毒气,水稻田不能做到及时上水和放水的循环,使产生的毒气不能及时排出,最终对水稻苗产生毒害。

3.3 还田作业条件差、还田作业效率低、效益差

采用深旋阻力大、功耗高、作业效率低,机手为追求作业效率和作业效益不愿意加大作业深度。据调查,还田作业较浅旋作业效率至少降低2/5,油耗增加225元/hm²左右。基于上述原因,盐城市多年来一直推行浅旋耕种,耕作层过浅,造成还田效果差,不少农民为此采取把田间浮草收集到田边的办法,结果又造成河水污染等后果。

3.4 中型拖拉机功率偏低,无法满足作业要求

目前盐城市大中型拖拉机中,20~50马力的占36%,不能从事还田作业;50~80马力的占45%,勉强能够从事还田作业;80马力以上的不到20%,适合还田作业,但绝大多数从事工程施工,适合还田作业的拖拉机与还田面积要求还有很大缺口。

4 秸秆还田的农机农艺结合的对策

4.1 增施肥水

土壤墒情好,水分充足是保证微生物分解秸秆的重要条件。麦秸秆还田的地块,因为土壤更加疏松,需水量更大,要早浇水、浇足水,以利于秸秆充分腐熟分解。禾本科作物秸秆的碳氮比为(80:1)~(100:1),而土壤微生物分解有机物需要的碳氮比为(25:1)~(30:1)。秸秆还田后需要补充大量的氮肥,否则微生物分解秸秆必然会与作物争夺土壤中的氮素与水分,影响作物正常生长。秸秆还田的地块在正常施肥外,还应趁早增施氮肥。一般情况下,收获的有机质占总体的40%~50%。也就是说,生产小麦7 500kg/hm²的粮田,收获后可剩余秸秆7 500kg以上,要调整到最佳的分解碳氮比,需要补充尿素300~375kg,才可达到较好的效果;生产水稻10 500kg/hm²的粮田,收获后可剩余秸秆10 500kg以上,要调整到最佳的分解碳氮比,需要补充尿素450~525kg。由于水稻的秸秆还田不同于小麦秸秆的集中分解,故不需要一次性施用,应在小麦的全生育期分阶段施用。

4.2 深耕镇压

前茬稻、麦收割时,用联合收割机留低桩10cm左右收割,同时开动切碎装置,切碎秸秆,稻、麦草长5~10cm,并均匀分散于田面。有条件的地区可以粉碎秸秆再抛撒,使得更均匀。盐城市秸秆还田具体的做法是:在水稻作物收获时,机械切碎分散秸秆,机械埋草还田,由于还田量大,应选择适宜的机械对还田后进行镇压,以防麦子播种后上层土壤被抬高,导致春天冻害严重。稻秸秆收获后为秋冬季,后茬作物一般为小麦,低温和旱作减缓秸秆的腐熟,秸秆腐熟过程的吸氮对小麦生长影响大幅增加。因此,必须

通过增加耕深降低土壤的秸秆比例减少秸秆与作物争氮的影响，保证小麦的高产稳产。

5 麦秸秆机械化还田的技术方案

5.1 水耕水整秸秆还田作业

5.1.1 技术路线

联合收割机适当留茬收获小麦→麦秸秆切碎匀抛撒→施基肥（增施氮肥）→放水泡田→水田秸秆还田机耕整地→水稻机插秧。

5.1.2 作业要求

联合收割机收割留茬≤15cm，秸秆切碎≤10cm，均匀抛撒于田里，秸秆还田机作业深度≥15cm。

5.1.3 机具配备

联合收割机加装相应的秸秆切碎抛撒装置；一般采用65马力（48kW）以上拖拉机，匹配相应幅宽的秸秆还田机械；秸秆还田采用水田埋茬耕整机。

5.2 旱耕水整秸秆还田作业

5.2.1 技术路线

联合收割机适当留茬收获小麦→麦秸秆切碎匀抛撒→施基肥（增施氮肥）→秸秆还田机旱作灭茬还田→放水泡田→平田整地→水稻机插秧。

5.2.2 作业要求

联合收割机收割留茬≤15cm，秸秆切碎≤10cm，并均匀抛撒于田间，秸秆还田机作业深度≥15cm。

5.2.3 机具配备

联合收割机加装相应的秸秆切碎抛撒装置；一般采用65马力（48kW）以上拖拉机，匹配相应幅宽的秸秆还田机械；秸秆还田采用反转灭茬旋耕机、埋茬耕整机。

5.3 犁耕水整秸秆还田作业

5.3.1 技术路线

联合收割机适当留茬收获小麦→麦秸秆切碎匀抛撒→施基肥（增施氮肥）→铧式犁（或圆盘犁等）耕翻→旋耕机碎垡（或重型耙碎垡）→放水泡田→水田平整→水稻机插秧。

5.3.2 作业要求

收割前茬作物的收获机要求配备秸秆切碎、匀抛装置，秸秆长度≤15cm；联合收割机收获时，留茬高度≤20cm；犁耕深度≥22cm，耕深稳定性≥85%，碎土率≥80%，覆盖率≥80%。

5.3.3 机具配备

联合收割机加装相应的秸秆切碎抛撒装置；根据铧犁数量和土壤情况配备相应的动力，一般采用75马力（55kW）以上拖拉机；耕翻采用1L系列铧式犁、1LY系列圆盘犁、犁旋一体复式机；水田驱动耙等。

5.4 水气调节

水稻移栽返青后，立即采用露田脱水，以便土壤气体交换和释放有害气体，促进根系生长和分蘖；此后应进行浅水勤灌的湿润灌溉法，使后水不见前水，保持干干湿湿。

6 稻秸秆机械化还田的技术方案

稻秸秆还田的关键在于切碎、匀抛、与土壤的均匀混合及播种后的镇压。

6.1 旋耕灭茬秸秆还田作业

6.1.1 技术路线

联合收获机适当留茬收获水稻。秸秆切碎均匀抛撒→施用基肥（增施氮肥）→旋耕还田→机械播种→镇压→机械开沟。

6.1.2 作业要求

收割前茬作物的收获机要求配备秸秆切碎、匀抛装置，秸秆长度 10cm 以下；联合收割机收获时，留茬高度≤15cm；耕作深度≥15cm，覆盖率≥80%；建议应用反旋灭茬机旋耕作业。

6.1.3 机具配备

联合收割机加装相应的秸秆切碎抛撒装置；一般采用 75 马力（55kW）以上拖拉机；可采用旋耕播种施肥镇压复式作业机；少（免）耕条播机等。

6.2 犁耕深翻秸秆还田作业

6.2.1 技术路线

联合收获机适当留茬收获水稻→秸秆切碎均匀抛撒→施用基肥（增施氮肥）→铧式犁（或圆盘犁等）耕翻→旋耕机碎垡（或重型耙碎垡）→机械播种→镇压→机械开沟。

6.2.2 作业要求

收割前茬作物的收获机要求配备秸秆切碎、匀抛装置，秸秆长度≤15cm；联合收割机收获时，留茬高度≤20cm；耕深≥18cm，耕深稳定性≥85%，碎土率≥80%，覆盖率≥80%。

6.2.3 机具配备

联合收割机加装相应的秸秆切碎抛撒装置；根据铧犁数量和土壤情况配备相应的动力，一般采用 75 马力（55kW）以上拖拉机；耕整地可采用 1L 系列铧式犁、1LY 系列圆盘犁、犁旋一体复式机；旋耕播种施肥镇压复式作业机；少（免）耕条播机等。

6.3 秸秆粉碎还田作业

6.3.1 技术路线

联合收割机适当留高茬收获水稻、秸秆切碎均匀抛撒→大中拖配秸秆还田机粉碎田间留茬及秸秆→施用基肥（增施氮肥）→旋耕还田→机械播种→镇压→机械开沟。

6.3.2 作业要求

联合收割机要求配备秸秆切碎、匀抛装置，秸秆长度 10cm 以下；联合收割机收获时，留茬高度≤30cm；耕作深度≥15cm，覆盖率≥80%。

6.3.3 机具配备

联合收割机加装相应的秸秆切碎抛撒装置；一般采用 75 马力（55kW）以上拖拉机；可采用旋耕播种施肥镇压复式作业机；少（免）耕条播机等。

盐城推进玉米生产全程机械化技术的思考

王文彬　杨　力　李长亚　刘洪进　金　鑫

（1. 盐城市粮油作物技术指导站，江苏盐城　224002）

摘　要：2014 年，盐城市农业耕地面积有 81%的土地是适度规模经营，适度规模经营促进了土地流转，由此加速了规模效应，所以玉米生产全程机械化变得十分迫切和重要。盐城市内玉米机械化收获发展制约因素：农机装备制约多，机具推进不平衡；农机作业数量少，机手收益不平衡；经济实力差异大，地域发展不平衡。要加强盐城地区玉米全程机械化发展需要做到以下几点：加强农机补贴，加强新技术的示范推广，加强联耕联种。

关键词：玉米；全程；机械化；收获

玉米是盐城市第三大农作物，仅次于水稻和小麦的种植面积，饲料的主要原料，也是十分重要的工业原料。玉米生育特点具有生育期短、用工少、产量稳定等优点，还可以套种蔬菜、中药材等经济作物。因此，种植玉米对盐城市工业、畜牧业和种植业结构调整均具有战略性作用。2014 年，盐城市农业耕地面积有 81%的土地是适度规模经营，适度规模经营促进了土地流转，由此加速了规模效应，所以玉米生产全程机械化变得十分迫切和重要[1]。

1　盐城市推进玉米生产机械化的主要成效

1.1　机械化步伐发展较快

盐城市玉米机械化播种面积为 5.72 万 hm²，机械化收获面积为 6.02 万 hm²，玉米生产已基本实现全程机械化（除春玉米大部分套种不适合全程机械化，及少部分玉米采取传统人工收获外）。截至 2014 年年底，盐城市已拥有玉米联合收获机 1 116 台，比 2013 年增加 8.3%。具体分布为：亭湖 25 台，比 2013 年增加 8.7%；盐都 9 台，比 2013 年增加 12.5%；响水 248 台，比 2013 年增加 11.2%；滨海 200 台，比 2013 年增加 8.1%；阜宁 20 台，比 2013 年增加 11.1%；射阳 124 台，比 2013 年增加 3.3%；东台 270 台，比 2013 年增加 12.0%；大丰 220 台，比 2013 年增加 3.8%（表 1）。其中玉米机械化收获以东台、大丰、响水、滨海为主要作业地域，亭湖、盐都以及阜宁部分地区采取传统人工收获。

表 1　盐城市玉米收割机数量分布　　　　　　　　　　　　　　　　　　单位：台

年份	盐城市（总）	亭湖	盐都	响水	滨海	阜宁	射阳	东台	大丰
2013 年	1 030	23	8	223	185	18	120	241	212
2014 年	1 116	25	9	248	200	20	124	270	220
增加（%）	8.3	8.7	12.5	11.2	8.1	11.1	3.3	12.0	3.8

1.2　机械性能水平提高较快

盐城地区玉米收获机类型。2011 年之前以背负式玉米收割机为主，如时风 4YW-3，操纵简单、产能高、性能好。2011 年开始由于技术转变，主要以自走式为主，自走式的优势有作业效率高、收割质量高、机手跨区作业收益高以及劳动强度低等。以雷沃 14 款 CC04（4YZ-4B）玉米收割机为代表，摘穗台设计成低倾角，对作物长势适应性强，复合辊式剥皮机，剥净率高，籽粒损伤小，使用寿命长；中置一级升运器，果穗输送通畅，可靠性高；可选配铺条机，满足部分区域对秸秆回收利用的需求（表2）。

表2　盐城地区玉米收割机背负式与自走式对比

名称	CC04（4YZ-4B）	4YW-3
外形尺寸（m）	8 700×2 600×3 730	7 400×2 100×3 400
结构重量（kg）	7 400	2 200
生产率（hm²/h）	0.5~1	0.27~0.67
配套动力（kW）	103	≥40
作业行数	4	3~4
功能	摘穗、输送、剥皮、果穗集装、茎秆粉碎还田、铺条	摘穗、输送、果穗集装

1.3 机械化推进玉米生产发展

1.3.1 盐城市玉米生产面积

2014年盐城市玉米种植面积为9.94万 hm²，比去年增加0.16万 hm²；平均产量455.9kg/亩，比去年增加产量12.8kg/亩，增加幅度2.9%；总产68万t，比2013年增加3万t，增加幅度为4.6%。

1.3.2 盐城市玉米产量

从表3可见，2014年玉米平均穗数为4 191穗/亩，比2013年增长57穗，穗粒数354粒，比去年增加12粒，平均千粒重307g，比去年增加1g。面积与产量增长主要原因是机械化的全面推进，机械化作业省时省力、质量高、速度快，有利于播全苗，保障种植密度，技术措施容易规范到位。

表3　盐城市2013—2014年玉米面积、产量比较

年度	面积 （万 hm²）	产量 （kg/亩）	总产量 （万 t）	穗数 （穗/亩）	穗粒数 （粒/穗）	千粒重 （g）
2013	9.78	443.1	65.0	4134.0	342.0	306.00
2014	9.94	455.9	68.0	4191.0	354.0	307.00
增加	0.16	12.8	3.0	57.0	12.0	1.00
增加率（%）	1.63	2.9	4.6	1.4	3.5	0.33

2 制约盐城市玉米生产机械化的主要因素

2.1 农机装备制约多

目前，纯作玉米耕地、整地、播种、施肥、打药、收获和秸秆粉碎还田等功能机械已完全普及，播种、打药、收获等机械性能稳定，技术员操作技术也十分成熟。盐城市玉米间套作主要模式为玉米—蔬菜、玉米—中药材等，但适用于田间套作玉米生产的机械有待开发，应根据不同间套作模式研制适合各类种植模式的机型。

2.2 农机作业数量少

一些农机户的经营状况不容乐观，由于收益低影响农民投资农业机械的积极性。影响经济效益主要有以下两方面原因：一是由于品种层次不齐，生育期各不相同，导致收获时间各不一样；无法满足大规模作业条件，导致收获时候无法连片，降低作业效率。二是少部分农户没有认可玉米机械收获，主要原因是由于农村都是老年人种田，农户为降低成本，普遍存在人工摘穗、机械秸秆还田现象，对玉米机械收获尚未完全接受[2]。2014年人工成本236.25元/亩，比2013年增加17.94元/亩增幅8.22%；2014年种子费用48元/亩，比2013年增加4.8元/亩增幅11.11%；2014年化肥费用151元/亩，比2013年增加8元/亩增幅5.59%；2014年农药费用27元/亩，比2013年增加2元/亩增幅8%；2014年机械作业费用90元/亩，

比 2013 年增加 7 元/亩增幅 8.43%（表 4）。

表 4　盐城市玉米种植成本

年份	人工成本 （元/亩）	种子费 （元/亩）	化肥费 （元/亩）	农药费 （元/亩）	机械作业费 （元/亩）
2013	218.31	43.20	143.00	25.00	83.00
2014	236.25	48.00	151.00	27.00	90.00
增加	17.94	4.80	8.00	2.00	7.00
增加率（%）	8.22	11.11	5.59	8.00	8.43

2.3　地域发展不平衡

盐城市内玉米机械化收获在地区之间存在发展不平衡现象，有的地方（如东台市、盐城市大丰区）玉米机收和秸秆还田水平达到 70% 以上，而有的地区（如滨海县、响水县）还达不到 60%。从客观上讲，地理位置、农民传统观念和耕作习惯、机械还田质量较差等因素，在一定程度上影响了玉米生产全程机械化工作的进展。

3　对于盐城市玉米生产全程机械化发展的一些思考

3.1　加强农机补贴

现代农机合作社需要农机购置政策的大力支持，实现补贴快速化、补贴多元化。积极争取上级奖励政策，每年配套一个农机合作社的场、库、棚等建设资金；积极争取银行在信贷上给予优先扶持。抓住发展机会，发展壮大现代农机合作社，充分发挥合作社、种植大户带头作用，逐步推进土地流转，加强联耕联种，改变一家一户传统种植模式，从而提高农业机械操作效率，加快玉米全程机械化步伐。

3.2　加强新技术的示范推广

农业部门加强管理，因地制宜，制定适合当地玉米生产全程机械化的生产工艺与生产经营模式，打造绿色、生态、健康的现代农业。以绿色、生态、健康为前提，结合各地的情况与种植模式，选择适合当地玉米种植的生产机械化技术[3]。

3.3　加强联耕联种

近年盐城大幅度推广联耕联种生产服务模式，农业专业化服务发展迅速，农业机械化推进加快，人工作业比例逐年下降，使联耕联种的推进具有了良好的服务基础。各类农业专业合作组织的蓬勃发展，使之成为农业规模化、集约化经营的推动力量和实施主体，玉米全程机械化规模效应的充分发挥，需要成方连片的大田块，因此玉米生产全程机械化水平的大幅提升也推动了联耕联种的发展。农机等专业服务组织与联耕联种是相辅相成的，玉米生产全程机械的运用和农业服务组织的发展需要联耕联种提供的大田平台，而联耕联种的大田也需要玉米规模化生产和农业专业合作组织的倾心服务。

参考文献

[1]　杨洪兴，陈静，陈艳萍．江苏省玉米机械化生产的发展及育种对策思考 [J]．江苏农业科学，2014（11）：116-119.

[2]　班春华．我国玉米收获机械化发展剖析 [J]．农业科技与装备，2013（7）：78-80.

[3]　杨敏丽．我国玉米生产机械化现状及发展对策 [J]．中国农机化，2000（5）：3-6.

玉米/青蒜—地膜大蒜高效栽培模式

谷　欢　韦运和　张瑞芹

（盐城市大丰区作物栽培技术指导站）

大丰区的青蒜和蒜薹栽培享誉全国，目前已发展到 25 万亩左右。近年来，随着玉米面积的不断扩大，玉米—小麦已成为大丰区主要茬口模式。为了提高玉米产区的种植效益，我们开展了玉米与大蒜套种模式的研究，经过多年的探索，摸索出了"青蒜—地膜大蒜/玉米"这一高效模式。这一模式是在创新大蒜新型栽培模式的基础上，通过玉米与青蒜、地膜大蒜种植季节的巧妙搭配，实现了粮蒜效益的同步提高，这一模式的推广，不但实现了亩效益突破万元的水平，而且获得了良好的社会效益和生态效益。

1　技术要点

1.1　茬口安排

7 月中下旬播种冷冻大蒜种，10 月上中旬完成青蒜收获；10 月中下旬种二茬大蒜覆盖地膜，翌年 5 月初打收蒜薹，5 月下旬至 6 月上旬收获蒜头；玉米于 3 月下旬套播于大蒜行间，7 月中下旬采收玉米。

1.2　品种选择

玉米选用苏玉 10 号等早熟玉米品种，大蒜用二水早、三月黄、冬冬青等品种。

1.3　栽培技术

1.3.1　青蒜栽培技术要点

1.3.1.1　选种

选择适合本地栽培的早熟品种，挑选出大小均匀，无伤残、无病斑、顶牙未受伤的蒜瓣留种，在 6 月下旬进入冷库，在 5℃左右的条件下冷藏 20 天以上即可播种。播种前用 50% 多菌灵可湿性粉剂 500 倍液浸种 1~2h。

1.3.1.2　整地施肥

亩施尿素 30kg、过磷酸钙 50kg、腐熟饼肥 50kg，耕翻耙平后待播。

1.3.1.3　播种

播种前田块每隔 2m 挖一竖墒，每隔 20m 挖一横墒，栽插密度以 7cm×7cm 见方，每亩栽插 12 万株。具体密度可根据上市期灵活确定，用于早上市的青蒜，密度还要适当提高到每亩 18 万~20 万株。栽插时在虚土表面放置两块 100cm×20cm 的木板，人蹲在木板上前后交替向后移动播种，脚不要直接踩到畦面，栽插深度以蒜瓣不露出土表为宜。

1.3.1.4　田间管理

由于青蒜在田间生长期较短，一般不需要化学除草。为了增加青蒜假茎长度以及改良培肥土壤，播种结束后再均匀铺盖 3~4cm 厚的玉米秸或麦秸，每亩盖草 2 000~2 500kg。青蒜出苗后至采收前，要保持田间有适宜墒情，在墒情不足时及时喷灌，以小水勤喷为宜，切忌大水漫灌，防止渍害。幼苗长出 3 片叶后，亩施 5~10kg 尿素提苗。

1.3.1.5 病虫害防治

青蒜在生长过程中病虫害发生少且轻，一般不需要进行化学防治。正常生长时用 80%代森锰锌可湿性粉剂 1 000 倍液加 15%三唑酮可湿性粉剂 2 000 倍液，每隔 10~15 天喷 1 次，连续 2~3 次。基本达到防止病害发生的效果。

1.3.1.6 采收

青蒜从国庆节前后即可采挖上市，上市期可延续到 10 月底至 11 月初。具体上市时间视市场行情灵活调剂。

1.3.2 地膜大蒜栽培技术要点

1.3.2.1 整地施肥

施肥、耕翻、耙平、待播。

1.3.2.2 配方施肥

采用有机、无机相结合的原则，亩施农家肥 3 000~5 000kg，尿素 30~40kg，过磷酸钙 25kg，硫酸钾 5~10kg。

1.3.2.3 播种、化学除草

采用开沟做畦条播，畦宽 90cm，每畦 6 行，株行距 15cm×7cm，播深 2~3cm。亩株数 65 000 株为宜。播后用大蒜专用除草剂进行化学封闭。

1.3.2.4 覆膜

当大蒜出苗后，用厚 0.005mm 地膜进行覆盖，覆盖完成时立即破膜放苗。

1.3.2.5 田间管理

11 月下旬追施尿素 15kg，防治大蒜叶枯病 1~2 次；春季 2 月下旬追施尿素 20~25kg，做好大蒜叶枯病等病害的防治工作。

1.3.2.6 采收

4 月下旬至 5 月初采收蒜薹，5 月下旬至 6 月初采收蒜头。

1.3.3 玉米栽培技术要点

1.3.3.1 套种或复种

套种玉米可在蒜头收获前的 4 月 25 日左右进行，合理密植，每畦种 1 行，宽行 90cm，株距 15cm，亩株数 5 000 株左右为宜。

1.3.3.2 施肥

套种玉米要把握好追肥的关键时期，拔节前亩施尿素 10~15kg、氯化钾 5~8kg，喇叭口期亩施尿素 5~10kg，并追施硫酸锌 1kg。

1.3.3.3 田间管理

大蒜收获离田后，及时间苗补苗，中耕松土，追肥时亩施尿素 10~15kg。大小斑病用 50%多菌灵可湿性粉剂 800 倍液或 75%百菌清可湿性粉剂 500~800 倍液，每隔 7 天喷施 1 次，连续 2~3 次；玉米螟在大喇叭口期每亩用 1.5%的辛硫磷颗粒剂 1kg 丢入玉米芯中防治。

1.3.3.4 采收

当玉米全株枯黄后即可采收。

2 产量与效益

根据近几年生产调查结果，青蒜亩产量一般 1 750kg 左右，销售价 3.6 元/kg，亩产值 6 300 元，亩投入成本 2 800 元，纯收入 3 500 元。收获大蒜亩产量蒜薹 900kg 左右，销售价 4.2 元/kg，亩产值 3 780 元；

亩产蒜头 780kg，销售价 3.5 元/kg，亩产值 2 730元；亩投入成本 3 200元，收获大蒜亩纯收入 3 310元。玉米亩产量 550kg，亩产值 935 元，亩成本 425 元，亩纯收入 510 元。全年亩产值 13 745元，纯收入 7 320元。

此种模式中秸秆覆盖大蒜技术促使玉米秸秆 100% 全量还田，土壤得到很好改良，肥力水平得到逐年提升，生态效益较好。

3 注意事项

本模式适宜于苏北沿海地带，秋冬季降温快，冬季温度低的区域不宜。

玉米氮磷钾肥料利用率试验研究

刘志琴

（盐城市大丰区三龙镇农技服务中心）

1　试验目的

通过田间氮肥、磷肥和钾肥的对比试验，摸清大丰区常规施肥下玉米氮、磷、钾肥的利用率现状和测土配方施肥提高氮肥、磷肥和钾肥利用率的效果。

2　试验地基本情况

2.1　试验时间与地点

试验于 2015 年 6—10 月在三龙镇下坝村蔡安清承包地内进行，试验地地势平坦，肥力中等，地力比较均匀，该地沟系畅通，能灌能排，前茬种植小麦，秸秆全部还田，共计亩施用磷酸一铵 30kg（N、P 含量 11%~44%），尿素（含 N46%）30kg，小麦亩产量水平 450kg 上下。

2.2　试验材料与方法

2.2.1　供试土壤

该试验地一年两熟，小麦—玉米轮作，土壤质地为沙壤土，耕层厚度为 15cm。试验前分别取土化验土壤有机质养分，全氮、速效氮、有效磷、速效钾、缓效钾等。

2.2.2　供试肥料

试验肥料全部采用单质肥料：氮肥为尿素（含氮为 46%），磷肥为过磷酸钙（含五氧化磷为 12%），钾肥为进口氯化钾（含 60%氧化钾）。

2.2.3　供试作物

玉米，品种为苏玉 29。

3　试验方法

3.1　试验设计

各试验小区 40m²，不设重复，小区随机排列，见下图，共占地面积 540m² 左右。各小区间墒沟隔离，田块四周均设保护行，除施肥外，其他管理措施相同。

图　小区排列图

测土配方施肥区	常规施肥区
配方施肥无氮区	常规施肥无氮区
配方施肥无磷区	常规施肥无磷区
配方施肥无钾区	常规施肥无钾区

3.2　试验处理

试验设 8 个处理，分别设置 A：测土配方施肥、B：配方施肥无氮、C：配方施肥无磷、D：配方施肥无钾 4 个处理和 E：常规施肥、F：常规施肥无氮、G：常规施肥无磷、H：常规施肥无钾 4 个处理（表1）。

表1　各处理小区施肥量

处理		亩施用量（kg）				40m² 小区实际施肥量（kg）			
代号	名称	基肥			追肥	基肥			追肥
		氮 N	磷 P_2O_5	钾 K_2O	氮 N	尿素	普钙	氯化钾	尿素
A	测土配方施肥区	6.67	3	4	13.33	0.87	1.49	0.4	1.73
B	配方施肥无氮区	0	3	4	0	0	1.49	0.4	0
C	配方施肥无磷区	6.67	0	4	13.33	0.87	0	0.4	1.73
D	配方施肥无钾区	6.67	3	0	13.33	0.87	1.49	0	1.73
E	常规施肥区	5.5	1.8	1.2	11	0.72	0.89	0.12	1.44
F	常规施肥无氮区	0	1.8	1.2	0	0	0.89	0.12	0
G	常规施肥无磷区	5.5	0	1.2	11	0.72	0	0.12	1.44
H	常规施肥无钾区	5.5	1.8	0	11	0.72	0.89	0	1.44

3.3　试验肥料运筹

配方施肥处理每亩施纯 N、P_2O_5、K_2O 分别为20kg、3kg、4kg；常规施肥处理每亩施纯 N、P_2O_5、K_2O分别为16.5kg、1.8kg、1.2kg。配方施肥处理基肥追肥比例1：2，追肥在拔节期（8叶期）施入，磷钾肥全部作基肥，一次性施入。常规施肥统一按照试验方案要求施肥。各小区不用有机肥，全部施用化肥。

常规大田施肥情况记载：大田玉米株高1.6m，常规大田施肥情况玉米用种2.25kg/亩，产量550kg/亩，一生施用肥料三次，分别在7月20日施尿素15kg/亩，8月15日施用尿素30kg，9月10日施用尿素20kg，合计用尿素65kg/亩。其余未施用任何肥料和激素。

3.4　试验过程

试验地于2015年6月20日播种整地之前采集试验基础土样，6月21日进行整地按方案挖墒划分小区隔离，6月23日统一人工播种，7月3日全苗，各个小区统一处理株数为248株，折算亩株数4 135株，各小区株行距均匀一致，生长期田间调查记载，肥料运筹、整地施肥播种、田间管理各小区均在同一天完成。全生育期2次化除，没有进行虫害的防治。

3.5　试验气候情况

2015年气候特殊，降水量超过历史罕见的年份。

由于2015年播种期在6月23日人工点播，点播后两天连续2次强降雨，雨量大、气温低，出苗迟，生长速度慢。8月10—11日又遭受强台风强降雨，田块全部受水淹，受渍时间达到5天以上，严重影响了玉米的正常生长，生育期间总雨量、雨日较常年偏多（表2）。

表2　大丰区2014—2015年4—11月平均气温、雨量、雨日记载表

		4月	5月	6月	7月	8月	9月	10月	11月	合计
日平均气温（℃）	2014年	14.7	20.8	22.6	25.9	24.7	22.3	17.4	11.5	20
	2015年	13.3	18.9	22.9	25.5	26.1	22.2	17.4	11.5	19.8
	±	-1.4	-1.9	+0.3	-0.4	+2.6	-0.1	—	—	-1.2
	常年	13.1	18.7	22.9	26.7	26.4	22.2	16.6	—	21.0

（续表）

		4月	5月	6月	7月	8月	9月	10月	11月	合计
降水量（mm）	2014年	36.3	58.7	120.9	191.4	489.2	160.1	14.6	15.9	1 087.3
	2015年	70.3	129.3	254.5	261.9	554	98.4	55.3	160.1	1 583.8
	±	+34	+70.6	+185.8	+143.7	+372.6	+58.3	+40.7	+144.2	+495.7
	常年	53	83	144.2	245.8	179	95.1	55.5	—	855.6
雨日（天）	2014年	3	2	3	3	5	6	3	5	30
	2015年	12	11	13	14	13	10	7	14	94
	±	+9	+9	+10	+11	+8	+4	+4	+9	+64
	常年									
日照（h）	2014年	205.9	266.9	169.3	182.7	119	144.5	247.2	157	1 492.5
	2015年	206.3	202.8	134.4	128.5	183.6	208	227.5	74	1 365.1
	±	+0.4	−64.1	−34.9	−54.2	+64.6	−63.5	−19.7	−83	−127.4
	常年	197.3	219.1	183.5	203.4	222.7	191.3	188.3		1 405.6

田间调查情况：据田间观测记载，配方施肥、常规施肥，叶色浓绿，叶片厚而肥大，后期功能也普遍延长，籽粒相对比较饱满，无磷、无钾处理生长期间生长健壮，不表现缺素症状，籽粒相对也比较饱满，配方无氮、常规无氮处理到拔节期叶片开始轻微发黄，表现为植株生长矮小，茎秆变细，根系瘦弱，后期穗小粒瘪现象比较严重。

4 结果分析

4.1 不同处理对玉米生长动态的影响

由8月5日、8月19日调查表（表3、表4）看出，配方施肥处理都好于常规施肥处理，无氮处理可见叶片抽出时间相对较慢，展叶差分别为3~4片，其余处理接近，无差别。无氮处理株高最低、根茎粗最细，其余处理差别不大。根据表5生物学性状田间调查结果，株高以配方施肥无钾最高，为228cm，比配方施肥区高3cm，比配方无氮区高43cm，比常规无氮区高46cm。根茎粗以配方施肥区最高，比配方施肥无氮区粗0.79cm，比常规施肥区粗0.07cm；穗位高以配方施肥区最高，为80cm，比配方无氮区高7cm，比常规施肥区高11cm；穗长以配方施肥区最长，比配方施肥无氮区增加3.5cm，比常规施肥区增加0.4cm。

表3 苗情调查表（8月5日）

区域代号	株高（cm）	可见叶片（张）	展开叶（张）	根茎粗（cm）
A	147.6	11	8	2.8
B	125	9.2	6.2	2.2
C	145.3	11	8	2.6
D	150	11	8	2.8
E	144.6	11	8	2.7
F	120	9.2	6.2	2.1
G	142.5	11	8	2.7
H	146	11	8	2.7

表4 玉米大喇叭口期 (12 叶展) (8 月 19 日)

区域代号	可见叶（张）	展开叶（张）	根茎粗（cm）	株高（cm）	叶色
A	16	12	3.5	147.6	绿
B	15	10.9	2.8	125	黄
C	16	12	3.1	145.3	绿
D	16	12	3.3	150	绿
E	16	12	3.3	143.6	绿
F	14.6	10.6	2.6	120	黄
G	16	12	3.1	140.5	绿
H	16	12	3.3	146	绿

表5 玉米成熟期生物性状调查 (10 月 18 日)

区域代号	株数（株/亩）	株高（cm）	茎粗（cm）	穗长（cm）	秃顶（cm）	穗位高
A	4 135	225	2.54	18.8	1.1	80
B	4 135	185	1.75	15.3	2.9	73
C	4 135	222	2.41	18.1	2.0	78
D	4 135	228	2.51	18.4	1.3	80
E	4 135	222	2.47	18.4	1.3	80
F	4 135	182	1.67	14.9	3.1	69
G	4 135	220	2.36	18.0	2.1	77
H	4 135	220	2.48	18.0	1.1	78

4.2 不同处理对生育期的影响

根据成熟前田间调查，配方施肥区较常规施肥区成熟期延迟 2 天，比无氮区玉米成熟迟 5 天，其余各区对生育期影响不明显。

4.3 不同处理对产量结构的影响

从表6可以看出，配方施肥区千粒重最高，为248g，比常规施肥处理241g，千粒重增加7g，最低的配方无氮区207g；配方施肥处理穗粒数最高，为552粒，比常规施肥处理527粒，增加25粒，比配方无氮区354粒增加198粒。配方施肥处理区理论产量最高，亩产量为566kg，其次是常规施肥，亩产量525kg，产量最低的是常规无氮和配方无氮，亩产产量分别为288kg、303kg。产量由高到低依次为配方施肥、常规施肥、无钾处理、无磷处理、无氮处理。

说明无论常规施肥处理还是配方施肥处理，对产量影响最大的是氮素，其次是磷素，再次是钾素，氮磷钾三要素配合产量最佳。试验配方施肥处理比常规处理增加41kg/亩，增产7.81%。综合生物学及经济性状考察，配方施肥处理株高、穗粒适宜、产量三要素最为协调。

4.4 秸秆系数和实际产量

由表7实际产量调查表可知，配方施肥区产玉米籽粒503kg/亩，产玉米秸秆622kg/亩，籽粒秸秆比为1:1.24，常规施肥区产玉米籽粒463kg/亩，产玉米秸秆579kg/亩，籽粒秸秆比为1:1.25。

4.5 产量及效益分析

配方施肥区较常规施肥区产量增加 40kg，增产 7.95%，玉米收购价格按照 1.8 元/kg 计算，亩增收 72 元，综合肥料成本配方区成本 135.96 元，常规施肥区亩成本为 93.9 元，配方施肥投入成本增加 42.06 元，配方施肥区比常规施肥区亩净增加效益 29.94 元。（尿素、磷肥、钾肥价格分别按 2 元、1 元、3.6 元 每千克计算）还是配方施肥处理产量高，其余缺素处理的产量都有不同程度的影响。

表 6　玉米成熟期经济性状调查（10 月 29 日）

区域代号	株数（株/亩）	每穗粒数（粒）	千粒重（g）	理论产量（kg/亩）
A	4 135	552	248	566
B	4 135	354	207	303
C	4 135	522	232	501
D	4 135	526	239	520
E	4 135	527	241	525
F	4 135	329	212	288
G	4 135	494	234	478
H	4 135	505	236	493

表 7　小区分收单打情况记载表（11 月 20 日）

区域代号	小区面积（m²）	生物学产量（kg）	其中		折算亩产		千粒重（g）
			秸草重（kg）	籽粒重（kg）	秸草重（kg）	籽粒重（kg）	
A	40	67.46	37.30	30.16	622	503	248
B	40	36.34	20.81	15.53	347	259	207
C	40	59.97	33.34	26.63	556	444	232
D	40	62.91	36.04	26.87	601	448	239
E	40	62.49	34.72	27.77	579	463	241
F	40	34.60	20.15	14.45	336	241	212
G	40	57.69	32.32	25.37	539	423	234
H	40	60.69	34.84	25.85	581	431	236

注明：试验于 10 月 29 日测产，每小区选择中间一行全行计算有效穗数，并从中连续取 10 个穗测定穗粒数，并风干测定千粒重，实际收获产量采用人工全区收获，分别收获秸秆和籽粒，风干后计算产量。按照试验方案要求分小区采集植株样品，每小区采集有代表性的 5 株植株样本，整株风干后剪断贴上标签送土肥站化验，测得各小区玉米籽粒及秸秆的氮磷钾养分含量。

5　结论

通过玉米肥料试验，试验结果表明，氮磷钾处理的产量均明显高于缺素处理，缺氮处理的产量最低，这说明对玉米产量影响最大的养分元素是氮肥，其次是磷肥，最后是钾肥，而氮磷钾配合增产效果最佳，产量最高，且配方施肥比常规施肥增 40kg/亩，增产 7.95%。试验所获得的数据只是初步的结果，加之今年的气候特殊，降水量大、雨日多，日平均气温低，光照少，最后收获的时候，灌浆充实不够，籽粒饱满度相对较低，导致当年产量也低。建议今后还要通过开展多点试验研究玉米上的肥料利用率，为制定肥料生产配方和指导农民合理施肥提供依据。

饲用油菜和青贮技术在东台地区应用初探

陈昌华[1]　王国平[2]　何永垠[2]　郗微微[2]　仲凤翔[2]　王　春[3]　吴剑铭[3]

(1. 东台市农业干部学校；2. 东台市作物栽培技术指导站；3. 东台市农业机械化技术推广站)

东台市地处江苏沿海地区，是全省油菜生产大市，又是国家级优质商品油生产基地建设县（市），也是全国优质双低油菜生产大县（市）。常年油菜种植面积在 30 万~40 万亩，近年来随着国家产业政策的调整，以及农村劳动力减少和劳动力成本的上升，加之油料进口的增加，油菜籽生产面临着供给侧改革的结构性调整。为了稳定油菜产业的发展，走油菜生产多元化发展的道路，今年我们在省站和华中农业大学的相关专家指导下开展了油菜青饲利用以及油菜青贮技术的相关示范应用。

1　示范应用基本情况

示范地区选择在东台市东部油菜生产主产区的弶港镇东风村和西部里下河地区的东台镇官北村进行。示范面积东风村 25 亩，官北村 123 亩。播种方式采用机械直播和毯苗机械移栽进行。采收期在终花期和结角初期进行。收获方法采用青贮机械收割再用打包机械与稻草、玉米秸秆粉碎混合打包一起发酵。发酵 2 个月后进行牛、猪、羊等饲喂。

2　示范效果

2.1　提高农民种植效益

根据收获测算，两地平均一亩油菜可以收青贮 5t 左右，每吨按 160~180 元计算，就是 800~900 元（其中东风村鲜草单产达到 6.1t），其实际收益还会高于本数据，因为油菜青贮要按 7∶3 的比例混入干料（如稻、麦草、玉米粉、花生蔓粉、大豆秆粉等），奶牛饲喂情况还要等 2 个月后进行。根据外地经验饲喂效果要好于其他干饲料投喂。

2.2　节省劳力用工

青饲油菜采用全程机械化生产，减少了油菜生产过程中的人工劳动；并且不需要收获菜籽，生产过程和生产时间缩短，也减少了部分用工。一般每亩减少用工 4~6 个。

2.3　有利于全年作物茬口的安排和调节，促进种植业结构调整

东台市地理纬度在北纬 32° 左右，光温条件好，一年种植可收获多熟。但油菜籽是全生育期比较长的作物，其生产周期也拉长，往往造成后茬作物播种滞后，错过最佳播种期，从而影响到农民全年的种植效益。而改种青饲油菜后，油菜不需要生产籽粒，提前 30~40 天收获。比小麦早 30~45 天。农民可以有效的利用季节安排后茬的播种。

2.4　青饲油菜播种期弹性较大，是一项较好的抗灾措施

青饲油菜由于不需要收获籽粒，只收获营养体，只要有一定的密度，就能获得较高的生物学产量，因此在秋播期间可作为一项有效的抗灾应变管理措施来利用。如 2016 年秋播期间由于前茬作物收获迟，加之遭遇连续阴雨天气，油菜播种困难，播后不出苗，我们在官北村播种 3 次，最后 1 次在 11 月 10 日播种，通过增加播种量，提高密度，增加肥料用量，青饲产量也在 5t 左右，取得了比较好的收成。

2.5　缓解冬春青饲料短缺的问题

青饲油菜生产能在 12 月至翌年 4 月提供优质青饲料，解决了畜牧生产冬季缺少青绿饲料的矛盾，有利于冬季牲畜育肥，不仅降低了成本，且能缓解畜牧业"秋肥、冬瘦、春死"的问题。

2.6　营养价值高，适口性好

据华中农业大学研究，饲料油菜蛋白质含量与豆科牧草相当，但饲料油菜产量比豆科牧草高 1~2 倍，

亩产蛋白质显著高于豆科牧草，且适口性，是畜牧理想的饲料，有利于畜牧业生产。

3 主要措施及技术要点

3.1 选择适宜的品种

一般双低油菜品种都可以作为青饲油菜种，但为了收获更高的生物学产量，选择营养生长较旺盛生物学产量高的杂交双低油菜品种为好。适宜的品种有宁杂1818、秦优10号、宁杂118、宁杂198等。

3.2 适当增加播种量

青饲油菜以收营养体为主，适当增加密度，能提高苗期的群体数量，能充分利用苗期的光合作用，增加苗期的生物学产量。从抗灾角度看，增加播种量可有效抗拒干旱、连阴雨等灾害天气造成的出苗难问题，保证合适的群体密度。一般每亩播种量可在0.3~0.5kg/亩，灾害性干旱天气可增加到0.6kg/亩。毯苗移栽的可栽1万~1.3万株/亩。播种期推迟可以适当增加密度和用种量。

3.3 搞好适期播栽

青饲油菜主要目的是增加营养器官的收获，播种越早，所获得的产量就越高，因此适当早播能提高单产。但由于前茬作物收获期限制，播种期都要在前茬收获后进行。东台地区油菜播种一般在9月中旬开始，10月上旬结束为好。既能形成稳定的产量，又能在不想收青饲时，收获理想的油菜籽粒。作青饲油菜播种期最好还要超过11月上旬。

3.4 适当增加后期氮肥用量

适当增加后期氮肥用量能增加植株营养体，提高单位营养体产量。在肥料运筹上一般基肥每亩基施45%三元复合肥30kg、尿素10kg、硼肥200g、人畜粪或灰杂肥30担耕翻前撒施或开沟深施。苔肥以氮肥为主每亩用尿素15~20kg。如在2月收割一茬营养体后，可增施尿素10kg，促进腋芽萌发生长，提高单位产量。

3.5 适时收贮

如作青饲料利用可收获2次，一般在2月中下旬采收1次进行青饲料投喂，到终花期或结角初期再进行青贮收获。平常也可以按饲养动物的需要进行分批采收饲喂。

4 讨论

4.1 收割次数

一般作青贮饲料利用以1次收获为主，收获期以结角初期为主，这一时期生物学产量最高，植株含水率有所下降，在80%左右，有利于青贮发酵。如2次采收利用可以在2月中下旬的抽薹初期增加采收1次，留桩高度8cm左右2~3个腋芽萌发。以收获生物学产量为主一般收割不超过2次。

4.2 饲喂时提倡搭配干饲料

因为油菜青饲料水分含量较高，一般含水量在85%左右，后期也在80%左右。青贮饲料的含水率应控制在60%~65%。因此青贮时应该与干饲料一起混合贮存发酵，降低水分含量。青贮时，要混合干料，如稻、麦草、玉米粉、花生蔓粉、大豆秆粉等，干饲料的比例以30%左右为宜。

4.3 推广油菜青贮要安市场经济规律运行

一般油菜籽6元/kg左右时，以收获菜籽为主。除农户自己养殖畜牧外，油菜青贮一定要进行订单生产，要签订好合同，然后再生产，不宜盲目发展推广，防止造成不必要的损失。

东台市油菜全程机械化栽培技术推广应用初探

陈昌华[1]　王国平[2]　何永垠[2]　薛根祥[2]　仲凤翔[2]

郜微微[2]　王世林[3]　杨迎春[3]　薛中西[3]

（1. 东台市农业干部学校；2. 东台市作物栽培技术指导站；3. 东台市弶港镇农业中心）

摘　要：针对东台地区劳动力紧张，劳动用工价格高的实际，利用高产、高油、抗病、抗倒双低杂交油菜新品种"宁杂1818"的品种特性，依据东台市油菜主产区气候、土壤及茬口条件，集成油菜全程机械化高产高效省工省力栽培技术体系，并在东台市油菜主产区进行示范、培训、推广。为东台市进一步发挥油菜生产优势、提升油菜生产水平、增加油菜种植的经济效益、稳定棉花生产贡献力量。

关键词：江苏东台；油菜；机械化；栽培；宁杂1818

东台市地处长江中下游的黄海之滨，是国家级优质商品油生产基地县（市）。油菜种植面积常年在3.33万 hm² 左右。近年来，由于劳动力成本增加，油菜种植比较效益降低，油菜生产逐年下降，为了稳定油菜籽生产，我们通过大力推广优质双低杂交油菜新品种，大力推广油菜轻简栽培和机械化作业，扩大直播种植面积，减少劳动用工，降低生产成本；通过加强基础设施建设，推进标准化生产，提高油菜籽种植效益，油菜生产得到了稳定和提高。

2014年秋播，东台海港现代农业有限公司和江苏省农业科学院经济作物研究所联合承担了中央财政农业技术推广项目——"宁杂1818"全程机械化栽培技术推广应用。实施内容是依据东台市油菜主产区气候、土壤及茬口条件，集成油菜全程机械化高产高效省工省力栽培技术体系，并在东台市油菜主产区进行示范、培训、推广。

1　示范基本情况

项目核心区位于东台市沿海经济区海边，面积70hm²，土壤沙性偏碱，pH值8.2左右，部分地方盐碱较重。品种为"宁杂1818"，采用机械施肥、播种、镇压、开墒1次完成的机械直播栽培技术和一次性机械采收的收割脱粒技术。

2　产量表现

2015年5月15日测产，密度32 162株/亩，单株有效角果129荚/株，千粒重3.5g，理论单产307.8kg/亩。6月9日江苏省作物栽培技术指导站组织测产验收单产为285.3kg/亩。

3　关键栽培技术

3.1　适期早播

直播油菜选择适合的茬口非常重要。只有适期早播才能获得高产，根据我们2015年油菜三项工程播种期试验，9月22日播种的单产322.9kg/亩，10月5日播的单产244.09kg/亩，10月20日播种的单产178.6kg/亩。就是说10月20日后播种比9月下旬播种的直播油菜减产44.7%。由于东台市前茬作物多数为水稻和夏玉米，收获较晚，因此油菜茬口较迟。我们项目示范片采用的是春玉米茬口，春玉米收获期在8月中下旬，不影响油菜播种期，油菜播种期是9月26日。

3.2　足肥早施

项目地为沙性碱土，土壤有机质含量低，保水、保肥能力差，我们采取前茬秸秆全部还田，并增加肥料用量。全生育期每亩用纯 N：18.25kg、P_2O_5：6.75kg、K_2O：6.75kg。其中，基肥用亩用45%三元复合肥30kg加尿素10kg加大地硼0.4kg；腊肥在11月下旬采用5kg/亩尿素捉黄塘促平衡；苔肥在3月初亩为45%三元复合肥15kg加尿素10kg；4月初在初花期每亩用100g硼钾钼进行根外喷肥。新开垦的土壤加之充足的肥料为油菜高产提供了保证。

3.3 抗灾早管

一是健全田间水系。项目区为盐碱土壤，碱性较重，在播种前就四周建立了一套高标准的排水系统，田间三墒健全，保证降渍排盐。二是适当增加播种量。按正常年景，整地质量高的、播种期早的田块每亩播种量150g基本应能达到3万株/亩左右。但项目地地处黄海之边，气候灾害频发，播后持续干旱、低温冻害、暴雨板结等灾害时有发生，为了保证密度，必须立足抗灾，提高播量，2015年我们的播种量300g/亩，出苗密度43 602株/亩，经过播后干旱和低温冻害后，实收密度32 160株/亩。三是进行播后压实，通过在播种机上加装镇压轮，增加压实能力，提高了抗旱出苗效果。四是及时防治病虫害。出苗后及时用药防止害虫对幼苗的损伤，后期及时做好油菜菌核病的防治工作。化除药剂以施田补和金都尔相对安全。

3.4 化学调控

播种后遇干旱天气，出苗后生长受抑，苗期未进行化调。但由于播种期较早，冬前有徒长现象，于11月5日亩用多效唑40g化调控制旺长，12月10日考察叶龄13.2叶，株高18.6cm，绿叶9张。

3.5 适时收获

油菜机械收获期一定要适期收获，一般要求达到十成熟收获，收获适期较短。东台市海边一般在6月5号前后，适期3~5天。2015年"宁杂1818"生育期比大面积秦优10号迟5~7天，机收期在6月10日。10月20日播种的田块6月14日机收。

4 推广应用保障措施

4.1 专家指导

农业部和江苏省两级技术推广部门对油菜全程机械化生产非常重视，先后多次组织省内外专家对示范现场进行考察指导。江苏省首席油菜专家（岗位科学家）戚存扣研究员带领江苏省农业科学院油菜课题组专门挂钩蹲点进行技术指导。在生产的关键阶段专家们亲自到田头进行调研，提出措施。东台市作物栽培技术指导站专门安排油菜栽培专家具体负责技术方案的制订和实施工作，在项目实施的关键时期踏田指导。

4.2 落实责任

东台市海港现代农业有限公司和江苏省农业科学院经济作物研究所共同实施油菜全程机械化生产项目，双方签订了项目科技合作协议书，明确了在项目实施过程中双方的职责，双方都抽调了业务能力强的专家和科技人员组织协作攻关。东台市海港现代农业有限公司负责落实基地和具体的项目实施。江苏省农业科学院经济作物研究所负责整个项目方案的制订、成果推广和培训宣传等工作。东台市作物栽培技术指导站协助项目实施，协调解决实施工作中所出现的各种问题和矛盾。

4.3 组织培训

为了保证油菜全程机械化生产栽培技术的推广和应用。在项目实施过程中，先后组织种植大户、专业技术人员、油菜种子生产、经营者进行现场观摩考察和培训。2014年9月26日油菜播种期间，组织油菜生产大镇头灶镇的农业技术人员和油菜种植大户观摩油菜机械化播种。2015年4月20日在油菜开花期间组织全市农业专业技术人员和种植大户进行油菜全程机械化高产高效栽培技术培训，由省油菜首席专家、岗位科学家戚存扣研究员进行油菜新品种"宁杂1818"全程机械化生产专题培训讲座。2015年6月9日组织全省作物栽培专家、油菜种植大户以及种子经营企业200多人观摩油菜机收现场并对油菜新品种"宁杂1818"特点和栽培技术进行培训讲座。省相关领导和专家对机收现场和机械化生产技术给予充分肯定。全年组织观摩培训3次，组织人员360多人，专业讲座3次，发放资料1 500多份。

4.4 资金保障

一是财政部门积极支持，在项目实施过程中预拨50%项目资金用于项目实施工作。二是坚持申请报账制，确保资金用途合法合规。根据项目合同经费预算，向市财政部门申请，财政部门将预拨资金拨后，经过组织招投标或询价等程序后，供实施项目使用。在上级业务部门对项目验收合格后，先行审核把好财务关，然后送市财政部门审核，确认符合财务管理制度后余款一次性拨付。三是坚持政府采购制度，确保购买补贴物资公开透明。按照政府采购程序，经招投标中心公开询价，由报价最低的一方供货，中标供货方与项目承担单位签订供货合同，将物资送到指定地点，经验收合格后，开具发票，经报批程序后，货款直接打到供货单位的账户上。

5　"宁杂1818"特征表现

通过3年的示范种植，"宁杂1818"具有以下特点。

5.1　生长势强，株型高大，个体健壮

"宁杂1818"营养生长强，生殖生长旺，植株高大，平均株高在185cm左右，移栽油菜一次分枝9.3个，二次分枝8.3个，属匀生分枝型。主轴长度75.3cm，单株有效角果524个左右，其中主轴角果71.5角，一次分枝300.5角，二次分枝152角，角果大且挺直，后期熟相清秀。直播油菜植株较高，平均株高170cm以上，茎秆粗壮，茎粗1cm。

5.2　前期生长快，早发性好

"宁杂1818"10月底移栽，前期发苗快，生长量大，冬前达12.8叶，3月上旬抽薹，3月下旬进入初花期，盛花期在4月初，终花期在4月下旬，成熟期在5月底。2015年直播油菜冬前达到13叶，收获期在6月10日左右。

5.3　抗倒抗病能力较强

2014年（去年）大面积油菜生产以春发为主，倒伏程度高于上一年。但"宁杂1818"抗倒抗病性优于大面积种植品种"秦优10号"。

5.4　生育期略偏迟，适宜本地生长

到5月底，生育期在240天以上，收获期在5月底到6月初。在本市不影响后茬水稻移栽和夏玉米播种，也可进行花生、棉花（育苗移栽）等作物的套栽。并且"宁杂1818"较为迟播，2013年海边东川农场承包户张付林直播3.5hm²"宁杂1818"，由于前期水稻收获迟，采用机播机收，10月25日直播，6月7日收获，单产仍然有175kg/亩（基肥：磷酸一铵20kg/亩加尿素10kg/亩；冬季腊肥：尿素15kg/亩；春季2次用肥：尿素40kg/亩加磷酸一铵15kg/亩。合计氮33.7kg/亩，五氧化二磷15.4kg/亩。化除：稀草酮75g/亩。化控：初花期多效唑30g/亩。）

5.5　油菜籽品质好，含油量高

正常年景"宁杂1818"的千粒重可达4g左右。含油量为45%以上。品质达到双低标准，可用于加工低芥酸高级烹调油和色拉油等制品。

5.6　高产稳产种植效益好

"宁杂1818"一般菜籽产量在200kg/亩左右，增产潜力大，高产田块达到250kg/亩以上。并且由于含油量高，出油率也将相应增加，农民种植的效益高于其他品种。

不足之处：一是抗寒耐冻性略差于秦优10号；二是生育期偏迟。

苏北沿海油菜规模化生产的现状与对策

姚晓丽[1]　宗晓琴[1]　吴海霞[2]

(1. 盐城市大丰区大桥镇农技服务中心；2. 盐城市大丰区草庙镇农技服务中心)

油菜是盐城市大丰区大桥镇的重要传统作物品种，常年种植规模在 6 500hm² 左右。近年来，由于人工成本的上升和油菜籽价格的下滑，油菜种植比较效益严重下降，特别是大面积土地流转后，人员成本已经成为制约本镇油菜持续发展的重要因素。如果仍沿袭传统栽培方式，油菜生产成本将居高不下，如果不能探索到油菜规模化栽培的技术途径，油菜产业将面临现实的生存危机，为了寻找油菜规模化种植的突破口，破解制约油菜种植的技术瓶颈，从 2012 年开始，在上级业务部门的指导下，大桥镇开展了油菜规模化简约栽培的研究，并到得了初步成效。2015 年，采用油菜简约化栽培，大桥镇试验性种植油菜 120hm²，平均产量 3 195kg/hm²，平均产值 15 000元/hm²，亩折合成本 5 700元/hm²，较传统人工栽培增收 825 元/hm²。不但提高了效益，而且采用简约化栽培后，油菜收获阶段较为主动，解决了夏收用工过于集中的矛盾，为油菜产业的转型发展提供了新的发展模式。现就大桥镇直播油菜机械收获规模化种植的相关技术作一简要介绍。

1　品种选择

品种选择上推广种植抗病抗逆性强、抗裂角、荚层高、成熟期一致性好的适宜机收品种，近年来我镇经过筛选，主推的品种是"宁油 18"。"宁油 18"品种全生育期 240 天左右，5 月 24 日左右成熟。该品种植株高度中等，为 160cm 左右，株型比较紧凑，分枝部位高。同时"宁油 18 号"抗倒性强，成熟期植株挺直，熟相清秀；较抗菌核病和病毒病，抗寒性强，抗裂角。适合于机械化收脱，是双低油菜轻型、简化栽培的首选品种。

2　播期与播种量

适宜播期掌握在 10 月 25—30 日，正常播量掌握在每亩播种 0.6kg，每亩密度为 2 万~2.5 万株。

3　肥料运筹

全生育期用肥 2 次，第 1 次施用基肥，每亩施三元素复合肥 40kg，在前茬秸秆还田时同步施入；第 2 次于 3 月初施 1 次追肥，每亩施尿素 15kg，在油菜抽薹期每亩再喷施硼肥 50g。

4　病虫害防治

苗期注意防治蚜虫，早春防治霜霉病。在油菜盛花初期，要防治好油菜菌核病。坚持"主动出击，药肥混喷，防病增重"的防治策略，全面施好第 1 次药（主茎开花株率达 80%左右，1 次枝梗开花枝率达 50%左右），隔 5~7 天再用第 2 次药。采取农业防治和药剂防治相结合。

4.1　农业防治

一要突击清沟理墒，排水降渍；二要摘除老叶、病叶，带出田外；三要中耕松土，清除田间杂草和子囊盘；四要增施硼肥，促进油菜健壮生长，增强油菜抗病能力。

4.2　药剂防治

每亩用 40%多·福·酮 100g 加 5%庄喜（啶虫脒）40ml 加速溶硼 60g 或每亩用 59.7%咪锰·多菌灵 35g 加 25%氰戊·乐果 50ml 加速溶硼肥 60g。每亩对水 30kg 喷雾。

5　机械采收

当全田 80%油菜角果呈黄色，再后延 3 天（转入成熟），于早晨或傍晚收割，减少落粒损失。在收割的同时，进行碎秆和均匀抛撒作业，实现秸秆还田。由于油菜植株高大、分枝多，上下植株角果成熟度不一致，分枝相互交叉，是机收油菜的难点。

6 注意点

6.1 品种选用

机收油菜宜选用产量高、抗性强、植株较矮、分枝少或不分枝、分枝部位高、分枝角度小，花期与角果层集中、成熟期较一致、茎秆坚硬不倒伏、角果不易炸裂的品种种植。

6.2 增加密度

采用直播方式，增加密度，以获得紧凑型株体，并使相邻株间分枝交叉重叠状况有所改善，便利于机械收获。

6.3 适时收获

机收油菜过早收获时，青荚不易脱净，籽粒的含水率高，品质差，不易贮运；过晚收获角果炸裂，籽粒脱落，损失严重。采用一次性联合收获法，应在油菜转入完熟阶段，植株角果含水率下降，籽粒含水率降至15%~20%，冠层略微抬起时进行收割最好，并宜在早晨或傍晚进行操作。

水稻宝在水稻上的应用效果初探

黄萍霞[1]　　王恒祥[2]　　董爱瑞[1]

（1. 射阳县农业科学技术研究所；2. 射阳县耕地质量保护站）

摘　要：在水稻破口期喷施水稻宝（液体），水稻结实率、千粒重、产量依然能得到显著增加，而增加成本却很少，具有增产且增收的效果。该产品可在水稻生产中推广使用。

关键词：水稻宝；结实率；千粒重；成本

近年来，随着劳动力的大量流失，农家肥、有机肥等在水稻中的施用大量减少，化肥、尿素等化学肥料的施用量增加，土壤肥力下降，水稻生长中后期出现早衰现象，射阳县东部盐碱土地区更为明显，单产难以提高。针对盐碱土水稻后期早衰问题，工作人员在生产中开展了叶面肥的试验研究，取得了一定的效果。为验证时科生物科技（上海）有限公司生产和销售的水稻宝（液体）对水稻增产和提高水稻品质上的促进作用，射阳县在稻麦综合示范基地上，认真开展了该产品的试验，试验总结如下。

1　试验地点

试验安排在江苏省盐城市射阳县稻麦综合展示基地。前茬作物为小麦。

2　材料与方法

2.1　供试土壤

供试土壤类型为沙壤土，地力中等；该田块耕层土壤有机质 17.1g/kg、碱解氮 76mg/kg、速效磷 3.9mg/kg、速效钾 154mg/kg。

2.2　供试肥料

水稻宝。

2.3　供试作物

试验水稻品种为"南粳 9108"，面积 18 亩，6 月 19 日 2ZB-6A（RXA-60T）钵苗乘坐式高速插秧机栽插；株行距 12.4cm×33cm，每穴 3~4 苗，每亩 4.9 万~6.5 万基本苗。2015 年 10 月 24 日收获。

2.4　试验方案与方法

2.4.1　试验设计

试验设 2 个处理。

处理 1：习惯施肥+供试肥料 100ml/亩。稀释成 150 倍液（对水 15kg）叶面喷雾，水稻刚破口、抽穗扬花前（达 60%~70%）使用。

处理 2（CK）：习惯施肥。

2.4.2　试验方法

2.4.2.1　试验各处理肥料施用量一致

6 月 17 日施基肥，亩施乙胺 30kg/亩。蘖肥分 7 月 3 日和 7 月 10 日 2 次施用，亩施尿素 12.5kg 和 20kg。7 月 22 日，亩施 3~5kg 尿素加复配锌、钾肥等弥补雨水过多造成的肥料流失，满足生长的营养需求。8 月 2 日施促花肥，每亩施尿素 7.5kg，8 月 12 日施保花肥，每亩施尿素 10kg。水稻宝的喷施时间为 9 月 4 日雨隙。

2.4.2.2　水分管理

采取"浅水栽秧、存水活棵、薄水分蘖、保水抽穗扬花、干湿交替"的灌溉方式。移栽后田面保持浅水层至活棵，群体茎蘖数达预期穗数的80%左右自然断水搁田；拔节至成熟期保持干湿交替，保持土壤湿润、板实，收获前7天断水。

2.4.2.3　防治病虫草害

7月7—8日苄嘧磺隆化除；7月19日稻蓟+射农丰+吡虫啉结合治虫；破口期防治稻瘟病，用三环唑+多酮+稻瘟酰胺对水喷雾，连续防治3次；50%吡蚜·异丙威可湿粉50g对水喷雾防治褐飞虱。

3　试验结果与分析

3.1　不同处理对水稻产量结构的影响

表1　不同处理对产量的影响

处理	有效穗数（万/亩）	每穗总粒数（粒）	实粒数（粒）	结实率（%）	千粒重（g）	理论产量（kg/亩）	较常规增产（kg）	增产率（%）
处理1	20.6	134.5	120.1	89.3	26.72	661.1	40.8	6.58
处理2	20.8	133.8	112.8	84.3	26.44	620.3		

表1表明，水稻宝在水稻始穗期应用，对水稻的亩有效穗数及穗总粒数没有太大的影响，但可以明显提高水稻的结实率和千粒重。处理1的实粒数、结实率、千粒重、产量分别比对照增加7.3粒/穗、5.0%、0.28g、40.8kg/亩，增产率达到6.58%。综上所述，水稻宝在水稻上应用都可以提高水稻的结实率，增加千粒重，从而达到水稻增产的目的。

3.2　经济效益

由于国际粮价走低，虽然国内粮价普遍高于国际粮价，但国内粮价也趋于走低，加之2015年病害及后期天气影响，米质下降，秋收后，稻谷价格下降，因此，尽管水稻丰收，水稻收购价却未能按照国家最低收购价收购，仅为2.6元/kg。由表2可知，与常规施肥相比，在同时施用供试肥料的情况下用肥成本较常规施肥的成本有所升高，每亩增加2.8元，但由于供试肥料处理提高水稻结实率与千粒重，产量明显提升，经济效益提高，亩增效益103.28元。

表2　供试肥料与常规施肥对水稻经济效益的影响

试验处理	产量（kg/亩）	单价（元/kg）	产值（元/亩）	亩增产值（元/亩）	亩增投入（元）	亩增纯效益（元）
供试区	661.1	2.6	1 718.86	106.08	2.8	103.28
常规区	620.3	2.6	1 612.78			

4　结论

水稻破口期主要集中9月4日前后，而9月4—7日出现连续阴雨的天气，供试肥料趁雨隙施用，有部分随雨水流失，肥效未能完全发挥，影响了试验效果。尽管如此，在水稻破口期喷施水稻宝（液体），水稻结实率、千粒重、产量依然能得到显著增加，而增加成本却很少，具有增产且增收的效果。该产品可在水稻生产中推广使用。

20%三唑磷·辛溴（凯明六号）防治水稻稻象甲田间药效试验

孙兆留　周凤霞　朱志成　吴小娟

（江苏省建湖县冈西镇农业技术综合服务推广中心，建湖　224742）

摘　要：在稻象甲孵化高峰期用20%三唑磷·辛溴（凯明六号）80g/亩喷雾防治1次，药后3天、7天的防治效果分别为86.11%和89.48%，均与对照药剂3%金世纪SC 60ml/亩的防治效果相当，且对水稻安全。

关键词：20%三唑磷·辛溴（凯明六号）WP；稻象甲；药效试验

稻象甲是建湖县水稻秧田主要害虫之一，稻象甲以成虫取食稻叶，对水稻造成直接为害使稻叶倒折，对水稻前期生产构成严重威胁，一般年份秧苗被害率为10%，重发年份高达35%以上，为了有效地防治稻象甲，我们用20%三唑磷·辛溴（凯明六号）进行田间药效试验，以确定该药的田间防效和最佳使用量，受盐城植禾农药有限公司委托，于2015年对20%三唑磷·辛溴（凯明六号）防治稻象甲做了田间试验，旨在探明该药剂对稻象甲的防治效果及适宜用量，为该产品的生产应用和推广提供示范依据。

1　材料与方法

1.1　试验药剂

（1）20%三唑磷·辛溴WP（凯明六号，湖北凯明农化有限公司生产，盐城植禾苗农药有限公司提供）。

（2）3%金世纪（江苏克胜集团生产，市售）。

1.2　试验处理

（1）20%三唑磷·辛溴WP 30g/亩。

（2）20%三唑磷·辛溴WP 45g/亩。

（3）20%三唑磷·辛溴WP 60g/亩。

（4）3%金世纪SC 20ml/亩。

（5）CK（空白对照）。

每个处理均设3次重复，共15个小区，每个小区面积66.7m²，小区随机排列。试验于秧苗二叶一心稻象甲成虫高峰期用药1次。

1.3　试验实施

该试验在建湖县冈西镇肖荡村四组赵曰飞的承包田进行，试验田地势平坦，肥力中等，土壤类型为黏土，pH值7.2。水稻品种为淮稻5号，栽培方式为机插秧，于2015年6月22日栽插，密度均匀，株行距14cm×30cm，试验用药时水稻正处于分蘖期，长势与大面积无明显差异。试验于2015年6月26日用药，各小区按每亩药量对水50kg，采用手动喷雾器常规均匀喷雾。用药时，天气晴好，东风3~4级。药后到试验调查结束，未用任何对稻象甲有防治作用的药剂。

1.4　试验调查

1.4.1　防治效果调查

每个小区平行跳跃式调查25点，每点2穴，计50穴。用药前调查药前基数，药后3天、7天分别调查各处理区稻象甲残留虫量，计算防治效果。

1.4.2 对水稻安全性调查

在施药后，采用目测法对各用药区水稻进行药害情况观测。

1.4.3 计算方法

$$防治效果（\%）=\left(1-\frac{对照区药前活虫数×处理区药后活虫数}{对照区药后活虫数×处理区药前活虫数}\right)×100$$

2 结果与分析

2.1 试验结果，见下表

表 20%三唑磷·辛溴 WP（乳油）防治稻象甲田间药效试验结果

处理	药前基数（头/百穴）	药后 3 天			药后 7 天		
		残留虫量（头/百穴）	防治效果（%）	显著性	残留虫量（头/百穴）	防治效果（%）	显著性
20%三唑磷·辛溴 30g/亩	161.3	127.3	59.63	c C	219.3	69.91	c C
20%三唑磷·辛溴 45g/亩	116.0	66.0	70.90	b B	114.7	78.11	b B
20%三唑磷·辛溴 60g/亩	147.3	40.0	86.11	a A	70.0	89.48	a A
3%金世纪 20ml/亩	179.3	44.7	87.25	a A	76.0	90.62	a A
CK（空白对照）	175.3	342.7			792.0		

2.2 结果分析

2.2.1 防治效果

20%三唑磷·辛溴 WP 防治稻象甲，在稻象甲成虫高峰期用药，药后 3 天调查，60g/亩的防治效果达86.11%，与对照药剂 3%金世纪 SC 20ml/亩的防治效果相当；30g/亩、45g/亩两个处理的防治效果分别为59.63%、70.90%，与 60g/亩及对照药剂之间存在极显著差异。药后 7 天调查，各处理的防治效果较药后3 天均有所提高，其中 60g/亩的防治效果为 89.48%，与对照药剂 3%金世纪 SC 20ml/亩的防治效果相当；30g/亩、45g/亩 2 个处理的防治效果分别为 69.91%、78.11%，与 60g/亩及对照药剂之间存在极显著差异。

2.2.2 用药量

20%三唑磷·辛溴 WP 防治稻飞虱，30g/亩、45g/亩与 60g/亩处理之间，药后 3 天、7 天的防治效果均存在极显著差异；60g/亩处理与 3%金世纪 SC 20ml/亩处理的防治效果相当。建议该药剂在稻象甲成虫期喷雾，用量不低于 60g/亩。

2.2.3 安全性

试验期间对各药剂处理进行了观察，未发现药害，也未发现对水稻生长有促进或抑制作用。

3 结论

20%三唑磷·辛溴 WP 防治稻象甲站的田间药效试验中，于秧苗二叶一心稻象甲成虫高峰期用药 1次，用药区水稻生长发育正常，未发现明显药害症状；试验时试验田块稻象甲轻发生，在稻象甲成虫高峰期调查，各小区平均百穴虫量为 155.8 头，用 20%三唑磷·辛溴 WP 60g/亩，药后 3 天、7 天对稻象甲的防治效果分别为 86.11%、89.48%，说明在稻象甲正常发生年份（或代次），该药剂对稻象甲有较好的防治效果，能有效控制稻象甲的为害，可作为防治稻象甲的新药剂推广使用，用量以不低于 60g/亩为宜。

在稻象甲偏重或大发生的情况下，该药剂对稻象甲的防治效果，还有待进一步试验。

25%氰烯菌酯SC防治小麦赤霉病田间药效试验

朱志成　孙兆留　吴素琴　吴小娟　周凤霞

（江苏省建湖县冈西镇农业技术综合服务推广中心，建湖　224742）

摘　要：江苏省农药研究股份有限公司生产的25%氰烯菌酯SC，对小麦赤霉病具有较好的防治效果。据试验，在小麦齐穗初花期（扬花5%~10%）用第一遍药，隔5~7天用第二遍药，25%氰烯菌酯SC 1 050g/hm²的病穗防效、病指防效分别为56.08%、58.05%，与40%多·酮WP 2 250g/hm²的防治效果相当；1 500g/hm²的病穗防效、病指防效分别为68.61%、72.15%，优于40%多·酮WP 2 250g/hm²的防治效果。

关键词：25%氰烯菌酯SC；小麦赤霉病；药效试验

小麦赤霉病是小麦上发生的重要病害之一，该病不仅引起小麦大幅减产，威胁粮食安全，而且赤霉病菌分泌产生的脱氧雪腐镰刀菌烯醇（DON）毒素可造成人畜中毒，严重危害身体健康。地处江苏省东部地区的建湖县，境内河网密布、空气湿润，属于潮湿区域，湿度条件完全满足小麦赤霉病的发生。20世纪赤霉病为该区麦类作物上一种偶发性病害，进入21世纪以来，随着耕作制度的改变和气候条件的变化，流行频率增加，已成为该类作物上一种常发性病害。从2007—2016年10年间，先后于2008年、2010年、2012年、2014年、2016年大流行，平均3年流行1次。

小麦赤霉病的防治主要从抗病育种、药剂防治、生物防治及其他防治措施等几个方面来进行。根据建湖县赤霉病最近6次大流行的田间调查结果分析，目前该地区种植的小麦品种均无明显的抗赤霉病的特性，而生物防治及其他防治措施也未见到成效。因此，小麦赤霉病防治仍然以化学防治为主，防治主体药剂仍为苯并咪唑类农药多菌灵及其复配剂。多菌灵及其复配剂已用30多年，赤霉病抗性菌株逐年推高。据盐城市系统监测抗性菌株频率，建湖县2012—2016年抗性菌株分别占6.7%、7.3%、22.6%、41.5%、43.4%，大丰区2012—2014年、2016年抗性菌株分别占8.5%[1]、6.9%、9.7%、39.3%。抗性菌株频率高，使用多菌灵防效会下降，且会刺激菌株毒素产生，尤其是抗药性菌株产毒能力更强。因此，寻求新的药剂代替多·酮来防治小麦赤霉病已变得迫在眉睫。针对这种情况，受江苏省农药研究所股份有限公司委托，笔者对25%氰烯菌酯SC防治小麦赤霉病做了田间药效评估试验，旨在探明其对小麦赤霉病的防治效果及适宜用量，为该产品的生产应用和推广提供依据。

1　材料与方法

1.1　试验对象、品种

试验对象：小麦赤霉病

试验作物：烟农19

1.2　试验药剂

（1）25%氰烯菌酯SC（江苏省农药研究所股份有限公司生产，提供）。

（2）40%多·酮WP（江苏丰山集团股份有限公司生产，市售）。

（3）35%甲硫·氟环唑（陕西康禾立丰有限公司生产，市售）。

1.3　试验设计

（1）25%氰烯菌酯SC 1 050g/hm²。

（2）25%氰烯菌酯SC 1 500g/hm²。

（3）40%多·酮 WP 2 250g/hm²。

（4）35%甲硫·氟环唑 EC 1 500ml/hm²。

（5）CK（清水对照）。

每个处理均设 3 次重复，共 15 个小区，每个小区面积为 66.7m²，随机区组排列。

1.4 试验基本情况

1.4.1 试验环境及栽植条件

本试验设在建湖县冈西镇张荡村四组，土壤类型为黏土，pH 值为 7.2，土壤肥力中等，前茬为水稻，小麦种植方式为旋耕种植，于 2015 年 11 月 16 日播种，密度均匀，长势与大面积无明显差异。

1.4.2 施药时间及方法

试验于小麦齐穗初花期（扬花 5%，4 月 24 日）用第 1 遍药，药后 6 天（4 月 30 日）用第 2 遍药，每个小区药剂对水 3kg，采用背负式电动喷雾器常规均匀喷雾。

1.4.3 天气情况

第 1 次用药时，天气阴，日平均温度 16.3℃，微风；第 2 次用药时，天气晴转阴，日平均温度 23.2℃，微风。第一次药后，4 月 25—27 日连续 3 天有雨，总降水量 11.9mm，下雨时小麦正处于扬花高峰期；第 2 次药后，5 月 1—23 日有 10 个雨日，总降水量 43.1mm。

1.5 调查内容及方法

1.5.1 防治效果调查

试验于 5 月 24 日（病情稳定期）调查各小区小麦赤霉病发生情况，采用对角线 5 点取样，每小区调查 5 个点，每点调查 0.25m²，调查记载总穗数、病穗数和病情严重度，计算各处理病穗率、病情指数和防治效果。

1.5.2 严重度分级标准

0 级：无病；1 级：发病小穗占全穗的 1/4 以下；2 级：发病小穗占全穗的 1/4~1/2；3 级：发病小穗占全穗的 1/2~3/4；4 级：发病小穗占全穗的 3/4 以上。

1.5.3 计算公式

$$病穗率（\%）=病穗数/调查总穗数×100$$
$$病情指数=\sum（各级病穗数×各级代表值）/（调查总穗数×4）×100$$
$$病穗（病指）防效（\%）=[对照区病穗率（病指）-施药区病穗率（病指）/对照区病穗率（病指）]×100$$

2 结果与分析

2.1 防治效果，见下表

表　25%氰烯菌酯 SC 防治小麦赤霉病药效试验结果

编号	处理	病穗率（%）	病穗防效（%）	方差分析 5%	1%	病指	病指防效（%）	方差分析 5%	1%
1	25%氰烯菌酯 SC 1 050g/hm²	31.93	56.08	c	B	19.49	58.05	c	B
2	25%氰烯菌酯 SC 1 500g/hm²	22.82	68.61	b	A	12.94	72.15	b	AB
3	40%多·酮 WP 2 250g/hm²	33.55	53.85	c	B	18.75	59.64	c	B
4	35%甲硫·氟环唑 EC 1 500ml/hm²	14.83	79.60	a	A	7.47	83.92	a	A
5	CK（清水对照）	72.70	—	—	—	46.46	—	—	—

2.2 结果分析

2.2.1 安全性

从田间目测结果分析，25%氰烯菌酯 SC 对小麦生长安全，无明显药害症状。

2.2.2 防治效果

从上表可以看出，25%氰烯菌酯 SC 对小麦赤霉病的防效较好，其 1 050g/hm² 的病穗防效、病指防效分别为 56.08% 和 58.05%，与对照药剂 40%多·酮 WP 2 250g/hm² 的病穗防效 53.85%、病指防效 59.64% 相当，与另一对照药剂 35%甲硫·氟环唑 EC 1 500ml/hm² 的病穗防效 79.60%、病指防效 83.92% 差异明显；1 500g/hm² 的病穗防效、病指防效分别为 68.61% 和 72.15%，优于对照药剂 40%多·酮 WP 2 250g/hm² 的防治效果，与另一对照药剂 35%甲硫·氟环唑 EC 1 500ml/hm² 的防治效果存在显著差异。

25%氰烯菌酯 SC 1 050g/hm²、1 500g/hm² 的病穗防效分别为 56.08%、68.61%，两者之间差异明显；病指防效分别为 58.05%、79.60%，两者之间存在显著差异。

3 结论

2016 年试验田小麦赤霉病达大发生程度，扬花期间有 3 个雨日，其中初花期间 4 月 25—27 日遇雨，雨量 11.9mm，有利于小麦赤霉病病菌的侵入；5 月 1—23 日有 10 个雨日，雨量 43.1mm，导致了田间小麦赤霉病的进一步加重。

通过试验得出的结果分析，25%氰烯菌酯 SC 对小麦赤霉病的防效较好，其 1 050g/hm² 的病穗防效和病指防效均与常规药剂 40%多·酮 WP 2 250g/hm² 的防效相当，1 500g/hm² 的病穗防效和病指防效均高于常规药剂 40%多·酮 WP 2 250g/hm² 的防效，可作为小麦赤霉病防治的主推药剂进行推广，每公顷用量应以不低于 1 050g 为宜。

花生、大豆"化控"技术要点

周祖波

(滨海港镇农业技术推广综合服务中心)

花生、大豆因根部有"根瘤菌"的固氮作用,氮素营养充足,往往容易造成"徒长",如果密度过大和雨水偏多,"疯长"将更为严重,对产量和品质影响很大。因此,在关键时期做好化学调控工作就显得非常必要。

1 科学掌握"化控"时期

花生、大豆在始花至盛花期是化控的最佳时期。但是生产上往往会未到开花期就已经出现旺长现象。遇到未开花已经"旺长"这种情况时一定要谨慎小心,切不可心急而大剂量使用化控药剂。遇到这样情况,一般先喷施纯钾"叶面肥"促进植株体内碳水化合物的转化和运输,调节植株体的"碳氮比",然后再根据植株旺长程度,使用正常"化控"药量的1/3~1/2的量,分期、分批多次进行化控,切不可在未达始花期足量使用"化控"药剂。

2 合理掌握"化控"剂量

正常情况下一般在花生、大豆始花期亩用"多效唑"40g左右对水30kg喷雾;或者使用"烯效唑"30g对水30kg喷雾,"烯效唑"活性比"多效"高得多,使用时一定要控制好用量。

3 依苗情和天气合理增减药量

无论使用哪一种药剂,都要看植株的长势长相和肥水情况,以及未来的天气情况灵活掌握,天气干旱和长势一般的减量用,天气多雨和长势过旺的足量用,宁可少喷勤喷,也不能1次超量使用。

施用美洲星对啤麦生长发育特性的调节效应

孙兆留

（江苏省建湖县冈西镇农业技术综合服务推广中心）

摘　要：美洲星是安徽省农业科学院引进美国有机矿化技术并进口主原料生产的高科技产品，其中，美洲星主要成分为 KOM+微量元素+氨基酸，在啤麦的种子处理、孕穗期、抽穗期使用时，对农作物具有增产、优质、促早熟、抗逆、抗病等多重效果，其农艺性状好，一般增产达 10%左右。

关键词：啤麦；美洲星；施用

提高啤麦产量主要取决于品种的产量潜力及与其相适应的配套技术，找出能延长啤麦叶片功能以及根系活力、增强抗逆性能、提高穗粒数、增加千粒重的植物增产调节剂，是建立啤麦高产配套群体质量栽培体系的关键之一，也是夺取高产、优质的栽培基础。本试验主要探讨了美洲星在拌种、孕穗、抽穗等不同时期对啤麦的农艺性状及产量和产量结构的影响，为在啤麦上大面积施用美洲星植物增产调节剂提供科学依据。

1　试验基本情况及区组设计

1.1　试验基本情况

本试验位于建湖县冈西镇西吉村米厂组彭光照二号田，前茬水稻，地力中等，土壤黏性，供试品种为港啤 1 号，10 月 24 日播种，5 月 21 成熟，全生育期 204 天，总施 N 量为 240kg/hm²，肥水管理，病虫草害防治与大田管理措施一致。

1.2　区组设计

本试验设 5 个处理：（A）美洲星 500 倍液拌种，凉干后播种；（B）孕穗期美洲星 1 000 倍液喷雾；（C）抽穗期，美洲星 1 000 倍液喷雾，（D）A+B+C 处理（即一拌两喷）；（E）喷施清水为对照区组（CK）。小区随机排列，3 次重复，小区面积 33.33m²。

1.3　考察内容及方式

定点考察，按期考苗，收获前按各区组测定穗数，以平均穗作为计算产量的穗数，每小区取样 30 穗，测定每穗粒数，以平均粒数计算，样本晒干后测定千粒重。

2　结果分析

2.1　农艺特性

2.2.1　不同处理施用美洲星，对啤麦的幼苗发育、叶片颜色的深浅、功能叶片的功能期均有不同表现

美洲星拌种处理区域，发芽势强劲，出苗整齐，苗体健壮，根系发达。根据苗情点考察，拌种处理区出苗率均高于对照区，平均增 6%左右。单株次生根，冬前调查，A 处理区为 2.8 条，对照区为 2.32 条，较对照增 0.48 条。A 处理区冬前分蘖较对照增 0.16 个。田间调查还表明，喷施处理区麦苗叶色比对照区明显加深，成熟期功能叶衰退相应较迟，由此说明，美洲星可促进地下根系生长，提高根系活力，增强根系的吸肥能力，还可增加叶片的叶绿素含量，提高光合能力，延长叶片的功能期。

2.1.2　不同处理水平施用美洲星其植株高度及抗倒能力不同

考种资料表明，D 处理株高 81.5cm，B 处理株高 83cm，A 处理株高 83.5cm，C 处理株高与 A 处理相

近，对照区株高 85cm，上述处理分别较对照区矮 3.5cm、2cm、1.5cm。通过比较可以说明啤麦施用美洲星可促进茎秆大维管束数目的增加，使茎秆短粗，增强其抗倒伏能力。

2.1.3 施用美洲星对啤麦的病害有一定的抑制作用

品种港啤一号因对大麦条纹病不具抗性。因此各小区在播种时，虽使用浸种灵作种子处理，但仍发生一定的条纹病害。抽穗后对各处理区大麦条纹病病株率调查发现，对照区的病株率为 14.8%，A 处理与 C 处理接近，病株率为 12.2%，B 处理为 11.8%，D 处理病株率为 10.1%，为最低。病害调查数据表明，美洲星素中含有的各种有机酸，能与各种以蛋白质形式存在的病毒、细菌、真菌等病原体结合，使其钝化、不复制或失活，可使病害的发生大大减少或变轻。

2.2 产量及产量结构

2.2.1 产量

根据成熟期对产量的测定，各处理间的产量均有一定的差异，从下表可以看出，D 处理增产效果最为显著，较对照区折合单产（公顷产量，下同）增达 706.5kg，增产率为 15.27%，其次是 A 处理和 B 处理，分别较对照区单产增 415.5kg、403.5kg，增产率分别为 8.98% 及 8.72%，增幅最低的为 C 处理，较对照区单产增 330kg，增产率为 7.13%。

2.2.2 产量结构

使用美洲星对穗数的影响，除 D、A 处理较对照区有一定的增加外，B、C 处理较对照区增加不明显，而不同时期使用美洲星对每穗粒数的影响较大，D 处理较对照区增 1.6 粒，B 处理、A 处理、C 处理分别较对照区增 1.3 粒、1.1 粒、1.0 粒，各处理千粒重较对照区也有不同程度的增加。由此说明，不同处理水平不但能提高大麦颖花的发育，提高总粒数和结实率，而且对千粒重也有一定的增重作用。

表 不同处理对产量结构的影响

项目	穗数（万/hm²）	穗粒数（粒）	千粒重（g）	理论产量（kg/hm²）	增产率（%）
A	621.0	20.2	40.2	5 043.0	8.98
B	612.0	20.4	40.3	5 031.0	8.72
C	606.0	20.1	40.7	4 957.5	7.13
D	628.5	20.7	41.0	5 334.0	15.27
E（CK）	604.5	19.1	40.1	4 627.5	—

3 小结与讨论

（1）啤麦港啤 1 号施用美洲星可促进作用生长。增产效果显著，一般单产增达 10% 左右。其增产机理在于用美洲星拌种能够增强发芽势，提高根系活力，单株有效分蘖次生根系增多，出苗整齐，苗体壮而稳健，从而使增加，其中，后期施用能增加叶片叶绿素含量，提高光合能力，延长了灌浆时间，提高了籽粒的饱满度。

（2）美洲星对大麦条纹病发生有一定抑制作用，其抑病机制在于美洲星素中含有各种有机酸，能与各种以蛋白质形式存在的病毒、真菌、细菌等病原体结合，使其钝化、不复制或失活，可使条纹病害发生减少或变轻。

（3）美洲星在使用过程中，可与杀虫剂等药物混合施用，有利节工。

（4）在喷施美洲星后 4h 内遇雨，需适量补喷，以免效力降低。

油菜大壮苗培育技术要点

周祖波

(滨海港镇农业技术推广综合服务中心)

所谓的油菜"大壮苗"就是要达到"6、7、8"的标准。即根颈粗度 6mm 以上，7 片以上绿叶，苗高 26.67cm 左右。要达到上述指标，必须做好以下几个方面。

1 苗床准备

留足苗床，苗床大小要根据大田面积、品种特性、肥水条件及移栽密度来确定。一般苗床与大田要按 1∶5 左右的比例留足。在充足的苗床上实行稀播、匀播，使每株菜苗有足够的生长空间和营养面积，有利于培育壮苗；熟化床土。油菜苗床要事先做好耕翻晒垡，熟化土壤，精整畦面，开好一套沟。

2 适期播种

要选择审定适合当地区域种植的品种并适期播种。以江苏地区为例，由北向南，油菜的育苗期一般从 9 月上旬至 9 月下旬（徐、淮、连地区在 9 月上旬，扬州、盐城一带在 9 月中旬，苏南一带在 9 月下旬，其他同纬度地区可参考），过早过迟均不利于大壮苗的形成。

3 施好基肥

苗床基肥应结合耕整地时施足，同时旋耕于整个耕作层中，做到全耕层施肥。一般每亩苗床用腐熟有机肥 1 500~2 000kg，尿素 15kg 左右，过磷酸钙 40kg 左右，氯化钾 5~10kg，硼肥 1kg 作基肥。

4 适量匀播

一般每亩苗床用种 0.5kg 左右为宜，播量过大易形成"高脚苗"。同时要做到按畦定量，秤种下田。为了播种均匀，撒种前可用适量干细土拌匀后再撒。

5 苗床管理

遇干旱时要及时浇水，确保一播全苗。出苗后，根据苗情及时追施适量氮肥，3 叶期后根据长势长相，及时使用 15% 多效唑 40g 左右（具体用量视苗情）进行化控，同时注重蚜虫、菜青虫的防治工作。4~5 叶期控制肥水，实现 5 叶后期叶色退淡、根粗叶健、矮壮塌棵的要求。在移栽前 5~6 天追好起身肥，一般每亩苗床用尿素 7.5kg 左右。